机器学习实战
使用 R、tidyverse 和 mlr

[英] 赫芬·I. 里斯(Hefin I.Rhys) 著

但 波 高 山 韩建立 译

清华大学出版社

北 京

Hefin I. Rhys
Machine Learning with R, the tidyverse,and mlr
EISBN: 978-1-61729-657-4

北京市版权局著作权合同登记号　图字：01-2021-1901

图书在版编目(CIP)数据

机器学习实战：使用 R、tidyverse 和 mlr/(英)赫芬・I.里斯(Hefin I.Rhys) 著；但波，高山，韩建立译. —北京：清华大学出版社，2021.4（2024.11重印）

书名原文：Machine Learning with R, the tidyverse, and mlr

ISBN 978-7-302-57827-7

I. ①机…　II. ①赫… ②但… ③高… ④韩…　III. ①机器学习 IV. ①TP181

中国版本图书馆 CIP 数据核字(2021)第 057268 号

责任编辑：王　军
封面设计：孔祥峰
版式设计：思创景点
责任校对：成凤进
责任印制：沈　露

出版发行：清华大学出版社
网　　址：https://www.tup.com.cn，https://www.wqxuetang.com
地　　址：北京清华大学学研大厦 A 座　　邮　　编：100084
社 总 机：010-83470000　　邮　　购：010-62786544
投稿与读者服务：010-62776969，c-service@tup.tsinghua.edu.cn
质 量 反 馈：010-62772015，zhiliang@tup.tsinghua.edu.cn
印 装 者：三河市人民印务有限公司
经　　销：全国新华书店
开　　本：170mm×240mm　　印　　张：24.75　　字　　数：666 千字
版　　次：2021 年 6 月第 1 版　　印　　次：2024 年11月第 2 次印刷
定　　价：118.00 元

产品编号：088467-01

译 者 序

近年来，人工智能强势崛起。机器学习是从数据通往智能的技术途径，也是数据科学的核心，更是现代人工智能的本质。经过二十多年的发展，目前机器学习的应用十分广泛，遍及人工智能的各个分支。了解机器学习算法，是对很多研究人员和互联网从业人员的基本要求，所以人们对机器学习相关知识的需求巨大，关于机器学习的书籍也越来越多。

作为信息与通信工程专业的一名教师，我的主要研究领域为精确目标识别技术、人工智能和深度学习。我在攻读博士学位期间就对机器学习产生了浓厚兴趣，为了较系统地学习机器学习，我阅读了大量相关书籍，包括周志华的《机器学习》、李航的《统计学习方法》、Ian Goodfellow 的 *Deep Learning* 等。博士毕业留校后，我又承担了硕士研究生的《模式识别》等课程的教学任务。但是，当我看到 *Machine learning：with R, the tidyverse and mlr* 这本书时，我感觉到真正适合自己的书来了，我一定要把它翻译好，让更多的人学习这本书。这是一本对于机器学习初学者来说十分难得的佳作，本书不是单纯从理论的角度揭示机器学习算法背后的数学原理，而是通过“原理简述+问题实例+实际代码+运行效果”的形式来介绍每一种算法。学习计算机的人都知道，计算机是一门实践学科，不进行编程将很难真正理解算法的精髓。本书最大的优势就是让你能够边学边用，非常适合新手或急需入门机器学习的人阅读，同时又是一本十分适合严谨教学和优质实践的书籍。本书使用 mlr 和 tidyverse 程序包开始你的机器学习之旅，这本实用指南简化了理论，规避了极其复杂的统计学或数学知识，让学习变得更容易。

本书作者 Hefin I. Rhys 是一位有着 8 年教授 R 语言、统计学和机器学习经验的生命科学家和细胞学家。他将自己的统计学/机器学习知识贡献给了多项学术研究，并热衷于教授统计学、机器学习和数据可视化方面的课程。

以前在阅读别人翻译的书时，对于翻译的难度与辛苦感触不多。然而，当自己着手开始翻译时，才发现字里行间尽是翻译者的辛勤汗水。本书由我和高山、韩建立共同翻译，经过我们半年多的不懈努力，终于迎来胜利的曙光。在整个翻译过程中，我们都惴惴不安，唯恐不能准确传达作者的真实意图。对于每字每句都做了仔细斟酌、推敲，并反复琢磨，力求忠于原文并符合中文的表达习惯，避免在阅读过程中让读者感到生硬和不通顺。初稿出来后，我们还对全书进行了校对和润色。相对于翻译的图书将要面世时的片刻成就感，我更喜欢翻译过程中的专注与坚持。

大家在阅读本书时，除了逐字逐句地认真阅读以外，还必须付诸实践，把作者描述的过程、方法和注意事项在实际中应用一遍，例如做一道 Kaggle 竞赛试题或重复一遍别人已经完成的任务，这些都是不错的选择。记住，重要的是“做一遍”，而不仅仅是“看一遍”！有了这些“应用基础”之后，再回头学习机器学习的基本理论和数学基础就比较容易了。俗话说，“万事开头难”，只要入了门，一切都不难。衷心希望读者能够通过本书晋升为机器学习的高手和大师。

在此，真诚地感谢在翻译过程中予以我们帮助的清华大学出版社的编辑们，感谢所有译者的家人一如既往地支持和鼓励我们，感谢所有帮助和指导过我们的人。

虽然在翻译过程中，我们反复思考，力图传达作者确切的意图，但由于译者水平有限，不足之处在所难免，望各位读者、专家和业内人士不吝提出宝贵意见。

译　者

2020 年 10 月

作者简介

Hefin I. Rhys 是一位有着 8 年教授 R 语言、统计学和机器学习经验的生命科学家和细胞学家。他将自己的统计学/机器学习知识贡献给多项学术研究，并热衷于讲授统计学、机器学习和数据可视化方面的课程。

致　　谢

刚开始撰写本书时，我严重低估了撰写本书所需的工作量。撰写本书所需的时间比我想象的要长很多，如果没有众人的支持，我可能要花费更长的时间，并且书稿的质量也会大打折扣。

首先，我最需要感谢的人是我的丈夫 Zand。从一开始，你就知道这本书对我而言意义非凡，并尽你所能给予我时间和空间来完成本书。整整一年时间，谢谢你一直以来的包容，让我可以经常工作到深夜。为了我，你周末放弃休息。为了支持我写作，你承担了大部分家务。我爱你。

谢谢你，Manning 出版社的开发编辑 Marina Michaels——没有你，这本书读起来将不像一本条理清晰的专业图书。在写作过程的早期，你帮助我克服了很多写作的坏习惯，让我成为一名更专业的作家和更优秀的老师。更感谢你陪我彻夜谈论美国饼干和英国饼干之间的区别。感谢你，技术开发编辑 Doug Warren——作为本书的第一位读者，你的精辟见解使本书的内容更加通俗易懂。同样感谢技术校对员 Kostas Passadis——你帮助我检查书中的代码和理论，并告知我所犯的一些错误，这本书在技术方面的高度准确性主要归功于你的努力。

谢谢你，Stephen Soenhlen，感谢你给了我这么好的机会。没有你，我不会有信心认为自己可以写一本书。最后，感谢所有参与本书编写和宣传的 Manning 出版社的其他工作人员，以及为本书出版提出宝贵意见的审稿人 Aditya Kaushik、Andrew Hamor、David Jacobs、Erik Sapper、Fernando Garcia、Izhar Haq、Jaromir D.B. Nemec、Juan Rufes、Kay Engelhardt、Lawrence L. Matias、Luis Moux-Dominguez、Mario Giesel、Miranda Whurr、Monika Jakubczak、Prabhuti Prakash、Robert Samohyl、Ron Lease 和 Tony Holdroy。

前　　言

为更好地进行研究，我在攻读博士学位期间大量使用了统计建模，并选择了生命科学学术界广泛使用的 R 语言作为建模语言。R 语言主要用于统计计算，因此它在构建线性模型方面的作用是无与伦比的。

我所要处理的数据问题的类型随着项目的进展也在发生着变化。数据量逐渐增加，并且每项实验的目标变得更加复杂和多样。因此，有更多的变量需要处理，诸如如何可视化数据中的模式等问题变得更加困难。此后，我发现相对于仅仅了解生物学本身而言，自己对数据预测更感兴趣。有时，数据中的复杂关系很难用传统的人工建模方法表示。另外，我想知道的只是数据中存在多少不同的种类。

我发现自己越来越倾向于使用机器学习技术来帮助自己实现目标。每遇到一个新问题，我都会在脑海中搜索有关统计和机器学习的相关技能。如果不具备相关技能，我就会做一些研究调查，了解其他人如何解决类似问题，然后尝试不同的方法，从中找出最优方案。如果我对一系列新技术产生了浓厚的兴趣，我就会阅读相关领域的专业书籍。但令我十分沮丧的是，这些书往往针对有统计学学位的专业人士。

当我逐步并痛苦地学习技能和知识时，另一件令人沮丧的事情是 R 语言中的机器学习技术分布于各种不同的程序包中。这些程序包是由不同的程序人员使用不同的语法和参数编写的，这意味着每次学习一种新技术时都要面临额外的困难。就这点而言，那种基于 Python 语言(我未曾学过的一门编程语言)编写的 scikit-learn 程序包让我羡慕不已，这种程序包为大量的机器学习技术提供了一个通用接口。

但是，在我发现了像 caret 和 mlr 这样的R语言包之后，我的学习突然变得容易了很多。与 scikit-learn 程序包一样，它们也为大量的机器学习技术提供了一个通用接口，这减轻了我每次想学习新技术时就需要学习另一个程序包的 R 函数的负担，并使我的机器学习项目变得更简洁。由于主要使用的是 mlr 程序包，我发现处理数据实际上是我工作中最耗时和最复杂的部分。在做了更多的研究之后，我在 R 语言中发现了 tidyverse 程序包，该程序包旨在使数据的处理、转换和可视化变得简单、合理且可复制。从那以后，我在所有的项目中都会使用来自 tidyverse 程序包的工具。

我撰写本书的主要原因在于人们对机器学习相关知识的需求十分巨大。虽然有大量资源可供刚刚崭露头角的数据科学家或任何希望通过训练计算机解决问题的人们使用，但是我一直在努力寻找既适合新手操作，又适合严谨教学和优质实践的资源。本书的初衷是想通过更少的代码实现更强大的功能。我希望通过这种方式能够让你的学习变得更加容易，并且我认为使用 mlr 和 tidyverse 程序包可以帮助我实现这一目的。

关于本书

本书读者对象

笔者坚信机器学习不应该成为计算机科学家和数学专业人士的专属领域。阅读《机器学习：使用 R、tidyverse 和 mlr》不一定要求具备这些专业背景。但是，要想从这本书中获得最大的收益，你应该对 R 语言有一定程度的了解。如果了解一些基本的统计学概念，将会对你有所帮助。如果还未曾接触过统计学，那么可以先阅读附录中的相关内容以填补统计学方面的知识空缺。只要你有问题需要解决，并且有包含问题答案的数据，就可以从本书讲解的主题中受益。

如果你是初学 R 语言的新手，想要学习或提高 R 语言技能，建议阅读 Robert I. Kabacoff 所著的 *R in Action* 一书。

本书组织结构：路线图

本书共 20 章，分为 5 部分。第 I 部分旨在帮助你掌握并学习本书其余部分将要用到的一些通用的机器学习概念和 R 语言技能。第 1 章的主要目的是帮助你提升机器学习方面的词汇量。第 2 章将教你使用大量的 tidyverse 函数，这些函数有助于你提高通用的 R 语言数据科学技能。

本书的第Ⅱ部分将介绍一系列用于分类(预测离散类别)的算法。从第 3 章开始，每一章都将首先讲解特定算法的工作原理，然后列举该算法的有效示例。相关说明都以图形方式呈现，并配有相关的数学运算供感兴趣的读者参考。各章配有相关的练习，以辅助读者更好地掌握相关的技能。

本书的第Ⅲ、第Ⅳ和第Ⅴ部分将分别阐述回归(预测连续变量)、降维(将信息压缩为更少的变量)和聚类(识别数据中的类或分组)算法。本书的最后一章将回顾相关重要概念，并为读者提供进一步学习的路线图。

此外，本书附录包含书中经常用到的一些基本的统计概念。建议你至少快速浏览一下附录，确保理解其中的内容，如果你不具备统计学方面的相关背景，那就更应该如此。

关于代码

本书旨在让读者与我们一道通过相关示例进行代码的编写，因此 R 语言代码将贯穿全书大部分章节。

本书中的 R 语言代码统一使用 R 3.6.1、mlr 2.14.0 和 tidyverse 1.2.1 编写而成。读者可通过扫描封底的二维码获得本书的所有源代码。

目　录

第Ⅲ部分　回归算法

第Ⅴ部分　聚类算法

第 I 部分

简　介

虽然本书的第 I 部分只包括两章，但是这部分内容却十分重要，因为它将为你提供阅读整本书所需的基本知识和技能。

第 1 章将介绍一些基本的机器学习术语。掌握大量关于核心概念的词汇可以帮助你领略机器学习的全貌，并有助于你理解本书后面将要探讨的更复杂主题。该章将首先介绍机器学习的概念、优缺点，以及如何对不同类型的机器学习任务进行分类，然后解释使用 R 语言进行机器学习的原因，我们将使用什么样的数据集，以及你可以从本书中学到什么内容。

第 2 章将简单地介绍机器学习，并重点介绍能够帮助你培养R语言技能的一组称为tidyverse的程序包。tidyverse 程序包提供了一系列工具，这些工具使用人类可读的且直观的代码来存储、操作、转换和可视化数据。在开发机器学习项目时，不需要使用 tidyverse 程序包，但这样做可以简化“数据整理过程”。tidyverse 工具将在整本书的各个项目中贯穿始终，因此在第 2 章对 tidyverse 进行扎实的讲解对于你学习本书后续章节大有裨益。这些技能有助于提高你的通用 R 语言编程技能和数据科学技能。

从第 2 章开始，建议你与我们一起编写代码。为了最大程度地掌握所学知识，强烈建议你在自己的 R 会话中运行代码示例，并存储 R 语言文件，以便将来参考。这样能确保你理解每行代码与其输出之间的关系。

第 1 章

机器学习介绍

本章内容：

- 机器学习的概念
- 监督与无监督机器学习
- 分类、回归、降维和聚类算法
- 使用 R 语言的理由
- 使用哪些数据集

无论你是否已经认识到，其实我们每天都在与机器学习互动。你在线上看到的广告很可能是根据你以前购买或查看过的商品推送给你的。你上传到社交媒体平台的照片中的人脸会经过自动识别和标注。汽车的 GPS 导航系统可预测一天中哪些路线、哪段时段最为繁忙，并重新规划路线以最大程度地缩短行程。你的电子邮件客户端会逐步了解哪些邮件是你所需要的，而哪些电子邮件应视为垃圾邮件以保持收件箱的整洁。你的家庭管家能识别你的声音并响应你的需求。小到日常生活中的细微改进，大到无人驾驶汽车、机器人手术以及对类地行星的自动扫描等一些改变社会的重大构想，机器学习已经成为现代生活中越来越重要的部分。

但本书想让你现在就了解的是：机器学习不仅仅是大型科技公司或计算机科学家的专属领域。任何具有基本编程技能的人都可以在工作中实现机器学习。如果你是一名科学家，机器学习可以让你对正在研究的现象拥有更加非凡的洞察力。如果你是一名新闻工作者，机器学习可以帮助你更透彻地理解用于新闻报道的数据模式。如果你是一名商人，机器学习可以精准地定位顾客并预测什么样的商品可以大卖。如果你有疑问或遇到难题，并且你能提供足够的数据，那么机器学习就可以帮助你解决问题。虽然阅读本书后，你并不能像谷歌和 DeepMind 那样去制造智能汽车或会说话的机器人，但你会掌握一些强大技能以预测和识别数据中的信息模式。

本书将向你介绍机器学习的理论和实践，确保你只要具备 R 语言基础就能理解和展开学习。从高中开始，笔者的数学就很糟，所以你也并不需要擅长数学。尽管你要学习的技术是以数学为基础的，但笔者坚信在机器学习中没有困难的概念。书中一起探讨的所有进程都将以图形化和直观的方式进行解释。这意味着你不仅能够理解和应用这些进程，而且不必通过费力地学习复杂的数学符号就能轻松地搞定这些进程。当然，如果你有出众的数学思维，那么书中用到的公式对你来说将是小菜一碟。

本章将就机器学习给出明确的定义。你将了解到算法和模型的差异，并发现可以将机器学习技术分为不同的类型，这些类型可以帮助我们根据具体任务选择最合适的技术。

1.1　机器学习的概念

假设你在一所医院担任研究员。如果在检查新的患者时可以计算出他们死亡的风险，那么会发生什么？这可以让临床医生更积极地优先治疗高危患者，从而挽救更多生命。但从哪里入手？使用什么数据？如何从数据中获得这些信息？答案就是使用机器学习。

机器学习有时被称为统计学习，它是人工智能(AI)的一个子领域，是指算法可通过“学习”数据中的模式来完成特定的任务。尽管算法听起来可能很复杂，但事实并非如此。实际上，算法背后的思想一点也不复杂。算法就是一个简单的分步过程，我们可以用它来实现某件有始有终的事情。厨师对于算法有一种不同的说法——“食谱”。在一份食谱的每个阶段，都需要执行某种操作(例如打一个鸡蛋)，然后按照食谱中的下一条指示进行操作，例如将各种配料混合在一起。

请看图 1-1 中关于制作烘焙蛋糕和送餐的算法。从流程图的顶端开始，逐步完成烘焙蛋糕和送餐所需的各种操作。有时，在某些决策点，采取的流程取决于事物的当前状态；有时，需

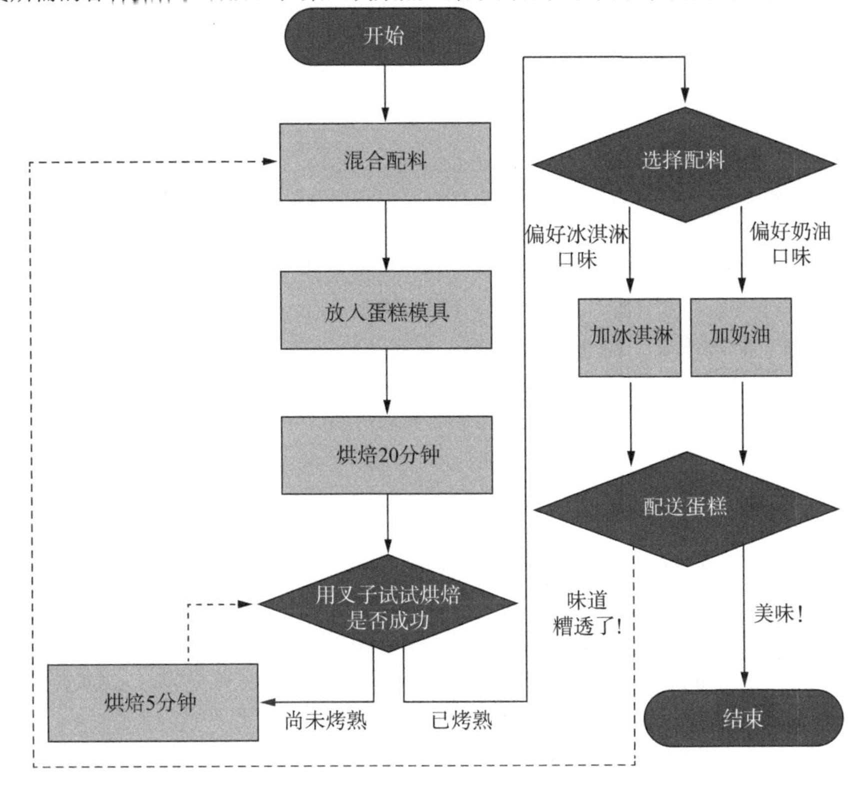

图 1-1　蛋糕烘焙和送餐的算法。从顶部开始，在执行每个操作之后，跟随箭头执行下一步。菱形是决策点，接下来的箭头取决于蛋糕的状态。虚线箭头表示迭代返回先前的操作。该算法以配料为输入，以冰淇淋或奶油蛋糕为输出

要返回或迭代到算法的前一步。虽然极端复杂的事情可以通过算法来实现，但它们实际上只是简单操作的顺序链。

因此，在收集完患者数据之后，就可以训练机器学习算法来学习与患者生存相关的数据模式。这样，当收集到新患者的数据时，就可以估算该患者死亡的风险。

再举一个例子，假设你在一家电力公司工作，主要的工作内容是确保准确计算客户的电费账单。你可以训练一种算法来学习与家庭用电相关的数据模式。之后，当一些新家庭与电力公司联网时，你就可以估算每月应该向他们收取多少费用了。

1.1.1 人工智能和机器学习

IBM 的科学家 Arthur Samuel 最早在 1959 年使用“机器学习”一词。他用这一术语来描述人工智能的一种形式，其中涉及跳棋游戏的训练算法。“学习”这个词在这里十分重要，因为这就是机器学习与传统 AI 的不同之处。

传统的人工智能是程序化的。换句话说，你给计算机一组规则，这样当它遇到新的数据时，它就可以精确地知道需要提供哪些输出。例如，if else 语句可以对狗、猫或蛇等动物进行分类。

```
numberOfLegs <- c(4, 4, 0)
climbsTrees <- c(TRUE, FALSE, TRUE)

for(i in 1:3) {
  if(numberOfLegs[i] == 4) {
    if(climbsTrees[i]) print("cat") else print("dog")
  } else print("snake")
}
```

以上 R 语言代码创建了三条规则，用于将每个可能的输入映射到一个输出：

- 如果一个动物有四只脚，并能爬树，那就是猫。
- 如果这个动物有四只脚，但不能爬树，那就是狗。
- 否则，这个动物就是蛇。

如果将这些规则应用于数据，就可以得到预期的答案：

```
[1] "cat"
[1] "dog"
[1] "snake"
```

这种方法的问题在于我们需要提前知道计算机应该给出的所有可能的输出，而计算机永远不会给出我们没有告诉它的输出。将这种方法与机器学习方法对比来看，在机器学习中，我们不用告诉计算机规则，只是提供数据，让它自己学习规则。这种方法的优点在于计算机可以“学习”甚至连我们都不知道的存在于数据中的模式——我们提供的数据越多，它就越能更好地学习这些模式(见图 1-2)。

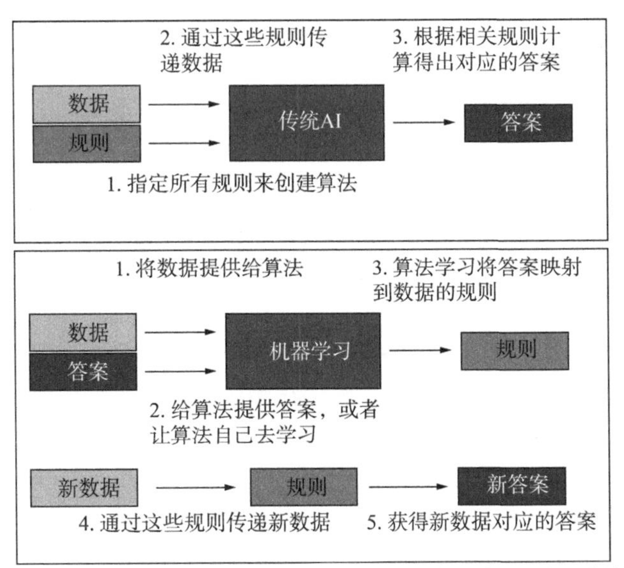

图 1-2　传统 AI 与机器学习 AI。在传统的 AI 应用程序中，我们为计算机提供了一套完整的规则。在获得数据后，就会输出相关答案。在机器学习中，我们为计算机提供数据和答案，计算机会自行学习规则。然后，当通过这些规则提供新的数据时，就会得到新数据对应的答案

1.1.2　模型和算法的区别

在实践中，我们称一组规则为机器学习算法将要学习的模型。模型学习规则后，在输入新的观察数据之后，就会输出对新数据的预测。之所以称它们为模型，是因为它们能够以我们和计算机都能解释和理解的简单方式表达现实世界中的现象。就像埃菲尔铁塔(Eiffel Tower)的模型可能是现实中该铁塔的最佳代表一样，但它们并不完全相同。因此，统计模型是对真实世界现象的一种尝试，但并不完全符合这些现象。

注意　你可能听说过统计学家 George Box 的一句名言：“所有的模型都是错误的，但其中一些是有作用的。”这指的就是模型的近似性质。

模型的学习过程被称为算法。正如前文所言，算法就是一系列的操作，这些操作旨在共同运作以解决某个问题。那么，在实践中具体是如何操作的呢？举一个简单的例子，假设有两个连续变量，并且想训练一种算法，该算法可以在给定变量(预测变量或自变量)的基础上预测另一个变量(结果变量或因变量)。这两个变量之间的关系可以用一条直线来表示，而这条直线可以只使用两个参数来定义：斜率以及直线与 y 轴的交点(y 轴截距)，如图 1-3 所示。

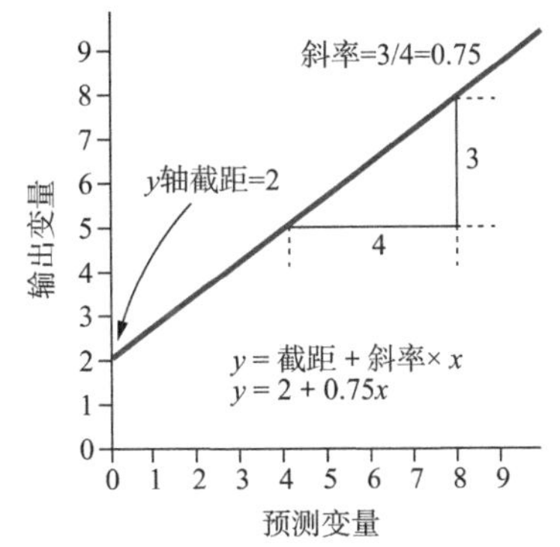

图 1-3　任何直线都可以用斜率(y 的变化除以 x 的变化)和截距(当 x=0 时，直线与 y 轴相交的点的 x 值)来表示。给定 x 值，公式 y=截距+斜率×x 可用于预测 y 值

图 1-4 展示了一种用于学习这种关系的

算法。这种算法首先通过对所有数据取平均值来拟合一条没有斜率的直线，并计算每个数据点到直线的距离，然后计算距离的平方值，并将这些平方值相加，相加的结果就代表这条直线与数据的拟合度。接下来，缓慢地沿顺时针方向旋转这条直线，并测量与这条直线的平方和。如果平方和比原来大，就说明拟合度降低了。因此，再一次试着逆时针方向旋转这条直线。如果平方和变小，就说明拟合度提高了。继续执行上述操作，每次靠近一点，旋转的斜率就小一点，直到迭代的改进值小于我们选择的某个预设值为止。在仅给出预测变量的基础上，该算法可通过迭代学习模型(斜率和 y 轴截距)来预测输出变量的未来值。这个例子尽管相对粗略，但是我们仍希望它能向你展示这种算法是如何运行的。

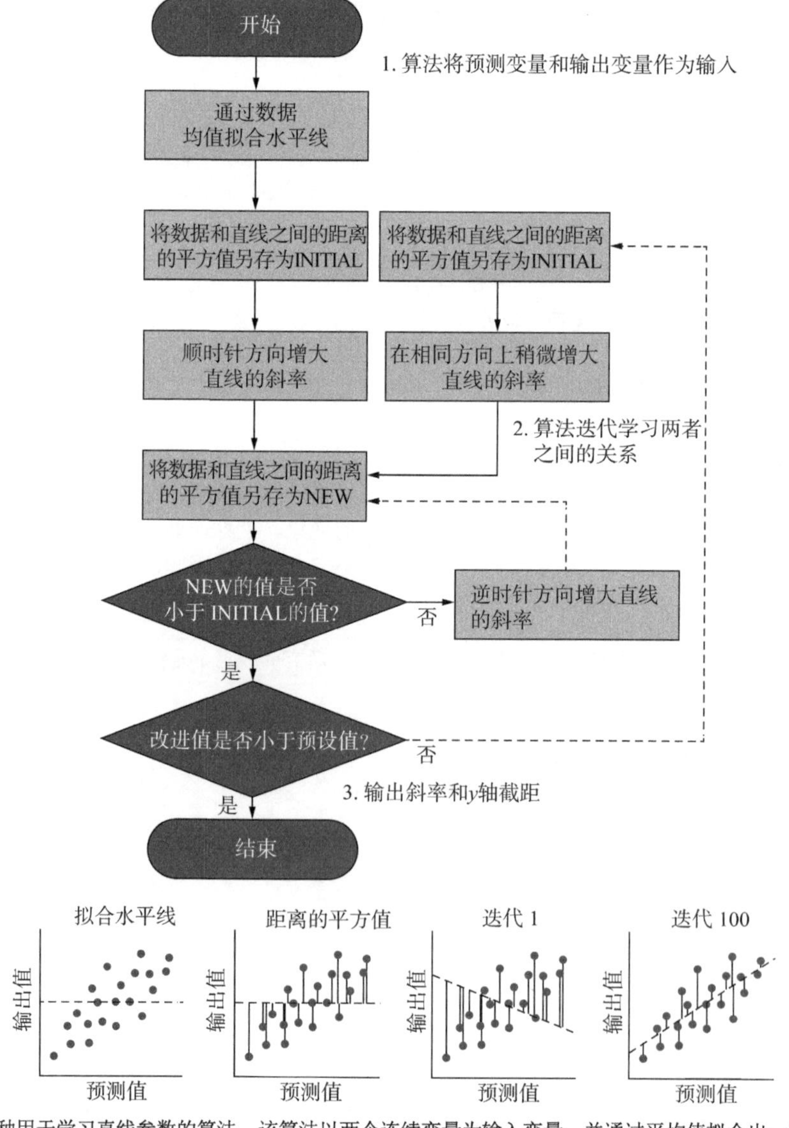

图 1-4　一种用于学习直线参数的算法。该算法以两个连续变量为输入变量，并通过平均值拟合出一条直线。迭代旋转这条直线，直至找到一个能够最小化平方和的解。直线的参数可通过学习模型得出

注意 机器学习最初令人感到困惑但却最终感觉很有趣的地方是，有很多不同的算法可以用来解决相同类型的问题。这是因为不同的人针对同一问题提出了不同的解决方法，所有这些方法都试图在先前尝试方法的基础上加以改进。对于给定的任务，数据科学家的工作是确定哪种(哪些)算法能学习到性能最佳的模型。

虽然某些算法在处理某些类型的数据时往往比其他算法表现得更好，但是没有任何一种算法能在所有问题上都表现得最优，这被称为“没有免费午餐定理”。换句话说，想要不劳而获是不可能的。此外，你还需要努力找出能够解决特定问题的最佳算法。数据科学家通常会选择一些他们知道能够很好地解决他们所研究的数据类型和问题的算法，然后看看哪种算法能够生成性能最佳的模型。在本书的后面，你将了解这是如何做到的。此外，还可以根据机器学习算法执行的功能和方式，将它们分成不同的类别，从而缩小最初的选择范围。

1.2 机器学习算法的分类

所有机器学习算法都可以按照学习类型和执行的任务进行分类。共有三种学习类型：

- 监督学习
- 无监督学习
- 半监督学习

学习类型取决于算法的学习方式。算法是否要求我们介入整个学习过程？还是由它们自主学习答案？监督和无监督机器学习算法可以进一步分为两类。

- 监督机器学习算法
  - 分类算法
  - 回归算法
- 无监督机器学习算法
  - 降维算法
  - 聚类算法

算法的类别取决于算法学习的内容。

因此，我们选择根据算法的学习方式和行为对算法进行分类。但是，为什么要关心这些呢？因为有很多的机器学习算法可用，该选哪一个呢？需要什么样的数据它们才能正常运行？知道不同的算法属于哪个类别可以帮助我们更简单地选择最合适的算法。1.2.1 节将介绍如何定义每个类别以及各个类别的不同之处。在本节的最后，你将清楚地了解为什么要使用此类算法而不是其他算法。在本书的最后，你将掌握每一类别中大量算法的具体用法。

1.2.1 监督、无监督和半监督机器学习算法的区别

想象一下，你正试图教一些蹒跚学步的孩子用积木来学习各种各样的形状。在他们面前，摆放着各种形状的积木。你让他们指出哪个是立方体，如果他们能正确指出，你会给予肯定；如果不能，你也会告诉他们正确答案。重复此过程，直到孩子们最终能识别出积木的正确形状。这个过程称为监督学习，因为你已经知道哪种形状是正确的，然后，你通过告诉孩子们答案来监督他们学习。

现在想象一下，给孩子们一些书包。孩子们必须将不同形状的积木分类放置到不同的书包内，但是你不会告诉他们是否放置正确——他们必须根据面前的这些积木自行选择如何放置。

这个过程称为无监督学习，因为学习者必须在没有外部帮助的情况下自己识别模式。

如果一个机器学习算法使用了某个具体事实，换句话说，如果使用了带标注的数据，那么这个机器学习算法就是监督机器学习算法。例如，如果想根据病人的基因表达将其组织切片划分为健康或发生了癌变，我们会给出一种基因表达数据方面的算法，并标注组织是健康的还是发生了癌变。该算法现在知道它们来自两类中的哪一类，并尝试学习数据中的模式以区分它们。

另一个例子是，如果我们试图估算某人每月的信用卡支出，我们可以提供其他人的信息给特定算法，比如他们的收入、家庭规模、是否拥有房产等，包括他们每个月的信用卡账单。该算法将以一种可以复现的方式，通过寻找数据中的模式来预测这些值。当我们新获取某个人的数据时，该算法就可以根据学到的模式估算出这个人的消费情况。

如果一个机器学习算法不使用基本事实，而是自行在数据中寻找暗示某些底层结构的模式，那么这个机器学习算法就是无监督机器学习算法。例如，假设我们要从大量的癌症活检中获取基因表达数据，然后通过算法辨别是否存在活检簇。聚类是一组数据点，它们彼此相似，但又与其他聚类中的数据点不同。这种类型的分析可以告诉我们是否存在需要以不同方式治疗的癌症亚型。

另外，还可能存在一个包含大量变量的数据集——其变量如此之多，以至于难以解释数据并手动寻找它们之间的关系。可以利用一种算法，用一个低维数据集表示这个高维数据集，同时尽可能多地保留原始数据的信息。如图 1-5 所示，如果一个机器学习算法使用带标注的数据(基本事实)，那么属于监督机器学习算法；如果没有使用带标注的数据，那么属于无监督机器学习算法。

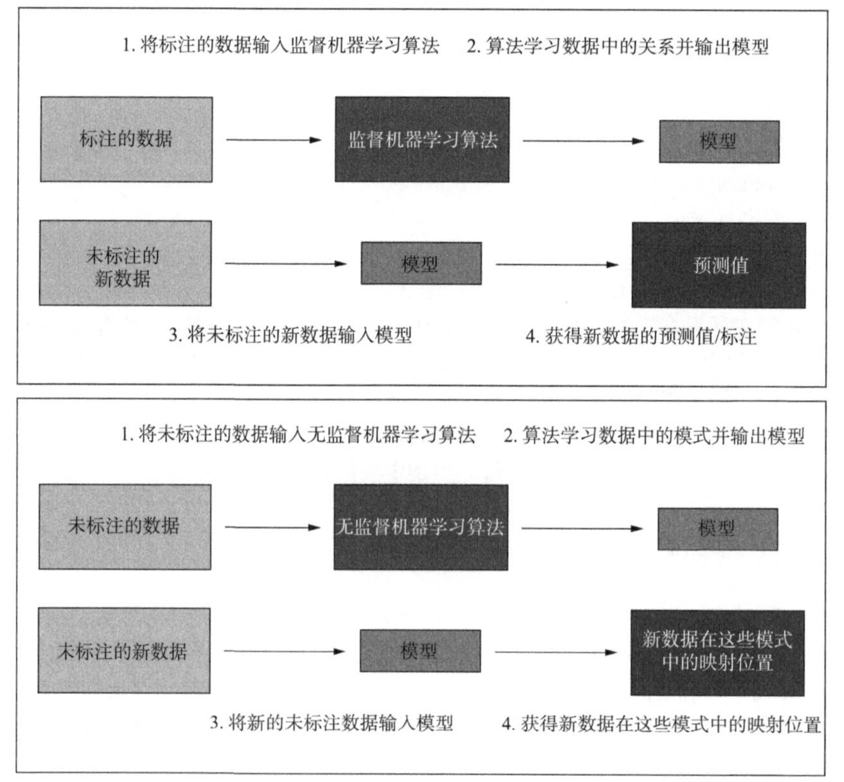

图 1.5 监督与无监督机器学习算法。监督机器学习算法利用已经标注了基本事实的数据，建立模型以预测未标注的新数据。无监督机器学习算法采用未标注的数据并学习数据中的模式，以便将新数据映射到这些模式

半监督机器学习算法

大多数机器学习算法属于以上两种类别，但还有另一种类别称为半监督机器学习算法。顾名思义，半监督机器学习算法既不是完全监督的，也不是完全无监督的。

半监督机器学习算法本身不是严格定义的一类算法，其通常被描述为一种将监督和无监督机器学习算法结合在一起的机器学习算法。通常情况下，半监督机器学习算法需要专业的观察者进行大量的手动操作来标注数据集。该过程可能非常耗时、昂贵且容易出错，另外对于整个数据集来说有可能无法完成标注工作。因此，在可行的情况下，我们应对尽可能多的数据进行专业标注，然后仅使用标注的数据构建监督模型。接下来，我们将其余的数据(未标注的数据)输入模型中，获得它们的预测标注。这类标注因为不知道它们是否都是正确的，所以称为伪标注。之后，我们将数据与手动标注和伪标注结合起来，并通过结果来训练新的模型。

通过这种方法，我们可以训练那些利用标注和未标注数据进行学习的模型。由于我们掌握的所有数据都可使用，因此这种模型可以提高整体的预测性能。如果想在读完本书后了解更多关于半监督机器学习算法的知识，请参阅由 Olivier Chapelle、Bernhard Scholkopf 和 Alexander Zien 撰写的 *Semi-Supervised Learning* 一书，这本著作年代虽早，却十分经典。

在监督和无监督算法类别中，机器学习算法可以根据它们执行的任务进行进一步分类。就像机械工程师知道应该使用哪些工具来完成手头的任务一样，数据科学家也需要知道应该使用哪些算法来完成他们的任务。有四种主要算法可供选择：分类、回归、降维和聚类算法。

1.2.2　分类、回归、降维和聚类算法

监督机器学习算法可以分为两类：

- 分类算法采用标注的数据(因为采用监督的学习方法)，并学习数据中可用于预测分类输出变量的模式。这通常是分组变量(指定特定的数据属于哪一组)，可以是二项式(两组)或多项式(两组以上)。分类问题在机器学习任务中非常常见。哪些客户将拖欠付款？哪些患者可以活下去？望远镜呈现的图像中哪些物体是恒星、行星或星系？当遇到此类问题时，应使用分类算法。
- 回归算法采用标注的数据，并学习数据中可用于预测连续输出变量的模式。每个家庭向大气中排放了多少二氧化碳？某家公司的股价明天是多少？患者血液中胰岛素的浓度是多少？当遇到此类问题时，应使用回归算法。

无监督机器学习算法也可以分为两类：

- 降维算法采用未标注的数据(因为它们是无监督的学习方法)和高维的数据(具有很多变量的数据)，是一种以较少维数表示数据的方法。降维算法可作为一种探索性的技术(因为人类很难迅速、直观地理解二维或三维以上的数据)或作为机器学习进程中的预处理步骤(降维算法可以帮助减少共线性和维数灾难，这些术语将在后续章节中进行具体定义)。降维算法还可以帮助我们更直观地明确分类算法和聚类算法的性能(降维算法可以将数据在二维或三维空间中进行绘制显示)。
- 聚类算法采取未标注的数据，并学习数据中的聚类模式。聚类是一组观察数据的集合，这些观察数据彼此相比其他聚类中的数据点更相似。同一聚类中的观察数据具有某些统一的特性，这些特性使它们与其他聚类有明显的不同。聚类算法可以作为一种探索性的技术来帮助我们了解数据的结构，还可以作为聚类结构输入分类算法中。临床试验中是

否存在癌症亚型患者的迹象？参与调查的受访者分为几类？有不同类型的客户使用我们公司的产品吗？遇到此类问题时，应使用聚类算法。

图 1-6 针对按类型和功能划分的不同类型的算法做了汇总。

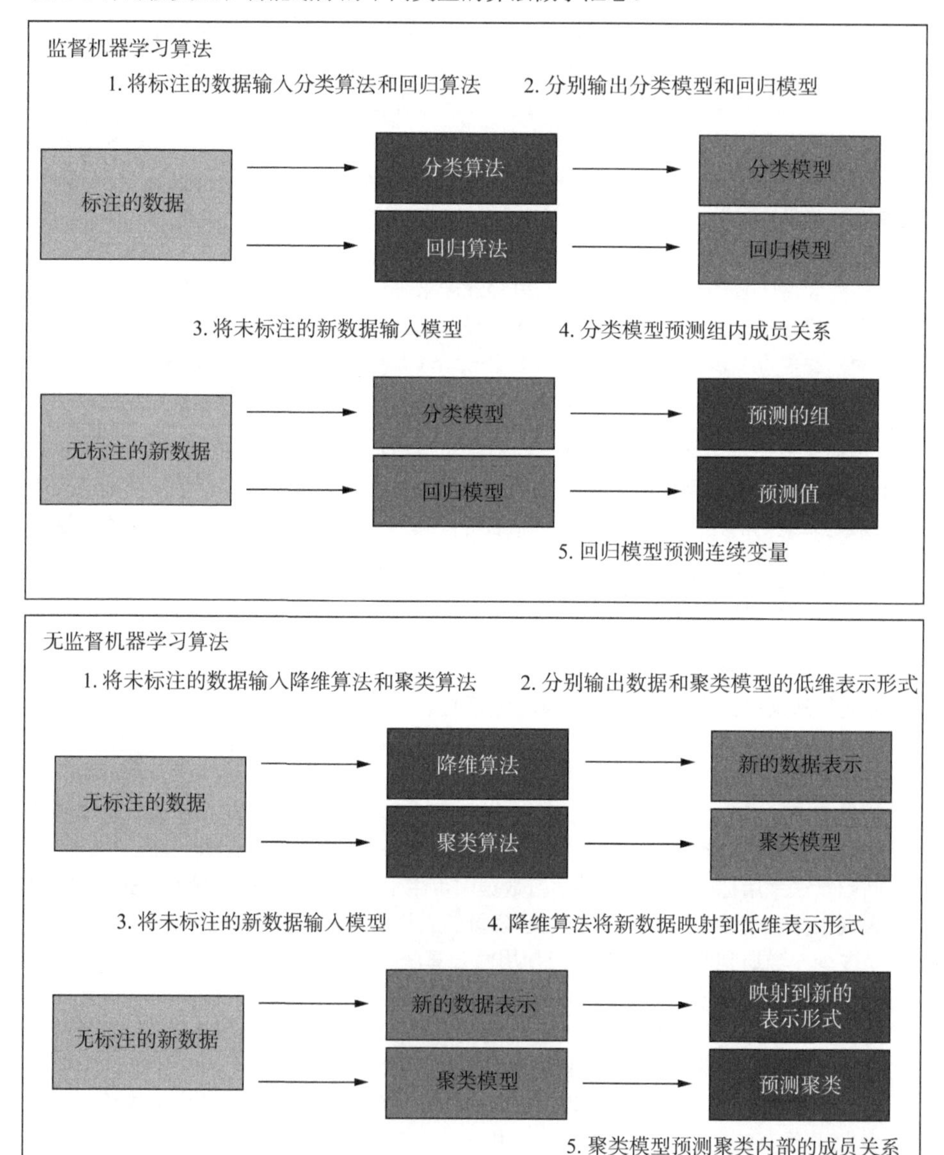

图 1-6　分类、回归、降维和聚类算法。分类算法和回归算法构建的模型可分别预测未标注的新数据的分类变量和连续变量。降维算法可在更少的维度中创建原始数据的新的表示形式，并将新数据映射到这种表示形式。聚类算法可识别数据中的聚类，并将新的数据映射到这些聚类

通过将机器学习算法分为这四类，你会发现这样更容易为手中的任务选择合适的算法。这也是如此设计本书结构的原因：我们首先解决分类算法，然后是回归算法和降维算法，最后是聚类算法。你可以在脑海中为特定应用程序构建所有可用算法的工具箱。这样，等到具体决定

选择哪一类算法时就会简单很多。

- 如需预测分类变量，请使用分类算法。
- 如需预测连续变量，请使用回归算法。
- 如需使用较少的变量表示较多变量的信息，请使用降维算法。
- 如需识别“数据中的聚类”，请使用聚类算法。

1.2.3　深度学习简介

如果读过很多关于机器学习的书籍，那儿你可能会遇到“深度学习”这个术语，你甚至可能已经在媒体上听说过这个术语。深度学习是机器学习的一个分支(所有的深度学习都是机器学习，但不是所有的机器学习都是深度学习)，深度学习在最近 5～10 年非常流行，主要有以下两个原因：

- 深度学习可以产生性能优异的模型。
- 我们现在有足够的计算能力将深度学习应用到更广泛的领域。

深度学习使用神经网络来学习数据中的模式。神经网络指的是这些模型的结构在表面上类似于大脑中的神经元，它们之间存在着可以互相传递信息的连接。图 1-7 总结了 AI、机器学习和深度学习之间的关系。

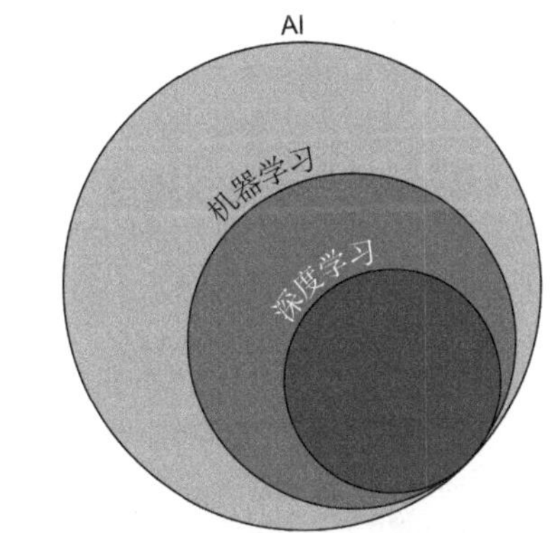

图 1-7　人工智能(AI)、机器学习和深度学习之间的关系。深度学习包括一系列技术，这些技术构成了机器学习的一个子集，而机器学习本身又是 AI 的一个分支

虽然对于相同的数据集，深度学习方法通常优于“浅层”学习方法(这个术语有时用来区分非深度学习的机器学习方法)，但它们并不总是最佳选择。对于一个给定的问题，深度学习方法通常不是最合适的方法，原因有三：

- 深度学习在计算方面的成本很高。当然，我们所说的成本高并不是指金钱成本。我们的意思是它们需要大量的计算能力，这意味着它们需要很长时间(几小时甚至几天!)来训练模型。当然，这只是不使用深度学习的一个不太重要的原因，因为如果一个问题对你来说足够重要，那么你大可投入大量时间和计算资源来解决该问题。但如果你能在几分钟内训练出一个性能良好的模型，为什么还要浪费额外的时间和资源呢？
- 深度学习往往需要大量的数据。深度学习模型通常需要数百甚至数千个例子才能呈现非常良好的性能。这在很大程度上取决于问题的复杂性，但浅层学习方法在小数据集上的性能往往比深度学习方法更为出色。
- 模型本身的可解释性较差。深度学习模型更看重性能而不是模型的可解释性。可以说，我们的重点应该放在性能上；但通常我们不仅对获得正确的输出感兴趣，我们还对算法学习到的规则感兴趣，因为这些规则能帮助我们解释现实世界中的一些事情，并可能帮助我们做进一步研究。但是，神经网络学习的规则却不易理解。

因此，虽然深度学习方法可能非常强大，但浅层学习技术仍然是数据科学家武器库中非常宝贵的工具。

注意　深度学习算法尤其擅长处理涉及复杂数据的任务，比如图像分类和音频转录。

因为深度学习技术涉及大量其他理论，所以你还需要阅读一些专业的书籍，这里不做过多讨论。如果你想学习如何应用深度学习方法(在读完本书之后，建议进一步学习深度学习技术)，强烈推荐阅读 Francois Chollet 和 Joseph J. Allaire 合著的 *Deep learning with R* 一书。

1.3 关于机器学习道德影响的思考

无论是在帮助人们理解大自然还是帮助组织更好地管理他们的资源方面，机器学习都可以助力。但机器学习也有可能造成巨大伤害。例如，2017 年发表的一项研究表明，机器学习模型仅仅通过一个人的面部图像就可以预测这个人的性取向，并且准确性惊人。虽然开发人员没有恶意，但这项研究引起人们对机器学习可能被滥用的担忧。

关于机器学习研究的另一个道德问题是安全性和可信性。虽然机器学习看起来像是源自科幻电影中的技术，但对于机器学习的研究现在已经达到相当先进的程度。机器学习模型可以仅仅根据一个人的面部图像来创建这个人的讲话视频。想象一下，在一场刑事审判中，这项技术可用来伪造一份被告从未发表过的声明作为呈堂证供。类似的情况还包括人脸替换。

以上情形就涉及数据保护和数据使用权的问题。为了训练有用的、性能良好的机器学习模型，数据是必不可少的。但重要的是要考虑：使用的数据是否符合道德规范？数据是否包含个人信息、敏感信息或财务信息？数据是否专属于任何人？如果是，那么数据的使用是否经过数据所有人的同意？

此外，还有两个道德因素需要考虑：

- 当机器学习模型提出一种特定的行动方针时，我们是应该盲目地遵循预测，还是应该三思而后行？
- 当产生相关问题时，谁为此负责。

假设我们有一个机器学习模型，这个机器学习模型负责判别是否根据病人的诊断数据进行手术。如果以往所有案例都证明这个机器学习模型是正确的，那么你愿意接受它的建议吗？更进一步，如果这个机器学习模型用来预测被告是有罪还是无罪呢？你还会接受它的判断吗？这就引出了如下问题：人类应该参与由机器学习提供信息的决策过程吗？如果参与的话，人类应该如何参与这些过程？这些问题的答案取决于具体所做的决定，如何影响涉及的人，以及在决策过程中是否应该考虑人的情感因素。

另外，在罪行判处方面，当根据机器学习算法做出的决定导致伤害时，谁应该为此负责？在人类社会中，人们对自己的行为负责。当坏事发生时，不管是对还是错，我们都期望有人为此负责。但是，如果无人驾驶汽车与行人相撞并导致伤害，那么谁负责任？制造商？驾驶员？行人？这是否与行人乱穿马路有关系？在将这样的机器学习技术在世界范围内推广之前，人们需要考虑并认真解决类似的道德难题。

当训练机器学习模型时，请问以下五个问题：

- 意图合乎道德规范吗？
- 即使意图合乎道德规范，会有其他人利用机器学习模型作恶吗？
- 机器学习模型是否有可能带来伤害或歧视？
- 收集的数据是否符合道德要求？
- 一旦部署机器学习模型，人类将如何应对由它们做出的那些决策？

如果上面任何一个问题的答案让你感到不安，请仔细考虑你所做的是否合乎道德规范。我们能做某件事并不意味着我们就应该做这件事。如果想深入研究如何进行道德机器学习，推荐阅读由 Paula Boddington 撰写的 *Towards a Code of Ethics for Artificial Intelligence* 一书。

1.4 使用 R 语言进行机器学习的原因

两种最常用的数据科学语言 R 和 Python 之间存在着某种竞争。刚接触机器学习的人都会选择其中一种语言来学习。人们的决定通常以他们可以访问的学习资源为指导，比如哪些资源在他们的工作领域中更常用，以及哪些是他们的同事正在使用的。尽管一些更先进的深度学习方法更容易通过使用 Python 来编写实现(它们倾向于先用 Python 编写，再用 R 语言实现)，但是机器学习任务不可能只适用于一种或另一种语言。虽然非常适合数据科学，但 Python 是一种更通用的编程语言，而 R 语言专门针对数学和统计学的相关应用。这意味着使用 R 语言的人可以只关注数据，但是，如果他们需要基于自己的模型构建应用程序，他们可能会感到自己受到了限制。

当 R 和 Python 在数据科学领域相互竞争时，确实没有哪一种语言是绝对的赢家(每个人都有自己喜欢的语言)。那么，本书为何选用 R 语言介绍机器学习呢？因为 R 语言有专门用于简化数据科学任务并使之易于人们阅读的现代工具，例如 tidyverse 程序包中的工具(我们将在第 2 章深入介绍这些工具)。

一般而言，使用 R 语言编写的机器学习算法存在于多个不同的程序包中。这意味着每次想应用新的算法时，都需要学习如何使用具有不同参数且实现不同功能的新函数。在这方面，Python 的优势在于提供了著名的 scikit-learn 程序包，其中内置了大量的机器学习算法。R 语言现在也有了改进，增加了 caret 和 mlr 程序包。虽然 mlr 程序包在用途和功能上与 caret 程序包非常相似，但笔者认为 mlr 程序包更灵活、更直观。所以，我们选择在本书中使用 mlr 程序包。

mlr 程序包为大量的机器学习算法提供了一个接口，这样就可以使用很少的代码执行极其复杂的机器学习任务。

1.5 使用哪些数据集

为了使学习过程尽可能有趣，本书将在机器学习过程中使用真实的数据集。R 语言提供了相当数量的内置数据集，同时还将加载到 R 语言进程中的程序包所带的数据集作为补充。R 语言及其程序包附带的数据集可以方便你在离线时更轻松地阅读本书。这些数据集可以帮助我们构建机器学习模型，并比较不同模型对不同类型数据的执行效果。

提示 可供使用的数据集有很多，建议你在完成每一章的学习后，把学到的知识应用到不同的数据集中。

1.6 从本书可以学到什么

本书是关于使用 R 语言进行机器学习的入门指导。要想有所收获，你应该熟悉基本的 R 语言编程，比如如何加载程序包和如何处理对象及数据结构。你将通过本书学习以下内容：

- 如何使用 tidyverse 组织、整理和绘制数据。
- 掌握一些关键概念，例如过拟合、欠拟合和偏差-方差权衡。
- 如何应用四种算法类别(分类、回归、降维和聚类算法)中的多种机器学习算法。
- 如何验证模型性能并防止过拟合。

- 如何通过比较多个模型确定最优模型。

本书将通过大量有趣的示例来学习各种概念并应用我们所学的知识。在可能的情况下，我们还将应用多种算法来处理同样的数据集，从而使你了解不同算法在特定情况下的效果。

1.7 本章小结

- 人工智能是随着计算机处理智能知识应运而生的。
- 机器学习是人工智能的一个分支。在这个分支中，计算机可以学习数据中的关系，从而对未知数据做出预测，或者识别有意义的模式以帮助我们更好地理解数据。
- 机器学习算法是计算机学习数据中的模式和规则的过程。模型是这些模式和规则的集合，模型将依照规则处理新数据，然后得出答案。
- 深度学习是机器学习的一个分支，而机器学习本身又是 AI 的一个分支。
- 机器学习算法分为监督和无监督两类，具体取决于它们是从基本事实标注的数据中进行学习(监督学习)还是从未经基本事实标注的数据中进行学习(无监督学习)。
- 监督机器学习算法分为分类算法(预测分类变量)和回归算法(预测连续变量)两类。
- 无监督机器学习算法分为降维算法(找到数据的低维表示形式)或聚类算法(识别数据中案例的聚类)两类。
- 与 Python 类似，R 语言也是一种流行的数据科学语言，其中包含许多工具和内置的数据集，这些工具和数据集简化了数据科学和机器学习。

第 2 章

使用 tidyverse 整理、操作和绘制数据

本章内容：

- 了解 tidyverse
- 整洁数据的概念
- 安装和加载 tidyverse
- 使用 tibble、dplyr、ggplot2、tidyr 和 purrr 程序包

很荣幸为你讲解有关机器学习的知识。但在深入讲解之前，你需要先学习一些技巧，从而使学习过程更加简单、高效。这些技巧也将有助于提高你的通用数据科学技能和 R 语言编程技能。

假设你想要制造一辆汽车。你首先需要购买一些金属或玻璃之类的配件，将材料手动切割成所需的尺寸，然后使用锤子之类的工具把材料打造成型，最后将它们组装起来。这辆车可能看起来很漂亮，性能也不错，但花费的时间很长。另外，如果你想要再制造一辆汽车，那么准确地记住之前的操作将是一件非常困难的事情。

另一种方式是采用现代化的制造方法，例如，使用工厂的机器人手臂制造汽车。通过编程，让这些机器人手臂将材料切割和弯曲成预定的形状，并将所有零配件组装到一起。在这种情况下，制造一辆汽车将会更便捷，并且未来可以轻易地制造相同的汽车。

现在，假设需要重新梳理并绘制一个数据集，然后通过机器学习过程传递这个数据集。可以使用基本的 R 语言函数来完成这个任务，程序的运行也将十分流畅。但代码会很长，理解起来也有一定的难度(一个月后将很难记住曾经执行过的操作)，并且数据的绘制过程也十分麻烦。

为此，你可以采用更现代的方法并使用 tidyverse 程序包中的函数进行绘制。这些函数有助于简化数据操作过程，具有很强的可读性，并且通过最少的输入就可以绘制出效果出色的图表。

2.1 tidyverse 和整洁数据的概念

本书旨在让你掌握如何将机器学习方法应用于数据。虽然涉及数据科学的内容在本书中无法面面俱到(我们无法在一本书中涵盖所有内容)，但这里确实有必要介绍一下 tidyverse 程序包。

因为在将数据输入机器学习算法之前，需要采用算法支持的格式来对数据进行处理。

tidyverse 是为数据科学设计的 R 语言程序包的优化集合，创建目的在于使基于 R 语言的数据科学任务更简单、更易理解和重现。设计者的主观意见在程序包中往往会体现出来，比如设计者认为一些任务是良好的实践，而另一些任务是糟糕的实践。他们在设计程序包时，将使前者易于执行，而使后者难以执行。程序包的名称源自整洁数据(tidy data)的概念，数据结构如下：

- 每行代表一个观察值。
- 每列代表一个变量。

查看表 2-1 中的数据。假设要对四个跑步者依据新的训练体系进行训练，我们想知道该体系是否有助于增加他们的跑步时间。因此，我们将在训练开始之前记录他们的最佳跑步时间，然后记录他们此后三个月的跑步时间。

表 2-1 不整洁数据的示例(四个跑步者的跑步时间，包括训练开始之前和开始训练之后三个月的数据)

Athlete	Month0	Month1	Month2	Month3
Joana	12.50	12.1	11.98	11.99
Debi	14.86	14.9	14.70	14.30
Sukhveer	12.10	12.1	12.00	11.80
Kerol	19.60	19.7	19.30	19.00

数据不整洁的原因你知道吗？让我们回顾一下规则。在表 2-1 中，每行代表一个观测值吗？显然不是。实际上，每行有四个观测值。每列代表一个变量吗？显然也不是。表 2-1 中有三个变量：跑步者、月份和最佳跑步时间，而且一共有五列!

如何使同样的数据变得整洁？请看表 2-2。

表 2-2 整洁格式，数据与表 2-1 中的相同

Athlete	Month	Best
Joana	0	12.50
Debi	0	14.86
Sukhveer	0	12.10
Kerol	0	19.60
Joana	1	12.10
Debi	1	14.90
Sukhveer	1	12.10
Kerol	1	19.70
Joana	2	11.98
Debi	2	14.70
Sukhveer	2	12.00
Kerol	2	19.30
Joana	3	11.99
Debi	3	14.30
Sukhveer	3	11.80
Kerol	3	19.00

现在，Month 列中包含以前用作单独列的月份标识，Best 列中包含每个跑步者每个月的最

佳跑步时间。每行代表一个观测值吗？是的！每列代表一个变量吗？是的！因此，表 2-1 中的数据是整洁的。

确保数据格式整洁是机器学习过程中十分重要的早期步骤，tidyverse 中的 tidyr 程序包可以帮助你实现这一目标。tidyverse 中的一些其他程序包可与 tidyr 共同使用，从而执行以下操作：

- 以合理的方式组织和显示数据(tibble)。
- 处理和构造数据子集(dplyr)。
- 绘制数据(ggplot2)。
- 使用函数式编程方法代替 for 循环(purrr)。

tidyverse 中所有可用的操作也可以通过基础的 R 语言代码来实现，但是本书强烈建议你在工作中使用 tidyverse。tidyverse 有助于使代码更简单、易读且可复制。

tidyverse 的核心程序包和可选程序包

tidyverse 的核心程序包除了 tibble、dplyr、ggplot2、tidyr 和 purrr 以外，还包括如下几个。

- readr：用于(通过使用 R 语言)读取外部文件中的数据。
- forcats：用于处理因子。
- stringr：用于处理字符串。

除了可以一起加载的这些核心程序包以外，tidyverse 还包括许多需要单独加载的可选程序包。要想了解有关 tidyverse 其他工具的更多信息，可参阅 Garrett Grolemund 和 Hadley Wickham 撰写的 *R for Data Science* 一书。

2.2 加载 tidyverse

既可以安装并加载 tidyverse 的所有程序包(推荐)：

```
install.packages("tidyverse")
library(tidyverse)
```

也可以根据需要单独安装和加载所需的程序包：

```
install.packages(c("tibble", "dplyr", "ggplot2", "tidyr", "purrr"))
library(tibble)
library(dplyr)
library(ggplot2)
library(tidyr)
library(purrr)
```

2.3 tibble 程序包及其功能介绍

如果使用 R 语言进行过任何有关数据科学或分析的工作，那么肯定会遇到将数据框作为结构来存储矩形数据的情况。数据框运行良好，并且很长时间以来，数据框是存储具有不同类型列的矩形数据的唯一方法(对比而言，矩阵仅具有处理相同类型数据的能力)，但是对于数据框中数据科学家不喜欢的方面，一直以来几乎没有改进。

注意 如果每行的元素数等于列数，并且每列的元素数等于行数，那么此类数据为矩形数据。但是，数据并非都是这种类型！

tibble 程序包引入一种新的数据结构。tibble 保留了那些能够经受住时间考验的功能，而丢弃了那些曾经方便快捷，但现在已不再好用的功能。

2.3.1 创建 tibble

可以使用 tibble()函数创建 tibble，创建原理与创建数据框一样。

```
myTib <- tibble(x = 1:4,
                y = c("london", "beijing", "las vegas", "berlin"))
myTib

# A tibble: 4 x 2          <-- tibble 包括四行两列
      x y                  <-- 变量的名称
  <int> <chr>              <-- 变量类型：<int>代表整型变量，<chr>
1     1 london                 代表字符型变量
2     2 beijing
3     3 las vegas
4     4 berlin
```

如果习惯于使用数据框，那么很快就会注意到 tibble 在输入方式上有如下区别：

- 当输入 tibble 时，会显示这是 tibble 并告知你维度。
- tibble 会显示每个变量的类型。在避免由于不正确的变量类型而导致的错误方面，这项功能尤其有效。

提示 当输入 tibble 时，<int>表示整型变量，<chr>表示字符型变量，<dbl>表示浮点数(十进制)，<lgl>表示逻辑变量。

2.3.2 将现有数据框转换为 tibble

正如可以使用 as.data.frame()函数将对象强制转换为数据框一样，也可以使用 as_tibble()函数将对象强制转换为 tibble：

```
myDf <- data.frame(x = 1:4,
                   y = c("london", "beijing", "las vegas", "berlin"))

dfToTib <- as_tibble(myDf)

dfToTib

# A tibble: 4 x 2
      x y
  <int> <fct>
1     1 london
2     2 beijing
3     3 las vegas
4     4 berlin
```

注意 在本书中，我们将使用 R 语言中内置的数据。通常，我们需要将数据从.csv 文件中读取到 R 语言的会话中。要将数据加载为 tibble，请使用 read_csv()函数，该函数来自 readr 程序包。当调用 library(tidyverse)时会自动加载 readr 程序包，readr 程序包是 read.csv()函数的 tidyverse 版本。

2.3.3 数据框和 tibble 的区别

如果习惯于使用数据框，就会发现 tibble 的一些不同之处。接下来，我们总结数据框和 tibble 最明显的区别。

tibble 不会转换数据类型

创建数据框时经常让人感到无奈的是，数据框默认会将 string 变量转换为 factor 变量。这种处理方式不仅令人厌烦，也不是处理变量的最佳方式。为了防止这种转换，在创建数据框时必须提供 stringsAsFactors = FALSE 参数。

然而默认情况下，tibble 不会将 string 变量转换为 factor 变量。这样做是合理的，因为自动转换数据类型可能会产生 bug。

```
myDf <- data.frame(x = 1:4,
                   y = c("london", "beijing", "las vegas", "berlin"))

myDfNotFactor <- data.frame(x = 1:4,
                            y = c("london", "beijing", "las vegas", "berlin"),
                            stringsAsFactors = FALSE)

myTib <- tibble(x = 1:4,
                y = c("london", "beijing", "las vegas", "berlin"))

class(myDf$y)
[1] "factor"

class(myDfNotFactor$y)
[1] "character"

class(myTib$y)
[1] "character"
```

如果希望一个变量成为 tibble 中的 factor 变量，只需要将 c()函数封装到 factor()函数中即可。

```
myTib <- tibble(x = 1:4,
                y = factor(c("london", "beijing", "las vegas", "berlin")))
myTib
```

输出简洁，不用考虑数据大小

当输出数据框时，(默认情况下)所有列都将被输出到计算机屏幕。在这种情况下，查看早期变量和案例变得十分困难。但是，当输出 tibble 时，(默认情况下)只会输出前 10 行以及计算机屏幕所能显示的列数，从而方便你快速了解相关数据。请注意，未显示的变量名将在输出结果的底部列出。运行代码清单 2.1，并将 starwars tibble(dplyr 中已经包含，并且在调用 library(tidyverse)时可用)的输出与输出到数据框中的形式进行对比。

代码清单 2.1 为 starwars 数据设置 tibble 和数据框

```
data(starwars)

starwars

as.data.frame(starwars)
```

提示 data()函数用于将基本R语言数据集或R语言程序包中包含的数据集加载到全局环境中。使用不带参数的data()函数可列出当前已加载程序包的所有可用数据集。

带有[运算符的构造子集总是返回另一个tibble

构造数据框子集时，如果保留的数据多于一列，[运算符将返回另一个数据框；如果仅保留一列数据，[运算符将返回一个向量。当构造一个tibble子集时，[运算符总是返回另一个tibble。如果期望显式地将tibble列作为向量返回，那么可以使用[[或$运算符。这样做是可行的，为了避免出现漏洞，我们应该明确要使用向量还是使用矩形数据结构。

```
myDf[, 1]

[1] 1 2 3 4

myTib[, 1]

# A tibble: 4 x 1
      x
  <int>
1     1
2     2
3     3
4     4
myTib[[1]]

[1] 1 2 3 4

myTib$x

[1] 1 2 3 4
```

注意 存在如下例外情况：使用不带逗号的单个索引(例如myDf[1])对数据框进行子集的构造。这种情况下，[运算符将返回单列数据框，但是不允许我们组合行子集和列子集。

依照顺序创建变量

创建tibble时，将依照顺序创建变量，以便未来的变量可以引用前面定义过的变量，这意味着我们可以在运行中即时地创建并引用同一函数中的其他变量：

```
sequentialTib <- tibble(nItems = c(12, 45, 107),
                        cost = c(0.5, 1.2, 1.8),
                        totalWorth = nItems * cost)
sequentialTib

# A tibble: 3 x 3
  nItems  cost totalWorth
   <dbl> <dbl>      <dbl>
1     12   0.5          6
2     45   1.2         54
3    107   1.8        193
```

练习2-1：使用data()函数加载mtcars数据集，将其转换为tibble，并使用summary()函数进行运算。

2.4 dplyr 程序包及其功能介绍

在处理数据时，经常需要对数据执行以下操作：

- 仅选择感兴趣的行和/或列。
- 创建新变量。
- 对某些变量的数据进行升序或降序排列。
- 获取统计信息。

在执行这些操作时，我们可能期望在数据中维持一种自然的分组结构。dplyr 程序包使我们能够以更直观的方式执行这些操作。

2.4.1 使用 dplyr 操作 CO2 数据集

首先加载 R 语言内置的 CO2 数据集，参见代码清单 2.2。该数据集的 tibble 包含 84 个案例和 5 个变量，它们记录了不同条件下不同植物对二氧化碳的吸收情况。下面使用 CO2 数据集讲解一些基本的 dplyr 技巧。

代码清单 2.2　查看 CO2 数据集

```
library(tibble)

data(CO2)

CO2tib <- as_tibble(CO2)

CO2tib

# A tibble: 84 x 5
    Plant Type    Treatment    conc    uptake
  * <ord> <fct>   <fct>        <dbl>    <dbl>
  1 Qn1   Quebec  nonchilled      95       16
  2 Qn1   Quebec  nonchilled     175     30.4
  3 Qn1   Quebec  nonchilled     250     34.8
  4 Qn1   Quebec  nonchilled     350     37.2
  5 Qn1   Quebec  nonchilled     500     35.3
  6 Qn1   Quebec  nonchilled     675     39.2
  7 Qn1   Quebec  nonchilled    1000     39.7
  8 Qn2   Quebec  nonchilled      95     13.6
  9 Qn2   Quebec  nonchilled     175     27.3
 10 Qn2   Quebec  nonchilled     250     37.1
# ... with 74  more rows
```

假设我们只想选择第 1～3 列和第 5 列，可以使用 select()函数来实现，如代码清单 2.3 所示。在 select()函数调用中，第一个参数是数据；然后提供需要选择的列的编号或名称，中间用逗号进行分隔。

代码清单 2.3　使用 select()函数选择列

```
library(dplyr)

selectedData <- select(CO2tib, 1, 2, 3, 5)

selectedData
```

```
# A tibble: 84 x 4
      Plant    Type       Treatment    uptake
 *    <ord>     <fct>    <fct>         <dbl>
 1 Qn1         Quebec   nonchilled     16
 2 Qn1         Quebec   nonchilled     30.4
 3 Qn1         Quebec   nonchilled     34.8
 4 Qn1         Quebec   nonchilled     37.2
 5 Qn1         Quebec   nonchilled     35.3
 6 Qn1         Quebec   nonchilled     39.2
 7 Qn1         Quebec   nonchilled     39.7
 8 Qn2         Quebec   nonchilled     13.6
 9 Qn2         Quebec   nonchilled     27.3
10 Qn2         Quebec   nonchilled     37.1
# ... with 74 more rows
```

练习 2-2：选择 mtcars tibble 中除 qsec 和 vs 变量外的所有列。

现在，假设我们期望筛选二氧化碳摄取量大于 16 的数据，这可以通过使用 filter()函数来实现，参见代码清单 2.4。filter()函数的第一个参数是数据，第二个参数则是对每一行进行求值的逻辑表达式。如果需要包含多个条件，可使用逗号对这些条件进行分隔。

代码清单 2.4 使用 filter()函数过滤行

```
filteredData <- filter(selectedData, uptake > 16)

filteredData

# A tibble: 66 x 4
  Plant    Type     Treatment      uptake
  <ord>    <fct>    <fct>          <dbl>
1 Qn1      Quebec   nonchilled      30.4
2 Qn1      Quebec   nonchilled      34.8
3 Qn1      Quebec   nonchilled      37.2
4 Qn1      Quebec   nonchilled      35.3
5 Qn1      Quebec   nonchilled      39.2
6 Qn1      Quebec   nonchilled      39.7
7 Qn2      Quebec   nonchilled      27.3
8 Qn2      Quebec   nonchilled      37.1
9 Qn2      Quebec   nonchilled      41.8
10 Qn2     Quebec   nonchilled      40.6
# ... with 56 more rows
```

练习 2-3：过滤 mtcars tibble，使其仅包含 cylinder 数目不等于 8 的情况。

接下来，我们对各种植物的数据进行分组汇总，以获取各组内二氧化碳摄取量的平均值和标准差。这可以分别使用 group_by()和 summarize()函数来实现。

在 group_by()函数中，第一个参数是数据(你能看出数据包含的模式吗？)，其后是分组变量，参见代码清单 2.5。我们可以首先用逗号对变量进行分隔，然后对它们进行分组。当输出 groupedData 时，数据不会发生太大变化，只是多了如下指示：数据已分组、分组时依据的变量以及分成了多少组。这说明接下来的任何操作都将分组执行。

代码清单 2.5 使用 group_by()函数分组数据

```
groupedData <- group_by(filteredData, Plant)
```

```
groupedData

# A tibble: 66 x 4
# Groups: Plant [11]
   Plant Type     Treatment    uptake
<ord>   <fct>    <fct>         <dbl>
 1 Qn1   Quebec   nonchilled     30.4
 2 Qn1   Quebec   nonchilled     34.8
 3 Qn1   Quebec   nonchilled     37.2
 4 Qn1   Quebec   nonchilled     35.3
 5 Qn1   Quebec   nonchilled     39.2
 6 Qn1   Quebec   nonchilled     39.7
 7 Qn2   Quebec   nonchilled     27.3
 8 Qn2   Quebec   nonchilled     37.1
 9 Qn2   Quebec   nonchilled     41.8
10 Qn2   Quebec   nonchilled     40.6
# ... with 56 more rows
```

提示　如果想删除 tibble 中的分组结构，可将分组结构直接封装到 ungroup()函数中。

在 summarize()函数中，第一个参数是数据；第二个参数是新创建的变量的名称，其后是=符号，可在=符号的后面输入变量的定义。如果需要创建大量新的变量，可使用逗号对变量进行分隔。在代码清 2.6 中，我们创建了两个汇总变量：每组二氧化碳摄取量的平均值(meanUp)和标准差(sdUp)。现在，当输出 summarizedData 时，可以看到，除分组变量外，刚才创建的汇总变量已经取代原始变量。

代码清单 2.6　使用 summarize()函数创建汇总变量

```
summarizedData <- summarize(groupedData, meanUp = mean(uptake),
                            sdUp = sd(uptake))

summarizedData

# A tibble: 11 x 3
 Plant   meanUp        sdUp
 <ord>   <dbl>        <dbl>
 1 Qn1   36.1          3.42
 2 Qn2   38.8          6.07
 3 Qn3   37.6         10.3
 4 Qc1   32.6          5.03
 5 Qc3   35.5          7.52
 6 Qc2   36.6          5.14
 7 Mn3   26.2          3.49
 8 Mn2   29.9          3.92
 9 Mn1   29.0          5.70
10 Mc3   18.4          0.826
11 Mc1   20.1          1.83
```

最后，我们将从现有变量中产生一个新变量，以计算各组的相关系数；同时对数据中的行按照新变量的值进行排序，值最小的行置顶，值最大的行置底。上述操作可以通过 mutate()和 ranging()函数来实现。

mutate()函数的第一个参数是数据，第二个参数是新创建的变量的名称，其后是=符号，可在=符号的后面输入变量的定义，参见代码清单 2.7。如果需要创建大量新的变量，可使用逗号对变量进行分隔。

代码清单 2.7　使用 mutate()函数创建新变量

```
mutatedData <- mutate(summarizedData, CV = (sdUp / meanUp) * 100)

mutatedData

# A tibble: 11 x 4
 Plant   meanUp    sdUp       CV
 <ord>   <dbl>     <dbl>     <dbl>
1 Qn1     36.1      3.42       9.48
2 Qn2     38.8      6.07      15.7
3 Qn3     37.6     10.3       27.5
4 Qc1     32.6      5.03      15.4
5 Qc3     35.5      7.52      21.2
6 Qc2     36.6      5.14      14.1
7 Mn3     26.2      3.49      13.3
8 Mn2     29.9      3.92      13.1
9 Mn1     29.0      5.70      19.6
10 Mc3    18.4      0.826      4.48
11 Mc1    20.1      1.83       9.11
```

提示　在 dplyr 函数中，参数的计算是按顺序进行的，这意味着可以通过引用 meanUp 和 sdUp 变量在 summarized()函数中定义 CV 变量，即使这两个变量尚未创建！

arrange()函数的第一个参数是数据，后续参数是我们期望排序的变量，参见代码清单 2.8。在 arrange()函数中，可通过添加列的名称来对这些列进行排序，列名之间需要以逗号进行分隔：这样就会先按第一个变量的值进行升序排列，然后在此基础上，所有相关项再根据第二个变量的值进行升序排序，后面依此类推。

代码清单 2.8　使用 arrange()函数根据变量排列 tibble

```
arrangedData <- arrange(mutatedData, CV)

arrangedData

# A tibble: 11 x 4
 Plant   meanUp    sdUp       CV
 <ord>   <dbl>     <dbl>     <dbl>
1 Mc3     18.4      0.826      4.48
2 Mc1     20.1      1.83       9.11
3 Qn1     36.1      3.42       9.48
4 Mn2     29.9      3.92      13.1
5 Mn3     26.2      3.49      13.3
6 Qc2     36.6      5.14      14.1
7 Qc1     32.6      5.03      15.4
8 Qn2     38.8      6.07      15.7
9 Mn1     29.0      5.70      19.6
10 Qc3    35.5      7.52      21.2
11 Qn3    37.6     10.3       27.5
```

提示　如果想按变量的值对 tibble 进行降序排列，那么只需要将变量封装到 desc()函数中即可，比如 arrange(mutatedData，desc(CV))。

2.4.2　链接 dplyr 函数

2.4.1 节中的所有操作均可使用 R 语言来实现。但是，笔者希望你能理解 dplyr 函数，因为需要经常调用它们(它们易于理解并且能清楚地表明自身所要发挥的作用)，从而使代码更加简单易懂。dplyr 数据包的强大之处在于能够将这些函数链接成直观且连续的过程。

在操作 CO2 数据集的各个阶段，我们将保存中间数据并应用下一个函数来对它们进行处理。这将导致在 R 语言环境中创建许多不必要的数据对象，这样不仅烦琐且不易理解。实际上，我们可以通过加载 dplyr 来使用管道运算符%>%。通过管道可以将左侧函数的输出传递给右侧函数，作为输入的第一个参数。下面是一个简单的例子：

```
library(dplyr)

c(1, 4, 7, 3, 5) %>% mean()

[1] 4
```

%>%运算符在左侧获取 c()函数的输出(长度为 5 的向量)，然后“传递”给右侧的 mean()函数作为第一个参数。我们可以使用%>%操作符将多个函数链接在一起，从而使代码更简洁易懂。

之前讲过，dplyr 函数的第一个参数是数据。这样处理的优势就在于能够将前一个操作的数据直接导入下一个操作。我们在 2.4.1 节中执行的数据操作的完整过程如代码清单 2.9 所示。

代码清单 2.9　使用%>%运算符链接 dplyr 操作

```
arrangedData <- CO2tib %>%
  select(c(1:3, 5)) %>%
  filter(uptake > 16) %>%
  group_by(Plant) %>%
  summarize(meanUp = mean(uptake), sdUp = sd(uptake)) %>%
  mutate(CV = (sdUp / meanUp) * 100) %>%
  arrange(CV)

arrangedData

# A tibble: 11 x 4

Plant meanUp sdUp CV

 <ord>  <dbl>    <dbl>    <dbl>
 1 Mc3   18.4    0.826     4.48
 2 Mc1   20.1    1.83      9.11
 3 Qn1   36.1    3.42      9.48
 4 Mn2   29.9    3.92     13.1
 5 Mn3   26.2    3.49     13.3
 6 Qc2   36.6    5.14     14.1
 7 Qc1   32.6    5.03     15.4
 8 Qn2   38.8    6.07     15.7
 9 Mn1   29.0    5.70     19.6
10 Qc3   35.5    7.52     21.2
11 Qn3   37.6   10.3      27.5
```

阅读以上代码，每次遇到%>%运算符时，心中默念“然后”。于是，上述代码的执行逻辑就是：获取 CO2 数据集，然后选择这些列，然后过滤这些行，然后根据变量进行分组，然后对这些变量进行汇总，然后对这个新的变量进行变换，然后按顺序排列数据，最后保存输出结果

arrangedData。明白了吗？dplyr 程序包的强大之处，就在于能够以一种可读的逻辑方式执行复杂的数据操作。

提示 通常，在%>%运算符之后另起一行有助于理解代码。

练习 2-4：按 gear 变量分组 mtcars tibble、汇总 mpg 和 disp 变量的中位数，并生成一个新的变量，所有变量均通过%>%运算符链接在一起。

2.5 ggplot2 程序包及其功能介绍

在 R 语言中，主要的绘制系统如下：

- 基础制图
- Lattice
- ggplot2

可以说，作为 tidyverse 的一部分，ggplot2 是数据科学家应用最广的系统。在本书中，我们将使用 ggplot2 绘制数据。ggplot2 中的 gg 表示图形语法(grammar of graphics)，一些学术流派认为，可以通过对数据与绘图组件(例如轴、刻度线、网格线、点、条和线)层进行组合来创建任何形式的数据图。通过对绘图组件进行分层，可使 ggplot2 以直观方式创建易于交流且美观的数据图。

下面加载 R 语言附带的鸢尾植物数据集，并创建两个变量的散点图。鸢尾植物数据集由 Edgar Anderson 于 1935 年收集并公布，其中包含三种鸢尾植物的花瓣和萼片的长度值与宽度值。

代码清单 2.10 显示了创建图 2-1 所需的代码。ggplot()函数将提供的数据作为第一个参数，并将函数 aes()作为第二个参数(稍后将对此进行详细介绍)。通过执行上述操作，可基于数据创建绘图环境、轴和轴标签。

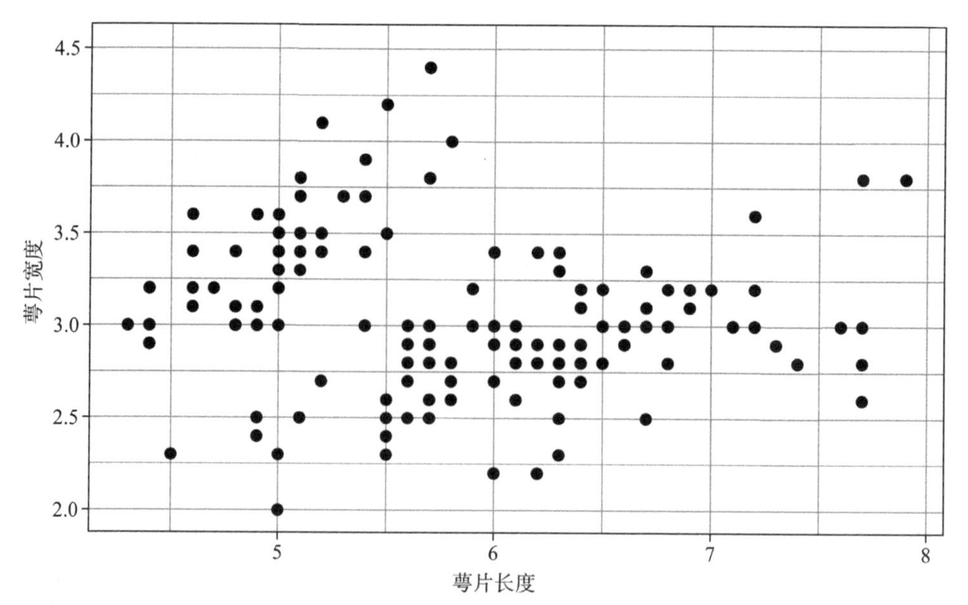

图 2-1 使用 ggplot2 创建的散点图。其中，Sepal.Length(萼片长度)变量被映射到 x 轴，Sepal.Width(萼片宽度)变量被映射到 y 轴。可通过使用 theme_bw()函数将图层设置为黑白主题

aes 是 aesthetic mappings 的英文缩写，如果习惯了使用 R 语言绘制数据，那么你可能并不了解 aes()函数。aesthetic 可通过数据中的变量来控制图表的特征，示例包括你在数据图中绘制的数据点的 x 轴、y 轴、颜色、形状、大小甚至透明度。在代码清单 2.10 所示的函数调用中，我们要求 ggplot()函数分别将 Sepal.Length 和 Sepal.Width 变量映射到 x 轴和 y 轴。

代码清单 2.10　使用 ggplot()函数绘制数据

```
library(ggplot2)
data(iris)
myPlot <- ggplot(iris, aes(x = Sepal.Length, y = Sepal.Width)) +
  geom_point() +
  theme_bw()

myPlot
```

提示　不必将变量名用引号括起来，因为 ggplot()函数非常智能！

这里使用+符号结束代码行，+符号还可用于将其他图层添加到数据图中(可通过尽可能多地添加图层来创建我们想要的数据图)。依照惯例，当在数据图中添加其他图层时，使用+结束当前图层，然后另起一行添加新的图层，这有助于保持代码的可读性。

注意　在向初始的 ggplot()函数调用中添加图层时，每一行都需要以+结束，并且不能把+置于新行中。

下一图层是名为 geom_point 的函数。geom 代表 geometric object，这是一种用于表示数据点的图形元素，如条、线、盒形图、箱线图等。用于生成这些图层的函数将被命名为 geom_[graphical element]。例如，geom_density_2d()函数可用于添加密度等高线，geom_smooth()函数可用于将一条具有置信带的平滑线拟合到数据上，效果如图 2-2 所示。

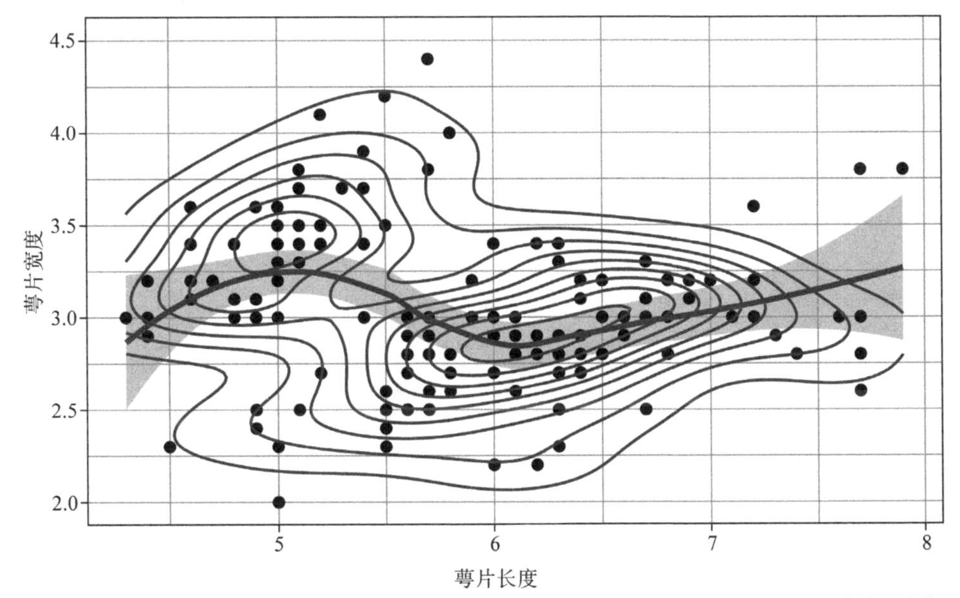

图 2-2　与图 2-1 类似的散点图，这里分别使用 geom_density_2d()和 geom_smooth()函数将二维的密度等高线和一条平滑线添加为图层

使用 R 语言实现图 2-2 需要很多行代码，使用 ggplot2 则相对容易一些，参见代码清单 2.11。

代码清单 2.11 将 geom 图层添加到 ggplot 对象中

```
myPlot +
  geom_density_2d() +
  geom_smooth()
```

注意 可以将 ggplot 对象保存为命名对象，并简单地将新的图层添加到 ggplot 对象中，而不必每次都重新进行绘图。

最后，突出显示数据中的分组结构通常也很重要，如图 2-3 所示，可以通过添加颜色或形状美观的图形来实现。代码清单 2.12 显示了生成这些图层所需的代码。它们之间唯一的区别在于 Species 变量依据 shape(形状)和 col(颜色)做了对应展示。

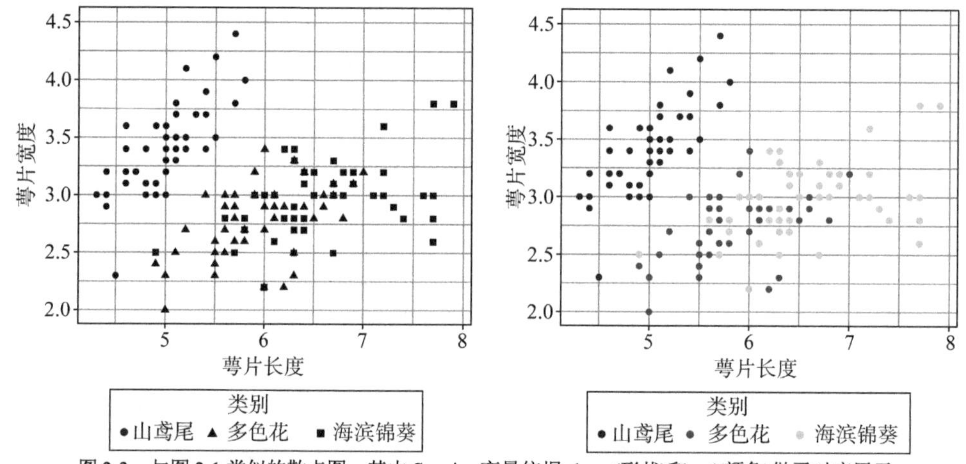

图 2-3 与图 2-1 类似的散点图，其中 Species 变量依据 shape(形状)和 col(颜色)做了对应展示

代码清单 2.12 将 Species 变量依据 shape(形状)和 col(颜色)进行展示

```
ggplot(iris, aes(x = Sepal.Length, y = Sepal.Width, shape = Species)) +
  geom_point() +
  theme_bw()

ggplot(iris, aes(x = Sepal.Length, y = Sepal.Width, col = Species)) +
  geom_point() +
  theme_bw()
```

注意 当添加美观图形时，请注意 ggplot()函数如何自动生成图例。如果使用基本图形进行绘制，则必须手动生成这些图形！

关于 ggplot()函数，需要指出的最后一点是：ggplot()函数具有极其强大的分面构建(faceting)功能。有时，我们可能想要创建数据的子图，其中每个子图或分面都将显示某个分组中的数据。

例如，图 2-4 显示了相同的鸢尾植物数据，但这一次是使用 Species 变量进行分面构建的。代码清单 2.13 显示了创建代码：这里只是在 ggplot()函数调用中添加了 facet_wrap()函数，并期望按(~Species)进行分面构建。

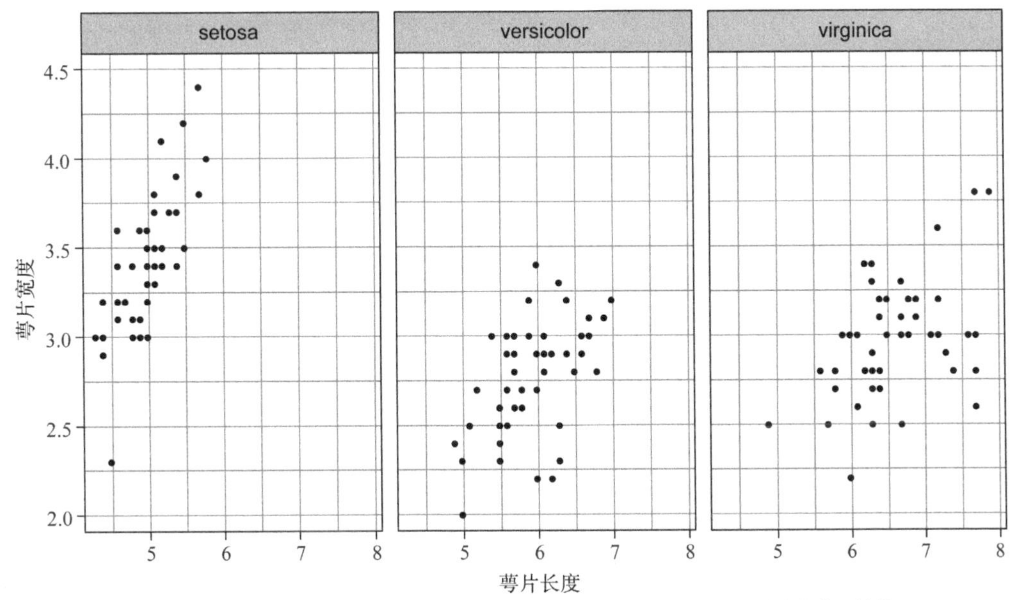

图 2-4　显示的数据虽然相同，但却在不同的子图或分面中绘制了不同种类的鸢尾植物

代码清单 2.13　使用 facet_wrap()函数对子图进行分组

```
ggplot(iris, aes(x = Sepal.Length, y = Sepal.Width)) +
  facet_wrap(~ Species) +
  geom_point() +
  theme_bw()
```

尽管 ggplot2 的功能比这里介绍的要强大很多(包括自定义几乎所有图形界面的外观)，但我们想让你了解的是如何通过创建基本的绘图来复现书中的其他绘图。如果想把自己的数据可视化技能提升到更高水平，强烈推荐阅读 Hadley Wickham 撰写的 *ggplot2: Elegant Graphics for Data Analysis* 一书。

提示　绘图元素的顺序十分重要！绘图元素将按顺序分层，因此，你在 ggplot()后续调用中添加的元素将位于所有其他元素之上。对图 2-2 使用的 geom_density_2d()和 geom_smooth()函数重新排序，并仔细查看会发生什么情况(图形可能看起来相同，但事实并非如此)。

练习 2-5：从 mtcars tibble 中创建 drat 和 wt 变量的散点图，并通过 carb 变量为散点着色。将 carb 绘图封装到 as.factor()函数中，观察图形的变化。

2.6　tidyr 程序包及其功能介绍

通常，作为数据科学家，我们对数据的格式没有太多控制权。因此，我们不得不首先将不整洁的数据重构成整洁格式，然后再将数据输入机器学习算法。下面先创建一个格式不整洁的 tibble，再将其转换成整洁格式。

代码清单 2.14 显示的 tibble 用于虚构患者数据，其中包括干预开始后，于第 0、3、6 个月分别测量的患者的体重指数(Body Mass Index，BMI)。这些数据整洁吗？不整洁！虽然只有三个变量：

- 患者编号
- 测量月份
- BMI 测量值

但是我们的数据有四列！并且每一行都不包含单独的观察数据，而是包含对患者进行的所有观察。

代码清单 2.14 格式不整洁的 tibble

```
library(tibble)

library(tidyr)

patientData <- tibble(Patient = c("A", "B", "C"),
                      Month0 = c(21, 17, 29),
                      Month3 = c(20, 21, 27),
                      Month6 = c(21, 22, 23))
patientData

# A tibble: 3 x 4
  Patient  Month0 Month3     Month6
  <chr>    <dbl>    <dbl>     <dbl>
1 A        21          20        21
2 B        17          21        22
3 C        29          27        23
```

为了将这个格式不整洁的 tibble 转换成整洁格式，我们可以使用 tidyr 程序包中的 gather()函数，参见代码清单 2.15。

gather()函数的第一个参数是数据。后续参数是一个键值(key-value)对，这个键值对中的 key 参数用于定义一个新的变量，而这个新的变量用于表示我们收集的列。在本例中，我们将收集的列命名为 Month0、Month3 和 Month6，然后调用保留这些键的 Month 列。这个键值对中的 value 参数也被用于定义一个新的变量，这个新的变量用于表示我们正在收集的列中的数据。在本例中，这些数据是 BMI 测量值，我们将使用这些 BMI 测量值组成新列。gather()函数的最后一个参数是一个向量，用于定义想要收集并转换为键值(key-value)对的变量。通过使用-Patient，我们可以告诉 gather()函数使用除标识变量 Patient 外的其他所有变量。

代码清单 2.15 使用 gather()函数整理数据

```
tidyPatientData <- gather(patientData, key = Month,
                          value = BMI, -Patient)

tidyPatientData

# A tibble: 9 x 3
  Patient Month    BMI
  <chr>   <chr>   <dbl>
1 A       Month0     21
2 B       Month0     17
3 C       Month0     29
4 A       Month3     20
5 B       Month3     21
6 C       Month3     27
7 A       Month6     21
```

```
8 B        Month6      22
9 C        Month6      23
```

通过代码清单 2.16，我们可以得到相同的结果(注意，代码清单 2.16 和代码清单 2.15 得到的 tibble 是相同的)。

代码清单 2.16　收集列的另一种方式

```
gather(patientData, key = Month, value = BMI, Month0:Month6)

# A tibble: 9 x 3
  Patient Month      BMI
  <chr>   <chr>    <dbl>
1 A       Month0      21
2 B       Month0      17
3 C       Month0      29
4 A       Month3      20
5 B       Month3      21
6 C       Month3      27
7 A       Month6      21
8 B       Month6      22
9 C       Month6      23
gather(patientData, key = Month, value = BMI, c(Month0, Month3, Month6))

# A tibble: 9 x 3
  Patient Month      BMI
 <chr>    <chr>    <dbl>
1 A       Month0      21
2 B       Month0      17
3 C       Month0      29
4 A       Month3      20
5 B       Month3      21
6 C       Month3      27
7 A       Month6      21
8 B       Month6      22
9 C       Month6      23
```

将数据转换为宽松格式

patientData tibble 中的数据结构使用的是宽松格式，其中单个案例的观察结果位于同一行数据的多个列中。大多数情况下，我们希望使用格式整洁的数据，因为这样可以使我们的操作变得更加简单：可以立即看到我们有哪些变量，这些变量的分组结构将更为清晰。另外，大多数函数的设计都基于格式整洁的数据。但在极少数情况下，我们用到的函数期望我们将整洁的数据转换为宽松格式。此时，可以使用 spread()函数将格式整洁的数据转换为宽松格式：

```
spread(tidyPatientData, key = Month, value = BMI)

# A tibble: 3 x 4
 Patient  Month0 Month3     Month6
 <chr>    <dbl>    <dbl>     <dbl>
1 A       21          20        21
2 B       17          21        22
3 C       29          27        23
```

spread()函数的用法与 gather()函数正好相反：spread()函数用来扩展列，可针对 gather()函数之前创建的 key 列和 value 列，将其中一列拆成多列。key 表示原来要拆开的那一列的名称(变量名)，value 表示拆出来的那些列应该填什么(填入原来的哪一列)，这样就可以通过 spread()函数将它们转换为宽松格式。

练习 2-6： 通过 mtcars tibble 将 vs、am、gear 和 carb 变量转换为单个键值对。

2.7 purrr 程序包及其功能介绍

本章要讲解的最后一个 tidyverse 程序包是 purrr。作为函数式编程语言，R 语言为我们提供了一些能够在不更改工作空间中任何内容的情况下执行所有运算的工具，如用于计算的数学函数。

注意 当函数执行计算之外的其他操作(例如绘图或更改环境)时，就称函数有了副作用。不会产生任何副作用的函数称为纯函数。

代码清单 2.17 展示了一个产生和不产生函数副作用的简单示例。pure()函数返回 a+1 的值，但不会更改全局环境中的任何内容。side_effect()函数使用超级赋值运算符<<-在全局环境中重新分配对象。每次调用 pure()函数时，都会给出相同的输出；但是，每次调用 side_effeet()函数时，则会输出一个新值(这也会影响后续 pure()函数调用的输出)。

代码清单 2.17　创建数值向量列表

```
a <- 20

pure <- function() {
  a <- a + 1
  a
}

side_effect <- function() {
  a <<- a + 1
  a
}

c(pure(), pure())
[1] 21 21

c(side_effect(), side_effect())
[1] 21 22
```

通常情况下，调用没有副作用的函数最优，因为这样更容易预测函数的作用。如果一个函数没有副作用，我们就可以在不破坏代码中任何内容的情况下，使用其他实现方式替换这个函数。

for 循环(如果单独使用的话)可能产生不利的副作用(例如，修改现有变量)，我们可以将其封装到其他函数中。封装了 for 循环的函数将允许我们遍历向量/列表中的每个元素(包括数据框或 tibble 中的列和行)，并返回整个遍历结果。

注意 实际上，purrr 程序包中的函数在使用一致的语法模式和采用一些方便特征的情况下，有助于我们实现基于 R 函数的 apply()系列函数的功能。

2.7.1　使用 map()函数替换 for 循环

可以将 purrr 程序包提供的一系列函数应用于列表中的每个元素。具体使用哪个 purrr 函数取决于输入的数量和我们想要输出的内容；在本小节中，我们将说明 purrr 程序包中最常用函数的重要性。

对于如下包含三个数值向量的列表：

```
listOfNumerics <- list(a = rnorm(5),
                       b = rnorm(9),
                       c = rnorm(10))

listOfNumerics

$a
[1] -1.4617 -0.3948 2.1335 -0.2203 0.3429

$b
[1] 0.2438 -1.3541 0.6164 -0.5524 0.4519 0.3592 -1.3415 -1.7594 1.2160

$c
 [1] -1.1325 0.2792 0.5152 -1.1657 -0.7668 0.1778 1.4004 0.6492 -1.6320
[10] -1.0986
```

假设我们想要对其中的三个列表元素分别使用 length()函数以得到每个列表元素的长度。我们可以使用 for 循环，通过遍历每个列表元素来执行上述操作。为了节省时间，下面预先定义一个新的列表，并将 for 循环的输出赋值给这个新的列表：

```
elementLengths <- vector("list", length = 3)

for(i in seq_along(listOfNumerics)) {
  elementLengths[[i]] <- length(listOfNumerics[[i]])
}

elementLengths

[[1]]
[1] 5

[[2]]
[1] 9

[[3]]
[1] 20
```

这段代码很难理解，我们需要预定义一个空的向量以防止循环变慢。此外，这段代码还具有副作用：如果再次运行循环，将会覆盖 elementLengths 列表。

但是，我们可以使用 map()函数替换 for 循环。在 map 系列函数中，所有函数的第一个参数是我们想要遍历的数据，第二个参数是我们想要应用于每个列表元素的函数。图 2-5 演示了 map()函数如何将一个函数应用于列表/向量的每个元素并返回一个包含输出内容的列表。

在此例中，map()函数将把 length()函数应用于 listOfNumerics 列表的每个元素，并将结果作为一个列表返回。注意，map()函数还会将输入元素的名称用作输出元素的名称(a、b 和 c)：

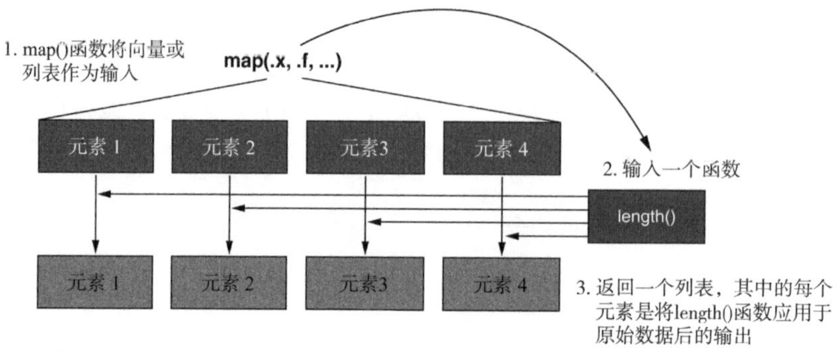

图 2-5　map()函数将向量或列表作为输入，然后分别将 length()函数应用于输入的每个元素，最后返回一个包含输出内容的列表

```
map(listOfNumerics, length)

$a
[1] 5

$b
[1] 9

$c
[1] 20
```

注意　如果熟悉 apply 系列函数，你将会发现 map()与 apply()函数具有相同的效果。

我们希望你能看到，上述代码相比使用 for 循环更简单易读！

2.7.2　返回原子向量而非列表

map()函数总是返回一个列表，但如果我们想要返回原子向量而不是列表，该如何操作？purrr 程序包中的许多函数都能实现上述目的：

- map_dbl()返回双精度(十进制)向量。
- map_chr()返回字符型向量。
- map_int()返回整型向量。
- map_lgl()返回逻辑向量。

上面这些函数都将返回由各自后缀指定的对应类型的原子向量。因此，我们需要预先确定输出的数据属于哪种类型。例如，如代码清单 2.18 所示，我们可以使用 map_int()函数像以前那样返回每个 listOfNumerics 列表元素的长度。与 map()函数一样，map_int()函数也将 length()函数应用于列表中的每个元素，但却以整型向量的形式返回输出。可以使用 map_chr()函数执行相同的操作，但最终会将输出强制转换为字符型向量。使用 map_lgl()函数则会产生错误，因为无法将输出强制转换为逻辑向量。

注意　通过强制声明想要返回的输出类型，可以防止未知输出类型方面的报错。

代码清单 2.18　返回原子向量

```
map_int(listOfNumerics, length)

a b  c
```

```
5  9  20

map_chr(listOfNumerics, length)

  a    b    c
"5"  "9"  "20"

map_lgl(listOfNumerics, length)

Error: Can't coerce element 1 from a integer to a logical
```

练习 2-7： 使用 purrr 程序包中的函数返回一个逻辑向量，该逻辑向量用于指示 mtcars 数据集中每一列的所有值之和是否大于 1000。

最后，可以使用 map_df()函数返回一个 tibble 而非列表，参见代码清单 2.19。

代码清单 2.19　使用 map_df()函数返回一个 tibble

```
map_df(listOfNumerics, length)

# A tibble: 1 x 3
        a      b       c
    <int>  <int>   <int>
1       5      9      10
```

2.7.3　在 map()系列函数中使用匿名函数

有时，我们希望将函数应用于尚未定义的列表中的每个元素。这种在运行中定义的函数称为匿名函数，尽管它们的使用频率不高且不能保证一定被分配给某个对象，但是它们的用处很大。在 R 语言中，我们只需要调用 function()函数即可定义一个匿名函数，参见代码清单 2.20。

代码清单 2.20　使用 function()函数定义一个匿名函数

```
map(listOfNumerics, function(.) . + 2)

$a
[1] 0.5383 1.6052 4.1335 1.7797 2.3429

$b
[1] 2.2438 0.6459 2.6164 1.4476 2.4519 2.3592 0.6585 0.2406 3.2160

$c
 [1] 0.8675 2.2792 2.5152 0.8343 1.2332 2.1778 3.4004 2.6492 0.3680 0.9014
```

注意　在匿名函数中，符号.表示 map()函数正在遍历的元素。

function(.)之后的表达式是函数的主体。这种语法没有任何问题；不过 purrr 程序包提供了 function(.)的简写形式：~(波浪符号)。因此，可以用~代替 function(.)函数，从而将 map()函数调用简写为 map(listOfNumerics,~.+2)。

2.7.4　使用 walk()产生函数的副作用

有时，我们想产生某个函数的副作用。最常见的情况是：当我们期望绘制一系列数据图时，可以使用 walk()函数将某个函数应用于列表的每个元素，以产生函数的副作用。walk()函数还会返回我们输入的原始数据，所以它对于绘制一系列管道操作的中间步骤十分有用。下面举例说明如何使用 walk()函数为列表中的每个元素创建单独的直方图。

```
par(mfrow = c(1, 3))
walk(listOfNumerics, hist)
```

注意 执行 par(mfrow = c(1, 3))函数调用后，就可以基于基本图的绘制，简单地将图版分为一行和三列。

绘制出来的数据图如图 2-6 所示。

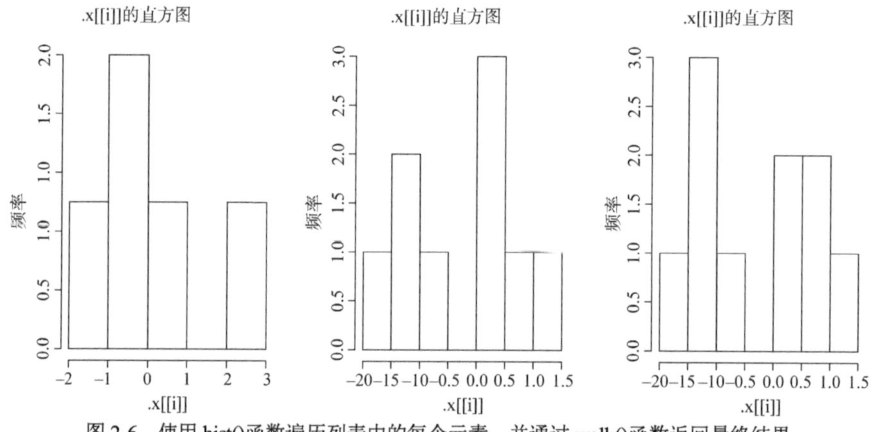

图 2-6 使用 hist()函数遍历列表中的每个元素，并通过 walk()函数返回最终结果

但是，如果我们想使用每个列表元素的名称作为直方图的标题，该如何操作？我们可以使用 iwalk()函数来完成以上目标。在 iwalk()函数中，可以使用.x 引用想要遍历的列表元素，并使用.y 引用列表元素的名称或索引：

```
iwalk(listOfNumerics, ~hist(.x, main = .y))
```

注意 每个 map()函数都有相应的 i 版本，以允许引用每个元素的名称或索引。

绘制出来的数据图如图 2-7 所示。请注意，现在每个直方图的标题都显示了正在绘制的列表元素的名称。

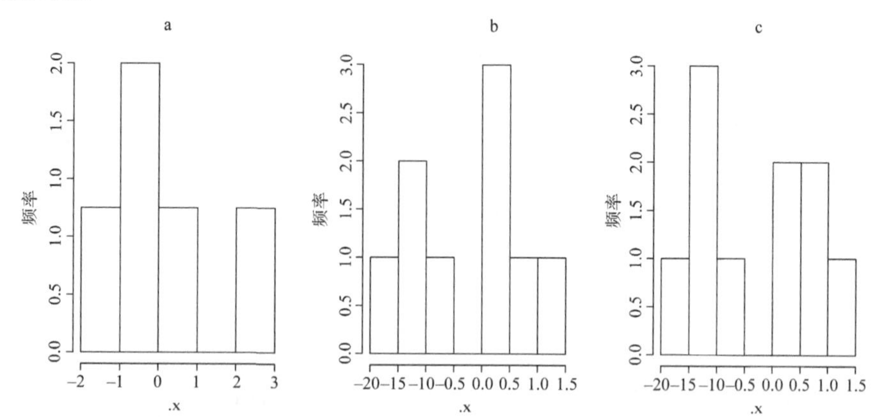

图 2-7 使用 hist()函数遍历列表中的每个元素，并通过 iwalk()函数返回最终结果

2.7.5　同时遍历多个列表

有时，我们想要遍历的数据并不只包含在单个列表中。假设期望将列表中的每个元素乘以一个不同的值，我们可以将这些值存储到另一个列表中，并使用 map2()函数同时遍历这两个列表，将第一个列表中的元素和第二个列表中的元素相乘。这一次，我们没有使用.来引用数据，而是分别使用.x 和.y 来引用第一个列表和第二个列表：

```
multipliers <- list(0.5, 10, 3)

map2(.x = listOfNumerics, .y = multipliers, ~.x * .y)
```

现在，假设要遍历三个或更多的列表，我们可以使用 pmap()函数同时遍历它们。当需要测试一个函数的多种参数组合时，也可以使用 pmap()函数。

rnorm()函数可以用来从正态分布中抽取随机样本，该函数有三个参数：*n*(样本数)、mean(分布的中心)和 sd(标准差)。可以首先为每个参数创建一个值列表，然后使用 pmap()函数遍历每个值列表，进而将 rnorm()函数应用于每种组合。

下面使用 expand.grid()函数创建一个包含输入向量的每种组合的数据框，数据框实际上只是列的列表。使用 pmap()函数遍历数据框中的每一列，在本质上，这要求 pmap()函数对数据框的每一行中包含的参数进行遍历。因此，pmap()函数将返回 8 个不同的随机样本，其中的任何一个都对应数据框中各个参数的组合。

所有 map 系列函数的第一个参数都是我们希望遍历的数据，因此，可使用%>%运算符将它们链接在一起。在代码清单 2.21 中，我们将 pmap()函数返回的随机样本导入 iwalk()函数，并为每个样本绘制单独的直方图，最后使用索引对它们进行标记。

代码清单 2.21　使用 pmap()函数遍历多个列表

```
arguments <- expand.grid(n = c(100, 200),
                         mean = c(1, 10),
                         sd = c(1, 10))
arguments

    n      mean      sd
1 100         1       1
2 200         1       1
3 100        10       1
4 200        10       1
5 100         1      10
6 200         1      10
7 100        10      10
8 200        10      10
par(mfrow = c(2, 4))

pmap(arguments, rnorm) %>%
  iwalk(~hist(.x, main = paste("Element", .y)))
```

绘制出来的数据图如图 2-8 所示。

即便没有记住刚才介绍的所有 tidyverse 功能，也不必担心，因为在本书的后面我们将继续使用这些工具。除了本节介绍的内容之外，tidyverse 工具还可应用于许多方面，但你现有的知识已足以解决最常见的数据处理问题。你已经知道如何阅读本书，第 3 章将深入探讨机器学习理论。

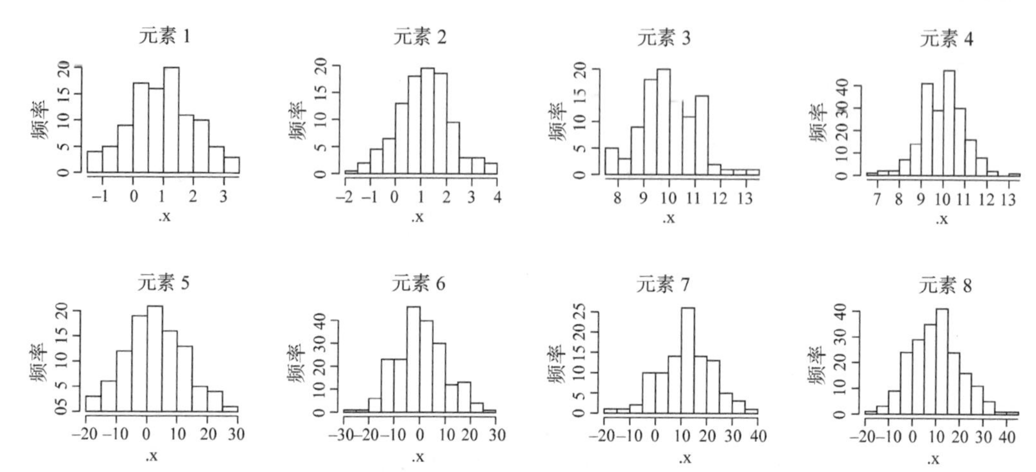

图 2-8 通过 pmap()函数遍历 rnorm()函数的三个参数向量。pmap()函数的输出可通过管道传递给 iwalk()函数，从而使用 hist()函数遍历每个随机样本

2.8 本章小结

- tidyverse 是 R 语言程序包的集合，可简化数据的组织、处理和绘制。
- 格式整洁的数据是矩形数据，其中每一行是一个观察值，每一列是一个变量。在将数据传递给机器学习函数之前，确保数据格式整洁十分重要。
- tibble 是数据框的现代版本，并且拥有更加完善的规则来输出矩形数据。tibble 从不改变变量的类型，并且在使用[运算符设置子集时能返回另一个 tibble。
- dplyr 程序包能让数据操作过程变得更加简单易懂，其中最重要的函数是 select()、filter()、group_by()、summarize()和 arrange()。
- dplyr 程序包最强大的功能是：可以使用%>%运算符将函数通过管道链接在一起。%>%运算符能将函数左侧的输出作为函数右侧的第一个输入参数进行传递。
- ggplot2 是一种热门的 R 语言绘图系统，有了 ggplot2，就可以使用一种简单的分层方式创建有效的数据图。
- 借助 tidyr 程序包提供的 gather()函数，可以轻松地将格式不整洁的数据转换为整洁格式。相反，使用 spread()函数则可以将格式整洁的数据转换成宽松格式。
- purrr 程序包提供了一种简单且一致的方法，让你能够以遍历的方式将函数应用于列表中的每个元素。

2.9 练习题答案

1. 加载 mtcars，将其转换为 tibble，然后使用 summary()函数进行运算：

```
library(tidyverse)

data(mtcars)

mtcarsTib <- as_tibble(mtcars)

summary(mtcarsTib)
```

2. 选择除了 qsec 和 vs 以外的所有列：

```
select(mtcarsTib, c(-qsec, -vs))
# or
select(mtcarsTib, c(-7, -8))
```

3. 筛选 cylinder 数目不等于 8 的行：

```
filter(mtcarsTib, cyl != 8)
```

4. 按 gear 分组，计算 mpg 和 disp 的中位数之和并生成一个新的变量：

```
mtcarsTib %>%
  group_by(gear) %>%
  summarize(mpgMed = median(mpg), dispMed = median(disp)) %>%
  mutate(mpgOverDisp = mpgMed / dispMed)
```

5. 创建 drat 和 wt 变量的散点图，并按 carb 进行着色：

```
ggplot(mtcarsTib, aes(drat, wt, col = carb)) +
  geom_point()

ggplot(mtcarsTib, aes(drat, wt, col = as.factor(carb))) +
  geom_point()
```

6. 将 vs、am、gear 和 carb 合并为单个键值(key-value)对：

```
gather(mtcarsTib, key = "variable", value = "value", c(vs, am, gear, carb))
# or
gather(mtcarsTib, key = "variable", value = "value", c(8:11))
```

7. 遍历 mtcars tibble 的每一列并返回一个逻辑向量：

```
map_lgl(mtcars, ~sum(.) > 1000)
# or
map_lgl(mtcars, function(.) sum(.) > 1000)
```

第 II 部分

分类算法

前面介绍了一些基本的机器学习术语，你的 tidyverse 技巧已有所提高。从现在开始，我们将正式学习一些实用的机器学习技巧。本书剩下的内容将分为如下四大部分：

- 第 II 部分　分类算法
- 第 III 部分　回归算法
- 第 IV 部分　降维算法
- 第 V 部分　聚类算法

本书接下来的每一章都将讲解一个或多个算法，并且每一章的开头部分都将以一种图形方式解释算法学习的基本理论，其余部分会将算法应用于实际数据集，以帮助我们将所学的知识转换为真正的技巧。

回顾第 1 章，我们知道分类和回归都是有监督的学习任务。之所以有监督，是因为可以使用已经标注了基本事实的数据来训练模型。第 3～8 章将重点介绍分类变量的预测，学习分类算法。本书除了讲解算法的工作原理以及如何使用算法之外，还将讲解有关机器学习的其他技能；例如，如何评估模型的性能，以及如何调整模型来实现性能的最优化，等等。学完本书第 II 部分之后，我们希望你能够充满信心地使用 R 语言中的 mlr 程序包来完成机器学习任务。mlr 程序包为所有机器学习任务创建了一种非常简单且能够复用的工作流程，可以使学习过程变得更加轻松。学完分类算法之后，你将在回归算法部分继续学习如何预测连续变量。

第 3 章

基于相似性的 *k* 近邻分类

本章内容：

- 理解偏差-方差平衡
- 欠拟合与过拟合
- 使用交叉验证评估模型性能
- 建立 *k* 近邻分类器
- 调整超参数

本章可能是本书最重要的一章。本章将介绍 *k* 近邻(k-Nearest Neighbors，kNN)算法的基本工作原理，并使用这种算法对潜在的糖尿病患者进行分类。此外，本章还将利用 kNN 算法来讲授机器学习中的一些基本概念，这些概念对于学习本书的其他内容至关重要。

到本章结束时，你将不仅能理解和使用 kNN 算法创建分类模型，还能验证 kNN 算法的性能并对其进行调整优化。模型建立后，就可以学习如何将未知类别的新数据传递到模型中，并获得数据的预测分类(我们期望能够预测分类或分组变量的值)。另外，本章还将介绍 R 语言中功能极其强大的 mlr 程序包，其中包含大量令人向往的机器学习算法，它们能够极大地简化所有的机器学习任务。

3.1　*k* 近邻算法的概念

一些机器学习从业者认为 kNN 算法过于简单，因而对其有些轻视。事实上，kNN 算法虽然简单，却可提供令人惊讶的良好分类性能，并且非常易于理解。

注意　kNN 算法使用有标注的数据，因而是一种监督机器学习算法。

3.1.1　如何学习 *k* 近邻算法

如何学习 kNN？接下来，我们以蛇为例进行解释。笔者来自英国，可能让你意想不到的是，英国也是有一些本土蛇的，其中包括青草蛇和蝰蛇，后者是英国本土唯一的毒蛇。但除了这些蛇之外，还有一种很可爱的无肢体爬行动物，叫作无脚蜥，人们常常误认为它们是一种蛇。假设你正在从事一项爬行动物保护工作，这项工作旨在统计森林中青草蛇、蝰蛇和无脚蜥的数量。你要做的工作是建立一个模型，并快速地将找到的爬行动物归类到以上三个类别之一。当你遇到其中一种动物时，留给你的时间只够快速估计出它的长度，并在它溜走之前衡量出它对你的攻击性(项目资助资金有限)。虽然可以请研究爬行动物的专家帮助你手动分类现有的观察样本，但你还是决定构建一个 kNN 分类器，以帮助你快速分类未来可能遇见的样本。

分类前的数据如图 3-1 所示。我们对每个数据样本中的身体长度和攻击性进行了标记，专家确定的物种则使用不同的形状进行指示。如果再次进入林地并收集三个新的数据样本，这些数据将在图 3-1 中以黑叉显示。

可以通过以下两个阶段来描述 kNN 算法(其他机器学习算法与此类似)：

- 训练阶段
- 预测阶段

kNN 算法的训练阶段只包括存储数据。这在机器学习算法中并不常见(可通过学习后面的章节来理解这一点)，并且意味着大多数计算是在预测阶段完成的。

在预测阶段，kNN 算法计算每个未标注样本与所有标注样本之间的距离。这里所说的“距离”，是指它们在攻击性和身体长度方面的接近程度，而不是你在树林中找到它们时它们与你的距离！这种距离度量通常被称为欧几里得距离(Euclidean distance)。在二维甚至三维度量中，两点之间的直线距离很容易在脑海中想象出来，如图 3-2 所示，这是根据数据中存在的多个维度进行计算的。

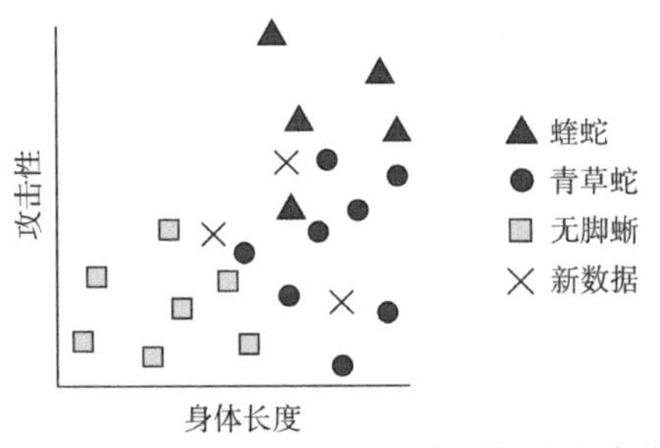

图 3-1　爬行动物的身体长度和攻击性：根据青草蛇、蝰蛇和无脚蜥的形状进行标注，并使用黑叉表示新的未标注数据

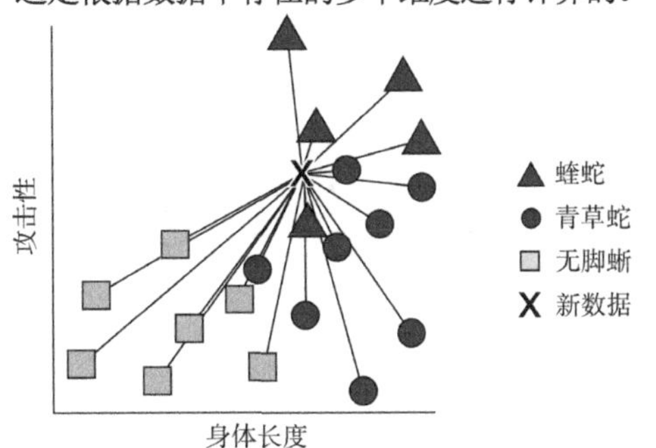

图 3-2　kNN 算法的第一步：计算距离。这些直线表示一个未标注样本(用黑叉表示)和每个已标注样本之间的距离

接下来，对于每个未标注样本，kNN 算法将对周围的近邻样本按照从最近(最相似)到最远(最不相似)的顺序进行排序，如图 3-3 所示。

kNN 算法计算得出每个未标注样本最接近的 k 个已标注样本(近邻)。k 是我们指定的整数。换言之，我们需要找到与未标注样本变量相关的 k 个最相似的已标注样本。最后，每个未标注样本将根据近邻所属的类别“投票”决定自己应属于哪个类别。换言之，k 个近邻中最多的已标注样本所属的类别决定了未标注样本的类别。

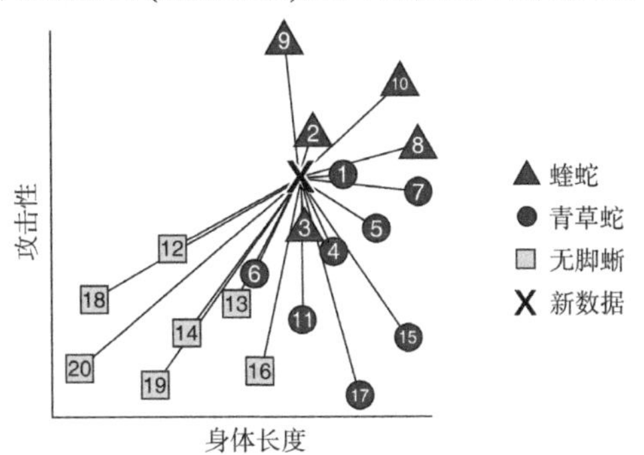

图 3-3　kNN 算法的第二步:：对近邻进行排序。这些直线表示一个未标注样本(用黑叉表示)和每个已标注样本之间的距离。这些数字表示未标注样本和每个已标注样本之间的距离排序(1 表示最近)

注意　因为所有计算都在预测阶段完成，所以 kNN 算法被认为是一种懒惰学习算法。

kNN 算法的具体应用如图 3-4 所示。当 k 设置为 1 时，kNN 算法会找到与每个未标注样本最相似的单个已标注样本。每一种未标注的爬行动物都与青草蛇最接近，所以它们都被分配到这个类别中。

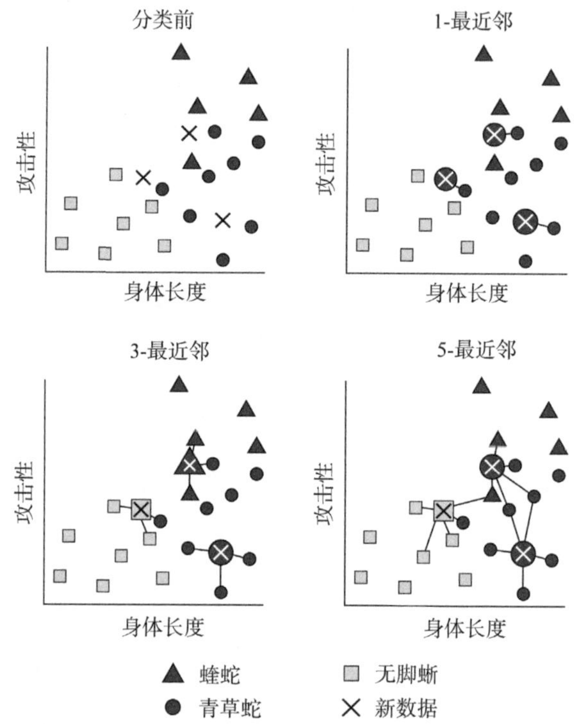

图 3-4　kNN 算法的最后一步：识别 k 个近邻并获得多数选票。我们使用直线分别将未标注样本与最接近它们的一个、三个和五个近邻连接起来。每种情况下的多数选票代表的类别是由画在黑叉符号背后的形状表示的

当我们将 k 设置为 3 时，kNN 算法会找到与每一个未标注样本最相似的三个已标注样本。从图 3-4 中可以看出，有两个未标注样本的近邻属于多个类别。在这种情况下，每个近邻为自己的类别“投票”，获得多数投票的获胜。这非常直观，因为如果有一条具有明显攻击性的青草蛇恰好是已标注的蝰蛇的最近邻，那么它将被标注为蝰蛇。

我们希望你能明白 k 值不同时 kNN 算法的处理方式。例如，当我们把 k 设为 5 时，kNN 算法会简单地找到离未标注样本最近的五个样本，并将多数投票的结果作为未标注样本的类别。请注意，在这三个场景中，k 的值将直接影响每个未标注样本的分类结果。

提示　kNN 算法实际上可同时用于分类和回归问题！这将在第 12 章中进行讲解，它们唯一的区别是，kNN 算法不再采用“投票”方式，而是找到最近邻值的平均值或中值。

3.1.2　如果票数相等，会出现什么情况

可能发生所有 k 近邻均属不同类别，投票结果为平局的情况。这种情况下会发生什么？在二分类问题(样本只能属于两个互斥类别中的一类)中，可选择 k 的值为奇数，从而避免这种情况发生。但在爬行动物分类问题中，如果我们有两个以上的类别呢?

处理这种情况的一种方法是逐渐减小 k 值，直到赢得多数选票。但如果一个未标注样本与两个最近邻是等距的，这种方法就无效了。

不过，一种更常见(也更实用)的方法是将样本随机分配给得票相同的其中一类。在实践中，最近邻之间存在关联的样本比例很小，因此这对模型的分类精度影响有限。但是，如果数据之间存在很多关联，可选择以下方法：

- 选择一个不同的 k 值。
- 在数据中添加少量的噪声。
- 考虑使用不同的算法！第 8 章的最后将讲解如何对比把不同算法应用于同一问题时存在的性能差异。

3.2 建立第一个 kNN 模型

假设你在一家医院工作，并试图提高糖尿病患者的诊断水平。为此，你将在几个月内收集疑似糖尿病患者的诊断数据，并记录他们是否被诊断为正常、化学性糖尿病或显性糖尿病。你希望使用 kNN 算法训练一个模型，该模型可以预测新患者属于这些类别中的哪一类，从而提高诊断水平。这就是一个分类问题。

我们选择以一种简单朴素的方式建立一个 kNN 模型，然后在本章的其余部分逐步加以改进。下面安装 mlr 程序包，并与 tidyverse 一并加载：

```
install.packages("mlr", dependencies = TRUE)

library(mlr)

library(tidyverse)
```

警告　安装 mlr 程序包可能需要几分钟的时间，但只需要安装一次。

3.2.1 加载和研究糖尿病数据集

现在，加载 mclust 程序包中内置的一些数据，将它们转换为一个 tibble，然后进行一些研究(回顾一下第 2 章，tibble 是存储矩形数据的 tidyverse 方法)，参见代码清单 3.1。这是一个包含 145 个样本和 4 个变量的 tibble。class 变量显示 76 例为正常(Normal)，36 例为化学性糖尿病(Chemical)，33 例为显性糖尿病(Overt)。其他三个变量分别表示葡萄糖耐受试验后血糖和胰岛素水平的连续测量值(分别为 glucose 和 insulin)以及稳态血糖水平(sspg)。

代码清单 3.1　加载糖尿病数据

```
data(diabetes, package = "mclust")

diabetesTib <- as_tibble(diabetes)
summary(diabetesTib)
class          glucose         insulin            sspg
Chemical:36    Min.   : 70     Min.   : 45.0      Min.   : 10.0
Normal  :76    1st Qu.: 90     1st Qu.: 352.0     1st Qu.:118.0
Overt   :33    Median : 97     Median : 403.0     Median :156.0
               Mean   :122     Mean   : 540.8     Mean   :186.1
               3rd Qu.:112     3rd Qu.: 558.0     3rd Qu.:221.0
               Max.   :353     Max.   :1568.0     Max.   :748.0
```

```
diabetesTib

# A tibble: 145 x 4
   class   glucose insulin  sspg
 * <fct>     <dbl>   <dbl> <dbl>
 1 Normal       80     356   124
 2 Normal       97     289   117
 3 Normal      105     319   143
 4 Normal       90     356   199
 5 Normal       90     323   240
 6 Normal       86     381   157
 7 Normal      100     350   221
 8 Normal       85     301   186
 9 Normal       97     379   142
10 Normal       97     296   131
# ... with 135 more rows
```

为了显示这些变量之间的关系，我们选择在图 3-5 中将它们两两之间按组合绘制出来，用来生成这些图形的代码如代码清单 3.2 所示。

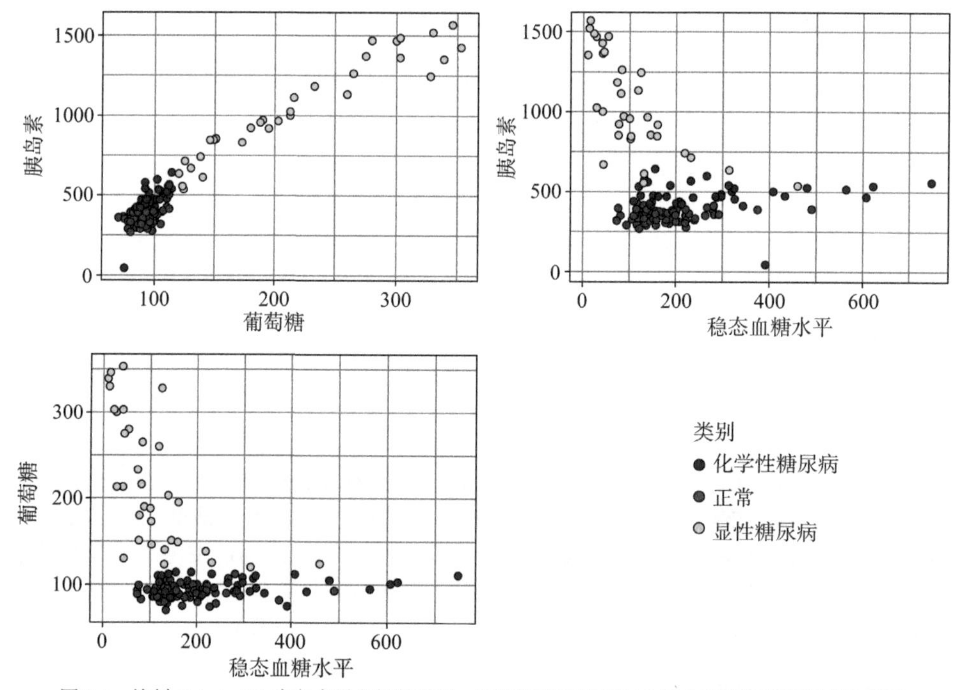

图 3-5　绘制 diabetesTib 中各变量之间的关系：所有连续变量的三个组合都按类别进行着色表示

代码清单 3.2　绘制糖尿病数据

```
ggplot(diabetesTib, aes(glucose, insulin, col = class)) +
   geom_point() +
   theme_bw()

ggplot(diabetesTib, aes(sspg, insulin, col = class)) +
   geom_point() +
   theme_bw()
```

```
ggplot(diabetesTib, aes(sspg, glucose, col = class)) +
  geom_point() +
  theme_bw()
```

通过查看这些数据，你可以发现这三个类别的连续变量之间存在着差异。下面构建一个 kNN 分类器，用它对未来患者进行监测，从而预测糖尿病患者的类别。

练习 3-1：重现图 3-5，但使用形状而不是颜色来表示每种类别。

这里的糖尿病数据集仅由连续的预测变量组成，但我们也可能经常使用分类的预测变量。kNN 算法不能直接处理分类变量；分类变量需要事先以某种方式进行编码，或使用除欧氏距离外的其他距离进行度量。

对于 kNN 算法(以及许多机器学习算法)来说，通过将预测变量除以它们的标准差来进行缩放是非常重要的。这保留了变量之间的关系，并确保了在更大尺度上测量的变量不会被算法赋予更大的权重。在我们的例子中，如果将 glucose 与 insulin 变量除以 1 000 000，预测就会主要依赖于 sspg 变量的值。我们不需要自己缩放预测值，因为默认情况下，采用 mlr 程序包封装的 kNN 算法就可以实现。

3.2.2　运用 mlr 训练第一个 kNN 模型

在理解了试图解决的问题(将新的患者分为三个类别)后，我们需要训练 kNN 算法以建立模型，从而解决这个问题。使用 mlr 程序包构建机器学习模型的三个主要阶段如下：

(1) 定义任务。任务由数据和数据处理方法组成。这个例子中的数据是 diabetesTib 数据集，我们期望使用 class 变量作为目标变量来对数据进行分类。

(2) 定义学习器。学习器只是我们计划使用的算法的名称以及算法允许的任何其他参数。

(3) 训练模型。在这个阶段需要执行的操作如下：将任务交给学习器，学习器将生成一个模型，然后就可以使用这个模型来进行预测。

提示　上述操作可能看起来比较麻烦，但是，将任务、学习器和模型划分到不同的阶段是非常有用的。这意味着我们可以定义一个任务并将其应用于多个学习器，或者定义一个学习器并使用多个不同的任务来测试它。

3.2.3　mlr 想要实现的目标：定义任务

首先定义任务，其中必须包含如下两部分：

- 包含预测变量的数据(预测变量包含做出预测或解决问题所需的信息)。
- 期望预测的目标变量。

对于监督机器学习，如果需要处理的是分类问题，目标变量将是分类的；如果需要处理的是回归问题，目标变量将是连续的。对于无监督机器学习，因为不能访问已标注的数据，所以我们在任务的定义中省略了目标变量。任务的组成如图 3-6 所示。

可以通过使用 makeClassifTask()函数定义分类任务来构建分类模型。等到本书第III部分和第 V 部分构建回归和聚类模型时，将分别使用 makeRegrTask()和 makeClusterTask()函数。这里提供 tibble 的名称作为 data 参数，而将包含类别标签的变量名作为 target 参数：

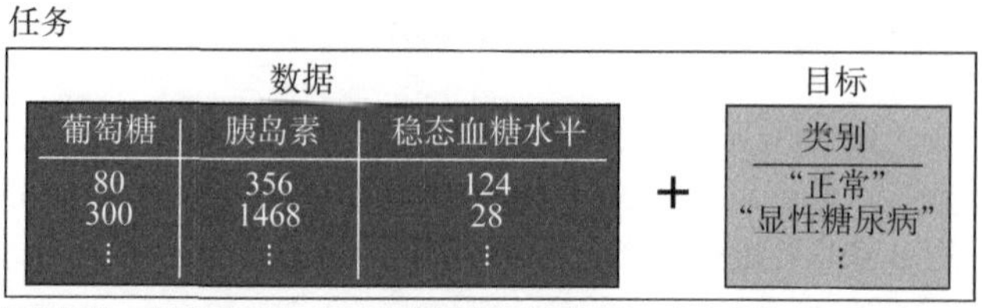

任务

数据				目标
葡萄糖	胰岛素	稳态血糖水平	+	类别
80	356	124		“正常”
300	1468	28		“显性糖尿病”
⋮	⋮	⋮		⋮

图 3-6 在 mlr 中定义任务。任务的定义中包含预测变量的数据，对于分类和回归问题，还包括期望预测的目标变量。对于无监督机器学习，目标变量会被省略

```
diabetesTask <- makeClassifTask(data = diabetesTib, target = "class")
```

注意 当构建任务时，你可能会注意到一条来自 mlr 的警告消息，提示数据不是纯 data.frame，而是 tibble。这个问题不难解决，因为 makeClassif Task()函数会将 tibble 转换为 data.frame。

调用这个任务，你将会看到，这是一个针对 diabetesTib tibble 的分类任务，目标变量是 class。除了获得一些观察值和不同变量类型的数量信息之外，我们还能获得一些额外的信息，包括是否存在缺失的数据、每个类别中的样本数量以及哪个类别被认为是“正样本”类(只存在于二分类任务中)：

```
diabetesTask

Supervised task: diabetesTib
Type: classif
Target: class
Observations: 145
Features:
   numerics     factors     ordered     functionals
          3           0           0               0
Missings: FALSE
Has weights: FALSE
Has blocking: FALSE
Has coordinates: FALSE
Classes: 3
Chemical   Normal   Overt
      36       76      33
Positive class: NA
```

3.2.4 告诉 mlr 使用哪种算法：定义学习器

接下来定义学习器，其中必须包含如下三部分。

- 使用的算法类别：
  - 用于分类的"classif. "。
  - 用于回归的"regr. "。
  - 用于聚类的"cluster. "。
  - 用于预测幸存和多标签分类的"surv. "和"multilabel. "，我们在此不予讨论。
- 使用的具体算法。
- 控制算法的任何其他选项。

学习器的以上前两部分可组合到字符参数中，以定义使用哪种算法(例如，"classif.knn")。学习器的组成如图 3-7 所示。

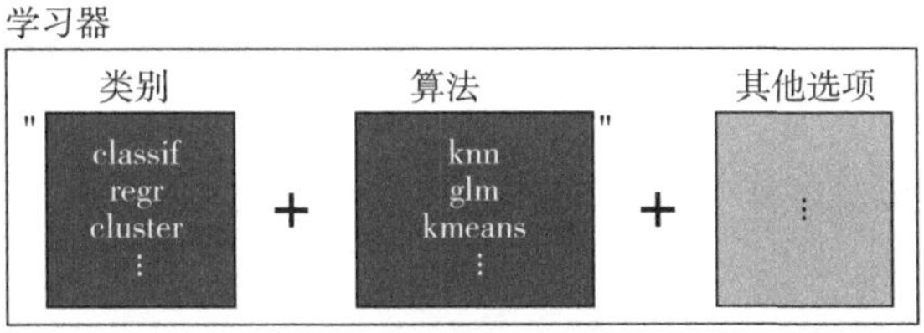

学习器

类别 | 算法 | 其他选项

"classif regr cluster ⋮ + knn glm kmeans ⋮" + ⋮

图 3-7　在 mlr 中定义学习器。学习器的定义中包括期望使用的算法类别、算法的名称，以及可供选择的用于控制算法行为的任何附加参数

下面使用 makeLearner()函数定义学习器。makeLearner()函数的第一个参数是用于训练模型的算法。在本例中，我们希望使用 kNN 算法，因此提供"classif.knn"作为参数。如何将类别("classif.)与算法的名称(knn")连接起来?

pars.vals 代表参数值，用来指定 *k* 近邻算法使用的近邻数量。现在，将 *k* 设置为 2，稍后将详细讨论如何选择 *k* 值：

```
knn <- makeLearner("classif.knn", par.vals = list("k" = 2))
```

如何列出 mlr 中的所有算法

mlr 程序包中有大量的机器学习算法，可以将这些算法提供给 makeLearner()函数。要想列出所有可用的学习器，只需要使用如下代码即可：

```
listLearners()$class
```

也可将它们按功能列出，代码如下：

```
listLearners("classif")$class
listLearners("regr")$class
listLearners("cluster")$class
```

如果不确定哪些算法是可用的，或者不确定针对特定算法需要将哪些参数传递给 makeLearner()，可使用上述函数进行提醒。

3.2.5　综合使用任务和学习器：训练模型

在定义好任务和学习器后，就可以训练模型了。训练模型所需的内容包括前面定义的任务和学习器。定义任务和学习器并将它们组合起来训练模型的整个过程如图 3-8 所示。

可通过 train()函数来训练模型，该函数将学习器作为第一个参数，并将任务作为第二个参数：

```
knnModel <- train(knn, diabetesTask)
```

建立好模型后，将数据传递给模型，并观察如何执行。predict()函数的作用是获取未标注的数据，并将它们传递给模型，以获得数据的预测类别。predict()函数的第一个参数是模型，想要传递给模型的数据可作为 newdata 参数给出：

```
knnPred <- predict(knnModel, newdata = diabetesTib)
```

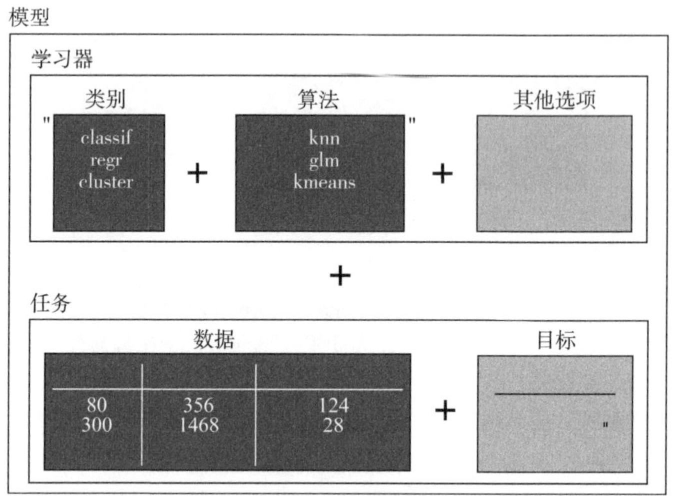

图 3-8　使用 mlr 训练模型的过程

可将这些预测作为 performance()函数的第一个参数进行传递。该函数将对模型预测的类别与数据的真实类别进行比较，并返回预测值与真实值之间匹配程度的性能度量(performance metrics)。predict()和 performance()函数的作用如图 3-9 所示。

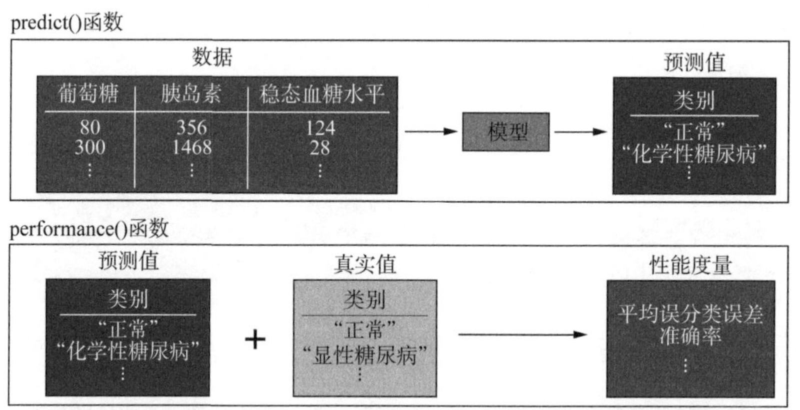

图 3-9　predict()函数将观察值输入模型中，并输出预测值。performance()函数对这些预测值与样本的真实值进行比较，并输出一个或多个用来表示两者之间相似性的性能度量

我们需要指定函数返回哪些性能度量，方法是将它们作为列表提供给 measures 参数。我们需要的两个度量分别是 mmce(平均误分类误差)和 acc(准确率)。mmce 表示模型错分样本的比例。acc 与 mmce 正好相反，acc 表示模型正确分类样本的比例。可以看出，它们两者之和为 1.00。

```
performance(knnPred, measures = list(mmce, acc))

      mmce        acc
0.04827586 0.95172414
```

我们的模型正确分类了将近 95.2%的病例!这是否意味着它会对未来患者产生良好的预测性能？事实是：我们不知道。采用训练模型的数据进行模型性能评估的方式对于预测未知数据相助甚少，因为不知道模型将如何进行预测。因此，最好永远不要以这种方式评估模型性能。

在讨论原因之前，我们先引入偏差-方差权衡这一重要概念。

3.3 平衡模型误差的两个来源：偏差-方差权衡

机器学习中有一个非常重要却被很多人误解的概念：偏差-方差权衡。让我们看一个例子，一位同事向你发送公司收到的邮件数据，并要求你建立一个模型，将收到的邮件分为垃圾邮件和非垃圾邮件(当然，这是一个分类问题)。你收到的数据集有 30 个变量，包括诸如电子邮件中的字符数、URL 是否存在、群发的电子邮件地址数量等观察值，以及电子邮件是否为垃圾邮件。

你简单地使用其中的四个预测变量来构建分类模型。快到吃饭时间了，于是，你匆忙把模型发送给同事，你的模型将作为公司的垃圾邮件过滤器使用。

一周后，你的同事向你抱怨垃圾邮件过滤器表现很差，因为它总是对某些类型的邮件进行错误分类。你将用于训练模型的数据传递回模型，发现仅仅正确分类了 60%的电子邮件。你认为原因可能在于对数据进行了欠拟合。换句话说，你的模型过于简单，并且倾向于对某些类型的电子邮件进行错误分类。

于是，你重新研究数据。这一次，你将所有 30 个变量作为预测值。你将数据传递给模型进行测试，发现已经能够正确分类 98%的电子邮件：这无疑是一次巨大的改进!你把更新后的版本发给同事，并告诉他们这个版本肯定更好。又过了一周，你的同事来找你，抱怨这个版本的表现仍然很糟糕：模型以一种不可预知的方式对大量邮件进行了错误分类。你认为原因在于数据过拟合了。换句话说，模型过于复杂，并且对数据中的噪声进行了建模。现在，向模型提供新的数据集时，模型给出的预测中存在大量的方差。过拟合的模型对于训练数据表现良好，但是对于新的数据表现不佳。

欠拟合和过拟合是模型建立过程中两个重要的误差来源。在欠拟合中，包含的预测变量太少或者模型太简单，无法充分描述数据中的关系或模式。导致的结果就是模型存在偏差：模型对于训练数据表现良好，但对于新的数据表现不佳。

注意　我们通常喜欢尽可能多地解释数据中的差异，另外，对于问题来说，往往存在非常多的十分重要的变量。因此与过拟合相比，欠拟合并不经常发生。

过拟合与欠拟合是相对的，过拟合描述了这样一种情况：包含太多的预测变量或过于复杂的模型，因而不仅会对数据中的关系或模式进行建模，还会对噪声进行建模。数据集中的噪声与测量的变量之间没有关联，而是由变量测量中的固有可变性和/或错误造成的。噪声模式对于单个数据集来说非常特殊，如果开始对噪声进行建模，模型对于训练数据可能会表现得非常好，但是对于预测的数据集则会给出完全不同的结果。

欠拟合和过拟合都会引入误差，并降低模型的泛化能力——模型预测未知数据的能力。它们也是相互对立的：在欠拟合且有偏差的模型和过拟合且有方差的模型之间的某个地方，存在着一个最优模型，如图 3-10 所示。

现在，请观察图 3-11，你是否发现欠拟合模型不能很好地表示数据中的模式，而过拟合模型又太过精细，以至于仅仅对数据中的噪声进行了建模而忽视了数据中的真实模式？

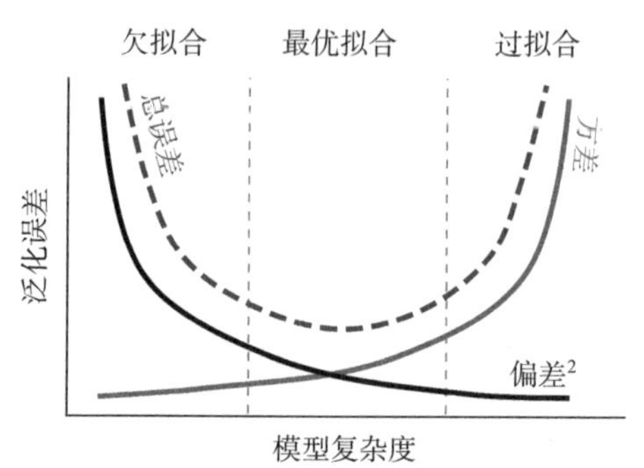

图 3-10　偏差-方差权衡。泛化误差表示模型错误预测的比例，并且是过拟合和欠拟合的结果。与过拟合(模型过于复杂)相关的误差是方差。与欠拟合(模型过于简单)相关的误差是偏差。最优模型实现了它们之间的平衡

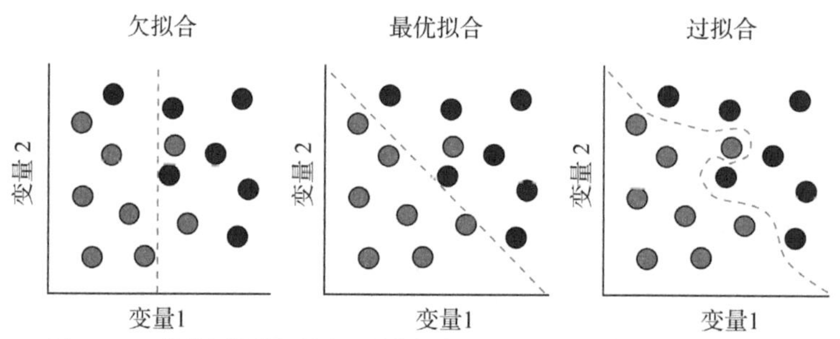

图 3-11　二分类问题的欠拟合、最优拟合和过拟合示例(虚线表示决策边界)

在 kNN 算法中，使用小的 k 值(在投票中包括很少的近邻)更有可能对数据中的噪声进行建模，从而生成一个过拟合且复杂的模型。因此，当使用这个模型对未来的患者进行分类时，将产生大量的方差。对比而言，使用较大的 k 值(在投票中包括更多的近邻)则更有可能忽略数据中的局部差异，从而生成一个欠拟合且不太复杂的模型，但这个模型倾向于对某些类型的患者进行错误分类。

你现在可能会问，“如何知道模型是欠拟合还是过拟合?”答案就是使用一种叫作“交叉验证”的技术。

3.4　运用交叉验证判断是否过拟合或欠拟合

在前面的例子中，当训练了第二个过拟合模型之后，你试图通过对训练数据进行分类来评模型的性能。之前我们已经说过，这是一种非常糟糕的想法，原因如下：相比新的未知数据，模型对于训练数据总是表现得更好。你可以建立一个模型并对数据集中的所有噪声进行建模，但你永远都不会知道这是一个过拟合的模型，因为你通过模型得到的预测准确率很高。

正确的做法是使用未知数据评估模型的性能。为此，一种方法是利用所有可用数据训练模型，然后在接下来的几周或几个月里，每当收集到新的数据时，就将它们传递给模型并评估模型的性能。这种方法非常耗时且低效，构建模型可能要花费数年时间！

另一种方法是将数据一分为二：使用一部分数据训练模型，这部分数据称为训练集；并使用剩余的数据测试模型(算法在训练过程中从未见过这部分数据)，这部分数据称为测试集。建立模型后，评估模型在测试集上的预测值与真实值之间的差异。通过评估训练后的模型在测试集上的性能，可以帮助我们确定模型对于未知数据是否表现良好，以及是否需要进一步加以改进。

以上过程被称为交叉验证(Cross-Validation，CV)。在任何监督机器学习中，交叉验证都是一种极其重要的方法。如果对模型进行交叉验证后的性能感到满意，就可以使用所有数据(包括测试集中的数据)来训练最终模型(通常情况下，训练模型使用的数据越多，偏差就越小)。

常见的交叉验证方法有三种：

- 留出法交叉验证
- *k*-折法交叉验证
- 留一法交叉验证

3.5 交叉验证 kNN 模型

我们从之前创建的任务和学习器开始：

```
diabetesTask <- makeClassifTask(data = diabetesTib, target = "class")
knn <- makeLearner("classif.knn", par.vals = list("k" = 2))
```

太棒了!在使用所有数据训练最终模型之前，可以先对学习器进行交叉验证。通常情况下，你会选择最适合自己的交叉验证策略；但这里为了演示，将分别讲解留出法、*k*-折法和留一法交叉验证。

3.5.1 留出法交叉验证

留出法交叉验证最易于理解：只需要随机“留出”一部分数据作为测试集，然后使用剩余的数据对模型进行训练，最后将测试集输入模型并计算性能度量指标(稍后将讨论这些指标)即可，如图 3-12 所示。

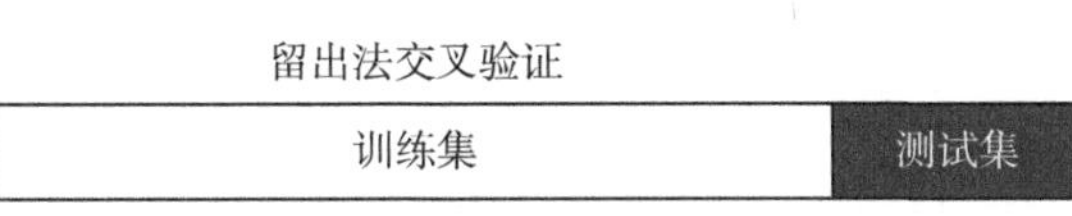

图 3-12　留出法交叉验证

当使用这种交叉验证方法时，需要决定用作测试集的数据比例。测试集越大，训练集就越小。令人困惑的是：模型的性能评估也会有误差和偏差-方差权衡。如果测试集太小，模型的性能评估就会产生很大的方差；如果训练集太小，模型的性能评估就会产生很大的偏差。在不考虑其他因素的情况下，常用的划分方法是将三分之二的数据用作训练集，而将剩下的三分之一数据用作测试集，这主要取决于数据中的样本数量。

重采样描述

在 mlr 中使用任何交叉验证时，第一步是进行重采样描述，重采样描述只是一组关于如何将数据划分为测试集和训练集的指令。makeResampleDesc()函数的第一个参数是使用的交叉验证方法，在本例中也就是"Hodout"(留出法交叉验证)。对于留出法交叉验证，还需要指定将要用作训练集的数据比例并提供给 split 参数：

```
holdout <- makeResampleDesc(method = "Holdout", split = 2/3, stratify = TRUE)
```

上述代码还包括一个附加的可选参数：stratify=TRUE。我们要求函数在将数据划分为训练集和测试集时，尽量保持每个类别的患者在每个集合中的比例不变。这在分类问题中非常重要，就像我们这里的问题一样，有些组中的数据非常不平衡(某一组的健康患者相比其他两组加起来还要多)。如果不选用 stratify 参数，你将得到一个来自较小类别的样本数非常少的测试集。

执行留出法交叉验证

定义好如何交叉验证学习器之后，就可以使用 resample()函数进行交叉验证了。下面向 resample()函数提供创建的学习器和任务以及刚才定义的重采样方法。

```
holdoutCV <- resample(learner = knn, task = diabetesTask,
                      resampling = holdout, measures = list(mmce, acc))
```

resample()函数在运行时会输出性能度量，这些度量可以通过从 resampling 对象中提取$aggr 组件来得到：

```
holdoutCV$aggr

mmce.test.mean  acc.test.mean
     0.1020408      0.8979592
```

你会注意到以下两种情况：

- 当使用训练整个模型的数据评估模型的性能时，通过留出法交叉验证估计出的模型的准确率要低于使用所有数据评估模型性能时得出的准确率。这也证明了我们之前的观点：在对模型进行性能测试时，之前训练用过的数据相比未知数据表现得更好。
- 读者得到的性能度量值可能与笔者的不同。事实上，每次调用 resample()函数时，都会得到不同的结果！产生这种差异的原因就在于数据被随机分为测试集和训练集。有时这种划分使得模型在测试集上表现良好，而有时则会表现不佳。

练习 3-2：使用 makeResampleDesc()函数创建另一个留出法重采样描述，这一次使用 10%的数据作为测试集，并且不使用分层采样(不要覆盖现有的重采样描述)。

计算混淆矩阵

可通过构造混淆矩阵来更好地了解哪些组分类正确，哪些组分类错误。混淆矩阵只是测试集中每个样本的真实类别和预测类别的一种表格表示形式。

可以使用 mlr 程序包中的 calculateConfusionMatrix()函数来计算混淆矩阵。第一个参数是 holdoutCV 对象的$pred 组件，其中包含测试集的真实类别和预测类别。可选参数 relative 要求函数显示每个类别在真实值和预测值标签中的比例：

```
calculateConfusionMatrix(holdoutCV$pred, relative = TRUE)

Relative confusion matrix (normalized by row/column):
          predicted
true      Chemical    Normal    Overt     -err.-
Chemical  0.92/0.73 0.08/0.04  0.00/0.00 0.08
Normal     0.12/0.20 0.88/0.96 0.00/0.00 0.12
Overt     0.09/0.07 0.00/0.00  0.91/1.00 0.09
-err.-        0.27      0.04       0.00 0.10
```

```
Absolute confusion matrix:
          predicted
true      Chemical Normal  Overt  -err.-
Chemical        11      1      0       1
Normal           3     23      0       3
Overt            1      0     10       1
-err.-           4      1      0       5
```

绝对混淆矩阵更易于解释。行显示真实类别的标签，列显示预测类别的标签。这些数字表示每个真实类别和预测类别组合中的样本数量。例如，在上述代码展示的绝对混淆矩阵中，11名患者被正确地归类为化学性糖尿病，但有1名患者被错误地归类为正常。分类正确的患者位于混淆矩阵的对角线上(真实类别等于预测类别)。

相对混淆矩阵看起来令人生畏，但原理是一样的。这一次，得到的不是每个真实类别和预测类别组合的样本数量，而是比例。“/”前面的数字是这一列的行所占的比例，“/”后面的数字是这一行的列所占的比例。例如，在上述代码展示的相对混淆矩阵中，92%的化学性糖尿病患者被正确分类，而8%被错误分类为正常(可以看到，这些值正好可以用来表示绝对混淆矩阵中的数字比例)。

混淆矩阵能帮助我们理解模型对哪些类别的分类效果较好，而对哪些类别的分类效果较差。例如，基于混淆矩阵，我们的模型似乎很难区正常患者和化学性糖尿病患者。

注意 你的混淆矩阵是否看起来和这里的不一样?混淆矩阵是基于测试集的预测；由于测试集是基于留出法交叉验证随机选择的，因此每次重新进行交叉验证时混淆矩阵都会发生变化。

由于留出法交叉验证的性能度量在很大程度上取决于使用多少数据作为训练集和测试集，因此除非模型训练代价非常高，否则应尽量避免使用这种方法。留出法交叉验证的唯一好处在于计算成本比其他形式的交叉验证低。因此，当面对计算量非常大的算法时，留出法交叉验证就成为唯一可行的交叉验证方法。但交叉验证的目的是获得尽可能准确的模型性能评估结果，而训练集和测试集使用的不是所有数据，所以每次使用留出法交叉验证时，可能会得到完全不同的结果。

3.5.2 *k*-折法交叉验证

在*k*-折法交叉验证中，可以随机地将数据分成大小相似的子集。然后保留其中一个子集作为测试集，而将剩余的数据作为训练集(就像留出法交叉验证那样)。我们将测试集输入模型，并记录相关的性能度量。现在，使用不同的数据子集作为测试集并重复上述操作。持续这个过程，直到所有子集都作为测试集使用一次。最后，将得到的性能度量的平均值作为模型性能的评估结果，如图3-13所示。

① 将数据随机划分成*k*个大小相同的子集。
② 将每个子集作为一次测试集，将剩余的数据作为训练集。
③ 将每个子集作为一次测试集输入模型并进行预测。
④ 比较每个样本的测试值与真实值。

图3-13　*k*-折法交叉验证

注意 在这个过程中，数据中的每个样本只在测试集中出现一次。

每个样本只在测试集中出现一次，因此这种方法通常能够给出更准确的模型性能评估结果，可在多次运行后取平均值作为评估结果。我们还可通过使用重复的 *k*-折法交叉验证来进一步提升模型的性能，并在操作结束后，重新排列数据以再次执行算法。

例如，*k*-折法交叉验证通常选择的 *k* 值是 10。同样，*k* 的取值通常取决于数据的大小。对于许多数据集来说，10 是比较合理的取值。这意味着我们将数据划分成 10 个大小相似的子集，并执行交叉验证。如果重复这个过程 5 次，就将获得重复 5 次的 10-折交叉验证(这与 50-折交叉验证不同)，模型的性能估计结果将是 50 次测试的平均值。

因此，如果具备足够的计算能力，通常首选重复的 *k*-折法交叉验证而不是普通的 *k*-折法交叉验证。

执行 *k*-折法交叉验证

k-折法交叉验证的执行方式与留出法交叉验证相同。但这一次，函数将使用重复的 *k*-折法交叉验证来进行重采样描述，并指定子集的个数。默认的子集数 10 通常是不错的选择。接下来，告诉函数使用 reps 参数重复进行 50 次的 10-折交叉验证。这将提供 500 次试验来平均性能度量！同样，这里要求在子集中对类别进行分层采样：

```
kFold <- makeResampleDesc(method = "RepCV", folds = 10, reps = 50,
                          stratify = TRUE)

kFoldCV <- resample(learner = knn, task = diabetesTask,
                    resampling = kFold, measures = list(mmce, acc))
```

现在提取平均性能度量：

```
kFoldCV$aggr

mmce.test.mean acc.test.mean
     0.1022788     0.8977212
```

模型对病例的平均正确分类率约为 89.8%，这比使用模型训练数据进行预测的结果要低很多。重新调用几次 resample()函数，并比较每次调用后的平均准确率，得出的评估结果相比留出法交叉验证更稳定。

提示　我们通常只对平均性能度量感兴趣，但也可以通过运行 kFoldCV$measurement.test 来访问每次迭代的性能度量。

选择重复次数

交叉验证模型的目标是获得尽可能准确且稳定的模型性能评估结果。一般来说，重复验证的次数越多，结果就会越准确且稳定。不过，在某些情况下，增加重复次数并不会提高性能评估的准确率或稳定性。

如何决定重复次数呢？一种合理的方法是选择一些计算量合理的重复次数，多运行几次，观察平均性能评估是否有很大差异。如果差异不大，非常完美。如果差异很大，就增加重复次数。

练习 3-3：定义两个新的重采样描述——一个执行 5 次的 3-折交叉验证，另一个执行 500 次的 3-折交叉验证(不要覆盖现有的描述)。利用这两个重采样描述，同时使用 resample()函数交叉验证 kNN 算法。对每一种方法进行 5 次重采样，观察哪一种方法的结果更稳定。

计算混淆矩阵

现在，根据重复的 *k*-折法交叉验证建立混淆矩阵：

```
calculateConfusionMatrix(kFoldCV$pred, relative = TRUE)

Relative confusion matrix (normalized by row/column):
          predicted
true       Chemical  Normal    Overt     -err.-
Chemical   0.81/0.78 0.10/0.05 0.09/0.10 0.19
Normal     0.04/0.07 0.96/0.95 0.00/0.00 0.04
Overt      0.16/0.14 0.00/0.00 0.84/0.90 0.16
-err.-     0.22 0.05 0.10 0.10


Absolute confusion matrix:
         predicted
true       Chemical Normal   Overt   -err.-
  Chemical     1463    179     158      337
  Normal        136   3664       0      136
  Overt       269 0   1381     269
  -err.-        405    179     158      742
```

注意　这里重复了 50 次，因而导致样本数量增多。

3.5.3　留一法交叉验证

留一法交叉验证被认为是 *k*-折法交叉验证的极端形式：与将数据分解成子集不同，留一法交叉验证选择保留一个单独的样本作为测试样本，剩余的数据则用来训练模型，然后将测试样本输入训练好的模型，记录相关的性能度量。接下来，选择另一个不同的样本作为测试样本并执行相同的操作。一直重复上述操作，直到每一个样本都被作为测试样本使用一次。最后，取性能度量的平均值作为最终结果，如图 3-14 所示。

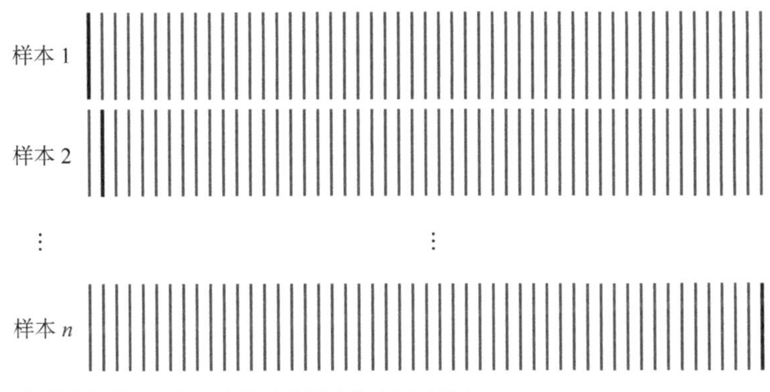

① 从数据集中选择一个单独的样本作为测试样本。
② 输入测试样本并进行预测。
③ 重复测试过程，直到所有样本都被作为测试样本使用一次。
④ 对每个样本的预测值与真实值进行比较。

图 3-14　留一法交叉验证

因为测试集实际上只有一个样本，所以使用留一法交叉验证得出的模型性能评估结果具有很大的可变性(因为每一次迭代的性能估计取决于对单个测试样本是否做了正确标注)。但是，当数据集很小时，留一法交叉验证给出的模型性能评估结果相比 *k*-折法交叉验证更稳定。当数据集很小时，将数据集分成 *k* 个子集后留下的训练集将会非常小。在小的数据集上训练模型得到的方差往往更大，因为更容易受到采样误差或异常样本的影响。因此，留一法交叉验证对于小的数据集非常有用，而使用 *k*-折法交叉验证得到的评估结果将有较大的不同。相比于进行多次 *k*-折法交叉验证，留一法交叉验证的计算成本较低。

注意 没有经过交叉验证的监督学习模型实际上是无效的，因为不知道它对新数据的预测是否准确。

执行留一法交叉验证

与留出法和 *k*-折法交叉验证一样，为留一法交叉验证创建重采样描述也很简单。在创建重采样描述时，留一法交叉验证可通过将 LOO 作为参数的方式来实现。因为测试集中只有一个样本，显然不能对留一法交叉验证进行分层采样。同样，因为每个样本都将作为测试集使用一次，而其他所有数据都将作为训练集，所以我们不用重复这一过程。

```
LOO <- makeResampleDesc(method = "LOO")
```

练习 3-4：创建两个新的留一法重采样描述——其中一个使用分层采样，另一个重复采样过程 5 次，会发生什么呢?

现在，执行交叉验证，得到平均性能的测量值：

```
LOOCV <- resample(learner = knn, task = diabetesTask, resampling = LOO,
                  measures = list(mmce, acc))

LOOCV$aggr

mmce.test.mean acc.test.mean
     0.1172414     0.8827586
```

如果重复执行留一法交叉验证，你会发现对于这个模型和数据，留一法交叉验证的性能评估变化相比 *k*-折法交叉验证大得大，但比之前的留出法交叉验证要小。

计算混淆矩阵

再一次观察混淆矩阵：

```
calculateConfusionMatrix(LOOCV$pred, relative = TRUE)

Relative confusion matrix (normalized by row/column):
          predicted
true       Chemical  Normal     Overt     -err.-
  Chemical 0.81/0.74 0.14/0.06  0.06/0.07 0.19
  Normal   0.05/0.10 0.95/0.94  0.00/0.00 0.05
  Overt    0.18/0.15 0.00/0.00  0.82/0.93 0.18
  -err.-        0.26      0.06       0.07 0.12


Absolute confusion matrix:
```

```
          predicted
true        Chemical  Normal  Overt  -err.-
  Chemical        29       5      2       7
  Normal           4      72      0       4
  Overt            6       0     27       6
  -err.-          10       5      2      17
```

你现在理解了如何应用三种常见的交叉验证!如果对模型进行交叉验证，你会很高兴地看到模型对于未知数据表现得很好。我们可以接着使用所有数据对模型进行训练，并使用训练好的模型对未知数据进行预测。

在此基础上，我们仍然可以改进 kNN 模型。还记得之前我们如何手动选择 k 值吗？实际上，随机选择 k 值并不是明智的做法，还有很多更好的方法可以用来找到最优值。

3.6 算法将要学习的内容以及它们必须知道的内容：参数和超参数

机器学习模型通常会有一些相关的参数。参数位于模型内部，它们是根据数据估计得到的变量或值，并控制着如何对新数据进行预测。模型参数的典型示例就是回归线的斜率。

在 kNN 算法中，k 不是参数，因为算法没有从数据中估计 k 值(事实上，kNN 算法没有学习任何参数)。相反，k 是所谓的超参数。超参数是用来控制模型预测的变量或选项，但超参数不是通过对数据进行估计获得的。作为数据科学家，不需要为模型提供参数；只需要简单地提供数据，算法就会自己学习参数。但是，确实有必要提供算法学习时所需的超参数。你将在本书中看到，不同的算法需要使用不同的超参数来控制如何学习模型。

k 是 kNN 算法的超参数，k 值不是由算法本身估计的，而是由我们选择确定。该如何选择 k 值呢？实际上，有三种方法可以用来选择 k 或任何其他超参数的值。

- 针对之前处理的类似问题，选择一个“合理的”值或默认值。这并不是什么好方法。你无法知道选择的 k 值是否最优。一个值在其他数据集上表现优异，并不意味着这个值在这个数据集上也能获得好的效果。
- 手动尝试多个不同的值，看看哪一个性能最好。这种方法相对要好一些，背后的原理是：选择几个合理的 k 值，使用它们分别构建一个模型，然后看看哪个模型执行得最好。这种方法提供了更多寻找到最优 k 值的可能性；但是仍然不能保证一定能够找到，手动查找可能乏味且效率低下。选择这种方法的数据科学家，他们虽然关心从数据中获得信息，但他们实际上并不真正理解他们所做的工作。
- 使用称为超参数调整的过程进行自动化选择。这种方法最好。因为这种方法在实现流程自动化的同时，最大限度地提高了找到最优 k 值的可能性。这也是我们将在整本书中使用的方法。

注意 虽然上述第三种方法最好，但有些算法的计算开销非常大，因此无法进行深度的超参数调整。在这种情况下，可能不得不采用尝试选取不同值的手动方法。

k 值将会如何影响模型的性能呢？k 值太小可能会导致对数据中的噪声进行建模。例如，假设 k=1，那么正常的患者可能会被错误地归类为化学性糖尿病患者，这仅仅是因为存在胰岛素水平异常低的化学性糖尿病患者是正常患者的最近邻。在这种情况下，我们不仅会对类别之间的系统差异进行建模，还会对数据中的噪声和不可预测的变化进行建模。

另外，如果设置的 *k* 值过大，那么将会有大量不同的患者被纳入投票人群，导致模型对数据的局部差异不敏感。

3.7 调节 *k* 值以改进模型

下面通过调节超参数来优化模型的 *k* 值。一种方法是使用完整的数据集构建具有不同 *k* 值的模型，并通过模型传递数据，查看哪个 *k* 值能获得最优性能。这是一种不太好的做法，因为得到的 *k* 值很可能对调节的数据集进行了过拟合。我们可以依靠交叉验证来防止模型过拟合。

当调整 *k* 值时，首先定义 mlr 访问的 *k* 值范围：

```
knnParamSpace <- makeParamSet(makeDiscreteParam("k", values = 1:10))
```

在 makeParamSet()函数中，内置的 makeDiscreteParam()函数允许指定需要调整的超参数 *k*，并且希望从 1 搜索到 10，以获得 *k* 的最优值。顾名思义，makeDiscreteParam()函数用于定义离散超参数的值，比如 kNN 算法中的 *k* 值，这些内容将在本书的后面进行讨论。makeParamSet()函数定义了作为参数集的超参数空间，如果想在调节过程中调节多个超参数，只需要在这个函数中以逗号分隔它们即可。

接下来定义 mlr 搜索参数空间的方式。可供选择的方法有好几种，这里选择使用网格搜索(grid search)法。这可能是最简单的方法：在寻找性能最优的值时，尝试参数空间中的每个值。对于调节连续超参数或者同时调节多个超参数，网格搜索法的计算代价变得异常昂贵，因此我们可以选择诸如随机搜索(random search)法的其他方法：

```
gridSearch <- makeTuneControlGrid()
```

接下来定义交叉验证调节过程。原理是：对于参数空间中的每个值(整数 1～10)，执行重复的 *k*-折法交叉验证。对于每个 *k* 值，取所有迭代的平均性能度量，并与所有其他 *k* 值的平均性能度量做比较，从而得到性能表现最优的 *k* 值：

```
cvForTuning <- makeResampleDesc("RepCV", folds = 10, reps = 20)
```

现在，调用 tuneParams()函数以执行调节过程：

```
tunedK <- tuneParams("classif.knn", task = diabetesTask,
                     resampling = cvForTuning,
                     par.set = knnParamSpace, control = gridSearch)
```

第一和第二个参数分别表示正在应用的算法和任务的名称。将交叉验证策略作为 resampling 参数，将超参数空间定义为 par.set 参数，并将搜索过程定义为 control 参数。

如果调用 tunedK 对象，就会发现性能表现最好的 *k* 值为 7。可以直接通过选择$x 组件来获得 *k* 的最优值：

```
tunedK

Tune result:
Op. pars: k=7
mmce.test.mean=0.0769524

tunedK$x
$k
[1] 7
```

甚至可以可视化调节过程，如下代码的执行结果如图 3-15 所示。

```
knnTuningData <- generateHyperParsEffectData(tunedK)

plotHyperParsEffect(knnTuningData, x = "k", y = "mmce.test.mean",
                    plot.type = "line") +
  theme_bw()
```

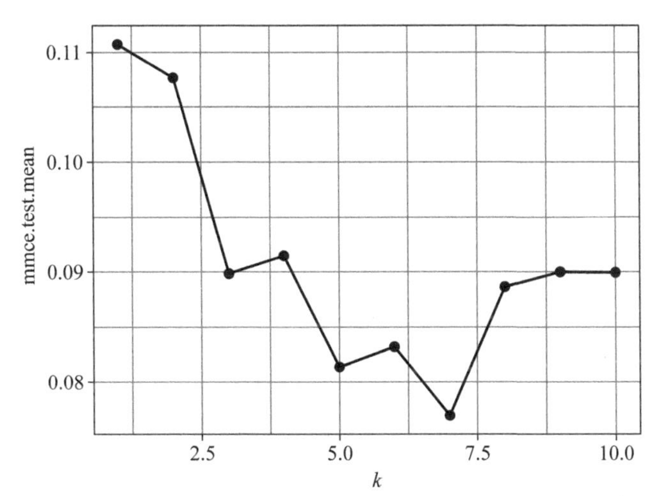

图 3-15 在网格搜索过程中，使用不同的 k 值拟合 kNN 模型的 mmce 值

现在使用最优的 k 值训练最终模型：

```
tunedKnn <- setHyperPars(makeLearner("classif.knn"),
                         par.vals = tunedK$x)

tunedKnnModel <- train(tunedKnn, diabetesTask)
```

这和封装 makeLearner()函数一样非常简单：首先在 setHyperPars()函数中创建一个新的 kNN 学习器，并将最优 k 的值赋给 par.vals 参数，然后像以前那样使用 train()函数训练最终模型。

3.7.1 在交叉验证中调整超参数

现在，当我们对数据或模型执行调节超参数或其他某种预处理后(在交叉验证中包含这种预处理非常重要)，就可以对整个模型训练过程进行交叉验证。这里采用嵌套交叉验证的形式，首先在内部循环中交叉验证超参数的不同值(如前面所做的一样)，然后将最优的超参数值传递给外部循环。在外部循环中，最优超参数将用于每个子集。

嵌套式交叉验证的过程如下：

(1) 将数据划分为训练集和测试集(可以使用留出法、k-折法或留一法交叉验证)，这被称为外部循环。

(2) 训练集用于交叉验证超参数搜索空间中的每个值(可使用选择的任何方法)，这被称为内部循环。

(3) 从每个内部循环中获得交叉验证性能最优的超参数并传递给外部循环。

(4) 在外部循环的每个训练集上，使用内部循环的最优超参数对模型进行训练。这些模型将用于对测试集进行预测。

(5) 这些模型在外部循环中的平均性能度量将作为模型对未知数据做出的预测估计。

对于以上内容，图形化的解释详见图 3-16。

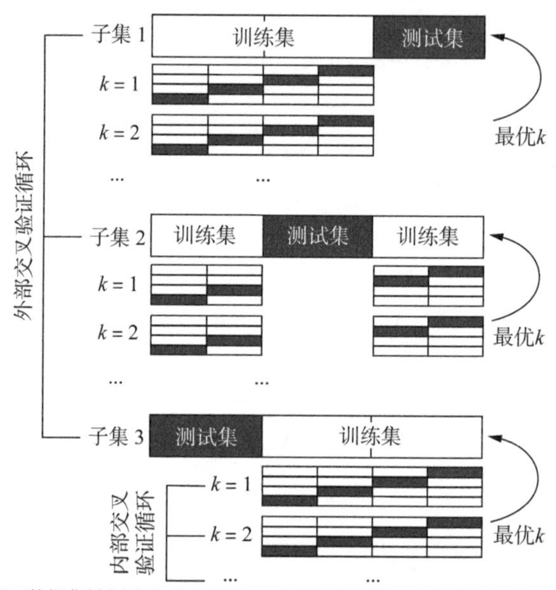

图 3-16 嵌套的交叉验证。数据集被划分为多个子集。对于每个子集，训练集用于创建内部的 *k*-折法交叉验证。每个内部集合通过将数据划分为训练集和测试集来交叉验证单个超参数值。对于这些内部集合中的每个子集，使用训练集对模型进行训练，并使用训练集的超参数值对测试集进行评估。在模型上获得最优性能的每个内部交叉验证循环的超参数则用于在外部交叉验证循环中训练模型

在图 3-16 中，外部循环是 3-折交叉验证。对于每个子集，内部集合只使用来自外部循环的训练集进行 4-折交叉验证。这个 4-折交叉验证用于评估搜索的每个超参数值的性能。然后将 *k* 值(提供最优性能的那个 *k* 值)传递给外部循环，用于训练模型，并在测试集中对模型的性能进行评估。你现在能理解整个模型构建过程中包括超参数调节在内的交叉验证吗？

这样做的目的是什么？目的就是验证包括超参数调节步骤在内的整个模型构建过程，我们从中可以得到交叉验证的性能评估结果，进而展示模型如何处理未知的全新数据。

这个过程看起来非常复杂，但是使用 mlr 运行起来非常简单。首先，我们定义如何进行内部交叉验证和外部交叉验证：

```
inner <- makeResampleDesc("CV")

outer <- makeResampleDesc("RepCV", folds = 10, reps = 5)
```

我们选择对内部循环进行普通的 *k*-折法交叉验证(10 是默认的子集数)，对外部循环进行 5 次的 10-折交叉验证。

接下来制作封装器，封装器在本质上是与预处理步骤绑定的学习器。在本例中，我们使用 makeTuneWrapper()函数来创建封装器：

```
knnWrapper <- makeTuneWrapper("classif.knn", resampling = inner,
                              par.set = knnParamSpace,
                              control = gridSearch)
```

在这里，makeTuneWrapper()函数将算法作为第一个参数，并将内部的交叉验证过程赋值给

resampling 参数，超参数搜索空间被赋值给 par.set 参数，gridSearch 方法则被赋值给 control 参数(请记住，我们在前面创建了这两个对象)。如此一来，学习算法和内部交叉验证循环中应用的超参数调整过程就被封装到了一起。

在定义了内部和外部的交叉验证策略以及调整用的封装器之后，接着执行嵌套的交叉验证过程：

```
cvWithTuning <- resample(knnWrapper, diabetesTask, resampling = outer)
```

第一个参数是刚才创建的封装器，第二个参数是任务的名称，外部的交叉验证策略则作为重采样参数。

以上任务完成后，我们就可以得到平均的 mmce 值：

```
cvWithTuning

Resample Result
Task: diabetesTib
Learner: classif.knn.tuned
Aggr perf: mmce.test.mean=0.0856190
Runtime: 42.9978
```

由于验证过程存在随机性，你得到的 mmce 值可能与这里显示的稍有不同，但是模型已经能正确分类 91.4%的未知数据。这很不错；我们现在已经正确地交叉验证了模型，并且可以确信不存在过拟合的数据。

3.7.2 使用模型进行预测

模型建立后，就可以方便地用来分类新的患者。假设一些新患者来到诊所：

```
newDiabetesPatients <- tibble(glucose = c(82, 108, 300),
                              insulin = c(361, 288, 1052),
                              sspg = c(200, 186, 135))

newDiabetesPatients

# A tibble: 3 x 3
  glucose insulin  sspg
    <dbl>    dbl> <dbl>
1      82     361   200
2     108     288   186
3     300    1052   135
```

可以将这些患者的数据信息输入模型，得到他们的糖尿病预测状态：

```
newPatientsPred <- predict(tunedKnnModel, newdata = newDiabetesPatients)

getPredictionResponse(newPatientsPred)

[1] Normal Normal Overt
Levels: Chemical Normal Overt
```

恭喜！你不仅构建了第一个机器学习模型，而且学习了一些相当复杂的理论。在第 4 章，我们将学习对数几率回归。

3.8 kNN 算法的优缺点

对于给定的任务，虽然通常很难判断哪种算法的效果更好，但了解算法的优缺点可以帮助我们确定 KNN 模型是否适合某个具体任务。

kNN 算法的优点如下：

- 算法简单易懂。
- 学习过程中没有计算成本，所有的计算都是在预测时完成的。
- 对数据不做任何假设，例如数据如何分布。

kNN 算法的缺点如下：

- 不能直接处理分类变量(必须重新对分类变量进行编码或者使用不同的距离度量)。
- 当训练集很大时，计算新数据与训练集中所有样本之间距离的工作量可能会非常大。
- 无法用数据中的真实关系解释模型。
- 噪声数据和异常值对预测精度有很大的影响。
- 在高维数据集中，kNN 算法的性能往往很差。简而言之，在高维情况下，两个样本之间的距离看起来几乎相同，因而找到最近邻的难度非常大。

练习 3-5： 使用 data()函数加载鸢尾花数据集，并通过构建 kNN 模型来对三种鸢尾花进行分类(包括调整超参数 *k*)。

练习 3-6： 使用嵌套的循环对鸢尾花数据集的 kNN 模型进行交叉验证，其中外部循环采用三分之二划分的留出法交叉验证。

练习 3-7： 重复练习 3-6，但是使用 5-折的非重复交叉验证作为外部循环。当重复使用这些方法时，哪种方法能得到更稳定的 mmce 估计?

3.9 本章小结

- kNN 是一种简单的监督机器学习算法，它根据训练集中的 *k* 个最近邻样本来对新数据进行分类。
- 在 mlr 中创建机器学习模型时，需要分别创建任务和学习器，并使用它们来训练模型。
- mmce 表示平均误分类误差，是指分类问题中误分类样本所占的比例。
- 偏差-方差权衡是对准确率中两类误差之间的平衡。偏差大的模型表现为欠拟合，方差大的模型表现为过拟合。
- 不能使用模型训练数据来评估模型的性能，而应使用交叉验证。
- 交叉验证是一组用来评估模型性能的技术，使用的方法是将数据分解为训练集和测试集。
- 三种常见的交叉验证方法分别是：留出法交叉验证，使用单独的划分方式；*k*-折法交叉验证，将数据分成 *k* 个子集，并对每个子集进行验证；留一法交叉验证，测试集中只有样本。
- 超参数控制着机器学习算法的学习方式，而算法本身是无法学习超参数的。调节超参数是找到最优超参数的最佳方法。
- 如果需要执行一个基于数据的预处理步骤——例如调节超参数，使用嵌套的交叉验证对于将这个预处理步骤包含到交叉验证策略中至关重要。

3.10　练习题答案

1. 绘制 glucose 和 insulin 变量之间的关系，使用形状表示 class 变量，然后使用形状和颜色表示 class 变量：

```
ggplot(diabetesTib, aes(glucose, insulin,
                         shape = class)) +
  geom_point() +
  theme_bw()

ggplot(diabetesTib, aes(glucose, insulin,
                         shape = class, col = class)) +
  geom_point() +
  theme_bw()
```

2. 创建一个使用 10%的样本作为测试集的留出法重采样描述，并且不使用分层采样：

```
holdoutNoStrat <- makeResampleDesc(method = "Holdout", split = 0.9,
                                   stratify = FALSE)
```

3. 比较进行 5 次或 500 次的 3-折交叉验证后得出的性能估计的稳定性：

```
kFold500 <- makeResampleDesc(method = "RepCV", folds = 3, reps = 500,
                             stratify = TRUE)

kFoldCV500 <- resample(learner = knn, task = diabetesTask,
                       resampling = kFold500, measures = list(mmce, acc))

kFold5 <- makeResampleDesc(method = "RepCV", folds = 3, reps = 5,
                           stratify = TRUE)

kFoldCV5 <- resample(learner = knn, task = diabetesTask,
                     resampling = kFold5, measures = list(mmce, acc))

kFoldCV500$aggr
kFoldCV5$aggr
```

4. 使用分层采样和重复采样的留一法重采样描述：

```
makeResampleDesc(method = "LOO", stratify = TRUE)

makeResampleDesc(method = "LOO", reps = 5)

# Both will result in an error as LOO cross-validation cannot
# be stratified or repeated.
```

5. 加载鸢尾花数据集，建立 kNN 模型并对三种鸢尾花进行分类(包括调节超参数 *k*)：

```
data(iris)

irisTask <- makeClassifTask(data = iris, target = "Species")

knnParamSpace <- makeParamSet(makeDiscreteParam("k", values = 1:25))

gridSearch <- makeTuneControlGrid()

cvForTuning <- makeResampleDesc("RepCV", folds = 10, reps = 20)

tunedK <- tuneParams("classif.knn", task = irisTask,
                     resampling = cvForTuning,
```

```
                    par.set = knnParamSpace,
                    control = gridSearch)

tunedK

tunedK$x

knnTuningData <- generateHyperParsEffectData(tunedK)

plotHyperParsEffect(knnTuningData, x = "k", y = "mmce.test.mean",
                    plot.type = "line") +
                    theme_bw()

tunedKnn <- setHyperPars(makeLearner("classif.knn"), par.vals = tunedK$x)

tunedKnnModel <- train(tunedKnn, irisTask)
```

6. 使用嵌套的循环对鸢尾花数据集的 kNN 模型进行交叉验证，其中外部循环采用三分之二划分的留出法交叉验证：

```
inner <- makeResampleDesc("CV")

outerHoldout <- makeResampleDesc("Holdout", split = 2/3, stratify = TRUE)

knnWrapper <- makeTuneWrapper("classif.knn", resampling = inner,
                              par.set = knnParamSpace,
                              control = gridSearch)

holdoutCVWithTuning <- resample(knnWrapper, irisTask,
                                resampling = outerHoldout)

holdoutCVWithTuning
```

7. 重复使用 5-折的嵌套交叉验证和非重复交叉验证作为外部循环。当重复这些方法时，哪种方法能得到更稳定的 mmce 估计?

```
outerKfold <- makeResampleDesc("CV", iters = 5, stratify = TRUE)

kFoldCVWithTuning <- resample(knnWrapper, irisTask,
                              resampling = outerKfold)

kFoldCVWithTuning

resample(knnWrapper, irisTask, resampling = outerKfold)

# Repeat each validation procedure 10 times and save the mmce value.
# WARNING: this may take a few minutes to complete.

kSamples <- map_dbl(1:10, ~resample(
  knnWrapper, irisTask, resampling = outerKfold)$aggr
  )

hSamples <- map_dbl(1:10, ~resample(
  knnWrapper, irisTask, resampling = outerHoldout)$aggr
  )

hist(kSamples, xlim = c(0, 0.11))
hist(hSamples, xlim = c(0, 0.11))

# Holdout CV gives more variable estimates of model performance.
```

第4章 对数几率回归分类

本章内容：

- 使用对数几率回归
- 理解特征工程
- 理解缺失值插补

在本章，我们将为你的工具箱添加一种新的分类算法：对数几率回归(logistic regression)。与上一章介绍的 k 近邻算法一样，对数几率回归也是一种可归为预测类别的监督机器学习方法。对数几率回归依赖于直线公式，生成的模型易于解释和交流。

对数几率回归可处理连续(无离散类别)和分类(有离散类别)的预测变量。对数几率回归的最简单形式可用于预测二元结果(某一事物属于两个类别之一)，但从最简单形式演化出来的变体也可处理多个类别。“对数几率回归”这一名称源自对数几率函数的使用，对数几率函数用于计算某一样本属于某个类别的概率。

对数几率回归是一种分类算法，它使用线性回归和直线公式组合来自多个预测变量的信息。在本章，你将学习对数几率函数的工作原理，以及如何使用直线公式来构建模型。

注意 如果已经熟悉线性回归，你就会发现，实际上，线性回归和对数几率回归之间的关键区别是：前者学习预测变量和连续结果变量之间的关系，而后者学习预测变量和分类结果变量之间的关系。

等到本章结束时，你将能够应用自己从第 2 和 3 章中学到的技巧准备数据，并构建、解释和评估对数几率回归模型的性能。你还将了解什么是缺失值插补(missing value imputation)，当使用无法处理缺失值的算法时，这是一种使用合理值插补缺失数据的有效方法。最后，你将学习如何使用一种基本形式的缺失值插补策略来处理缺失数据。

4.1 什么是对数几率回归

假设你身处 15 世纪并担任一家艺术博物馆的馆长。当据称出自著名画家之手的艺术品进入博物馆时，你的工作是判断它们的真假(这是一个二分类问题)。你需要对每幅画进行化学分析，并且你知道这一时期的许多赝品使用的绘画颜料中的铜含量都低于原作。你可以使用对数几率回归来学习一个模型，这个模型能够根据绘画作品中的铜含量告诉你一幅画是原作的概率。然后，这个模型会将这幅画分配给概率最高的类别，如图 4-1 所示。

注意 对数几率回归通常被应用于二分类问题(这称为二项式对数几率回归)。当处理三个或更多类别的分类问题时，需要使用多项式对数几率回归。

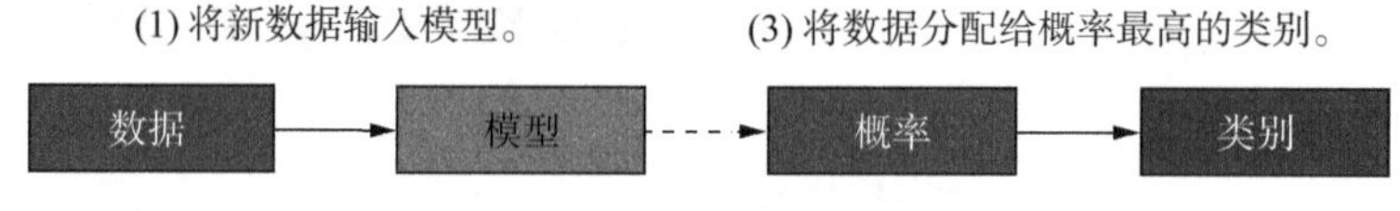

图 4-1 对数几率回归学习模型，该模型输出新数据属于每个类别的概率。通常，新数据将被分配到所属概率最高的类别。虚线箭头表示计算概率时的其他步骤，我们将在 4.1.1 节进行讨论

对数几率回归是一种非常流行的分类算法(尤其是在医学界)，部分原因在于模型具有可解释性。对于模型中的每个预测变量，我们可以估计并得到变量的值将会如何影响某一事物属于某个类别的概率。

我们知道，对数几率回归学习模型能够估计新样本属于每一类别的概率。下面深入研究对数几率回归是如何学习模型的。

4.1.1 对数几率回归是如何学习模型的

观察图 4-2 中的模拟数据。这是一幅关于原作和赝品铜含量的分布图，看起来像是介于 0 和 1 之间的连续变量。平均来说，赝品中的铜含量比原作的要少。我们可以用一条直线对这种关系进行建模，如图 4-2 所示。当预测变量与期望预测的连续变量之间存在线性关系时，这种方法很有效(将在第 9 章介绍)；但如你所见，这种方法在对连续变量和分类变量之间的关系进行建模时，性能表现并不好。

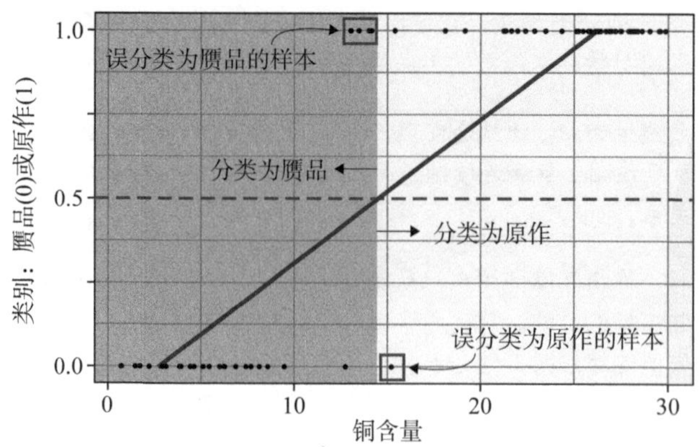

图 4-2 铜含量与类别的对比图。纵轴显示的是类别，就像是连续变量一样，其中赝品和原作分别取值为 0 和 1。实线是在铜含量和类别之间建立线性关系的简单尝试。0.5 处的虚线表示分类阈值

如图 4-2 所示，我们可以找到直线位于 0 和 1 之间的铜含量中心值，并将铜含量低于这个值的

绘画作品归类为赝品，而将铜含量高于这个值的绘画作品归类为原作。这可能导致许多误分类，因此我们需要另选更好的方法。

可通过使用对数几率函数来更好地建模铜含量和类别之间的关系，如图 4-3 所示。对数几率函数是一条 S 曲线，它能够将一个连续变量(铜含量)映射成 0 和 1 之间的值。在使用铜含量表现一幅画是原作还是赝品方面，这种方法更好。图 4-3 所示的对数几率函数拟合使用的数据与图 4-2 使用的数据相同。对数几率函数穿过了 0 和 1 之间的铜含量中心值，并将铜含量低于这个值的绘画作品归类为赝品，而将铜含量高于这个值的绘画作品归类为原作。这种方式下的误分类通常会比使用直线时少很多。

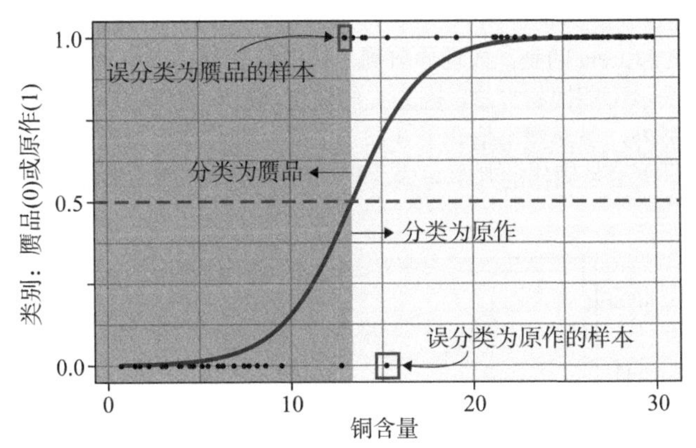

图 4-3　使用对数几率函数对数据进行建模。S 曲线表示拟合数据的对数几率函数。曲线的中心穿过铜含量的平均值，并将它们映射到 0 和 1 之间

重要的是，当对数几率函数将铜含量映射到 0 和 1 之间时，我们可以将输出解释为如果绘画作品中含有特定的铜含量，这幅画是原作的概率有多大。观察图 4-3，随着铜含量的增加，对数几率函数的值接近 1 吗？一般而言，原作的铜含量较高。从博物馆中随机挑选一幅画，你会发现它的铜含量为 20，这幅画是原作的概率约为 0.99。

注意　如果使用另一种方法对分组变量进行编码(赝品为 1，原作为 0)，那么对数几率函数的值接近 1 表示低铜值，接近 0 表示高铜值。因此，我们可以简单地将输出解释为得到赝品的可能性有多大。

反之亦然：随着铜含量的降低，对数几率函数的值会接近于 0。一般来说，赝品的铜含量较低。从旧货市场随机挑选一幅画，你会发现它的铜含量为 7，那么这幅画大概有 99%的可能性是赝品。

太棒了！我们可以使用对数几率函数来估计一幅画是原作的可能性。但是，如果有多个预测变量，怎么办？由于概率值在 0 和 1 之间，因此很难将来自两个预测变量的信息结合起来。例如，假设对数几率函数估计一幅画对于一个预测变量是原作的概率为 0.6，对于另一个预测变量估计是原作的概率为 0.7。我们不能简单地把这些估计值加在一起，因为它们的和大于 1，这是没有意义的。

相反，我们可以将这些概率转换成对数几率(对数几率回归模型的“原始”输出)。为了介绍对数几率，下面首先解释一下几率以及几率和概率之间的区别。

一幅画是原作的几率：

$$几率=\frac{属于原作的概率}{属于赝品的概率}$$ 式(4.1)

也可如下表示：

$$几率=\frac{p}{1-p}$$ 式(4.2)

几率是对某事发生的可能性的一种简洁表示。几率用来告诉我们某个事件发生的可能性有多大。

在 *The Empire Strikes Back* 中，C3PO 认为成功导航到小行星带的几率大约是 3720∶1！C3PO 试图告诉 Han 和 Leia 的是，成功导航到小行星带的概率太小了。简而言之，几率通常是一种更方便的用来表示可能性的方法，因为我们知道，每 1 次成功导航到小行星带，就有 3720 次导航失败发生！另外，虽然概率值介于 0 和 1 之间，但几率可以取任何正值。

图 4-4 显示了一幅画是原作的几率与铜含量的关系。请注意，几率并不介于 0 和 1 之间，而是采用正值。

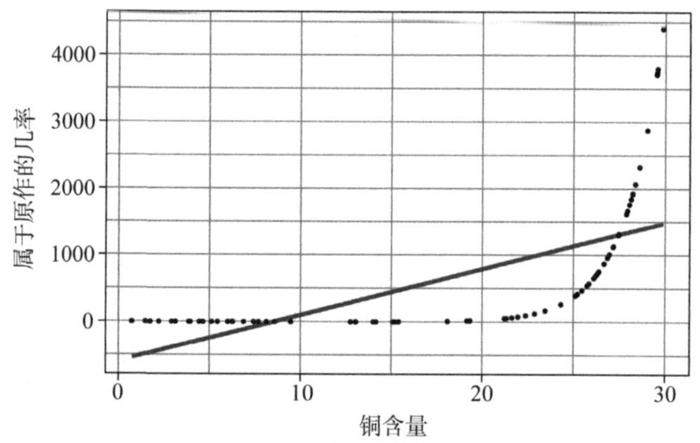

图 4-4 一幅画属于原作的几率与铜含量的关系。从对数几率函数计算出的概率被转换为几率。几率可以取任何正值。直线代表对铜含量和几率之间的线性关系进行建模的简单尝试

然而，如你所见，颜料中的铜含量与一幅画为原作的几率之间的关系并不是线性的。相反，如果取几率的自然对数(以 e 为底的 log，缩写为 ln)，便可得到如下对数几率：

$$\log几率=\ln\left(\frac{p}{1-p}\right)$$ 式(4.3)

使用图 4-3 所示几率的自然对数生成它们的对数几率，并在图 4-5 中绘制这些对数几率与铜含量的关系。我们的预测变量和一幅画属于原作的对数几率之间存在线性关系。请注意，对数几率是完全无界的：它们可以扩展到正负无穷大。在理解对数几率时，需要注意以下几点：

- 正值表示某些事情更有可能发生，而不是不发生。
- 负值表示某些事情更可能不发生。
- 对数几率为 0 意味着事情发生的可能性与不发生的可能性相同。

在讨论图 4-4 时，我们强调了铜含量与属于原作的几率之间的关系不是线性的。图 4-5 表明铜含量和对数几率之间的关系是线性的。事实上，将这种关系线性化正是我们对几率取自然对数的原因。前面为什么要大力宣扬预测变量和对数几率之间存在线性关系？因为用一条

直线进行建模是最容易做到的。回想一下，在第 1 章中，算法在学习建模直线关系时所需的全部内容就是直线在纵轴上的截距和斜率。因此，对数几率回归学习了当铜含量为 0 时一幅画是原作的对数几率(截距)，以及对数几率如何随着铜含量的增加而变化(斜率)。

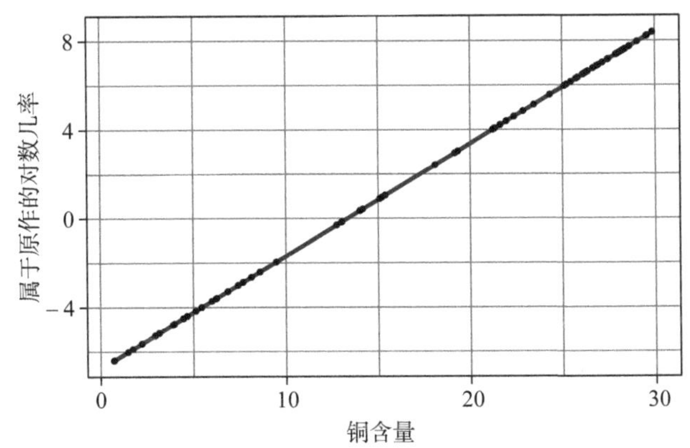

图 4-5　一幅画属于原作的对数几率与铜含量的关系。使用对数几率函数将几率转换为对数几率。对数几率是无界的，可以取任何值。直线表示铜含量与对数几率之间的线性关系

注意　预测变量对对数几率的影响越大，斜率越陡，而没有预测变量的斜率几乎是平的。

此外，线性关系意味着当有多个预测变量时，可根据所有预测变量的信息，将它们的贡献加到对数几率中，得到一幅画是原作的总对数几率。

现在，我们如何基于铜含量和原作的对数几率之间的直线关系，对新的绘画作品进行预测呢？为了计算新的绘画作品是原作的对数几率，可使用如下公式：

$$\text{几率的对数} = \text{截距} + \text{斜率} \times \text{铜含量}$$

一旦计算出新的绘画作品的对数几率，就使用对数几率函数将其转换为原作的概率：

$$p=\frac{1}{1+e^{-z}} \qquad \text{式(4.4)}$$

其中：p 是概率，e 是欧拉数(固定常数，约等于 2.718)，z 是特定样本的对数几率。

然后，简而言之，如果一幅画是原作的概率大于 0.5，那么它就被归类为原作；如果概率小于 0.5，则被归类为赝品。从对数几率到几率，再到概率的转换过程如图 4-6 所示。

注意　默认情况下，阈值概率取 0.5。换言之，如果某一样本属于正类的可能性超过 50%，就将其归为正类。但是，在将样本归为正类之前，如有必要，可以更改阈值概率。例如，如果使用这个模型来预测患者是否需要进行高风险手术，那么我们希望在进行手术之前能够确定下来！

图 4-6　使用对数几率回归模型预测类别成员。首先，数据被转换成对数几率。然后，对数几率被转换成属于正类的概率。最后，如果样本的概率超过阈值概率(默认为 0.5)，就将它归为正类

模型如下：

对数几率＝截距 + 斜率 × 铜含量

重写后的公式如下：

$$\ln\left(\frac{p}{1-p}\right)=\beta_0+\beta_{\text{copper}}x_{\text{copper}} \quad \text{式(4.5)}$$

观察式(4.5)，这是统计学家预测直线模型时使用的方式，式(4.5)与描述对数几率的公式完全相同。使用对数几率回归模型预测对数几率(等式的左边)是通过将截距(β_0)与直线斜率(β_{copper})乘以铜含量(x_{copper})的结果相加来实现的。

大多数情况下，预测变量不会只有一个，而会有多个。通过这种方式表示模型，就可以看到如何使用模型将多个预测变量线性组合在一起：换言之，将它们求和并相加。

假设将金属铅的含量也作为判断一幅画是否是原作的预测变量，模型将如下所示：

$$\ln\left(\frac{p}{1-p}\right)=\beta_0+\beta_{\text{copper}}x_{\text{copper}}+\beta_{\text{lead}}x_{\text{lead}} \quad \text{式(4.6)}$$

图 4-7 展示了上述模型的典型示例。利用两个预测变量，我们可以将模型表示为平面，对数几率显示在纵轴上。同样的原理也适用于两个以上的预测变量，但我们很难在二维表面上对它们进行可视化。

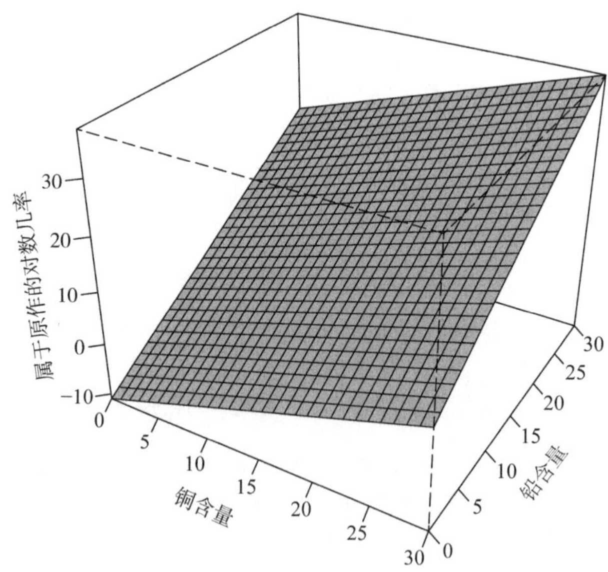

图 4-7 包含两个预测变量的对数几率回归模型。x 轴和 z 轴分别代表铜含量和铅含量。对数几率绘制在 y 轴上。平面表示结合铜含量和铅含量的斜率及截距对对数几率进行预测的线性模型

现在，对于传递到模型中的任何画作，模型将执行以下操作:

(1) 将铜含量乘以铜的斜率。

(2) 将铅含量乘以铅的斜率。

(3) 将这两个值和截距相加，得到这幅画是原作的对数几率。

(4) 将对数几率转换为概率。

(5) 如果概率大于 0.5，就将画作归类为原作；如果概率小于 0.5，就将画作归类为赝品。

可将以上模型扩展为包含任意数量的预测变量：

$$\ln\left(\frac{p}{1-p}\right)=\beta_0+\beta_1x_1+\beta_2x_2+\cdots+\beta_kx_k \quad 式(4.7)$$

其中：k 表示数据集中预测变量的数量，…表示两者之间的所有变量。

提示　还记得参数和超参数的区别吗？没错，β_0、β_1 等都是模型参数，因为它们都是通过算法从数据中学习得到的。

图 4-8 总结了对新的画作进行分类的整个过程。首先，使用算法学习到的线性模型将新的画作中的铜含量和铅含量转换为它们的对数几率。然后，使用对数几率函数将对数几率转换为它们的概率。最后，如果概率大于 0.5，就将这幅画归类为原作；如果概率小于 0.5，就将这幅画归类为赝品。

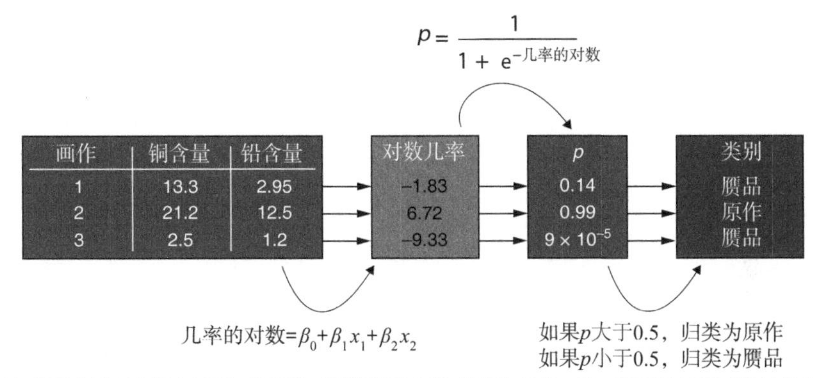

图 4-8　对新的画作进行分类的过程。根据学习到的模型参数(截距和斜率)，将三幅画的预测变量转换为对数几率。然后，将对数几率转换成概率，如果概率大于 0.5，就将样本归为正类

注意　尽管图 4-8 中的第一幅画和第三幅画都被归类为赝品，但它们的概率却大不相同。由于第三幅画的概率比第一幅画的概率小得多，因此我们可以更加确信第三幅画是赝品。

4.1.2　当有两个以上的类别时，该怎么办

前面的场景演示了二项或对数几率回归的用法。换言之，只能将新数据分配给两个类别。但是，我们可以使用对数几率回归的变种来预测多类问题。现在有多个类别可供选择，因此称之为多项式对数几率回归。

在多项式对数几率回归中，模型不是为每个样本估计对数几率，而是为每个输出类别估计对数几率。然后，这些对数几率将被传递到 softmax 函数中，由 softmax 函数将这些对数几率转换为每个类别的概率，概率和为 1(参见图 4-9)。最后，选择概率最大的类别作为输出类别。

提示　有时你会看到：softmax 回归和多项式对数几率回归可以互换使用。

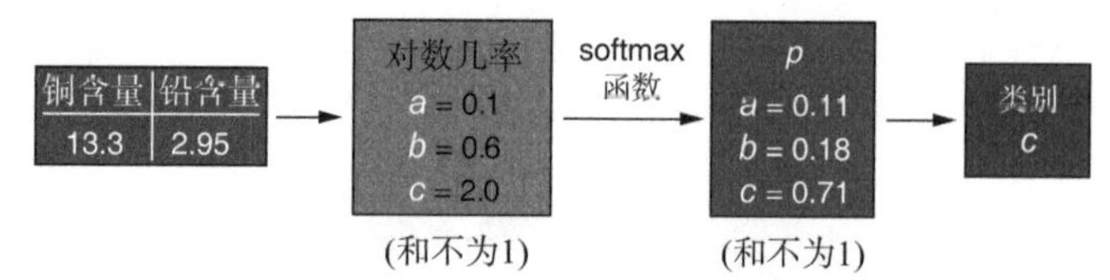

图 4-9 在二项式情况下，每个样本只需要一个对数几率(正类的对数几率)。如果存在多个类别(在本例中为 a、b 和 c)，则模型会估计每个样本属于每个类别的对数几率。softmax 函数用于将这些对数几率映射为和为 1 的概率。最后，选择概率最大的类别作为输出类别

mlr 程序包封装的 classif.logreg 学习器只能解决二项式对数几率回归问题。mlr 程序包目前还没有封装普通多项式对数几率回归的实现函数。我们可以使用 classif.LiblineaRL1LogReg 学习器进行多项式对数几率回归(即使里面有一些尚未讨论的不同因素)。

softmax 函数

softmax 函数的定义如下：

$$p_a = \frac{e^{\log it_a}}{e^{\log it_a} + e^{\log it_b} + e^{\log it_c}}$$

其中：p_a是样本属于 a 类别的概率，e 是欧拉数(一个固定常数，约等于 2.718)，$\log it_a$、$\log it_b$ 和 $\log it_c$分别是样本属于 a、b 和 c 类别的对数几率。

使用以下公式可以将上述方案推广到任意数量的类别：

$$p_j = \frac{e^{\log it_j}}{\sum_{k=1}^{K} e^{\log it_k}}$$

其中：p_j是样本属于 j 类别的概率，$\sum_{k=1}^{K}$ 表示从类别 1 到类别 K 的 $e^{\log it}$ 累加和(共有 K 个类别)。

如果使用 R 语言编写自己的 softmax 函数，并尝试将其他数字向量插入其中，就会发现 softmax 函数总是将输入映射到所有元素总和为 1 的输出。

你现在知道了对数几率回归的工作原理，下面我们建立第一个二项式对数几率回归模型。

4.2 建立第一个对数几率回归模型

假设你是一位历史学家，对 1912 年与冰山相撞后沉没的泰坦尼克号很感兴趣。你想知道社会经济因素是否影响一个人在灾难中幸存的概率。幸运的是，这样的社会经济数据是公开的！

你的目标是建立一个二项式对数几率回归模型，根据乘客的性别和票价等数据预测乘客是否能在这场灾难中幸存下来。你还将进一步解释这个模型以确定影响乘客幸存概率的重要变量。下面首先加载 mlr 和 tidyverse 程序包：

```
library(mlr)
library(tidyverse)
```

4.2.1　加载和研究 titanic 数据集

现在，加载 titanic 数据集，将其转换为 tibble(使用 as_tibble()函数)，并对其进行一些研究，参见代码清单 4.1。你将得到一个包含所有乘客的 tibble，里面共有 891 个样本和 12 个变量。我们的目标是建立一个模型，并利用这些变量中的信息来预测乘客能否在灾难中幸存下来。

代码清单 4.1　加载和研究 titanic 数据集

```
install.packages("titanic")

data(titanic_train, package = "titanic")

titanicTib <- as_tibble(titanic_train)

titanicTib

# A tibble: 891 x 12
  PassengerId Survived Pclass Name  Sex     Age SibSp Parch Ticket
        <int>    <int>  <int> <chr> <chr> <dbl> <int> <int> <chr>
 1          1        0      3 Brau… male     22     1     0 A/5 2…
 2          2        1      1 Cumi… fema…    38     1     0 PC 17…
 3          3        1      3 Heik… fema…    26     0     0 STON/…
 4          4        1      1 Futr… fema…    35     1     0 113803
 5          5        0      3 Alle… male     35     0     0 373450
 6          6        0      3 Mora… male     NA     0     0 330877
 7          7        0      1 McCa… male     54     0     0 17463
 8          8        0      3 Pals… male      2     3     1 349909
 9          9        1      3 John… fema…    27     0     2 347742
10         10        1      2 Nass… fema…    14     1     0 237736
# ... with 881 more rows, and 3 more variables: Fare <dbl>,
#   Cabin <chr>, Embarked <chr>
```

这个 tibble 包含以下变量。

- PassengerId：每位乘客独有的任意数字。
- Survived：表示幸存与否的数字(1 表示幸存，0 表示死亡)。
- Pclass：乘客是否住头等舱、二等舱或三等舱。
- Name：乘客姓名的特征向量。
- Sex：包含性别信息的特征向量。
- Age：乘客的年龄。
- SibSp：船上兄弟姐妹和配偶的总人数。
- Parch：船上父母和孩子的总人数。
- Ticket：带有每位乘客票号的特征向量。
- Fare：每位乘客所付票款。
- Cabin：每位乘客座舱号的特征向量。
- Embarked：乘客出发港口的特征向量。

接下来，我们需要使用 tidyverse 工具清理并准备用于建模的数据。

4.2.2　充分利用数据：特征工程与特征选择

我们很少会直接使用数据集进行建模。通常，我们需要先执行一些数据清理操作，以确保从数据中获得最多信息，包括将数据转换为正确的类型、更正错误和删除不相关的数据等。titanicTib tibble 也不例外，也需要先清理数据，然后才能传递给对数几率回归算法。执行以下操作：

(1) 将 Survived、Sex 和 Pclass 变量转换为因子。

(2) 通过组合 SibSp 和 Parch 变量，创建一个名为 FamSize 的新变量。

(3) 选择对模型有预测价值的变量。

一个变量如果应该是因子，那么让 R 语言知道这个变量是因子将非常重要，这样 R 语言才能正确地处理它。从代码清单 4.1 末尾的输出可以看出：Survived 和 Pclass 是整型向量(<int>显示在列的上方)，而 Sex 是字符型向量(<chr>显示在列的上方)。每个变量均表示整个数据集中重复样本之间的离散差异，所以它们都应该被视作因子。

乘客的家庭成员人数可能会影响他们的幸存概率。例如，有很多家庭成员的人可能不愿意登上一艘没有足够空间来容纳全家人的救生艇。虽然 SibSp 和 Parch 变量分别包含兄弟姐妹和配偶以及父母和孩子的信息，但是将它们组合成包含整个家庭的单个变量可能更具有指导性。

这是一项非常重要的机器学习任务，称为特征工程：修改数据集中的变量以提高预测值。特征工程包含如下两种类型。

- 特征提取：预测信息保存在变量中，但格式是无效的。例如，假设一个变量包含发生某些事件的年、月、日和具体时间信息。时间信息具有重要的预测值，但年、月、日却没有。为了使这个变量在模型中有用，需要将时间信息提取为新变量。
- 特征创建：组合现有变量以创建新变量。组合 SibSp 和 Parch 变量以创建 FamSize 变量就是典型示例。

虽然特征提取和特征创建允许我们提取数据集中的预测信息，但数据集的当前格式并不能最大限度地发挥它们的效用。

最后，我们的数据中经常存在没有预测值的变量。例如，知道乘客的姓名或舱号有助于我们预测幸存概率吗？如果没有用，可以将它们移除。包含很少或没有预测值的变量会给数据增加噪声，并且会对模型的运行产生负面影响，因此最好将此类变量删除。

这是另一个非常重要的机器学习任务，叫作特征选择，操作过程如下：保留能够增加预测值的变量，去掉那些不能增加预测值的变量。有时候，对于我们来说，变量是否有用显而易见。例如，乘客的姓名是没有用的，因为每个乘客都有不同的姓名！在这些情况下，删除这些变量是常识。然而通常情况下，结果并不那么明显，而且还有更复杂的方法可使特性选择过程自动化。我们将在后面的章节中对此进行探讨。

代码清单 4.2 展示了如何将变量转换为因子以及执行特征工程和特征选择任务。为使工作更轻松，我们定义了变量向量并期望将其转换为因子，因此使用 mutate_at()函数来进行转换。mutate_at()与 mutate()函数类似，但前者允许我们一次性对多个列进行转换。将现有的变量作为字符向量提供给.vars 参数，并使用.funs 参数告诉.vars 函数要对这些变量执行什么操作。在这种情况下，使用 factor 函数将定义的变量向量转换为因子。然后将结果导入 mutate()函数，该函数使用的变量 FamSize 是通过组合 SibSp 和 Parch 变量得到的。最后，将结果导入 select()函数，仅选择我们认为对模型具有某些预测值的那些变量。

代码清单 4.2 为建模准备清洁的数据

```
fctrs <- c("Survived", "Sex", "Pclass")
```

```
titanicClean <- titanicTib %>%
  mutate_at(.vars = fctrs, .funs = factor) %>%
  mutate(FamSize = SibSp + Parch) %>%
  select(Survived, Pclass, Sex, Age, Fare, FamSize)

titanicClean

# A tibble: 891 x 6
   Survived Pclass Sex Age Fare FamSize
   <fct>    <fct>  <fct> <dbl> <dbl>    <int>
 1 0        3      male     22   7.25       1
 2 1        1      female   38  71.3        1
 3 1        3      female   26   7.92       0
 4 1        1      female   35  53.1        1
 5 0        3      male     35   8.05       0
 6 0        3      male     NA   8.46       0
 7 0        1      male     54  51.9        0
 8 0        3      male      2  21.1        4
 9 1        3      female   27  11.1        2
10 1        2      female   14  30.1        1
# ... with 881 more rows
```

当输出新的 tibble 时，可以看到 Survived、Pclass 和 Sex 现在是因子(<fct>显示在列的上方)，我们得到了新的变量 FamSize 并删除了那些不相关的变量。

注意　从 tibble 中删除 Name 变量是否太草率了？隐藏在 Name 变量中的信息是对每位乘客(小姐、太太、先生、主人等)的尊称，这些尊称可能具有预测价值。当然，为了使用这些信息，需要进行特征提取。

4.2.3　数据可视化

我们已经清理了一些数据，现在让我们绘制图形以便更好地了解数据中的关系。这里有一个小的技巧，可用来简化使用 ggplot2 绘制多个变量的过程：将数据转换成一种不整洁的格式，这样每个预测变量的名称都将保存在一列中，值则使用 gather()函数保存在另一列中。

注意　gather()函数的作用是提出如下警告：如果测量变量之间的属性不相同，它们将被删除。以上警告表明我们正在收集的变量不具有相同的因子级别，这通常意味着我们可能已经压缩了并不需要压缩的变量。在此情况下，我们可以安全地忽略警告。

执行代码清单 4.3，我们将得到一个不整洁的 tibble，其中包含三列：一列包含幸存因子，另一列包含预测变量的名称，还有一列包含它们的值。

代码清单 4.3　为绘图创建不整洁的 tibble

```
titanicUntidy <- gather(titanicClean, key = "Variable", value = "Value",
                        -Survived)
titanicUntidy

# A tibble: 4,455 x 3
   Survived Variable Value
   <fct>    <chr>    <chr>
 1 0        Pclass   3
```

```
 2 1        Pclass    1
 3 1        Pclass    3
 4 1        Pclass    1
 5 0        Pclass    3
 6 0        Pclass    3
 7 0        Pclass    1
 8 0        Pclass    3
 9 1        Pclass    3
10 1        Pclass    2
# ... with 4,445 more rows
```

注意 值所在的列是字符向量(<chr>)，这是因为其中包含 male 和 female 这样的性别信息。由于列只能保存单一类型的数据，因此所有数字都将被转换为字符。

这么做主要是为了使用 ggplot2 的构造分面系统将不同的变量绘制在一起。在代码清单 4.4 中，我们将使用 titanicUntidy tibble 过滤那些不包含 Pclass 或 Sex 变量的行(因为这些都是因子，所以我们将分别绘制它们)，并将这些数据导入 ggplot()函数调用中。

代码清单 4.4 为每个连续变量创建子图

```
titanicUntidy %>%
  filter(Variable != "Pclass" & Variable != "Sex") %>%
  ggplot(aes(Survived, as.numeric(Value))) +
  facet_wrap(~ Variable, scales = "free_y") +
  geom_violin(draw_quantiles = c(0.25, 0.5, 0.75)) +
  theme_bw()
```

在 ggplot()函数调用中，我们将 Survived 作为 x 变量，并将 Value 作为 y 变量(因为前面的 gather()函数调用已经将值转换为字符，所以这里需要使用 as.numeric()函数将它们强制转换为数值向量)。接下来，使用 ggplot2 的 facet_wrap()函数对 Variable 列进行分面构造，并允许 y 值在构造的分面之间发生变化。分面构造允许绘制数据子图。最后，添加一个小提琴形状的对象，这个对象类似于方框图，显示了数据沿 y 轴的分布密度，如图 4-10 所示。

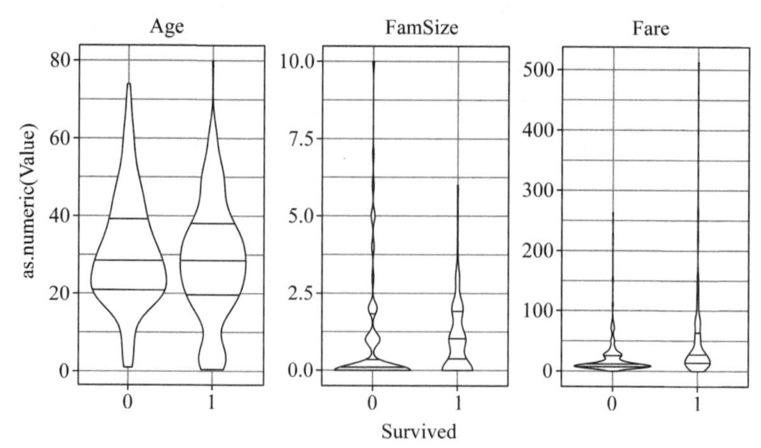

图 4-10 Survived 与 FamSize 和 Fare 变量的分面图。小提琴图形显示了数据沿 y 轴的分布密度。小提琴图形中的线条分别代表第一四分位数、中位数和第三四分位数(从最低到最高)

你知道分面图是如何工作的吗？数据中具有不同变量值的行被绘制在不同的子图中！为什么需要将数据收集成一种不整洁的格式？因为这样就可以为 ggplot2 提供单独的变量来构造分面。

练习 4-1： 添加 geom_point()函数以重新绘制图 4-10，将 alpha 参数设置为 0.05，将 size 参数设置为 3。这会让小提琴图形更有意义吗？

现在，对数据集中的因子执行同样的操作，过滤数据集中仅包含 Pclass 和 Sex 变量的那些数据。这一次，我们想观察乘客在每一层级因子中存活的比例，为此，将 Value 作为 *x* 轴横坐标并绘制 *x* 轴上的因子水平；我们还希望使用不同的颜色来表示幸存与死亡，为此，将 Survived 作为填充值。和以前一样，按变量构造分面，并添加一些带有参数 position="fill"的条形对象，如代码清单 4.5 所示。position 参数能够将幸存者和死亡人员的数据堆叠起来，使它们的和为 1，从而显示每个变量所占的比例，如图 4-11 所示。

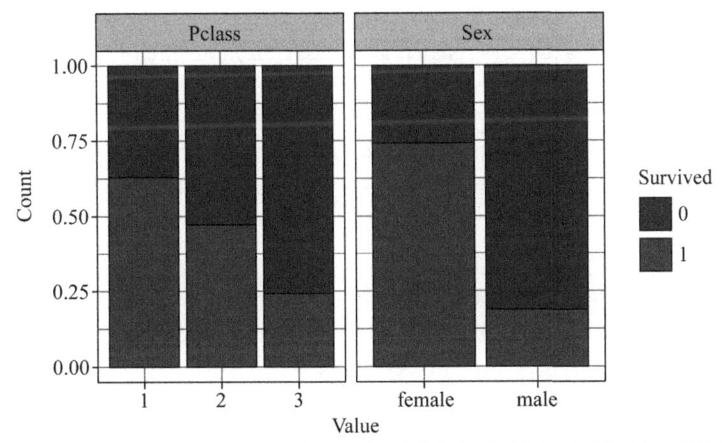

图 4-11　Survived 与 Pclass 和 Sex 变量的分面图。填充的条形对象表示乘客在每一层级因子中存活(1 表示存活)的比例

代码清单 4.5　为每个分类变量创建子图

```
titanicUntidy %>%
  filter(Variable == "Pclass" | Variable == "Sex") %>%
  ggplot(aes(Value, fill = Survived)) +
  facet_wrap(~ Variable, scales = "free_x") +
  geom_bar(position = "fill") +
  theme_bw()
```

注意　在代码清单 4.4 和代码清单 4.5 的 filter()函数调用中，我们分别使用 & 和 | 运算符来表示 and 和 or。

因此，似乎家庭成员稍微多一些的乘客会幸存下来(与我们的假设相矛盾)，但是家庭成员非常多的乘客往往无法幸存。年龄似乎对幸存与否没有明显的影响，但女性幸存下来的可能性更高。多付费用的乘客幸存概率较高，就像他们所在的社会阶层一样(尽管两者可能是相关的)。

练习 4-2： 将 geom_bar()函数的 position 参数更改为"dodge"并重新绘制图 4-11。再次执行上述操作，但将 position 参数更改为"stack"。你能看出这三种方法之间的区别吗？

4.2.4 训练模型

现在已经有了整洁的数据，接下来使用 mlr 创建任务、学习器并训练模型(指定"classif.logreg"以使用对数几率回归作为学习器)，参见代码清单 4.6。通过设置参数 predict.type="prob"，可在使用训练好的模型对新数据进行预测时输出每个类别的估计概率，而非仅仅输出预测的类别。

代码清单 4.6 创建任务、学习器并训练模型

```
titanicTask <- makeClassifTask(data = titanicClean, target = "Survived")

logReg <- makeLearner("classif.logreg", predict.type = "prob")

logRegModel <- train(logReg, titanicTask)

Error in checkLearnerBeforeTrain(task, learner, weights) :
  Task 'titanicClean' has missing values in 'Age', but learner 'classif.logreg' does
  not support that!
```

糟糕！这里出了一点问题。错误信息说明什么？我们似乎从 Age 变量中漏掉了一些数据，而对数几率回归算法不知道如何处理。让我们看看 Age 变量(为节省篇幅，代码清单 4.7 只显示了前 60 个元素)。

代码清单 4.7 统计 Age 变量中缺失值的数目

```
titanicClean$Age[1:60]
 [1]  22.0 38.0 26.0 35.0  35.0    NA 54.0   2.0 27.0 14.0   4.0 58.0 20.0
[14]  39.0 14.0 55.0  2.0    NA 31.0    NA 35.0 34.0 15.0 28.0   8.0 38.0
[27]    NA 19.0   NA   NA  40.0    NA    NA 66.0 28.0 42.0   NA 21.0 18.0
[40]  14.0 40.0 27.0   NA   3.0 19.0    NA   NA   NA   NA 18.0   7.0 21.0
[53]  49.0 29.0 65.0   NA  21.0 28.5   5.0 11.0
sum(is.na(titanicClean$Age))
[1] 177
```

我们发现有很多 NA(事实上有 177 个)，NA 是 R 语言用来标记缺失数据的一种方法。

4.2.5 处理缺失数据

以下两种方法可用来处理缺失数据：

- 简单地分析并去除缺失数据的样本。
- 使用插补机制插补空白。

当缺失数据的样本占总体样本的比例非常小时，第一种方法可能有效。这种情况下，忽略缺失数据的样本可能不会对模型的性能产生很大影响。这是一种简单却不完美的方法。

对于第二种方法，缺失值的插补过程包括使用某种算法估计缺失值，使用这些估计值替换 NA，以及使用插补数据集训练模型。缺失值有很多不同的估计方法，本书将使用平均值插补法，只需要用缺失数据的变量的平均值替换缺失值即可。

在代码清单 4.8 中，我们选择使用 mlr 的 impute()函数来替换缺失的数据。第一个参数是数据的名称，cols 参数则询问我们想要估算哪些列以及想要使用什么方法。可提供 cols 参数作为列名的列表，如果有多个列名，就用逗号进行分隔。每一个列表的后面都应该有符号=和插补方法(imputeMean()函数将使用变量的平均值代替 NA)。将计算的数据结构保存为 imp 对象，并使用 sum(is.na())统计数据中缺失值的数量。

代码清单 4.8　在 Age 变量中插补缺失值

```
imp <- impute(titanicClean, cols = list(Age = imputeMean()))

sum(is.na(titanicClean$Age))
[1] 177

sum(is.na(imp$data$Age))
[1] 0
```

可以看到，177 个缺失值都被估算并插补了。

4.2.6　训练模型(使用缺失值插补方法)

我们已经用平均值估算了那些令人讨厌的缺失值，还创建了新的 imp 对象。下面再次使用插补数据训练模型，参见代码清单 4.9。imp 对象包含插补过程中的插补数据和描述。为了提取数据，需要使用 imp$data。

代码清单 4.9　使用插补数据训练模型

```
titanicTask <- makeClassifTask(data = imp$data, target = "Survived")

logRegModel <- train(logReg, titanicTask)
```

这一次没有错误消息。接下来让我们交叉验证对数几率回归模型，并估计执行情况。

4.3　交叉验证对数几率回归模型

记住，当进行交叉验证时，应该交叉验证整个建模过程，包括任何与数据相关的预处理步骤，例如缺失值插补。在第 3 章，我们使用封装函数将学习器和超参数优化过程封装在了一起。这一次，我们将为学习器和缺失值的估算创建封装。

4.3.1　包含缺失值插补的交叉验证

可以使用 makeImputeWrapper()函数将学习器(作为第一个参数给出)和插补方法封装在一起，参见代码清单 4.10。请注意，这里将按照与代码清单 4.8 中的 impute()函数完全相同的方式指定插补方法。

代码清单 4.10　封装学习器和插补方法

```
logRegWrapper <- makeImputeWrapper("classif.logreg",
                                   cols = list(Age = imputeMean()))
```

接下来，我们将重复 50 次分层采样的 10-折交叉验证应用到封装的学习器。

注意 请记住，必须首先使用 makeResampleDesc()函数定义重采样方法，然后使用 resample()函数进行交叉验证。

因为需要将封装好的学习器提供给 resample()函数，所以对于交叉验证的每一个子集，训练集中 Age 变量的平均值将被用来估算任意缺失值。

由于这是一个二分类问题，我们可以获得一些额外的性能指标，如假正例比率(fpr)和假反例比率(fnr)。代码清单 4.11 要求将准确性、假正例比率和假反例比率作为性能度量指标。尽管我们的模型对乘客分类的平均准确率为 79.6%，但却错误地将 29.9%的死亡乘客分类为幸存者(假正例)，而将 14.4%的幸存乘客分类为死亡人员(假反例)。

代码清单 4.11 交叉验证模型的构建过程

```
kFold <- makeResampleDesc(method = "RepCV", folds = 10, reps = 50,
                          stratify = TRUE)

logRegwithImpute <- resample(logRegWrapper, titanicTask,
                             resampling = kFold,
                             measures = list(acc, fpr, fnr))

logRegwithImpute
Resample Result
Task: imp$data
Learner: classif.logreg.imputed
Aggr perf: acc.test.mean=0.7961500,fpr.test.mean=0.2992605,fnr.test.mean=0.14
    44175
Runtime: 10.6986
```

4.3.2 准确率是最重要的性能度量指标吗

你可能认为模型预测的准确率是最重要的性能度量指标。通常情况是这样，但有时却不是。

想象一下，你是一家银行的欺诈检测部门的数据科学家。你的工作是建立模型来预测信用卡交易是合法的还是欺诈性的。假设在 10 万笔信用卡交易中，只有 1 笔是欺诈性的。因为欺诈性信用卡交易相对较少，所以你决定建立一个模型，将所有信用卡交易简单地归类为合法交易。

这个模型的预测准确率为 99.999%。事实情况是，该模型无法识别任何欺诈性信用卡交易，且假反例比率为 100%！

这里得到的教训是，应该综合考虑特定问题的背景，从而对模型进行性能评估。再比如，建立一个模型，指导医生对病人使用或不使用让人不舒适的治疗。在此背景下，错误地不对病人进行不舒适的治疗是可以接受的(应该给病人实施不舒适的治疗)。但如果病人不需要的话，就不能错误地给他们实施这种治疗！

如果正例事件很少发生(如欺诈性信用卡交易)，或者如果将正例样本误分类为反例觉得特别重要的情况(如欺诈发生，却没有察觉到)，那么应该选择假反例比率较低的模型。如果反例事件很少发生，或者如果将反例样本误分类为正例觉得特别重要的情况，那么应该选择假正例比率较低的模型。

通过访问 https://mlr.mlr-org.com/articles/tutorial/measures.html，可查看 mlr 当前封装的所有性能度量以及可以使用它们的情况。

4.4　理解模型：几率比

本章开头讲过，模型参数(截距和每个预测变量的斜率)是可解释的，因此对数几率回归非常流行。为了提取模型参数，首先必须使用 getLearnerModel()函数将 mlr 模型对象 logRegModel 转换为 R 模型对象。下面将 R 模型对象作为参数传递给 coef()函数，coef()函数代表相关系数(参数之间关系的另一种描述)，并且返回模型参数，参见代码清单 4.12。

代码清单 4.12　提取模型参数

```
logRegModelData <- getLearnerModel(logRegModel)

coef(logRegModelData)

(Intercept)       Pclass2       Pclass3       Sexmale           Age
3.809661697 -1.000344806  -2.132428850 -2.775928255  -0.038822458
       Fare       FamSize
0.003218432  -0.243029114
```

截距是指当所有连续变量均为 0 且因子处于参考水平时，乘客在泰坦尼克号沉船事件中幸存下来的对数几率。相比截距，我们对斜率更感兴趣，但这些值使用的是对数几率形式，理解起来比较困难。因此，我们通常将它们转换为几率比。几率比是概率的比值。几率比是解释预测变量对结果影响大小的一种非常流行的方法，因为它们更易于理解。

4.4.1　将模型参数转换为几率比

如何从对数几率中得到几率比？答案就是取它们的指数($e^{对数几率}$)。也可使用 confint()函数计算 95%的置信区间，以帮助确定每个变量的预测值的可信度有多大，参见代码清单 4.13。

代码清单 4.13　将模型参数转换为几率比

```
exp(cbind(Odds_Ratio = coef(logRegModelData), confint(logRegModelData)))

Waiting for profiling to be done...
             Odds_Ratio       2.5 %       97.5 %
(Intercept) 45.13516691 19.14718874 109.72483921
Pclass2      0.36775262  0.20650392   0.65220841
Pclass3      0.11854901  0.06700311   0.20885220
Sexmale      0.06229163  0.04182164   0.09116657
Age          0.96192148  0.94700049   0.97652950
Fare         1.00322362  0.99872001   1.00863263
FamSize      0.78424868  0.68315465   0.89110044
```

这些几率比大多小于 1。几率比小于 1 表示事件发生的可能性较小。通常，如果用 1 除以它们，解释它们会更容易一些。例如，如果你是男性，存活的几率比是 0.06，用 1 除以 0.06，得到 16.7。这意味着在所有其他变量保持不变的情况下，女性幸存的可能性大约是男性的 16.7 倍。

对于连续变量，可以将几率比解释为：变量每增加一个单位，乘客幸存的可能性就会增加多少。例如，每增加一名家庭成员，一名乘客幸存的可能性就会降低约 21.8%。

对于因子变量，我们将几率比解释为与因子变量的参考水平相比，乘客幸存的可能性要高出多少。例如，我们得到了 Pclass2 和 Pclass3 的几率比，这是 2 号舱和 3 号舱的乘客分别相比

1 号舱的乘客幸存下来的人数比值。

95%的置信区间表示每个变量的预测值的可信度。几率比为 1 表示几率相等，变量对预测没有影响。因此，如果 95%的置信区间包括值 1，比如 fare 变量的值，就表明 fare 变量不起什么作用。

4.4.2　当一个单位的增长没有意义时如何理解

一个单位的增长通常是不易理解的。假设你得到一个几率比，它表示在一个蚁丘中每增加一只蚂蚁，这个蚁丘在白蚁攻击下幸存的可能性将是原来的 1.000005 倍。如何理解这么小的几率比的重要性呢？

当一个单位的增长没有意义时，一种普遍的做法是在使用连续变量训练模型之前，改为对连续变量进行 $\log_2$ 变换。这不会影响模型的预测，现在几率比可这样解释：蚂蚁的数量每翻一番，蚁丘幸存下来的可能性就会变成原来的 x 倍。这将得到更大且更易解释的几率比。

4.5　使用模型进行预测

我们已经构建、交叉验证并解释了模型，下面使用模型对新数据进行预测。加载一些未标注的乘客数据，为预测做好准备后，将数据输入模型中，参见代码清单 4.14。

代码清单 4.14　使用模型对新数据进行预测

```
data(titanic_test, package = "titanic")

titanicNew <- as_tibble(titanic_test)

titanicNewClean <- titanicNew %>%
  mutate_at(.vars = c("Sex", "Pclass"), .funs = factor) %>%
  mutate(FamSize = SibSp + Parch) %>%
  select(Pclass, Sex, Age, Fare, FamSize)

predict(logRegModel, newdata = titanicNewClean)

Prediction: 418 observations
predict.type: prob
threshold: 0=0.50,1=0.50
time: 0.00
     prob.0     prob.1 response
1 0.9178036 0.08219636        0
2 0.5909570 0.40904305        0
3 0.9123303 0.08766974        0
4 0.8927383 0.10726167        0
5 0.4069407 0.59305933        1
6 0.8337609 0.16623907        0
... (#rows: 418, #cols: 3)
```

4.6　对数几率回归算法的优缺点

对于给定的任务，虽然通常很难判断哪种算法的效果更好，但了解算法的优缺点可以帮助我们确定对数几率回归算法是否适合自己所要完成的任务。

对数几率回归算法的优点如下：

- 既可以处理连续预测变量，也可以处理分类预测变量。
- 模型参数易于理解。
- 预测变量不需要假定符合正态分布。

对数几率回归算法的缺点如下：

- 当类别之间完全分离时，对数几率回归将不起作用。
- 对数几率回归假设类别是线性可分的。换言之，对数几率回归假设 n 维空间中的平面(其中的 n 表示预测变量的数量)可用于分类。如果需要使用曲面来进行分类，那么与其他算法相比，对数几率回归将表现不佳。
- 对数几率回归假设每个预测变量和对数概率之间存在线性关系。例如，如果预测变量的低值和高值属于同一类别，而中等值属于另一类别，那么这种线性关系将被打破。

练习 4-3：省略 Fare 变量并重复建模过程。通过交叉验证估计的模型性能有何不同？为什么？

练习 4-4：从 Name 变量中提取问候语，并将任何不是 Mr、Dr、Master、Miss、Mrs 或 Rev 的称呼改为 Other。查看如下代码，以获得有关如何使用 str_split()函数从 stringrtidyverse 程序包中提取问候语的提示：

```
names <- c("Mrs. Pool", "Mr. Johnson")

str_split(names, pattern = "\\.")
[[1]]
[1] "Mrs"   " Pool"

[[2]]
[1] "Mr"        " Johnson"
```

练习 4-5：建立一个包含 Salutation 变量作为另一个预测因子的模型，并对这个模型进行交叉验证。这么做能提高模型的性能吗？

4.7 本章小结

- 对数几率回归是一种监督机器学习算法，它通过计算数据属于每个类别的概率来对新数据进行分类。
- 对数几率回归可处理连续预测变量和分类预测变量，并在预测因子和属于正类的对数概率之间建立线性关系模型。
- 特征工程是从现有变量中提取信息或从中创建新变量以使预测值最大化的过程。
- 特征选择是从数据集中选择哪些变量对机器学习模型具有预测值的过程。
- 插补是一种用来处理缺失数据的策略。在这种策略中，一些算法被用来估计缺失值。
- 几率比能够解释每个预测变量对属于正类样本的概率的影响，它们可通过对模型的斜率取指数($e^{对数几率}$)来进行计算。

4.8 练习题答案

1. 重新绘制小提琴图，添加具有透明度的 geom_point()函数：

```
titanicUntidy %>%
```

```
  filter(Variable != "Pclass" & Variable != "Sex") %>%
  ggplot(aes(Survived, as.numeric(Value))) +
  facet_wrap(~ Variable, scales = "free_y") +
  geom_violin(draw_quantiles = c(0.25, 0.5, 0.75)) +
  geom_point(alpha = 0.05, size = 3) +
  theme_bw()
```

2. 重新绘制条形图，但使用 "dodge" 和 "stack" 作为 position 参数的值：

```
titanicUntidy %>%
  filter(Variable == "Pclass" | Variable == "Sex") %>%
  ggplot(aes(Value, fill = Survived)) +
  facet_wrap(~ Variable, scales = "free_x") +
  geom_bar(position = "dodge") +
  theme_bw()

titanicUntidy %>%
  filter(Variable == "Pclass" | Variable == "Sex") %>%
  ggplot(aes(Value, fill = Survived)) +
  facet_wrap(~ Variable, scales = "free_x") +
  geom_bar(position = "stack") +
  theme_bw()
```

3. 省略 Fare 变量，并重新进行建模：

```
titanicNoFare <- select(titanicClean, -Fare)

titanicNoFareTask <- makeClassifTask(data = titanicNoFare,
                                     target = "Survived")

logRegNoFare <- resample(logRegWrapper, titanicNoFareTask,
                         resampling = kFold,
                         measures = list(acc, fpr, fnr))

logRegNoFare
```

省略 Fare 变量对模型的性能影响不大，因为这对 Pclass 变量没有额外的预测值(查看代码清单 4.13 中 Fare 变量的几率比和置信区间)。

4. 从 Name 变量中提取问候语(方法有很多)：

```
surnames <- map_chr(str_split(titanicTib$Name, "\\."), 1)

salutations <- map_chr(str_split(surnames, ", "), 2)

salutations[!(salutations %in% c("Mr", "Dr", "Master",
                                 "Miss", "Mrs", "Rev"))] <- "Other"
```

5. 使用 Salutation 变量作为预测变量进行建模：

```
fctrsInclSals <- c("Survived", "Sex", "Pclass", "Salutation")

titanicWithSals <- titanicTib %>%
  mutate(FamSize = SibSp + Parch, Salutation = salutations) %>%
  mutate_at(.vars = fctrsInclSals, .funs = factor) %>%
  select(Survived, Pclass, Sex, Age, Fare, FamSize, Salutation)

titanicTaskWithSals <- makeClassifTask(data = titanicWithSals,
                                       target = "Survived")
```

```
logRegWrapper <- makeImputeWrapper("classif.logreg",
                                   cols = list(Age = imputeMean()))

kFold <- makeResampleDesc(method = "RepCV", folds = 10, reps = 50,
                          stratify = TRUE)

logRegWithSals <- resample(logRegWrapper, titanicTaskWithSals,
                           resampling = kFold,
                           measures = list(acc, fpr, fnr))
logRegWithSals
```

特征提取成功了！将 Salutation 作为预测变量可以改进模型性能。

第 5 章

基于判别分析的最大分离方法

本章内容：

- 理解线性和二次判别分析
- 建立线性判别分类器，对葡萄酒进行预测

判别分析是对以类似方式解决分类问题(我们希望预测分类变量)的多种算法的总称。虽然不同的判别分析算法学习起来稍有不同，但它们都通过找到原始数据的其他表示形式来最大限度地实现类别之间的分离。

回顾第 1 章，预测变量是包含对新数据进行预测所需信息的变量。判别分析算法会将预测变量(必须是连续变量)组合成最能区分类别的新变量。组合预测变量的优点是可以大幅降低预测变量的数量。因此，尽管判别分析算法是分类算法，但它们与本书第Ⅳ部分将要介绍的一些降维算法类似。

注意 通过降维可以压缩信息、降低变量的数量，同时尽可能减少信息丢失。

5.1 什么是判别分析

本节介绍判别分析的工作原理。假设你想知道是否能根据患者的基因表达预测他们对药物的反应。你测量了 1000 个基因的表达水平，并记录它们对药物是积极反应、消极反应还是没有反应(这是一个三分类问题)。

具有如此多预测变量的数据集(这么大的数据集并不罕见)会出现以下问题：

- 这些数据很难进行手动研究和绘制。
- 可能有许多预测变量不包含或包含很少的预测信息。
- 需要面对维数灾难(算法在试图学习高维数据中的模式时将会产生的问题)。

在本例中，为了能够理解类别之间的相似性或差异性而绘制所有 1000 个基因几乎是不可能的。相反，我们可以使用判别分析来获取所有的信息，并将它们压缩成可管理的判别函数，我们获得的每一个判别函数都是原始变量的组合。换言之，判别分析以预测变量为输入，试图找到能够使类别之间分离最大化的低维表示形式。因此，虽然判别分析是一种分类技术，但它

采用降维的方法来达到分类目的，如图 5-1 所示。

注意　由于会进行降维，因此判别分析算法是解决分类问题的常用技术，并且其中包含许多连续的预测变量。

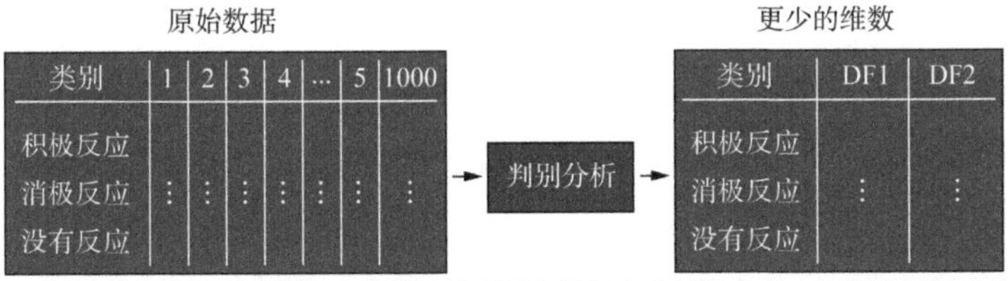

原始数据

类别	1	2	3	4	…	5	1000
积极反应 消极反应 没有反应	⋮	⋮	⋮	⋮	⋮	⋮	⋮

→ 判别分析 →

更少的维数

类别	DF1	DF2
积极反应 消极反应 没有反应	⋮	⋮

图 5-1　判别分析算法利用原始数据，将连续的预测变量组合成新的变量，使类别之间的分离最大化

判别函数的数目取以下两者中较小的那个：

- 类别的数目减 1
- 预测变量的数目

在本例中，1000 个预测变量中包含的信息将被压缩成两个变量(用类别数目 3 减 1)。现在，可以很容易地将这两个新变量之间的相互关系绘制出来，并观察一下三个类别是如何区分的！

如第 4 章所述，包含很少预测值或不包含预测值的预测变量会增加噪声，这可能会对模型的学习性能产生负面影响。当判别分析算法学习判别函数时，更好地区分类别的预测变量将被赋予更大的权重。包含很少预测值或不包含预测值的预测变量则被赋予较小的权重，并对最终模型产生较小的影响。在某种程度上，对非信息预测变量赋予较低的权重可以减小它们对模型性能的影响。

注意　尽管减轻了弱预测变量的影响，但在进行特征选择(去除弱预测变量)之后，判别分析模型可能会表现得更好。

维数灾难是一种听起来很可怕的现象，在处理高维数据(具有许多预测变量的数据)时会导致这个问题。随着特征空间(预测变量所有可能组合的集合)的增大，特征空间中的数据将变得更加稀疏。简单来说，对于数据集中相同数量的样本，如果增大特征空间，样本之间的距离会变大，并且它们之间空置的空间也会更大。从一维特征空间到三维特征空间的转换示意图如图 5-2 所示。

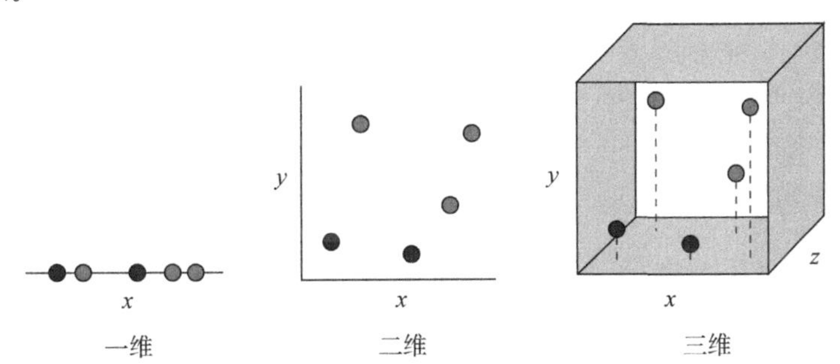

图 5-2　随着维数的增加，数据变得愈发稀疏。我们在一维、二维和三维特征空间中分别显示了两个类别。三维特征空间中的虚线用于阐明点沿 z 轴的分布情况。注意，随着维数的增加，空置的空间也越来越大

维数增加的结果是：占用特征空间中某个区域的样本可能非常少，因此算法更有可能学习数据中的“异常”样本。当算法从异常样本中学习时，会导致模型过拟合，并在预测中产生很多方差，这就是维数灾难。

注意 当预测变量的数量线性增加时，需要以指数方式增加样本数量才能保持特征空间中数据的分布密度不变。

当然，这并不是说变量越多就越不好！对于大多数问题，添加具有一定价值信息的预测变量可以提高模型预测的准确率，直到它们不起作用(得到负反馈)。那么，如何防止因维数灾难导致过拟合呢？可以通过进行特征选择(正如我们在第 4 章中所做的那样)只包含具有预测值的变量，或者通过对数据进行降维处理。在本书的第Ⅳ部分，你将了解一些具体的降维算法，但判别分析实际上是将降维作为算法学习过程的一部分。

注意 模型的预测能力随着预测变量数量的增加而提升，然后随着预测变量数量的不断增加而再次降低的现象，被称为以统计学家 G. Hughes 的名字命名的 Hughes 现象。

判别分析不是一种算法，而是代表多种不同的算法，其中两种最基本、最常用的算法如下：

- 线性判别分析(LDA)
- 二次判别分析(QDA)

稍后我们将介绍这两种算法的原理以及它们之间的区别。但是现在，我们只需要使用 LDA 和 QDA 分别学习类别之间的线性(直线)和曲线决策边界就足够了。

5.1.1 判别分析是如何学习的

下面首先解释 LDA 的原理，然后推广到 QDA。假设有两个预测变量，我们试图使用它们来分离数据中的两个类别，如图 5-3 所示。LDA 的目标是学习一种新的能够将每一类别的质心分开的数据表示形式，同时将类内方差保持在尽可能低的水平。质心只是特征空间中的点，代表所有预测值的平均值(均值向量，每个维度有一个)。然后，LDA 会找到一条通过原点的轴线，当数据投影到这条轴线上时，同时执行以下操作：

- 最大化沿轴线的类别质心之间的差值。
- 最小化沿轴线的类内方差。

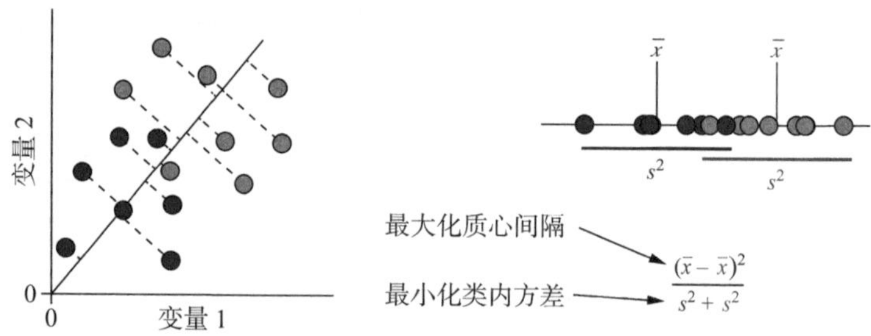

图 5-3 学习二维判别函数。LDA 学习找到一条新的轴线，这样，当数据投影到这条轴线(虚线)上时，就在最小化类内方差的同时最大化质心间隔。$\bar{x}$ 和 s^2 分别是沿新轴的每个类别的均值和方差

为了找到这条轴线，算法将在所有可能的轴上最大化式(5.1)所示表达式的值：

$$\frac{(\bar{x}_1-\bar{x}_2)^2}{s_1^2+s_2^2} \qquad \text{式(5.1)}$$

分子是类别的均值($\bar{x}_1$ 和 $\bar{x}_2$ 分别代表第 1 类和第 2 类的均值)之间差值的平方。分母是沿着

这条轴线的每个类别的方差之和(s_1^2 和 s_2^2 分别代表第 1 类和第 2 类的方差)。背后的含义是：我们希望类别之间的均值尽可能分开(最大化质心间隔)，并希望每个类别的散布/方差尽可能小(最小化类内方差)。

为什么不简单地找出使质心分离最大化的那条轴线呢？因为能使质心分离最大化的轴线并不能保证不同类别中的样本是最佳可分的。如图 5-4 所示，在左图中，我们绘制了一条新的轴线，它能够简单地最大化两个类别质心之间的间隔。当数据投影到这条新的轴线上时，类别之间并没有完全可分，因为相对较高的方差意味着它们彼此重叠；然而，在右图中，新绘制的轴线尝试最大化质心间隔，同时最小化类内方差。这会导致质心稍微靠近，但方差要小得多，这样两个类别的样本就完全可分了。

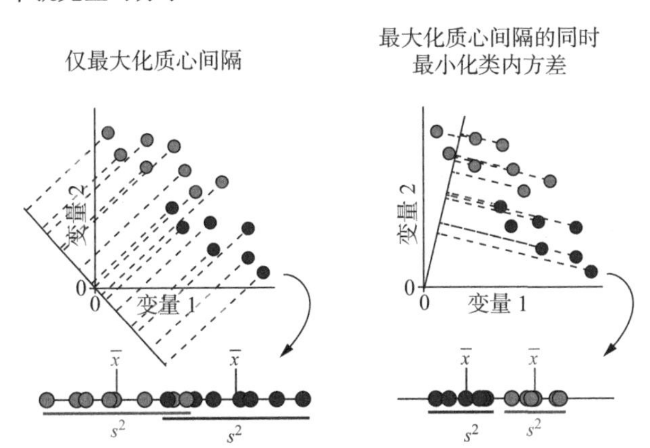

图 5-4　绘制一条仅最大化质心间隔的轴线并不能完全使类别可分。可以绘制一条新的轴线，在最大化质心间隔的同时最小化类内方差，这样就可以更好地分离类别

新绘制的轴线被称为判别函数，判别函数是原始变量的线性组合。例如，判别函数可以使用如下等式来描述：

$$\text{DF} = -0.5 \times \text{var}_1 + 1.2 \times \text{var}_2 + 0.85 \times \text{var}_3$$

以上等式中的判别函数(DF)是变量 var_1、var_2 和 var_3 的线性组合。因为只是将每个变量的贡献加在一起，所以上述组合是线性的。每个变量相乘的值被称为标准判别函数系数，它们可以根据每个变量对类别区分的贡献程度进行加权。换言之，对类别区分贡献最大的变量也将具有绝对值最大的标准判别函数系数(正或负)。包含很少或不包含类别分离信息的变量，其标准判别函数系数约等于零。

线性判别分析与主成分分析

如果以前遇到过主成分分析(PCA)，你可能想知道主成分分析与线性判别分析(LDA)有什么区别。PCA 是一种用于降维的无监督机器学习算法，这意味着与 LDA 不同，PCA 不依赖于标注数据。

虽然这两种算法都可以用来降低数据集的维数，但它们的实现方式不同，并且目标也不一样。LDA 创建的新轴用来最大化质心间距，可以使用这些新轴对新数据进行分类；而 PCA 创建的新轴用来最大化投影到它们之上的数据的方差。PCA 的目标不是分类，而是只使用少量的新轴，同时尽可能多地解释数据中的差异和信息。然后，这种新的低维表示形式可以应用到其他机器学习算法中(如果不熟悉 PCA，请不要担心！第 13 章将深入进行介绍) 。

如果希望使用带标注的成员身份降低数据的维数，那么通常应该优先选择 LDA 而不是 PCA。

如果期望降低无标注数据的维数，那么应该选择 PCA(PCA 是本书第Ⅳ部分将要讨论的众多降维算法之一)。

5.1.2 如果有两个以上的类别，应如何处理

判别分析可以处理两个类别以上的分类问题。但在这种情况下，算法是如何学习最佳轴线的呢？算法不是试图最大化质心间距，而是最大化每个类别质心和数据的总体质心(忽略拥有类别成员资格的所有数据的质心)之间的距离。如图 5-5 所示，其中对来自三个类别的样本进行了两次连续测量。类别质心用三角形符号▲表示，总体质心用叉号×表示。

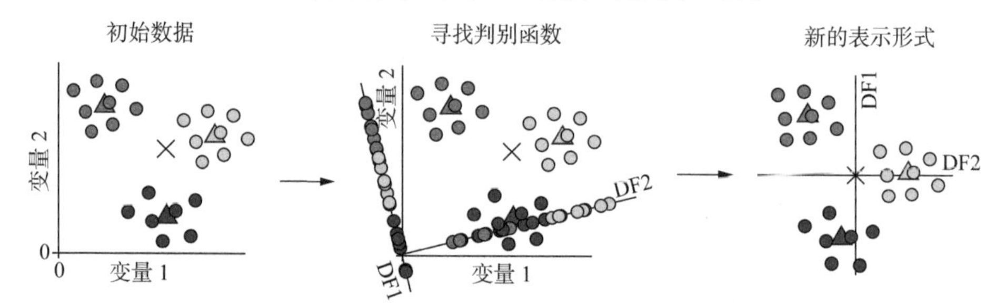

图 5-5　当存在两个以上的类别时，LDA 最大化每个类别质心(用▲表示)和总体质心(用×表示)之间的距离，同时最小化类内方差。一旦找到第一个判别函数，就构造与其正交的第二个判别函数。可以根据这些判别函数绘制原始数据

LDA 首先找出能够将类别质心与总体质心(总体质心能够沿轴线方向最小化每个类内方差)分开的轴线，然后构造与第一个 DF 正交的第二个 DF，这意味着第二个 DF 必须垂直于第一个 DF。

将数据投影到这些新的轴线上，以便每个样本获得每个判别函数的判别分数。可以绘制这些判别分数以形成原始数据的最新表示形式。

这有什么了不起的？还是两个预测变量！我们所做的一切就是将数据居中并缩放，然后围绕原点旋转吗？当只有两个预测变量时，判别分析不能进行任何降维，因为 DF 的数目等于类别数目减 1 或预测变量的数目。

但是，如果存在两个以上的预测变量呢？在图 5-6 中，有三个预测变量(x、y 和 z)和三个类别。就像在图 5-5 中一样，LDA 尝试找到能够使每个类别质心和总体质心之间的距离最大化的 DF，同时最小化沿轴线方向的类内方差。这条轴线能够在三维空间中进行延伸。

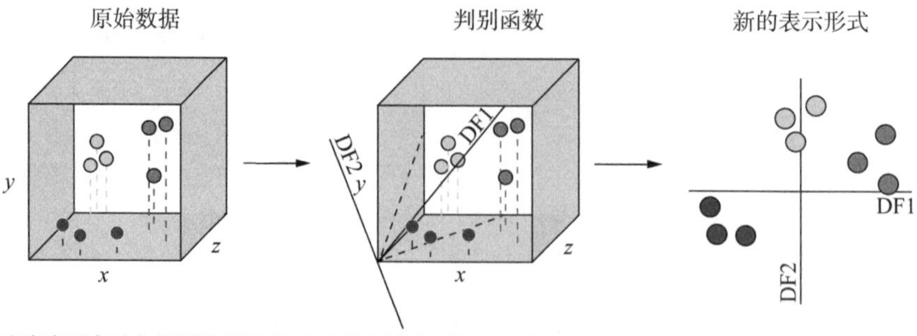

图 5-6　当存在两个以上的预测变量时，立方体用来表示具有三个预测变量(x、y 和 z)和三个类别(虚线有助于指示每个样本沿 z 轴的分布位置)的特征空间。首先找到判别函数 1(DF1)，然后求出与 DF1 正交的 DF2。虚线表示 DF1 和 DF2 的“阴影”，以帮助显示它们沿 z 轴的深度。数据可以投影到 DF1 和 DF2 上

接下来，LDA 找到第二个 DF(它与第一个 DF 正交)，并试图在最小化类内方差的同时最大化质心间隔。因为只有三个类别(DF 的数目是类别数目减 1)，所以在获得两个 DF 后，就可以停止寻找 DF 了。通过获取数据中每个样本的判别分数(每个样本沿两个 DF 的值)，可以仅仅在两个维度上绘制数据。

注意　*在分类方面做得最好的总是第一个 DF，其次是第二个 DF，以此类推。*

LDA 采用了一个三维数据集，为了最大化质心间距，LDA 将这三个预测变量合并为两个新的预测变量。即便预测变量超过 3 个，例如 1000 个(就像之前的示例中那样)，LDA 也会将所有这些信息压缩到两个预测变量中！

5.1.3　学习曲线而不是直线：QDA

如果每个类别中的数据在所有预测变量上呈正态分布，并且类别具有相似的协方差，那么 LDA 表现良好。协方差简单地表示了当一个预测变量增加/减少时，另一个预测变量将会增加/减少多少。因此，LDA 假设对于数据集中的每一类别，预测变量彼此之间具有相同的协方差。

通常情况并非如此，类别之间经常具有不同的协方差。在这种情况下，QDA 往往比 LDA 表现得更好，因为 QDA 没有做出这种假设(尽管 QDA 仍然假设数据是正态分布的)。QDA 学习的不是直线，而是曲线。因此，QDA 非常适用于类别可以被非线性决策边界分类最好的情况，如图 5-7 所示。

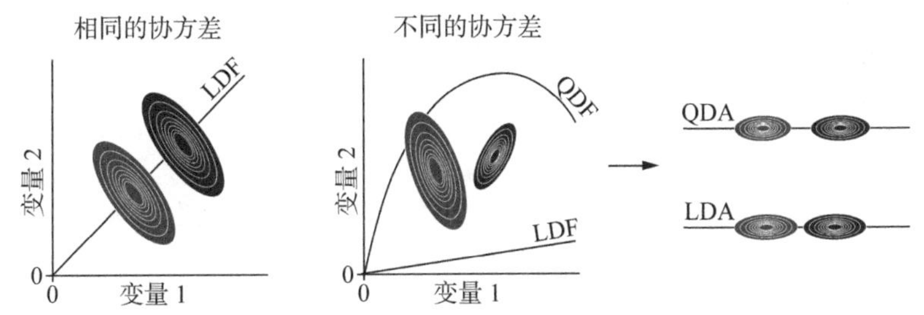

图 5-7　具有相同协方差(变量 1 和变量 2 之间的关系对于每个类别都相同)和不同协方差的分类示例。椭圆表示每个类别中数据的分布情况，这里还给出了协方差不同的类别在每个 DF 上的投影

观察图 5-7 中的左图，两个类别在两个预测变量上都是正态分布的，并且具有相同的协方差。因为对于这两个类别，随着变量 1 的增加，变量 2 的减少量是相等的。在这种情况下，LDA 和 QDA 会找到类似的 DF，但是因为 LDA 的可变性较差，所以 LPA 相比 QDA 更不容易发生过拟合。

观察图 5-7 中的中间图，这两个类别是正态分布的，但它们的协方差是不相等的。在这种情况下，QDA 将找到一条曲线，当数据投影到这条曲线上，将能够更好地分离类别。

5.1.4　LDA 和 QDA 如何进行预测

无论选择哪种方法，DF 都已经构建好了，并且已经将高维数据简化为低维的判别函数。LDA 和 QDA 如何利用这些信息对新的观测数据进行分类？它们将使用一条非常重要的统计学定理，称为贝叶斯准则。

贝叶斯准则为我们提供了一种回答以下问题的方法：给定数据中任何样本的预测变量的值，样本属于第 k 类的概率是多少？记为 $p(k \mid x)$，其中 k 表示第 k 类中的成员，x 表示预测变量的值。可以解读为：在给定数据 x 的情况下，样本属于第 k 类的概率。以下公式是由贝叶斯准则给出的：

$$p(k \mid x)=\frac{p(x \mid k)\times p(k)}{p(x)} \quad \text{式(5.2)}$$

以上公式中只有四项，下面分别进行分析。你已经知道，$p(k \mid x)$是给定数据后样本属于第 k 类的概率，叫作后验概率。

同理，$p(x \mid k)$的含义相似，但需要反过来理解：假设样本属于第 k 类，能观察到这些数据的概率是多少？换言之：如果样本属于第 k 类，那么样本具有这些预测值的似然有多大？

$p(k)$被称为先验概率，表示任意样本属于第 k 类的概率，也就是数据中所有样本属于第 k 类的比例。例如，如果 30%的样本属于第 k 类，$p(k)$将等于 0.3。

最后，$p(x)$是你在数据集中观察到具有这些预测值的样本的概率，被称为证据。估计证据通常是非常困难的(因为数据集中的每一个样本都可能有一个唯一的预测值组合)，并且会使所有的后验概率总和为 1。因此，我们可以忽略等式中的证据，得到如下公式：

$$p(k \mid x)\propto p(x \mid k)\times p(k) \quad \text{式(5.3)}$$

其中，符号 $\propto$ 表示符号两边的值彼此成比例，而不是相等。

如此一来，样本的先验概率($p(k)$)将很容易计算出来：数据集中样本属于第 k 类的比例。但是，如何计算似然($p(x \mid k)$)？可以通过将数据投影到 DF 并估计概率密度来计算似然。概率密度表示具有特定判别分数组合的样本的相对概率。

由于判别分析假设数据是正态分布的，因此可通过在每个 DF 上对每个类别拟合正态分布来估计概率密度。每个正态分布的中心是类别的质心，标准差是判别轴上的一个单位。图 5-8 对单个 DF 和两个 DF 的情况分别进行了说明(相同的事情发生在两个以上的维度上，但很难可视化)。可以看到，质心附近的样本沿着判别轴具有较高的概率密度，而远处的样本具有较低的概率密度。

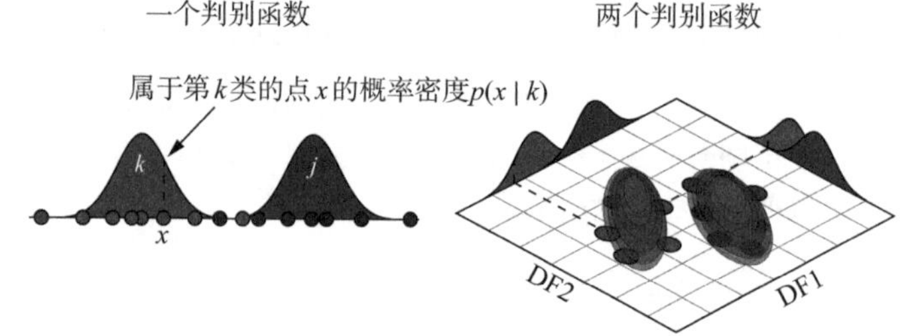

图 5-8　假设每个类别的概率密度为正态分布，其中每个分布的中心是类别的质心

在估计了给定类别中的样本的概率密度后，就可以将它们输入公式中了：

后验概率=似然×先验概率

估计每个类别的后验概率，后验概率最高的那个类别就是样本所属的类别。

注意 先验概率(样本在类别中的比例)很重要，因为如果类别严重不平衡，那么即便远离类别的质心，样本也仍有可能属于该类别，原因就在于该类别中包含太多这样的样本。

贝叶斯准则在统计学和机器学习中具有重要意义，我们将在第 6 章进行深入讨论。

5.2 构建线性和二次判别模型

相信你已经理解了判别分析的工作原理，接下来构建第一个 LDA 模型。如果尚未加载 mlr 和 tidyverse 程序包，请执行以下操作：

```
library(mlr)
library(tidyverse)
```

5.2.1 加载和研究葡萄酒数据集

在本小节中，你将学习如何构建线性和二次判别模型。假设你是一名侦探。葡萄酒生产商 Ronald Fisher 在一次派对上中毒，当时有人将瓶子里的酒换成了有毒的含砷葡萄酒。

其他三家葡萄酒生产商(竞争对手)也在派对上，他们是主要嫌疑人。如果你能追踪到这三家葡萄酒生产商的葡萄园，你就能找到凶手。为什么呢？因为你可以对产自每个葡萄园的葡萄酒进行一些化学分析，然后就可以下令对犯罪现场的有毒瓶子进行采样并比对。你的任务是建立一个模型，用于判断含有砷的葡萄酒来自哪个葡萄园，从而判定有罪的一方。

加载 HDclassf 程序包内置的葡萄酒数据，将其转换为 tibble，然后进行一些研究，参见代码清单 5.1。我们还从不同酒瓶上测量得到一个包含 178 个样本和 14 个变量的 tibble。

代码清单 5.1 加载和研究葡萄酒数据集

```
install.packages("HDclassif")

data(wine, package = "HDclassif")

wineTib <- as_tibble(wine)

wineTib

# A tibble: 178 x 14
   class    V1    V2    V3    V4    V5    V6    V7    V8    V9
   <int> <dbl> <dbl> <dbl> <dbl> <int> <dbl> <dbl> <dbl> <dbl>
 1     1  14.2  1.71  2.43  15.6   127  2.8   3.06  0.28  2.29
 2     1  13.2  1.78  2.14  11.2   100  2.65  2.76  0.26  1.28
 3     1  13.2  2.36  2.67  18.6   101  2.8   3.24  0.3   2.81
 4     1  14.4  1.95  2.5   16.8   113  3.85  3.49  0.24  2.18
 5     1  13.2  2.59  2.87  21     118  2.8   2.69  0.39  1.82
 6     1  14.2  1.76  2.45  15.2   112  3.27  3.39  0.34  1.97
 7     1  14.4  1.87  2.45  14.6    96  2.5   2.52  0.3   1.98
 8     1  14.1  2.15  2.61  17.6   121  2.6   2.51  0.31  1.25
 9     1  14.8  1.64  2.17  14      97  2.8   2.98 0.290  1.98
10     1  13.9  1.35  2.27  16      98  2.98  3.15  0.22  1.85
# ... with 168 more rows, and 4 more variables: V10 <dbl>,
#   V11 <dbl>, V12 <dbl>, V13 <int>
```

作为数据科学家，我们会经常收到杂乱无章或管理不善的数据。在本例中，变量名丢失了！我们可以继续使用 V1、V2 等，但是很难跟踪它们各自到底对应哪一个变量。为此，我们需要手动添加变量名，然后将 Class 变量转换为因子，参见代码清单 5.2。

代码清单 5.2 清理数据

```
names(wineTib) <- c("Class", "Alco", "Malic", "Ash", "Alk", "Mag",
                    "Phe", "Flav", "Non_flav", "Proan", "Col", "Hue",
                    "OD", "Prol")

wineTib$Class <- as.factor(wineTib$Class)

wineTib

# A tibble: 178 x 14
   Class  Alco Malic   Ash   Alk   Mag   Phe  Flav Non_flav Proan
   <fct> <dbl> <dbl> <dbl> <dbl> <int> <dbl> <dbl>    <dbl> <dbl>
 1     1  14.2  1.71  2.43  15.6   127  2.8   3.06    0.28   2.29
 2     1  13.2  1.78  2.14  11.2   100  2.65  2.76    0.26   1.28
 3     1  13.2  2.36  2.67  18.6   101  2.8   3.24    0.3    2.81
 4     1  14.4  1.95  2.5   16.8   113  3.85  3.49    0.24   2.18
 5     1  13.2  2.59  2.87  21     118  2.8   2.69    0.39   1.82
 6     1  14.2  1.76  2.45  15.2   112  3.27  3.39    0.34   1.97
 7     1  14.4  1.87  2.45  14.6    96  2.5   2.52    0.3    1.98
 8     1  14.1  2.15  2.61  17.6   121  2.6   2.51    0.31   1.25
 9     1  14.8  1.64  2.17  14      97  2.8   2.98    0.290  1.98
10     1  13.9  1.35  2.27  16      98  2.98  3.15    0.22   1.85
# ... with 168 more rows, and 4 more variables: Col <dbl>,
#   Hue <dbl>, OD <dbl>, Prol <int>
```

数据现在好多了。我们对 178 瓶葡萄酒进行了 13 次连续测量，每一次测量都会得到葡萄酒中不同化合物/元素的含量。分类变量 Class 用于告诉我们瓶子来自哪个葡萄园。

5.2.2 绘制数据图

下面绘制数据图以了解葡萄园之间葡萄酒化合物的变化情况。参考第 4 章中的 titanic 数据集，这里也将数据收集成不整洁格式，这样就可以对每个变量进行分面构造，参见代码清单 5.3。

代码清单 5.3 创建用于绘制数据图的不整洁 tibble

```
wineUntidy <- gather(wineTib, "Variable", "Value", -Class)

ggplot(wineUntidy, aes(Class, Value)) +
  facet_wrap(~ Variable, scales = "free_y") +
  geom_boxplot() +
  theme_bw()
```

结果如图 5-9 所示。

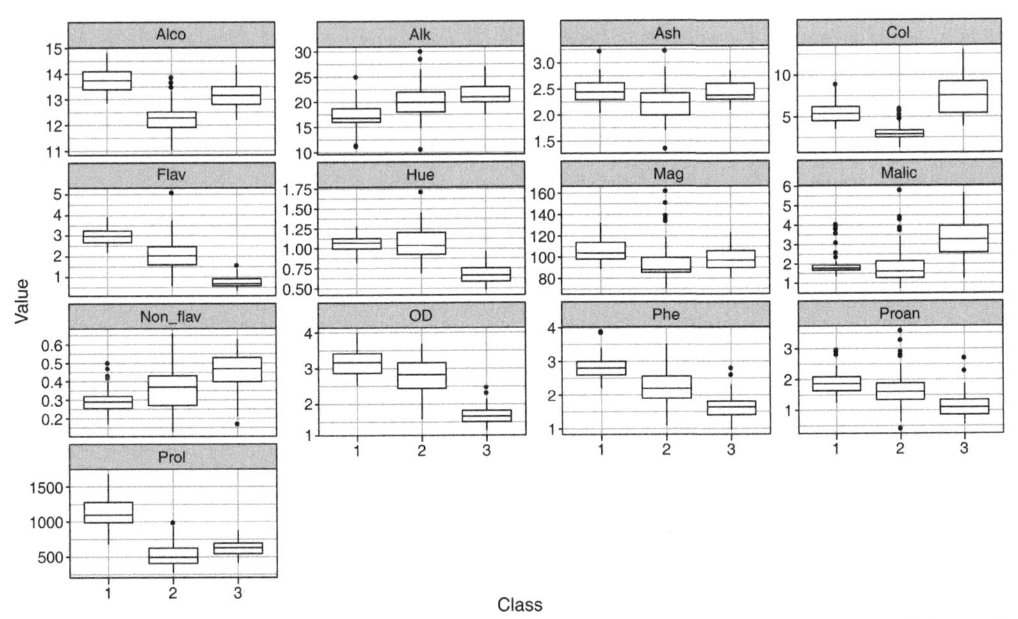

图 5-9　数据中的每个连续变量相对于葡萄园编号的盒线图。对于盒和线，粗的水平线表示中间值，盒表示四分位距(IQR)，线表示图基范围(四分位上下 IQR 的 1.5 倍)，点表示图基范围之外的数据

数据科学家(和负责此案的侦探)看到这些数据会欣喜若狂！来自三个不同葡萄园的葡萄酒之间存在很多明显的差异。由于类别是分离的，因此我们可以很容易地构建出性能良好的分类模型。

5.2.3　训练模型

下面定义任务和学习器，并像往常一样建立模型，参见代码清单 5.4。这一次，向 makeLearner()函数提供"classf.lda"作为参数，以指定我们将使用 LDA 分类算法。

提示　LDA 和 QDA 没有要调整的超参数，因此存在闭环形式的解决方案。换言之，LDA 和 QDA 需要的所有信息都在数据中，它们的性能不受尺度变量的影响。无论数据是否缩放，你都会得到相同的结果！

代码清单 5.4　创建任务和学习器，并构建模型

```
wineTask <- makeClassifTask(data = wineTib, target = "Class")

lda <- makeLearner("classif.lda")

ldaModel <- train(lda, wineTask)
```

注意　回顾一下第 3 章中的内容，makeClassifTask()函数会警告我们：数据是 tibble 而不是纯 data.frame。我们可以安全地忽略上述警告。

使用 getLearnerModel()函数提取模型信息，并使用 predict()函数获取每个样本的 DF 值。通过输出 head(ldaPreds)，你可以看到：模型已经学习了两个 DF——LD1 和 LD2，并且 predict()函数确实为 wineTib 数据集中的每个样本返回了这些判别函数的值，参见代码清单 5.5。

代码清单 5.5 提取每个样本的 DF 值

```
ldaModelData <- getLearnerModel(ldaModel)

ldaPreds <- predict(ldaModelData)$x

head(ldaPreds)
        LD1       LD2
1 -4.700244 1.9791383
2 -4.301958 1.1704129
3 -3.420720 1.4291014
4 -4.205754 4.0028715
5 -1.509982 0.4512239
6 -4.518689 3.2131376
```

为了可视化算法学习到的两个 DF 如何很好地将三个葡萄园的葡萄酒分开，可以对它们进行对比绘制，参见代码清单 5.6。首先，将 wineTib 数据集通过管道函数传输到 mutate()函数调用中，并为每个 DF 创建一个新列。然后，将变换后的 tibble 通过管道函数传递给 gglot()函数调用，并将 LD1、LD2 和 Class 分别对应设置为 *x*、*y* 和颜色。最后，利用 geom_point()函数添加点，并利用 stat_ellipse()函数在每个类别的周围绘制 95%的置信度椭圆。

代码清单 5.6 对 DF 值进行对比绘制

```
wineTib %>%
  mutate(LD1 = ldaPreds[, 1],
         LD2 = ldaPreds[, 2]) %>%
  ggplot(aes(LD1, LD2, col = Class)) +
  geom_point() +
  stat_ellipse() +
  theme_bw()
```

结果如图 5-10 所示。

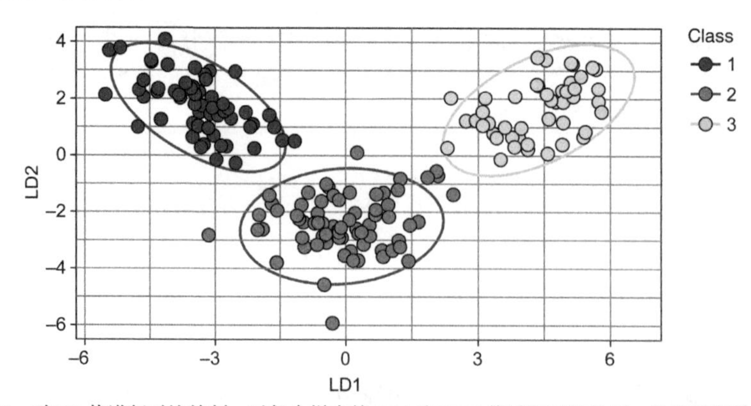

图 5-10 对 DF 值进行对比绘制：对每个样本的 LD1 和 LD2 值进行对比绘制，并按类别进行着色

看上去不错。可以看到，LDA 已经将 13 个预测变量减少到两个 DF，这两个 DF 能够很好地将每个葡萄园的葡萄酒分开吗？

接下来，我们使用完全相同的过程构建 QDA 模型，参见代码清单 5.7。

代码清单 5.7　构建 QDA 模型

```
qda <- makeLearner("classif.qda")

qdaModel <- train(qda, wineTask)
```

注意　令人遗憾的是，和之前的 LDA 操作一样，要从 mlr 程序包的 QDA 中提取 DF 并绘制它们并不容易。

下面对 LDA 和 QDA 模型进行交叉验证，以估算它们在新数据上执行时的性能，参见代码清单 5.8。

代码清单 5.8　交叉验证 LDA 和 QDA 模型

```
kFold <- makeResampleDesc(method = "RepCV", folds = 10, reps = 50,
                          stratify = TRUE)

ldaCV <- resample(learner = lda, task = wineTask, resampling = kFold,
                  measures = list(mmce, acc))

qdaCV <- resample(learner = qda, task = wineTask, resampling = kFold,
                  measures = list(mmce, acc))

ldaCV$aggr
mmce.test.mean acc.test.mean
    0.01177012     0.98822988

qdaCV$aggr
mmce.test.mean acc.test.mean
   0.007977296    0.992022704
```

太棒了！我们的 LDA 模型平均对约 98.8%的样本进行了正确分类。这已经没有太大的改进空间了，但是 QDA 模型正确地对约 99.2%的样本进行了分类！现在观察混淆矩阵(理解它们是本章练习的一部分)：

```
calculateConfusionMatrix(ldaCV$pred, relative = TRUE)

Relative confusion matrix (normalized by row/column):
        predicted
true     1           2           3           -err.-
  1      1e+00/1e+00 3e-04/3e-04 0e+00/0e+00 3e-04
  2      8e-03/1e-02 1e+00/1e+00 1e-02/2e-02 2e-02
  3      0e+00/0e+00 1e-02/7e-03 1e+00/1e+00 1e-02
-err.-         0.010       0.007             0.021 0.01


Absolute confusion matrix:
        predicted
true        1    2    3  -err.-
  1      2949    1    0       1
  2        29 3470   51      80
  3         0   23 2377      23
-err.- 29 24    51   104
```

```
calculateConfusionMatrix(qdaCV$pred, relative = TRUE)

Relative confusion matrix (normalized by row/column):
        predicted
true    1           2           3           -err.-
  1     0.993/0.984 0.007/0.006 0.000/0.000 0.007
  2     0.014/0.016 0.986/0.991 0.000/0.000 0.014
  3     0.000/0.000 0.005/0.003 0.995/1.000 0.005
-err.-        0.016       0.009       0.000 0.009


Absolute confusion matrix:
        predicted
true       1    2    3  -err.-
  1     2930   20    0      20
  2       49 3501    0      49
  3     0 12 2388   12
-err.-    49   32    0      81
```

现在，毒酒的化学分析结果出来了。下面使用 QDA 模型预测毒酒来自哪个葡萄园：

```
poisoned <- tibble(Alco = 13, Malic = 2, Ash = 2.2, Alk = 19, Mag = 100,
                   Phe = 2.3, Flav = 2.5, Non_flav = 0.35, Proan = 1.7,
                   Col = 4, Hue = 1.1, OD = 3, Prol = 750)

predict(qdaModel, newdata = poisoned)

Prediction: 1 observations
predict.type: response
threshold:
time: 0.00
  response
1        1
```

QDA 模型预测毒酒来自 1 号葡萄园，可以抓人了！

5.3 LDA 和 QDA 算法的优缺点

对于给定的任务，虽然通常很难判断哪些算法的效果更好，但了解算法的优缺点可以帮助你确定 LDA 和 QDA 算法是否适合自己所要完成的任务。

LDA 和 QDA 算法的优点如下：

- 可以将高维特征空间压缩到更易于管理的维度空间中。
- 可用于分类或用作其他分类算法的预处理(降维)技术，进行预处理后，模型在其他数据集上的性能可能会更好。
- QDA 可以学习类别之间弯曲的决策边界(LDA 则做不到)。

LDA 和 QDA 算法的缺点如下：

- 只能处理连续预测变量(尽管将分类变量重新编码为数字在某些情况下可能会有所帮助)。
- 假设数据在预测变量之间符合正态分布，如果数据分布不符合上述假设，性能将受到影响。
- LDA 只能学习类别之间的线性决策边界(QDA 并非如此)。

- LDA 假设类别的协方差相同，否则性能将会受到影响(QDA 并非如此)。
- QDA 相比 LDA 更灵活，因此更容易过拟合。

练习 5-1： 解释 5.2.3 节末尾的混淆矩阵。
- 哪个模型更能识别来自 3 号葡萄园的葡萄酒？
- LDA 模型会将更多来自 2 号葡萄园的葡萄酒误分类为来自 1 号葡萄园还是来自 3 号葡萄园？

练习 5-2： 从 LDA 模型中提取判别分数，并将这些类别分数用作 kNN 模型的预测变量(包括调节 *k* 值)。在整个过程中，请使用自己的交叉验证策略。如果需要复习一下如何训练 kNN 模型，请回顾第 3 章的内容。

5.4　本章小结

- 判别分析是一种监督机器学习算法，用于将数据投影成低维表示形式，从而创建判别函数。
- 判别函数是原始(连续)变量的线性组合，它能够最大化质心间距，同时最小化沿它们分布的每个类别的类内方差。
- 判别分析有很多种，其中最基本的是 LDA 和 QDA。
- LDA 可以学习类别之间的线性决策边界，并且假设样本是正态分布的且具有相同的协方差。
- QDA 可以学习类别之间弯曲的决策边界，并假设样本是正态分布的，但不假设协方差相同。
- 判别函数的数目等于类别数目减 1 或预测变量的数目(取决于两者中较小的那个)。
- 类别预测使用贝叶斯准则来估计样本属于每个类别的后验概率。

5.5　练习题答案

1. 解释 5.2.3 节末尾的混淆矩阵：
- QDA 模型在识别 3 号葡萄园的葡萄酒方面做得更好。QDA 模型错误地认为有 12 种葡萄酒来自 2 号葡萄园，而 LDA 模型错误地对 23 种葡萄酒进行了分类。
- LDA 模型对 2 号葡萄园和 3 号葡萄园所做的误分类相比对 1 号葡萄园所做的误分类更多。

2. 使用 LDA 中的判别分数作为 kNN 模型中的预测值：

```
# CREATE TASK ----
wineDiscr <- wineTib %>%
  mutate(LD1 = ldaPreds[, 1], LD2 = ldaPreds[, 2]) %>%
  select(Class, LD1, LD2)

wineDiscrTask <- makeClassifTask(data = wineDiscr, target = "Class")

# TUNE K ----
knnParamSpace <- makeParamSet(makeDiscreteParam("k", values = 1:10))
gridSearch <- makeTuneControlGrid()
cvForTuning <- makeResampleDesc("RepCV", folds = 10, reps = 20)
```

```
tunedK <- tuneParams("classif.knn", task = wineDiscrTask,
                     resampling = cvForTuning,
                     par.set = knnParamSpace,
                     control = gridSearch)

knnTuningData <- generateHyperParsEffectData(tunedK)
plotHyperParsEffect(knnTuningData, x = "k", y = "mmce.test.mean",
                    plot.type = "line") +
  theme_bw()

# CROSS-VALIDATE MODEL-BUILDING PROCESS ----
inner <- makeResampleDesc("CV")
outer <- makeResampleDesc("CV", iters = 10)
knnWrapper <- makeTuneWrapper("classif.knn", resampling = inner,
                              par.set = knnParamSpace,
                              control = gridSearch)

cvWithTuning <- resample(knnWrapper, wineDiscrTask, resampling = outer)
cvWithTuning

# TRAINING FINAL MODEL WITH TUNED K ----
tunedKnn <- setHyperPars(makeLearner("classif.knn"), par.vals = tunedK$x)

tunedKnnModel <- train(tunedKnn, wineDiscrTask)
```

第 6 章

朴素贝叶斯和支持向量机分类算法

本章内容：

- 掌握朴素贝叶斯算法的使用方法
- 理解支持向量机算法
- 在进行随机搜索的同时调节多个超参数

朴素贝叶斯算法和支持向量机(SVM)算法属于监督机器学习分类算法，每种算法的学习方式各有不同。朴素贝叶斯算法使用你在第 5 章学习过的贝叶斯准则来估计数据集中的新数据属于某个类别的概率，然后将数据分配给概率最高的类别。SVM 算法则通过寻找一个超平面(比预测变量少一个维度的曲面)来进行分类，这个超平面的位置和方向取决于支持向量，也就是最接近类别之间边界的样本。

注意 SVM 算法通常用于分类问题，但也可用于回归问题。回归问题不在本章讨论范畴之内，如果你对此感兴趣(并希望更深入地探索 SVM 算法)，请参阅由 Andreas Christmann 和 Ingo Steinwart 共同编写的 *Support Vector Machines* 一书。

朴素贝叶斯算法和 SVM 算法的性质不同，因而它们的适用范围也有所不同。例如，朴素贝叶斯算法能够自然地混合连续和分类预测变量，而 SVM 算法处理的分类变量必须先重新编码成数值格式。另外，SVM 算法通过为数据添加新的维度来揭示线性边界，从而能够出色地在线性不可分的类别之间找到决策边界。针对同一问题的模型，朴素贝叶斯算法除了对垃圾邮件检测和文本分类等问题表现良好之外，在其他方面很少优于 SVM 算法。

使用朴素贝叶斯算法训练的模型也有概率方面的解释。对于模型预测的每一个样本，模型会输出样本属于某个类别的概率。这为我们进行预测提供了一个确定性的度量，并且对于希望进一步详细检查概率接近 50%的样本是有用的。相反，使用 SVM 算法训练的模型通常不会输出易于理解的概率表示形式，而是给出一种几何解释。换言之，它们划分特征空间，并根据样本所属的分区进行分类。相比朴素贝叶斯模型，SVM 模型在训练方面的开销更大。因此，如果朴素贝叶斯模型在处理某个问题时性能表现优异，那么没有理由选择在计算训练方面开销更大的其他模型。

到了本章的最后，你将理解朴素贝叶斯和 SVM 算法的工作原理，并且掌握如何将它们应用于数据。你将学习如何同时调节多个超参数——因为 SVM 算法有许多超参数。你还将了解如何使用更实用的方法进行随机搜索以找到性能最优的超参数组合，而不是使用第 3 章介绍的网格搜索方法。

6.1 什么是朴素贝叶斯算法

第 5 章介绍了贝叶斯准则(以数学家 Thomas Bayes 的名字命名)，并展示了基于判别函数值的判别分析算法如何通过使用贝叶斯准则来预测样本属于每一类别的概率。朴素贝叶斯算法的工作原理与贝叶斯准则完全相同，但不会像判别分析那样对数据进行降维。此外，朴素贝叶斯算法可以处理分类和连续的预测变量。接下来，我们将通过几个例子使你对贝叶斯准则的工作原理有更深入的理解。

假设 0.2%的人口患有独角兽疾病(症状包括痴迷闪光和强迫性绘画彩虹)。独角兽疾病的检测结果中有 90%的真实阳性率(如果患有这种疾病，测试后会有 90%的可能性为阳性)。假设测试时，整个测试人群中有 5%的人被确认为阳性结果。根据这些信息，请判断，如果测试结果为阳性，则患上独角兽疾病的概率是多少？

许多人会根据直觉回答 90%，但这并不能解释疾病的流行程度和测试为阳性的人员比例(包括假阳性)。现在，如何估计患病的概率并给出正确的结果呢？请使用贝叶斯准则，如下所示：

$$p(k|x)=\frac{p(x|k)\times p(k)}{p(x)}$$

其中：

- $p(k|x)$ 代表测试结果为阳性的人患独角兽疾病的概率，称为后验概率。
- $p(x|k)$ 代表确实患有这种疾病，测试结果也为阳性的概率，称为类条件概率(似然)。
- $p(k)$ 代表无论测试结果是什么都患独角兽疾病的概率。这代表了患病的人在整个人群中所占的比例，称为先验概率。
- $p(x)$ 代表测试结果为阳性的概率，包括真阳性和假阳性，称为全概率(证据)。

于是，上述公式变为如下形式：

$$\text{后验概率}=\frac{\text{类条件概率}\times\text{先验概率}}{\text{全概率}}$$

因此，类条件概率(确实患有独角兽疾病且测试结果为阳性的概率)是 90%，可用小数点形式表示为 0.9；先验概率(独角兽疾病患者的比例)是 0.2%，可用小数点形式表示为 0.002；最后，全概率(测试结果为阳性的概率)是 5%，可用小数点形式表示为 0.05；所有这些值如图 6-1 所示。将这些值用贝叶斯准则替换后，得到：

$$\text{后验概率}=\frac{0.9\times 0.002}{0.05}=0.036$$

在考虑了疾病的患病率和测试结果为阳性的比例(包括假阳性)之后，测试结果为阳性意味着人们只有 3.6%的可能性真正患有这种疾病——远好于 90%！这就是贝叶斯准则的作用：允许考虑先验信息，以获得更准确的条件概率估计(给定数据后发生某事件的概率)。

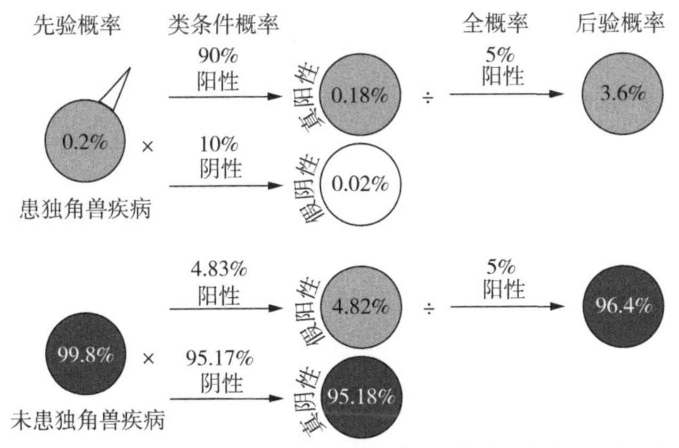

图 6-1 使用贝叶斯准则计算测试结果为阳性时患独角兽疾病的后验概率。先验概率是患病或未患病的概率。类条件概率是每个疾病状态的测试结果为阳性或阴性的概率。全概率是测试结果为阳性的概率(真阳性加上假阳性)

6.1.1 使用朴素贝叶斯进行分类

下面再举一个更加注重机器学习的例子。假设有一个来自社交媒体平台 Twitter 的数据库，你想建立一个模型，以便自动为每条推文划分主题。主题类别包括：

- 政治
- 体育
- 电影
- 其他

创建如下四个分类预测变量：

- 观点这个词是否存在。
- 得分这个词是否存在。
- 游戏这个词是否存在。
- 影院这个词是否存在。

注意 这里只是举了一个简单的例子。如果真的想要建立一个预测推文主题的模型，那么需要包含更多的关键词！

对于每一个主题，可以将每个推文属于某个主题的概率表示为：

$$p(\text{主题}|\text{关键词}) = \frac{p(\text{关键词}|\text{主题}) \times p(\text{主题})}{p(\text{关键词})}$$

现在有多个预测变量，假设一条推文属于某个主题，那么 $p(\text{关键词}|\text{主题})$ 是这条推文属于该主题时出现某一关键词的类条件概率。我们可以通过找到每个预测变量值的各种组合的类条件概率来对此进行估计。假设推文属于该主题，将它们相乘，如下所示：

$$p(\text{主题}|\text{关键词}) = \frac{p(\text{观点}|\text{主题}) \times p(\text{得分}|\text{主题}) \times p(\text{游戏}|\text{主题}) \times p(\text{影院}|\text{主题}) \times p(\text{主题})}{p(\text{观点}) \times p(\text{得分}) \times p(\text{游戏}) \times p(\text{影院})}$$

比如，如果推文包含关键词观点、得分、游戏，但不包含影院，那么对于任何特定的主题，类条件概率变为：

$$p(\text{关键词} \mid \text{主题}) = p(\text{观点}_{\text{是}} \mid \text{主题}) \times p(\text{得分}_{\text{是}} \mid \text{主题}) \times p(\text{游戏}_{\text{是}} \mid \text{主题}) \times p(\text{影院}_{\text{否}} \mid \text{主题})$$

现在，推文在某个主题下包含的某特定关键词的类条件概率，就是该关键词在这个主题中出现的比例。将每个预测变量的类条件概率相乘之后，可以得到在特定类别下观察到这种预测变量值组合(关键词组合)的类条件概率。

这就是朴素贝叶斯“朴素”的原因：单独估计每个预测变量的类条件概率，并将它们相乘。但前提条件是我们做出如下非常强的假设：预测变量是独立的。换言之，我们假设一个变量的值与另一个变量的值没有关系。在大多数情况下，这种假设是不成立的。例如，如果推文包含关键词得分，那么很可能也包含关键词游戏。

即使这种简单的假设经常是错误的，朴素贝叶斯在非独立预测变量的情况下性能也依然较好。实际上，强相关的预测变量将影响性能。

因此，朴素贝叶斯算法中的类条件概率和先验概率的计算相对简单，并且这些参数是通过算法学习获得的；但全概率 $p(\text{关键词})$呢？在实践中，针对数据中的每个样本，预测变量的值通常都是唯一的，因此计算全概率(观察值组合的概率)将会非常困难。当所有后验概率的和等于 1 时，全概率实际上只是一个归一化常数，因此可以忽略，只需要将类条件概率和先验概率相乘即可：

$$\text{后验概率} \propto \text{类条件概率} \times \text{先验概率}$$

可以使用$\propto$代替=表示“成正比”，因为没有使用全概率标准化方程，所以后验概率不再等于先验概率乘以类条件概率。这没有关系，只要比例足够好，就可以找到最有可能的类别。现在，对于每条推文，计算每个主题的相对后验概率：

$$p(\text{政治} \mid \text{关键词}) \propto p(\text{关键词} \mid \text{政治}) \times p(\text{政治})$$
$$p(\text{体育} \mid \text{关键词}) \propto p(\text{关键词} \mid \text{体育}) \times p(\text{体育})$$
$$p(\text{电影} \mid \text{关键词}) \propto p(\text{关键词} \mid \text{影院}) \times p(\text{影院})$$
$$p(\text{其他} \mid \text{关键词}) \propto p(\text{关键词} \mid \text{其他}) \times p(\text{其他})$$

然后，将推文分配给相对后验概率最高的那个主题。

6.1.2 计算分类和连续预测变量的类条件概率

当预测变量是分类变量(例如某个关键词存在与否)时，朴素贝叶斯使用的是训练样本在特定类别中的比例和预测变量的值。当预测变量是连续变量时，朴素贝叶斯(通常)假设每组中的数据符合正态分布。基于这种拟合的正态分布的每个样本的概率密度，可以估计在某个类别中观察这个预测变量值的类条件概率。这样，对于特定类别来说，接近正态分布平均值的样本在该类别中的概率密度较高，而远离平均值的样本概率密度较低。这与第 5 章使用判别分析算法计算类条件概率时使用的方法相同。

当数据中混合了分类和连续预测变量时，由于朴素贝叶斯假设数据都是独立的，因此需要针对每个预测变量是分类的还是连续的，来选择简单且适当的方法以估计类条件概率。

6.2　建立第一个朴素贝叶斯模型

本节将介绍如何构建和评估朴素贝叶斯模型的性能以进行选举预测。假设你正在寻找 20 世纪 80 年代中期常见的投票模式，以预测美国国会议员是民主党还是共和党。你拥有 1984 年美国众议院每位议员的投票记录，并且确定了 16 张关键选票。现在，你需要根据他们全年的投票情况训练一个朴素贝叶斯模型，用于预测新的美国国会议员是民主党还是共和党。首先加载 mlr 和 tidyverse 程序包：

```
library(mlr)
library(tidyverse)
```

6.2.1　加载和研究 HouseVotes84 数据集

加载内置于 mlbench 程序包中的数据，将其转换为 tibble(使用 as_tibble()函数)，参见代码清单 6.1，然后进行研究。

注意　请记住，tibble 只是数据框的 tidyverse 版本，有助于处理数据。

你现在有了一个 tibble，其中包含涉及 1984 年美国众议院议员的 435 个样本和 17 个变量。Class 变量是代表政党的因子，其他 16 个变量是个人对 16 种情况进行投票的因子。y 表示投了赞成票，n 表示投了反对票，缺失值(NA)表示个人弃权或没有投票。我们的目标是训练一个朴素贝叶斯模型，它可以根据众议院议员的投票方式并利用这些变量中的信息来预测美国国会议员是民主党还是共和党。

代码清单 6.1　加载和研究 HouseVotes84 数据集

```
data(HouseVotes84, package = "mlbench")

votesTib <- as_tibble(HouseVotes84)

votesTib

# A tibble: 435 x 17
   Class V1    V2    V3    V4    V5    V6    V7    V8    V9    V10
   <fct> <fct> <fct> <fct> <fct> <fct> <fct> <fct> <fct> <fct> <fct>
 1 repu… n     y     n     y     y     y     n     n     n     y
 2 repu… n     y     n     y     y     y     n     n     n     n
 3 demo… NA    y     y     NA    y     y     n     n     n     n
 4 demo… n     y     y     n     NA    y     n     n     n     n
 5 demo… y     y     y     n     y     y     n     n     n     n
 6 demo… n     y     y     n     y     y     n     n     n     n
 7 demo… n     y     n     y     y     y     n     n     n     n
 8 repu… n     y     n     y     y     y     n     n     n     n
 9 repu… n     y     n     y     y     y     n     n     n     n
10 demo… y     y     y     n     n     n     y     y     y     n
# … with 425 more rows, and 6 more variables: V11 <fct>, V12 <fct>,
#   V13 <fct>, V14 <fct>, V15 <fct>, V16 <fct>
```

注意　一般情况下，为了使工作更清晰，可以手动对未命名的列进行命名。在这个例子中，变量名是投票人的姓名，这会带来一些麻烦，所以我们仍然使用 V1、V2 等。如果想观察每一次投票的议题，运行? mlbench : HouseVotes84 即可。

这个 tibble 中存在一些缺失值(NA)。使用 map_dbl()函数可以计算每个变量中缺失值的数目。回顾第 2 章，map_dbl()函数会对向量/列表中的每个元素迭代调用一个函数(在这个例子中，目标向量/列表是 tibble 中的每一列)，并返回一个包含函数调用输出的向量。

map_dbl()函数的第一个参数是数据集，第二个参数是期望调用的函数。这里选择使用一个匿名函数(可使用~符号作为 function(.)的缩写)。

注意　回顾第 2 章，匿名函数是动态定义的函数，而不是预先定义并分配给对象的函数。

将每个向量传递给 sum(is.na(.)函数)，从而计算向量中缺失值的数目。将 sum(is.na(.))函数应用于 tibble 中的每一列，并返回缺失值的数目，参见代码清单 6.2。

代码清单 6.2　使用 map_dbl()函数显示缺失值

```
map_dbl(votesTib, ~sum(is.na(.)))

Class   V1   V2   V3   V4    V5   V6   V7  V8   V9   V10
    0   12   48   11   11    15   11   14  15   22     7
  V11  V12  V13  V14  V15   V16
   21   31   25   17   28   104
```

除 Class 变量外，tibble 中的每一列都有缺失值！幸运的是，朴素贝叶斯算法可通过以下两种方式处理缺失数据：

- 针对特定样本，删除具有缺失值的变量，但仍然使用该样本训练模型。
- 完全从训练集中删除这个样本。

默认情况下，mlr 使用的朴素贝叶斯算法将保存样本并删除变量。在大多数样本中，缺失值与完整值相对都较少，因此这种处理方式没有问题。然而，如果变量较少而缺失值所占比例很大，就可能会删除这些样本(更广泛地说，此时必须考虑数据集是否足以进行训练)。

练习 6-1：使用 map_dbl()函数，就像你在代码清单 6.2 中所做的那样，统计 votesTib tibble 中的每一列里有多少 y。提示：可使用 which(.=="y")返回每一列中等于 y 的那些行。

6.2.2　绘制数据图

下面绘制数据图以便更好地理解政党和投票之间的关系。同样，我们使用一些小的技巧，将数据收集成不整洁格式，然后就可以利用预测变量进行分面构图。因为需要绘制分类变量彼此之间的关系图，所以将 geom_bar()函数的 position 参数设置为"fill"，从而为 y、n 和 NA 创建比例和为 1 的叠加条形图，参见代码清单 6.3。

代码清单 6.3　绘制 HouseVotes84 数据集

```
votesUntidy <- gather(votesTib, "Variable", "Value", -Class)

ggplot(votesUntidy, aes(Class, fill = Value)) +
  facet_wrap(~ Variable, scales = "free_y") +
  geom_bar(position = "fill") +
  theme_bw()
```

结果如图 6-2 所示。可以看到，民主党和共和党之间存在一些非常明显的意见分歧。

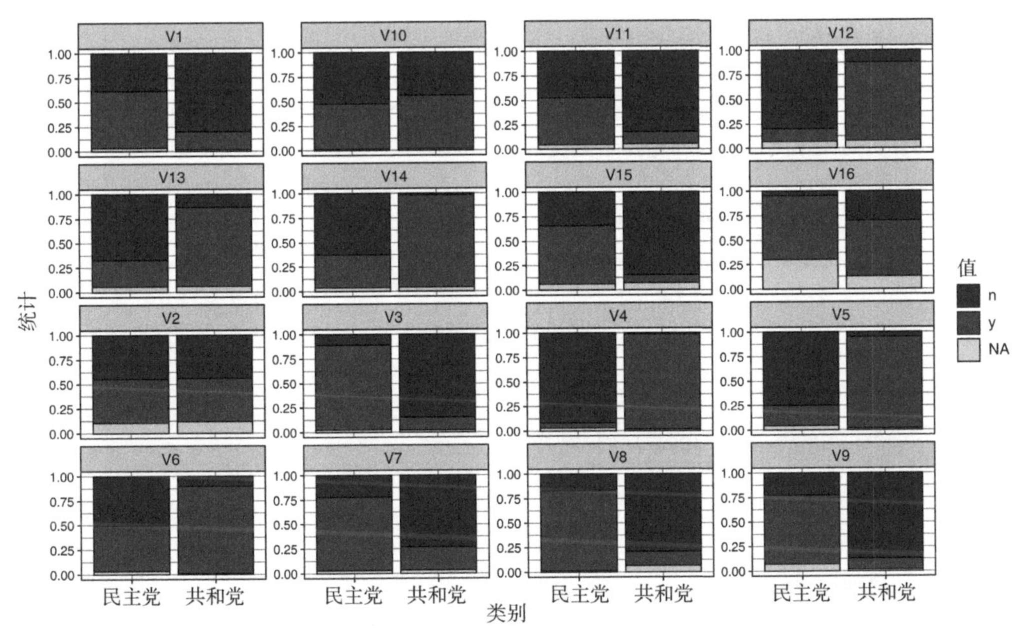

图 6-2　条形图显示了民主党和共和党在 16 张不同的选票上选择支持(y)、反对(n)和弃权(NA)的比例

6.2.3　训练模型

现在创建任务和学习器，并训练模型。将 Class 变量设置为 makeClassifTask()函数的分类目标，提供给 makeLearner()函数的算法是"classif.naiveBayes"，参见代码清单 6.4。

代码清单 6.4　创建任务和学习器，并训练模型

```
votesTask <- makeClassifTask(data = votesTib, target = "Class")

bayes <- makeLearner("classif.naiveBayes")

bayesModel <- train(bayes, votesTask)
```

朴素贝叶斯能够处理缺失数据，因此模型训练中没有出现错误。

接下来，使用重复 50 次的 10-折交叉验证并评估模型的性能。同样，因为这是一个二分类问题，参见代码清单 6.5(你会得到假阳性比率和假阴性比率)，所以在 resample()函数的 measures 参数中也要包含这些指标。

代码清单 6.5　交叉验证朴素贝叶斯模型

```
kFold <- makeResampleDesc(method = "RepCV", folds = 10, reps = 50,
                          stratify = TRUE)

bayesCV <- resample(learner = bayes, task = votesTask,
                    resampling = kFold,
                    measures = list(mmce, acc, fpr, fnr))

bayesCV$aggr
```

```
mmce.test.mean acc.test.mean fpr.test.mean fnr.test.mean
    0.09820658     0.90179342    0.08223529    0.10819658
```

在交叉验证中，模型正确预测了90%的测试样本。这个结果并不差!下面使用模型预测新的美国国会议员是民主党还是共和党，参见代码清单6.6。

代码清单 6.6 使用模型进行预测

```
politician <- tibble(V1 = "n", V2 = "n", V3 = "y", V4 = "n", V5 = "n",
                     V6 = "y", V7 = "y", V8 = "y", V9 = "y", V10 = "y",
                     V11 = "n", V12 = "y", V13 = "n", V14 = "n",
                     V15 = "y", V16 = "n")

politicianPred <- predict(bayesModel, newdata = politician)

getPredictionResponse(politicianPred)

[1] democrat
Levels: democrat republican
[source]
```

我们的模型预测新的美国国会议员是民主党。

练习 6-2：将朴素贝叶斯模型封装在getLearnerModel()函数中。你能确定每次投票的先验概率和类条件概率吗?

6.3 朴素贝叶斯算法的优缺点

对于给定的任务，虽然通常很难判断哪些算法的效果更好，但了解它们的优缺点，可以帮助你判断朴素贝叶斯算法是否适合自己所要完成的具体任务。

朴素贝叶斯算法的优点如下：

- 可以处理连续和分类预测变量。
- 训练开销较低。
- 在根据文档包含的单词对文档进行主题分类方面，通常表现很好。
- 没有需要调节的超参数。
- 输出的是新样本属于某个类别的概率。
- 可以处理缺失数据。

朴素贝叶斯算法的缺点如下：

- 需要假设连续预测变量是正态分布的(一般情况下成立)，否则，模型的性能将会受到影响。
- 需要假设预测变量彼此独立，但这个条件通常情况下并不成立。如果严重违背这一假设，模型的性能将受到影响。

6.4 什么是支持向量机(SVM)算法

在本节中，你将了解SVM算法的工作原理，以及如何通过增加数据的维度使类别之间变得线性可分。假设你想要预测老板的心情是否愉快(这是一个非常重要的机器学习应用案例)。在接下来的几周时间里，你记录下自己在办公桌前玩游戏的时间，以及你每天为公司赚多少钱，同时记录下老板第二天的心情是好还是坏(典型的二元化问题)。你决定使用SVM算法构建一个分类器，它能帮助你决定是否需要在某天避开你的老板。SVM 算法将学习一个线性超平面，将老板心情好的日子和心情不好的日子分开。SVM 算法还可以增加数据的维度，从而找到最优超平面。

6.4.1　线性可分 SVM

观察图 6-3，根据你工作的努力程度以及你为公司赚了多少钱，其中显示了老板对应的情绪数据。

SVM 算法将找到一个最优的线性超平面来进行分类。超平面是比数据集中的变量少一个维度的平面。对于二维特征空间(如图 6-3 所示)，超平面只是一条直线。对于三维特征空间，超平面就是一个曲面。虽然很难在四维或更多维的特征空间中描绘超平面，但原理是一样的：它们是穿越特征空间的曲面。

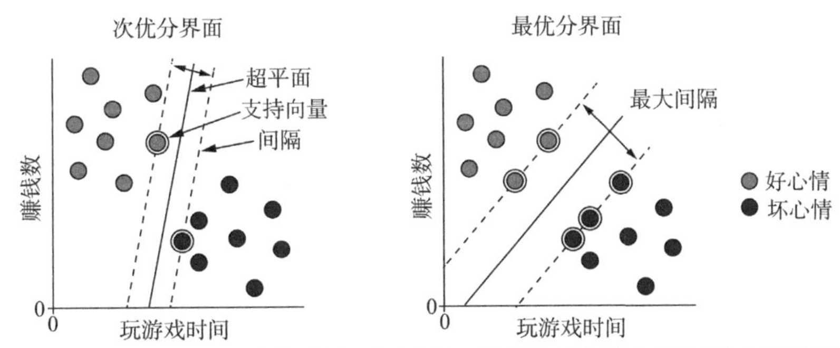

图 6.3　SVM 算法能够找到特征空间中的最优超平面(实线)。最优超平面是使自身周围的分界面间隔最大化的超平面(虚线)。间隔是超平面周围接触样本最少的区域。双圆圈表示支持向量

对于类别能够完全线性可分的问题，可能存在许多不同的超平面，它们都可以很好地利用训练数据进行分类。为了找到最优超平面(从而能够更好地泛化未知数据)，SVM 算法会找到能够最大化与周围分界面间隔的那个超平面。间隔是围绕超平面的一个距离，在这个距离内接触到的训练样本最少。接触边界的数据样本被称为支持向量，因为是它们支持着超平面的位置(SVM 算法名称的由来)。

因为定义了类别之间的边界，所以支持向量是训练集中最重要的样本。不仅如此，SVM 算法学习的超平面完全依赖于支持向量的位置，而不依赖于训练集中的其他样本。如图 6-4 所示，如果移动其中一个支持向量的位置，超平面的位置也将发生变化。但是，如果移动一个非支持向量，超平面则完全不受影响!

当下 SVM 算法非常受欢迎的原因主要有以下三个：

- 擅长处理非线性可分的类别。
- 能够很好地完成各种各样的任务。
- 我们现在具备将它们应用于更大、更复杂数据集的计算能力。

上述原因中的最后一个很重要，因为它突出了 SVM 算法的如下潜在不足：与许多其他分类算法相比，训练 SVM 模型的计算开销更大。因此，如果你有一个非常大的数据集，且计算能力有限，那么可以先尝试计算开销更小的算法，并观察它们的性能如何。

提示　通常与速度相比，我们更注重模型的预测性能。但针对特定的问题，与计算开销大的算法相比，选用计算开销较小且性能足够好的算法可能更好。因此，在尝试计算开销较大的算法之前，笔者倾向于先使用计算开销较小的算法。

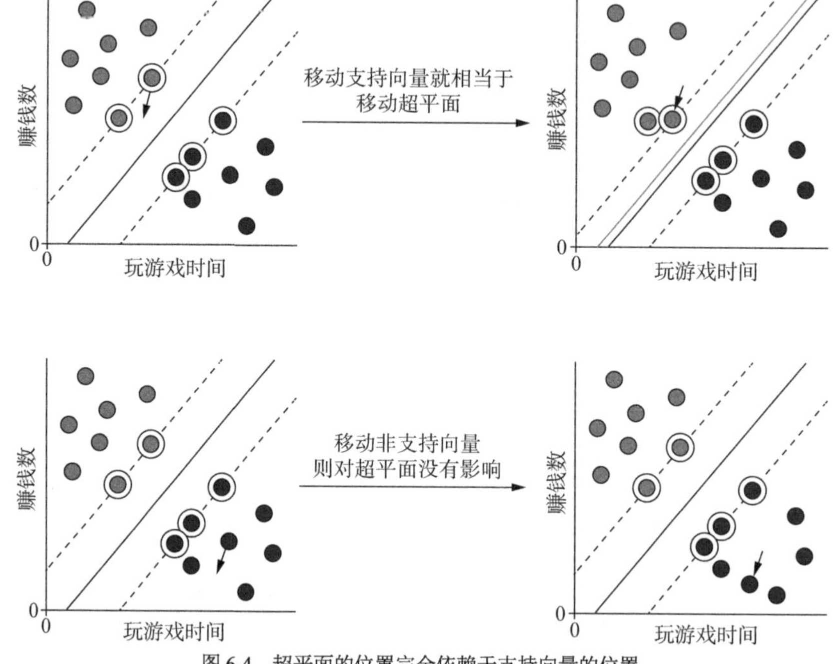

图 6-4 超平面的位置完全依赖于支持向量的位置

SVM 算法如何找到最优超平面

SVM 算法的数学基础有些复杂，下面介绍一些关于超平面如何学习的基础知识。回顾第 4 章，直线的方程可以写成 $y=ax+b$，其中 a 和 b 分别是直线的斜率和 y 轴截距。通过把所有项移到等号的一边，上述方程可以写成 $y-ax-b=0$，直线上的任意一点都将满足这个方程(表达式等于 0)。你会经常看到，超平面的方程表达式为 $\boldsymbol{wx}+b=0$，其中 $\boldsymbol{w}$ 是向量$(-b, -a, 1)$，$\boldsymbol{x}$ 是向量$(1, x, y)$，b 仍然是 y 轴截距。如同直线上的任意一点都满足 $y-ax-b=0$ 一样，超平面上的任意一点也都满足方程 $\boldsymbol{wx}+b=0$。向量 $\boldsymbol{w}$ 正交于超平面。因此，通过改变 y 轴截距 b，可以创建新的平行于原平面的超平面。通过改变 b(和重新调整 $\boldsymbol{w}$)，可以任意定义用于标记间隔的超平面 $\boldsymbol{wx}+b=-1$ 和 $\boldsymbol{wx}+b=+1$。这些边界之间的距离为 $2/\|\boldsymbol{w}\|$，其中$\|\boldsymbol{w}\|$等于 $\sqrt{(-b)^2+(-a)^2+1^2}$。为了找到使这个距离最大化的超平面，就需要确保在每个样本都被正确分类的同时能够最小化$\|\boldsymbol{w}\|$。为此，SVM 算法能确保一个类别中的所有样本都位于直线 $\boldsymbol{wx}+b=-1$ 的下方，而另一个类别中的所有样本都位于直线 $\boldsymbol{wx}+b=+1$ 的上方。可以使用的一种简单方式是将每个样本的预测值乘以对应的标签(−1 或+1)，使所有输出为正。此时，边界必须满足 $y_i(\boldsymbol{wx}_i+b)\geqslant 1$。因此，SVM 算法试图解决如下最小化问题：对于 $i=1\cdots N$，在满足 $y_i(\boldsymbol{wx}_i+b)\geqslant 1$ 的同时最小化$\|\boldsymbol{w}\|$。

6.4.2 如果类别不是完全可分的，怎么办

到目前为止，所有示例中的类别都是完全可分的，这样就可以清楚地展示如何选择超平面的位置以最大化边界间隔。但是，如果类别不是完全可分的，或者当不存在不包含样本的间隔时(间隔内必然包含样本)，SVM 算法如何找到超平面？

SVM 算法通常使用硬间隔。如果 SVM 算法使用硬间隔，则不允许任何样本落在硬间隔内。这意味着如果类别不能完全分离，SVM 算法就会失败。这是一个很大的问题，因为采用硬间隔的 SVM 算法只处理“简单”的分类问题，处理的训练集可以清晰地划分类别。因此，SVM 算法的一种扩展版本——软间隔 SVM 算法变得更为常用。在软间隔 SVM 算法中，算法仍然通过学习超平面来分离类别，但允许样本落在软间隔内。

软间隔 SVM 算法仍然试图找到最能分离类别的超平面，但会因为软间隔内有样本而受到惩罚。具体如何惩罚取决于一个超参数，这个超参数显示边界是“硬”还是“软”(我们将在本章后面讨论这个超参数及其如何影响超平面的位置)。间隔越硬，内部的样本越少，超平面将依赖于数量较少的支持向量；间隔越软，内部的样本越多，超平面将依赖于更多的支持向量。这就产生了偏差-方差平衡效果：如果间隔太硬，就可能对决策边界附近的噪声进行过拟合；如果间隔太软，就可能对数据进行欠拟合，从而学习到一条分类性能不怎么好的决策边界。

6.4.3　非线性可分的 SVM

太棒了!到目前为止，SVM 算法看起来非常简单。SVM 算法的优势之一就是可以学习非线性可分类别之间的决策边界。但我们之前讲过，SVM 算法学习的是线性超平面，所以这看起来有点矛盾。SVM 算法的强大之处还在于，SVM 算法可以为数据增加维度，从而找到一种线性可分的方式来分类非线性数据。

观察图 6-5，当使用两个预测变量时，类别是线性不可分的。SVM 算法能给数据额外增加一个维度，这样就可以通过一个线性超平面在这个新的高维空间中把类别分开。你可以把以上操作想象成特征空间的一种变形或拉伸。我们把额外添加的维度称为核。

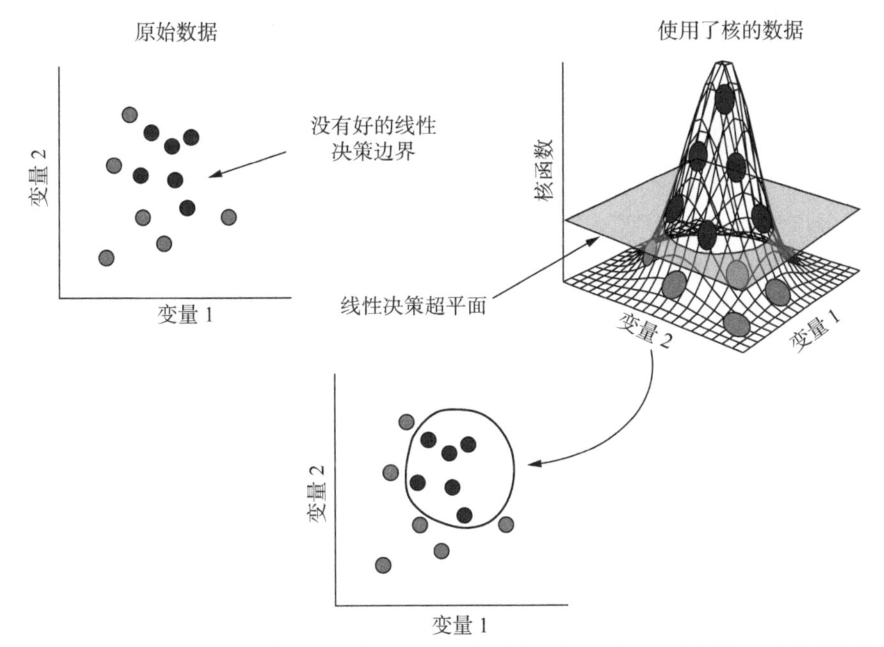

图 6-5　为了使类别线性可分，SVM 算法会为数据增加一个额外的维度。在这里，原始数据中的类别线性不可分。一些 SVM 算法会在二维的特征空间中为数据增加一个维度，这种方式可以理解为将数据“拉伸”到三维空间。额外增加的维度使得数据中的类别变得线性可分。将线性决策超平面投影回原来的二维空间，将得到一条曲面形状的决策边界

注意 回顾第 5 章，判别分析算法选择将预测变量的信息压缩成数量更少的变量；而 SVM 算法选择增加变量，从而扩充了信息！

为什么叫作核函数

核这个词可能会让你感到困惑(当然也让笔者感到困惑)。这里所说的核与计算中的核(直接与计算机硬件交互的操作系统的一部分)以及玉米或水果中的核无关。

事实是，它们被称为核的原因并不十分明确。1904 年，一位名叫 David Hibert 的德国数学家写了一本书，名为 *Principles of a general theory of linear integral equations*。在这本书中，Hibert 用 kern 这个词来表示积分方程的核心。1909 年，美国数学家 Maxime Bôcher 发表了 *An introduction to the study of integral equations*，并进一步把 kern 这个词引申为 kernel。

数学中的核函数就是从以上作品中引用过来的。数学中有很多看起来不相关的概念，其中就包括核！

算法如何找到这个新核？答案就是使用一种称为核函数的数学变换。有许多核函数可供选择，每个核函数可以对数据应用不同的转换，从而为不同的情况寻找线性决策边界。图 6-6 展示了一些将常见的核函数用于分离非线性可分数据的例子。

- 线性核函数(等价于没有核函数)。
- 多项式核函数。
- 高斯径向基核函数。
- sigmoid 核函数。

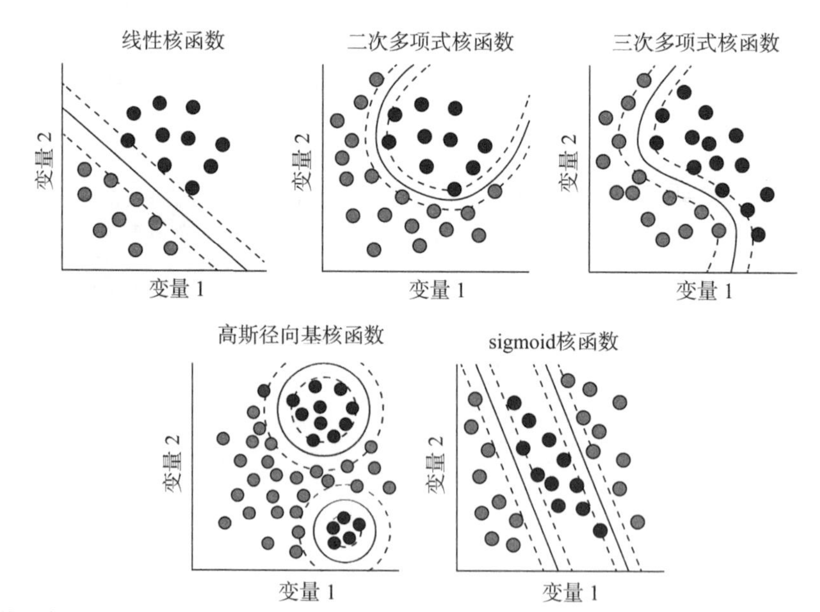

图 6-6 核函数举例。对于每个例子，实线表示决策边界(投影到原来的特征空间)，虚线表示间隔。除了线性核函数之外，假设其中一组的样本在三维空间中被拉升显示

对于给定的问题，核函数的类型不是从数据中学到的，而由我们来指定。核函数的选择取决于一个分类超参数(一个取离散值而不是连续值的超参数)。因此，选择性能最优核函数的方法是调节超参数。

6.4.4　SVM 算法的超参数

这就是 SVM 变得有趣/困难/痛苦的地方，具体取决于问题、计算能力和个人幽默感。在构建 SVM 模型时，需要调节大量的超参数。除此之外，再加上训练单个模型的计算开销可能比较大的事实，使得训练出性能最优的 SVM 模型需要花费相当长的时间。

因此，SVM 算法有大量的超参数需要调节，其中需要考虑的一些重要超参数如下：

- kernel 超参数(如图 6-6 所示)。
- degree 超参数，用于控制多项式核函数的决策边界如何“弯曲”(如图 6-6 所示)。
- cost 或 C 超参数，用于控制间隔的软硬程度(如图 6-7 所示)。
- gamma 超参数，用于控制单个样本对决策边界位置的影响程度(如图 6-7 所示)。

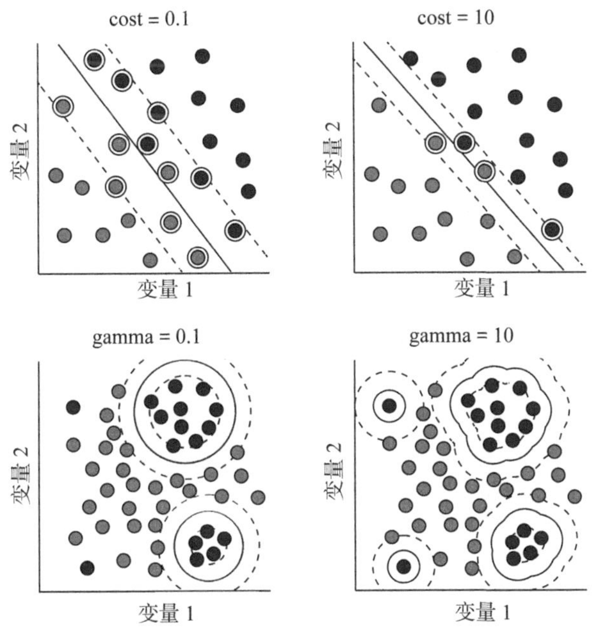

图 6-7　**cost** 和 gamma 超参数的作用。**cost** 超参数的值越大，对间隔内的样本惩罚越大。gamma 超参数的值越大，意味着单个样本对决策边界的位置影响越大，导致决策边界越复杂

核函数和 degree 超参数的影响如图 6-6 所示。注意二次多项式和三次多项式的决策边界形状的差异。

注意　多项式的次数越高，学习的决策边界就越弯曲和复杂，但这有可能使训练集过拟合。

软间隔 SVM 算法中的 cost(也称为 C)超参数会将代价或惩罚赋给间隔内的样本，换言之，用于告诉算法间隔内存在样本的情况有多糟糕。低代价意味着算法在间隔内有更多的样本是可接受的，并且会导致更宽的间隔，受到类别边界附近局部差异的影响也将越小。高代价会对间隔内的样本赋予更严厉的惩罚，并导致更窄的间隔，因此更容易受到类别边界附近局部差异的影响。

注意　间隔内的样本也是支持向量，因为移动它们会改变超平面的位置。

超参数 gamma 用于控制每个样本对超平面位置的影响程度,除线性核函数外的所有核函数均可使用。gamma 超参数的值越大，就越需要关注每个样本，因此决策边界也就越复杂(可能导致过拟合)。gamma 超参数的值越小，每个样本需要关注的程度就越低，决策边界也就越简单(可能导致欠拟合)。

SVM 算法有多个超参数需要调节!在 6.5.2 节中，我们将向你展示如何使用 mlr 同时对这些超参数进行调节。

6.4.5 当存在多个类别时，怎么办

到目前为止，我们只展示了如何解决二分类问题，这是因为 SVM 算法天然适合于分离两个类别。SVM 算法可以用来解决多分类问题吗(当试图预测两个以上的类别时)?当然可以!当有两个以上的类别时，我们不是创建一个 SVM 模型，而是创建多个 SVM 模型，让它们通过竞争来预测数据最有可能属于的类别。以下两种方法可以用来实现上述目的：

- “一对所有”
- “一对一”

在“一对所有”(也称为“一对其余“)方法中，我们创建的 SVM 模型数与类别数一样多。每个 SVM 模型都描述了能够最优地将一个类别从所有其他类别中分离出来的一个超平面，因此得名“一对所有”。当分类新的未知样本时，模型的规则是赢者通吃。简而言之，能将新样本放在超平面的“正确”一侧的模型获胜，然后将样本分配给与其他类别分离的那个类别。如图 6-8 的左图所示。

在“一对一”方法中，为每两个类别创建一个 SVM 模型。每个 SVM 模型都描述了能够最好地分离两个类别的一个超平面，同时忽略其他类别的数据，因此得名“一对一”。当我们对新的未知样本进行分类时，让每个模型都投一票。例如，假设一个模型将 A 类和 B 类分开了，并且新数据落在决策边界的 B 类一侧，于是这个模型把票投给 B 类。所有的模型均如此，获得大多数投票的类别获胜，如图 6-8 的右图所示。

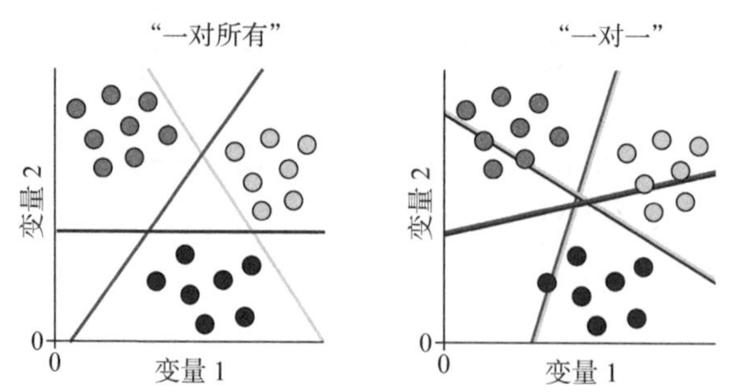

图 6-8 多分类 SVM 算法的“一对所有”和“一对一”方法。在“一对所有”方法中，为每个类别都学习一个超平面，并与所有其他样本分开。在“一对一”方法中，为每两个类别学习一个超平面，将它们分离，同时忽略其他类别的数据

选择哪一种方法呢？在实际应用中，这两种方法的性能差别不大。尽管训练了更多的模型(用于三个以上的类别)，但“一对一”方法有时比“一对所有”方法的计算开销要小。“一对一”方法尽管训练了更多的模型，但训练集却更小(因为忽略了样本)。mlr 调用的 SVM 算法的实现使用的是“一对一”方法。

然而，这两种方法存在一个问题。通常在特征空间的某些区域，没有模型会给出明确的获胜类别。在图 6-8 所示的左图中，你能看到超平面之间的三角形空间吗?如果新的样本出现在这

个三角形空间内，那么没有任何模型能够明显地直接获胜。这是分类问题中的“无人区“。虽然在图 6-8 中不明显，但这种情况在“一对一”方法中也会出现。

如果在预测新的样本时没有完全的赢家，那么可以使用一种称为普拉特扩展的技术(以计算机科学家 John Platt 命名)。这种技术使用逻辑函数将每个超平面获取的样本距离转换成概率。回顾第 4 章，逻辑函数会将一个连续变量映射成 0～1 的概率。使用普拉特扩展技术进行预测的过程如下。

(1) 对于每个超平面(无论使用“一对所有”方法还是“一对一”方法)：

- 测量每个样本到超平面的距离。
- 使用对数几率函数将这些距离转换为概率。

(2) 将新样本归类为具有最高概率的超平面所在的类别。

如果这听起来令人困惑，请查看图 6-9。图 6-9 使用了“一对所有”方法，并生成了三个独立的超平面(用于将每个类别与其他类别分离)。图 6-9 中的虚线箭头表示从两个方向远离超平面的距离。借助普拉特扩展技术，可使用对数几率函数将这些距离转换为概率。

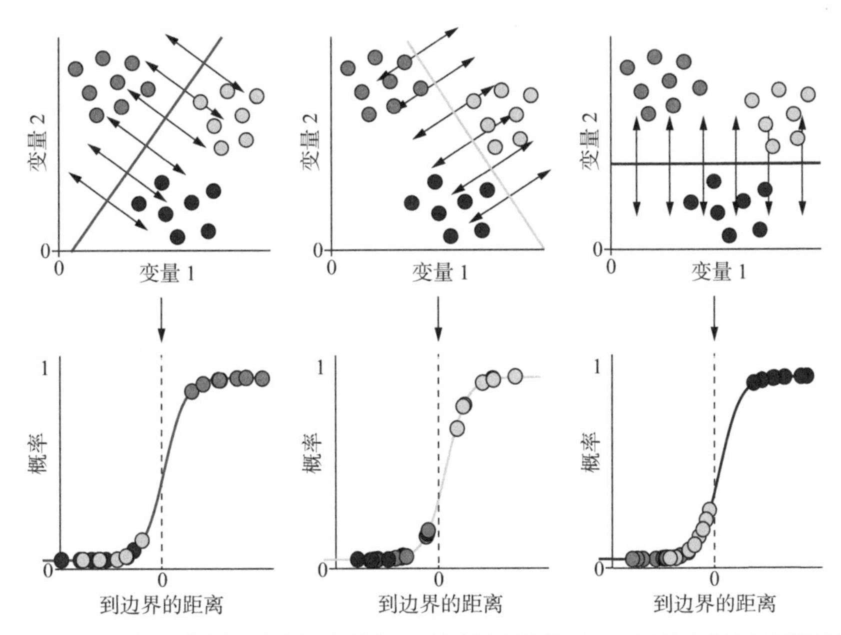

图 6-9　如何使用普拉特扩展技术得到每个超平面的概率。这个例子使用的是“一对所有”方法(但同样适用于“一对一”方法)。对于每个超平面，记录每个样本到超平面的距离(用双向箭头表示)。利用对数几率函数将这些距离转换为概率

在对新的未知样本进行分类时，可使用三条 S 曲线将新样本的距离转换为概率，并将样本分类给概率最高的类别。在 mlr 调用 SVM 算法的实现过程中，这些问题都得到了很好的解决。给定一个三分类任务，我们将得到一个具有普拉特扩展特性的 SVM 模型，且无须修改代码。

6.5　构建第一个 SVM 模型

本节将介绍如何构建一个 SVM 模型并同时调节多个超参数。假设你已经厌倦了收到那么

多垃圾邮件(也许根本就不需要假设)，因为收到很多电子邮件会导致工作效率降低。

你决定对这几个月收到的电子邮件进行特征提取，并将它们手动分类为垃圾邮件和非垃圾邮件。使用的特征包括感叹号的数量和某些单词出现的频率。基于这些数据，你期望构建一个SVM模型用作垃圾邮件过滤器，从而将新邮件分类为垃圾邮件和非垃圾邮件。

在本节中，你将学习如何训练 SVM 模型并同时调节多个超参数。下面首先加载 mlr 和 tidyverse 程序包：

```
library(mlr)
library(tidyverse)
```

6.5.1 加载和研究垃圾邮件数据集

现在加载内置于 kernlab 程序包中的数据，将其转换为 tibble(使用 as_tibble()函数)，参见代码清单 6.7，然后进行研究。

注意 kernlab 程序包应该与 mlr 一起作为建议程序包安装。如果在加载数据时出现错误，可使用 install.packages("kernlab") 重新进行安装。

你现在有了一个包含 4601 封电子邮件和 58 个变量的 tibble。我们的目标是训练一个模型，从而使用这些变量中的信息来预测新邮件是否为垃圾邮件。

注意 除了用于表示电子邮件是否为垃圾邮件的 type 因子之外，其他所有变量都是连续的，因为 SVM 算法不能处理分类预测变量。

代码清单 6.7 加载和研究垃圾邮件数据集

```
data(spam, package = "kernlab")

spamTib <- as_tibble(spam)

spamTib

# A tibble: 4,601 x 58
    make address all num3d our over remove internet order mail
   <dbl>    <dbl> <dbl> <dbl> <dbl> <dbl> <dbl>    <dbl> <dbl> <dbl>
 1 0         0.64 0.64      0  0.32 0     0          0     0     0
 2 0.21      0.28 0.5       0  0.14 0.28  0.21       0.07  0     0.94
 3 0.06      0    0.71      0  1.23 0.19  0.19       0.12  0.64  0.25
 4 0         0    0         0  0.63 0     0.31       0.63  0.31  0.63
 5 0         0    0         0  0.63 0     0.31       0.63  0.31  0.63
 6 0         0    0         0  1.85 0     0          1.85  0     0
 7 0         0    0         0  1.92 0     0          0     0     0.64
 8 0         0    0         0  1.88 0     0          1.88  0     0
 9 0.15      0    0.46      0  0.61 0     0.3        0     0.92  0.76
10 0.06      0.12 0.77      0  0.19 0.32  0.38       0     0.06  0
# ... with 4,591 more rows, and 48 more variables...
```

提示 这个数据集有很多特征！这里不打算讨论每一个特征的含义，但你可以通过运行?kernlab::spam 进行详细查看。

6.5.2 调节超参数

下面定义任务和学习器。这一次，我们提供"classif.svm"作为 makeLearner()函数的参数以指定使用 SVM 算法，参见代码清单 6.8。

代码清单 6.8　创建任务和学习器

```
spamTask <- makeClassifTask(data = spamTib, target = "type")

svm <- makeLearner("classif.svm")
```

在训练模型之前，我们需要调节超参数。为了找出哪些超参数可用于调节算法，只需要将带引号的算法名称传递给 getParamSet()函数即可。例如，代码清单 6.9 显示了如何输出 SVM 算法的超参数。为了方便显示，这里删除了一些行和列，但保留了如下最重要的列。

- Type 是超参数值的类型，超参数的值可以是数值、整数、离散值或逻辑值。
- Def 是默认值(如果不调节超参数，将使用默认值)。
- Constr 定义了用于超参数的约束：一组特定的值或一个可接受的取值范围。
- Req 定义了学习器是否需要超参数。
- Tunable 是逻辑值，用于定义超参数是否可以调节(有些算法将超参数设定为不能调节，但可以由用户设置)。

代码清单 6.9　输出 SVM 算法的超参数

```
getParamSet("classif.svm")

                   Type       Def              Constr  Req   Tunable
cost            numeric         1            0 to Inf    Y      TRUE
kernel         discrete    radial [lin,poly,rad,sig]    -      TRUE
degree          integer         3            1 to Inf    Y      TRUE
gamma           numeric         -            0 to Inf    Y      TRUE
scale     logicalvector      TRUE                   -    -      TRUE
```

SVM 算法对不同尺度的变量很敏感，所以最好先缩放预测变量。注意超参数 scale，SVM 算法将默认对数据进行缩放。

提取超参数的可能值

虽然 getParamSet()函数很有用，但信息的提取方式并不简单。如果调用 str(getParamSet("classif.svm"))，你将看到一种相当复杂的结构。

为提取关于特定超参数的信息，需要调用 getParamSet("classif.svm")$pars$[HYPERPAR](其中的[HYPERPAR]可使用你感兴趣的超参数进行替换)。为了提取超参数的可能值，需要在调用中追加$values。例如，下面的代码能够提取可能的核函数：

```
getParamSet("classif.svm")$pars$kernel$values

$linear
[1] "linear"

$polynomial
[1] "polynomial"
```

```
$radial
[1] "radial"

$sigmoid
[1] "sigmoid"
```

以下是需要调节的一些最重要的超参数：

- kernel
- cost
- degree
- gamma

代码清单 6.10 定义了我们想要调节的超参数。下面首先定义一个想要调节的核函数向量。

提示 我们省略了线性核函数，这是因为线性核函数与 degree=1 的多项式核函数是一样的，因而只需要确保包含 1 作为 degree 超参数的可能取值即可。同时包含线性核函数和一阶多项式核函数相当于在浪费计算时间。

接下来，使用 makeParamSet()函数定义期望调整的超参数空间。对于 makeParamSet()函数，可以提供期望调节的每个超参数所需的信息，中间用逗号隔开。让我们逐行进行分析：

- kernel 超参数为离散值(核函数的名称)，因此使用 makeDiscreteParam()函数将值定义为创建的核向量。
- degree 超参数为整数，因此使用 makeIntegerParam()函数定义希望调节的上下值界限。
- cost 和 gamma 超参数为数值(可以是从零到无穷大的任何数)，因此使用 makeNumericParam()函数定义期望调节的上下值界限。

对于上述用到的每一个函数，第一个参数都是 getParamSet("classif.svm")提供的超参数的名称(需要加引号)。

代码清单 6.10 定义想要调整的超参数空间

```
kernels <- c("polynomial", "radial", "sigmoid")

svmParamSpace <- makeParamSet(
  makeDiscreteParam("kernel", values = kernels),
  makeIntegerParam("degree", lower = 1, upper = 3),
  makeNumericParam("cost", lower = 0.1, upper = 10),
  makeNumericParam("gamma", lower = 0.1, 10))
```

回顾第 3 章，当为 kNN 算法调节参数 k 时，在调节期间，可使用网格搜索过程尝试定义的每个 k 值。网格搜索方法要做的就是：尝试定义的超参数空间的每个组合，并找到性能最优的那个组合。

网格搜索是非常有用的，因为只要指定一个合理的超参数空间进行搜索，网格搜索就能找到性能最优的超参数。观察为 SVM 算法定义的超参数空间。假设期望尝试 cost 和 gamma 超参数的值，从 0.1 到 10，步进是 0.1(一次完整的搜索包含 100 个值)。如果尝试三个核函数和三个 degree 超参数的值，那么在进行网格搜索时需要训练模型 90 000 次!在这种情况下，如果有时间、耐心和计算能力来进行这样的网格搜索，这是可以接受的。不过，就笔者而言，我还有其他的事情要做。

因此，我们可以使用一种称为随机搜索的技术。随机搜索不是尝试所有可能的参数组合，而是按如下步骤进行操作：

(1) 随机选择超参数值的组合。

(2) 使用交叉验证训练和评估使用超参数值的模型。

(3) 记录模型的性能度量(通常是分类任务的误分类误差)。

(4) 在计算能力允许的情况下，尽可能多地重复(迭代)步骤(1)～步骤(3)。

(5) 选择超参数值的组合，以获得性能最优的模型。

与网格搜索不同，随机搜索并不能保证找到超参数值的最优组合。然而，如果迭代次数足够，通常可以找到性能良好的组合。通过使用随机搜索，我们可以运行 500 个超参数值的组合，而不是所有的 90 000 个组合。

下面首先使用 makeTuneControlRandom()函数定义随机搜索，可以使用 maxit 参数告诉这个函数随机搜索过程的迭代次数，参见代码清单 6.11。最好将 maxit 参数设置为计算能力所允许的最大值，但在本例中，为防止运算时间过长，建议设置为 20。

接下来描述交叉验证过程。第 3 章讲过，除非计算量非常大，否则建议进行 *k*-折法交叉验证。但是对于本例来说，计算量确实很大，所以我们选用留出法进行交叉验证。

代码清单 6.11　定义随机搜索

```
randSearch <- makeTuneControlRandom(maxit = 20)

cvForTuning <- makeResampleDesc("Holdout", split = 2/3)
```

你还可以通过其他方式来加速这个过程。作为一种编程语言，R 语言并没有充分利用多线程(同时使用多个 CPU 来完成一项任务)。然而，mlr 程序包的优点之一就是允许在函数中使用多线程，这有助于在计算机上使用多核/多个 CPU 来更快地完成超参数调节和交叉验证等任务。

提示　如果不知道自己的计算机有多少个核，可以在 R 中通过运行 parallel::detectCores()进行查看。

为了并行地执行 mlr 进程，可以将代码放在 parallelMap 程序包中的 parallelStartSocket()和 parallelStop()函数之间。在超参数调节过程中，需要调用 tuneParams()函数并提供以下参数：

- 第一个参数=学习器的名称。
- task=任务的名称。
- resampling=交叉验证过程(已在代码清单 6.11 中定义)。
- par.set=超参数空间(已在代码清单 6.10 中定义)。
- control=搜索过程(随机搜索，已在代码清单 6.11 中定义)。

代码清单 6.12 显示了 parallelStartSocket()和 parallelStop()函数之间的代码。请注意，并行地执行交叉验证过程的缺点是无法得到已经取得进展的动态更新。

提示　在撰写本书时，笔者使用的计算机是四核的，运行这段代码大概需要一分钟。

代码清单 6.12　执行超参数调节过程

```
library(parallelMap)
library(parallel)
```

```
parallelStartSocket(cpus = detectCores())

tunedSvmPars <- tuneParams("classif.svm", task = spamTask,
                          resampling = cvForTuning,
                          par.set = svmParamSpace,
                          control = randSearch)

parallelStop()
```

提示 degree 超参数只适用于多项式核函数，而 gamma 超参数不适用于线性核函数。当随机搜索选择不合理的组合时，是否会报错?不会。例如，如果随机搜索选择 sigmoid 核函数，那么可以简单地忽略 degree 超参数的值。

休息片刻后，欢迎回来!你可以通过调用 tunedSvm 来输出性能最优的超参数值以及使用它们构建的模型的性能，也可通过调用 tunedSvm$x 来提取指定的值(可使用它们来训练新的模型)。参见代码清单 6.13，一阶多项式核函数(等价于线性核函数)给出了性能最优的模型，此时 cost 超参数的值为 5.8，gamma 超参数的值为 1.56。

代码清单 6.13 在超参数调节过程中提取最优的超参数值

```
tunedSvmPars

Tune result:
Op. pars: kernel=polynomial; degree=1; cost=5.82; gamma=1.56
mmce.test.mean=0.0645372

tunedSvmPars$x
$kernel
[1] "polynomial"

$degree
[1] 1

$cost
[1] 5.816232

$gamma
[1] 1.561584
```

你得到的值可能和上面显示的不一样。这就是随机搜索的本质：每次运行时，都会找到不同超参数值的最优组合。为了减少这种差异，你应该尽量增加搜索的迭代次数。

6.5.3 训练模型

调节好超参数后，即可使用性能最优的组合构建模型。回顾第 3 章，可使用 setHyperPars()函数将学习器与一组预定义的超参数值组合起来，该函数的第一个参数是使用的学习器，par.vals 参数是包含经过调节的超参数值的对象。然后，使用带有 train()函数的 tunedSvm 学习器训练模型，参见代码清单 6.14。

代码清单 6.14 训练模型

```
tunedSvm <- setHyperPars(makeLearner("classif.svm"),
```

```
                        par.vals = tunedSvmPars$x)

tunedSvmModel <- train(tunedSvm, spamTask)
```

提示 代码清单 6.8 中已经定义了学习器。因此，可以通过简单地运行 setHyperPars(svm,par.vals= tunedSvmPars$x)获得相同的结果。

6.6 交叉验证 SVM 模型

我们已经使用调节后的超参数构建了一个模型。在本节中，我们将交叉验证该模型，以评估它对新的未知数据的预测效果。

回顾第 3 章，交叉验证整个模型构建过程非常重要，这意味着交叉验证需要包括模型构建过程中的任何依赖数据的步骤(例如调节超参数)。如果不包括它们，交叉验证可能会对模型的性能给出过于乐观的估计(换言之，做出的估计存在偏差)。

提示 在模型构建过程中，什么才是独立于数据的步骤?例如手动删除无意义的变量、更改变量的名称和类型以及使用 NA 替换缺失值编码。这些步骤与数据无关，不管数据中的值有多大，它们都是相同的。

回想一下，为了在交叉验证中包含超参数调节，需要使用封装函数封装学习器和超参数调节过程。交叉验证的过程如代码清单 6.15 所示。

代码清单 6.15 交叉验证模型构建过程

```
outer <- makeResampleDesc("CV", iters = 3)

svmWrapper <- makeTuneWrapper("classif.svm", resampling = cvForTuning,
                              par.set = svmParamSpace,
                              control = randSearch)

parallelStartSocket(cpus = detectCores())

cvWithTuning <- resample(svmWrapper, spamTask, resampling = outer)

parallelStop()
```

因为 mlr 使用嵌套的交叉验证(其中超参数调节在内部循环中执行，超参数值的最优组合被传递给外部循环)，所以首先使用 makeResamplDesc()函数定义外部交叉验证策略。在本例中，外部循环选择使用的是 3-折交叉验证。对于内部循环，则使用代码清单 6.11 中定义的 cvForTuning 重采样描述(使用 2/3 划分的留出法交叉验证)。

接下来，使用 makeTuneWrapper()函数生成学习器。参数如下：

- 第一个参数=学习器的名称。
- resampling=内部交叉验证策略。
- par.set=超参数空间(已在代码清单 6.10 中定义)。
- control=搜索过程(随机搜索，已在代码清单 6.11 中定义)。

由于交叉验证需要一段时间，因此使用 parallelStartSocket()函数并行化计算是明智的。现在，调用 resample()函数以进行嵌套的交叉验证，其中第一个参数是封装的学习器，第二个参数是定义的任务，第三个参数是采用的外部交叉验证策略。

警告 使用四核 CPU 运行这段代码需要一分钟多的时间。

现在，可通过输出 cvWithTuning 对象的内容来查看交叉验证结果，参见代码清单 6.16。

代码清单 6.16 查看交叉验证结果

```
cvWithTuning

Resample Result
Task: spamTib
Learner: classif.svm.tuned
Aggr perf: mmce.test.mean=0.0988956
Runtime: 73.89
```

我们的模型能够正确地将 1−0.099=0.901=90.1%的邮件归类为垃圾邮件和非垃圾邮件。第一次尝试的效果还不错!

6.7 SVM 算法的优缺点

对于给定的任务，虽然通常很难判断哪种算法的效果更好，但了解算法的优缺点可以帮助你确定 SVM 算法是否适合自己所要完成的具体任务。

SVM 算法的优点如下：

- 非常擅长学习复杂的非线性决策边界。
- 当应用于各种任务时表现都很好。
- 没有对预测变量的分布做任何假设。

SVM 算法的缺点如下：

- 计算开销最昂贵的算法之一。
- 需要同时调节多个超参数。
- 只能处理连续的预测变量(尽管将分类的预测变量重新编码为离散值可能在某些情况下会有所帮助)。

练习 6-3：votesTib 中的缺失值包括弃权票的样本，将这些值重新编码到值"a"中，并交叉验证包含这些值的朴素贝叶斯模型。这有助于提高性能吗?

练习 6-4：使用嵌套的交叉验证再次随机搜索 SVM 算法的最优超参数。这一次，将搜索限制为线性核函数(不需要调整 degree 或 gamma 超参数)，在 0.1 ~ 100 范围内搜索 cost 超参数，并将迭代次数增加到 100 次。警告：笔者花了近 12 分钟才完成这项任务!

6.8 本章小结

- 朴素贝叶斯和支持向量机(SVM)算法是用于分类问题的监督机器学习算法。
- 朴素贝叶斯算法使用贝叶斯准则(已在第 5 章中定义)估计样本属于每个类别的输出概率。

- SVM 算法通过找到一个超平面(一种比预测变量少一个维度的曲面)来最好地分离类别。
- 朴素贝叶斯算法既可以处理连续预测变量，也可以处理分类预测变量；而 SVM 算法只能处理连续预测变量。
- 朴素贝叶斯算法的计算开销较小，而 SVM 算法是计算开销最昂贵的算法之一。
- SVM 算法可以使用核函数为数据添加额外的维度，以帮助找到线性决策边界。
- SVM 算法对超参数的值非常敏感，必须对超参数的值进行调节才能使性能最大化。
- mlr 程序包允许使用 parallelMap 程序包并行计算一些比较复杂的过程，比如超参数调节。

6.9 练习题答案

1. 使用 map_dbl()函数统计 votesTib 中每列的 y 值个数：

```
map_dbl(votesTib, ~ length(which(. == "y")))
```

2. 从朴素贝叶斯模型中提取先验概率和类条件概率：

```
getLearnerModel(bayesModel)

# The prior probabilities are 0.61 for democrat and
# 0.39 for republican (at the time these data were collected!).

# The likelihoods are shown in 2x2 tables for each vote.
```

3. 从 votesTib tibble 中重新编码缺失值，并交叉验证一个包含这些缺失值的模型：

```
votesTib[] <- map(votesTib, as.character)

votesTib[is.na(votesTib)] <- "a"

votesTib[] <- map(votesTib, as.factor)

votesTask <- makeClassifTask(data = votesTib, target = "Class")

bayes <- makeLearner("classif.naiveBayes")

kFold <- makeResampleDesc(method = "RepCV", folds = 10, reps = 50,
                          stratify = TRUE)

bayesCV <- resample(learner = bayes, task = votesTask, resampling = kFold,
                    measures = list(mmce, acc, fpr, fnr))

bayesCV$aggr

# Only a very slight increase in accuracy
```

4. 运行被限制于线性核函数的随机搜索，并在更大的值范围内调整 cost 超参数：

```
svmParamSpace <- makeParamSet(
  makeDiscreteParam("kernel", values = "linear"),
  makeNumericParam("cost", lower = 0.1, upper = 100))

randSearch <- makeTuneControlRandom(maxit = 100)

cvForTuning <- makeResampleDesc("Holdout", split = 2/3)

outer <- makeResampleDesc("CV", iters = 3)
```

```
svmWrapper <- makeTuneWrapper("classif.svm", resampling = cvForTuning,
                              par.set = svmParamSpace,
                              control = randSearch)

parallelStartSocket(cpus = detectCores())

cvWithTuning <- resample(svmWrapper, spamTask, resampling = outer) # ~1 min

parallelStop()

cvWithTuning
```

第7章

决策树分类算法

本章内容：

- 使用决策树
- 使用递归分区算法
- 决策树算法的优缺点

树产生我们呼吸的氧气、为野生动物创造栖息地、为我们提供食物，更惊人的是，树还善于做出预测。澄清一下，这里指的是几种使用分支树结构的监督机器学习算法。这类算法可用于完成分类和回归任务，可处理连续和分类预测变量，并自然适合于解决多分类问题。

注意 请记住，预测变量包含与结果变量的值相关的一些信息。连续预测变量在度量尺度方面可取任何数值，而分类预测变量只能取有限的并且离散的值或类别。

所有基于树的分类算法都满足如下基本前提：它们会学习并回答将样本分成不同类别的一系列问题。每个问题都有一个二元答案，根据满足的条件，样本将被分配给树的左分支或右分支，并且分支中还可以包含分支；一旦学习了模型，就可以用图形表示一棵树的形状。你玩过20 Questions游戏吗？在这款游戏中，你必须通过询问“是”或“否”来猜出别人在想什么?再比如，Guess Who游戏的规则就是：你必须通过询问对方的外貌，进而猜出玩家的角色。这些都是基于树的分类器的例子。

在本章的最后，你将了解如何使用这种简单且可解释的模型进行预测。本章以强调决策树算法的一个重要缺点结束，在下一章中你将学习如何解决这个难题。

7.1 什么是递归分区算法

本节将介绍决策树算法(特别是递归分区(rpart)算法)如何学习树的结构。假设你期望创建一个模型，针对给定出行工具的特征来表示人们上下班的方式。为此，你收集关于出行工具的相关信息，比如它们有多少个轮子、它们是否有引擎以及它们的重量。你可以将分类过程表示为一系列问题。每个问题都对所有出行工具进行评估，并根据出行工具的特征满足问题的程度决定在模型中是向左还是向右移动，如图7-1所示。

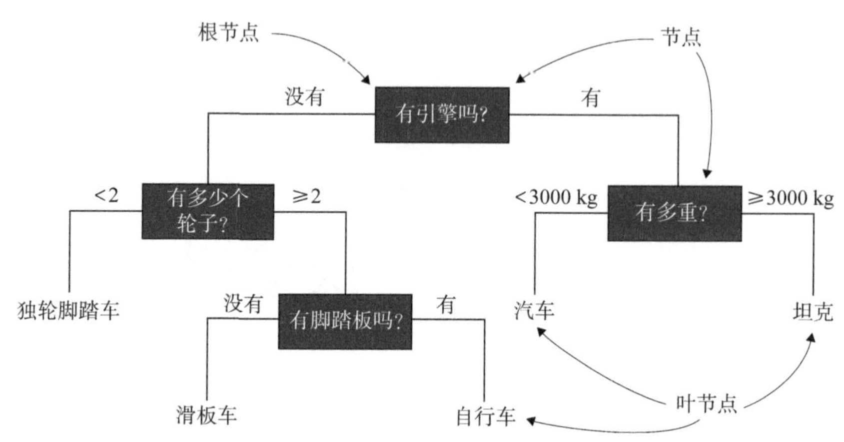

图 7-1 决策树的结构。根节点是划分前包含所有数据的节点。节点根据划分准则被划分成两个分支，每个分支都指向另一个节点。不能再进一步划分的节点被称为叶节点

注意，我们的模型具有类似于树结构的分支，其中每个问题都将数据分成两个分支。每个分支都可能指向其他问题，这些问题自身也包含分支。树的问题部分被称为节点，第一个问题或节点被称为根节点。节点都有一个分支指向根节点，另有两个分支指向远离根节点的节点。一系列问题末尾的节点被称为叶节点或叶。叶节点有一个单独的分支往上通向上一层节点，但是下面不再有分支。当一个样本沿着树模型向下找到一个叶节点时，便不再继续向下搜索，而是将类别设定为该节点所含样本最多的类别。你可能觉得奇怪，根节点在顶部，叶节点在底部，但这确实是基于树模型的通常表示方式。

注意 在树模型的不同部分存在着关于同一个特征的不同问题，这是完全可以接受的，并且也十分常见，只不过在我们这个简单的例子中没有展示这种情况。

到目前为止，一切似乎都很简单。但是，在前面这个简单的例子中，我们可以手动构建模型(事实上，我们也做到了!)。所以，基于树的模型不一定是通过机器学习进行学习的。例如，可以使用决策树建立用于处理违规行为的 HR 流程。你可以使用基于树的方法来决定购买哪个航班(价格是否超出预算、航空公司是否可靠、食物是否糟糕，等等)。那么，我们如何为具有许多特征的复杂数据集自动学习决策树的结构呢？答案就是使用 rpart 算法。

注意 基于树的模型既可以用于分类任务，也可以用于回归任务，因此可将它们描述为分类和回归树(CART)。然而，CART 是一种已经注册了商标的算法，其中的代码是受专利保护的。rpart 算法只是 CART 算法的开源实现，我们将在第 12 章学习如何使用树完成回归任务。

在树的构建过程中的每个阶段，rpart 算法都会考虑所有预测变量，并选择类别之间可分性较高的预测变量。rpart 算法将从根节点开始，在每个分支上再次查找最适合区分类别的样本特征并选作当前分支。但是，rpart 算法如何决定每次划分的最优特征呢?可通过两种不同的方法来实现：熵的差异(称为信息增益)和基尼指数的差异(称为基尼增益)。这两种方法得到的结果通常非常相似；但基尼指数(以社会学家和统计学家 Corrado Gini 的名字命名)的计算速度要快一些，所以我们将重点关注。

提示　基尼指数是 rpart 算法用来决定如何划分树的默认方法。如果担心错过性能最好的模型，也可以在调节超参数时比较基尼指数和熵的性能。

7.1.1　使用基尼增益划分树

下面讲解如何计算基尼增益，以便在生成决策树时为特定节点找到最优划分。熵和基尼指数是衡量同一件事——杂质的两种方法。杂质用于度量节点内类别的异构程度。

注意　如果一个节点只包含一个类别(这将使它成为一个叶节点)，那么可以认为它是一个纯节点。

通过估计选择每个预测变量作为下一次划分依据时产生的杂质(使用选择的任何方法)，算法将从中选择产生最小杂质的变量作为特征。换言之，算法选择的特征将导致后续节点尽可能同构(分支节点中包含的样本应尽可能属于同一类别，节点的“纯度”越来越高)。

那么，基尼指数是什么样的呢？查看图 7-2，父节点中有 20 个样本，分别属于 A 类和 B 类。我们根据一些准则将节点分成两个叶节点。在左叶中，11 个样本属于 A 类，3 个样本属于 B 类；在右叶中，5 个样本属于 B 类，1 个样本属于 A 类。

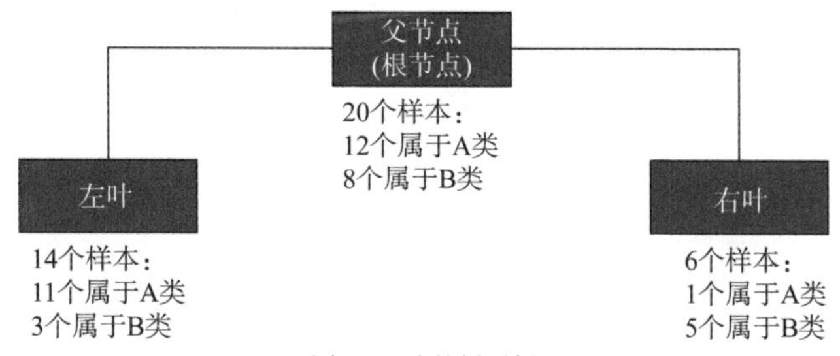

图 7-2　决策树示例

我们想知道上述划分的基尼增益。基尼增益是父节点和划分之间基尼指数的差值。对于图 7-2 中的示例，任一节点的基尼指数的计算公式如下：

$$\text{基尼指数} = 1 - (p(A)^2 - p(B)^2)$$

$p(A)$和 $p(B)$分别表示样本属于 A 类和 B 类的概率。因此，父节点和左右叶节点的基尼指数如图 7-3 所示。

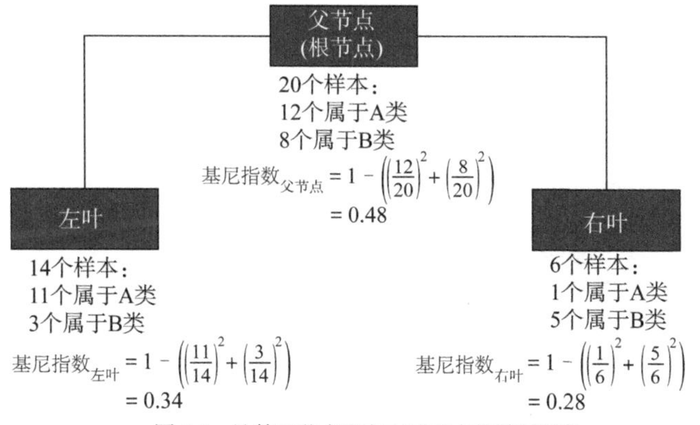

图 7-3　计算父节点和左右叶节点的基尼指数

得到左右叶节点的基尼指数后，就可以计算整个划分的基尼指数。为此，将左右叶节点的基尼指数乘以它们在父节点样本中的比例，然后进行求和。

$$基尼指数_{划分}=p(左叶节点)\times基尼指数_{左}+p(右叶节点)\times基尼指数_{右}$$

$$基尼指数_{划分}=(14/20)\times0.34-(6/20)\times0.28=0.32$$

基尼增益(父节点的基尼指数与划分节点的基尼指数之差)的计算则很简单：

$$基尼增益=0.48-0.32=0.16$$

其中，0.48 是父节点的基尼增益，参见图 7-3。

以同样的方式计算每个预测变量在某一特定节点的基尼增益，并使用产生最大基尼增益的预测变量划分该节点。随着树的增长，对每个节点重复这个过程。

将基尼指数推广到任意数量的类别

在前面的例子中，我们只考虑了两个类别。但是对于多分类问题，节点的基尼指数也很容易计算。在这种情况下，基尼指数的计算方程如下：

$$基尼指数=1-\sum_{k=1}^{K}p(类别_k)^2$$

换言之，从 1 到 K(类别的数量)计算 $p(类别_k)^2$ 并对它们求和，然后用 1 减去这个值。如果感兴趣，熵的计算方程如下：

$$熵=\sum_{k=1}^{K}-p(类别_k)\times\log_2 p(类别_k)$$

换言之，从 1 到 K(类别的数量)计算 $-p(类别)\times\log_2 p(类别)$ 并对它们求和(因为第一项是负数，所以变成了减法)。对于基尼增益，信息增益的计算方法是使用父节点的熵减去划分节点的熵(与计算划分的基尼指数完全相同)。

7.1.2 如何处理连续和多级分类预测变量

下面讲解如何对连续和分类预测变量进行划分。如果一个预测变量是对立的(只有两个级别)，对其进行划分将非常直观：样本的一个值向左，另一个值向右。决策树也可使用连续变量划分样本，但应选择什么值作为划分点呢？查看图 7-4，可以看到，示例中的样本属于三个类别，可使用两个连续变量对它们进行绘图。特征空间将被划分为矩形。在第一个节点上，可将样本划分为变量 2 的值大于或小于 20 的情况。到达第二个节点的样本将被进一步划分为变量 1 的值大于或小于 10 000 的情况。

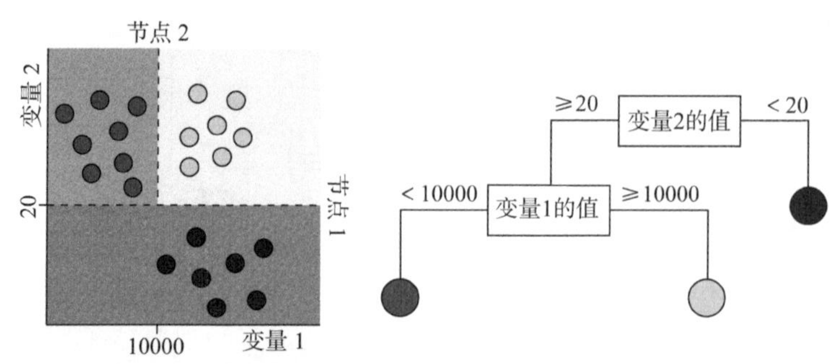

图 7-4 用于连续预测变量的划分。使用两个连续变量绘制属于三个类别的样本。第一个节点根据变量 2 的值将特征空间划分为矩形。第二个节点根据变量 1 的值进一步将变量 2≥20 的特征空间划分为更小的矩形

注意　变量的取值大小有较大不同。rpart 算法对不同取值大小的变量并不敏感，因此不需要对预测变量进行缩放和居中变换。

但是，如何为连续预测变量选择准确的划分点呢?训练集中的样本是按照连续预测变量的顺序排列的，并且计算每一对相邻样本之间中点的基尼增益。如果所有预测变量中基尼增益最大的是其中的某个中点，就将这个中点作为节点的划分点，如图 7-5 所示。

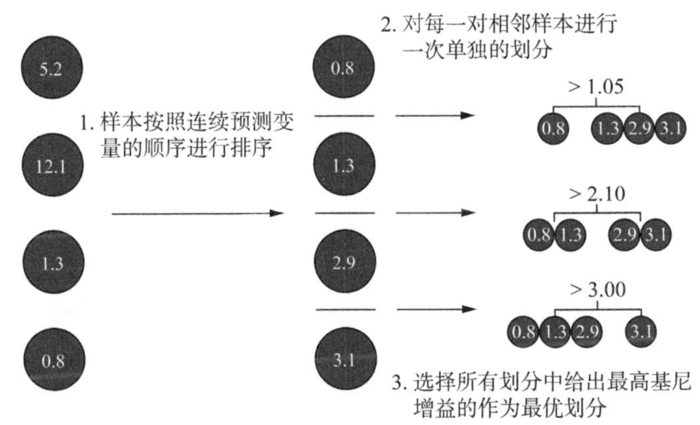

图 7-5　为连续预测变量选择划分点。样本(用圆圈表示)按连续预测变量的值的大小进行排序。将每一对相邻样本之间的中点作为候选划分点，并计算基尼增益。如果这些划分中存在最大的基尼增益，就将相应的中点作为划分树的节点

两级以上的分类预测变量也可采用类似的处理流程。首先，计算预测变量每一级(样本在当前因子水平中所占的比例)的基尼指数。当前因子水平将按预测变量的基尼指数大小进行排序，并评估每一对相邻水平划分的基尼增益。查看图 7-6，其中显示了包含三个水平的因子(A、B 和 C)，评估每个水平的基尼指数并进行排序，排序结果为 B<A<C。现在评估划分 B 相对划分 A 和 C 的基尼增益，并且评估划分 C 相对划分 B 和 A 的基尼增益。

A：5 在类别X中，3 在类别Y中

$$=1-\left(\left(\frac{5}{8}\right)^2+\left(\frac{3}{8}\right)^2\right)=0.47$$

B：2 在类别X中，9 在类别Y中

$$=1-\left(\left(\frac{2}{11}\right)^2+\left(\frac{9}{11}\right)^2\right)=0.30$$

C：7 在类别X中，8 在类别Y中

$$=1-\left(\left(\frac{7}{15}\right)^2+\left(\frac{8}{15}\right)^2\right)=0.50$$

1. 为每个因子水平计算基尼指数

2. 样本将按照基尼指数的大小进行排序（B、A、C）

NOT B：B ｜ A C

NOT C：C ｜ B A

3. 如果这些划分中存在最大的基尼增益，就将相应的中点作为划分树的节点

图 7-6　为分类预测变量选择划分点。通过计算样本在当前因子水平中所占的比例来计算因子水平的基尼指数。因子水平将按照基尼指数进行排序，并对相邻水平之间每一次划分的基尼增益进行评估

通过这种方式，可以为具有许多预测值的分类变量创建二叉树划分，而不用尝试每个因子水平划分的所有组合(2m−1，其中 m 是变量水平的数目)。如果划分 B 相对划分 A 和 C 具有更大的基尼增益，那么当到达这个节点样本的变量值是 B 时，就会向当前分支延续；而当到达这

个节点样本的变量值是 A 或 C 时，就会向另一个分支延续。

7.1.3 rpart 算法的超参数

下面讲解 rpart 算法可以调节哪些超参数，每个超参数的功能是什么，以及为什么要对超参数进行调节才能获得可能的性能最优树。决策树算法通常被描述为贪婪算法。所谓贪婪，并不是说在自助餐厅排队的时候多拿一份，而指的是搜索在当前节点上执行得最好的划分，甚至有可能不是搜索能在全局产生最好结果的划分。例如，一种特定的划分可能会在当前节点上区分出最好的类别，但会导致基于分支的糟糕划分。相反，当前节点上的糟糕划分，却有可能在树的下方得到更好的划分结果。决策树算法永远不会选择第二种划分，因为它们只关注局部最优划分而不是全局最优划分。这种做法会产生如下三个问题：

- 不能保证学习到全局最优的模型。
- 如果不进行检查，树将继续生长，直到所有的叶节点都是纯节点(只包含一个类别)。
- 对于大型数据集，在生成非常深的树时，计算开销非常大。

虽然 rpart 算法不能保证学习全局最优模型，但我们更关心的是树的深度。除了计算成本之外，在生成所有叶节点都是纯节点的全深度树时，很可能过拟合训练集并创建出高方差的模型。因为随着特征空间被划分成越来越小的部分，对数据中的噪声进行建模的可能性会增大。

如何防止构建“过拟合”的树模型?方法有以下两种：

- 生成一棵完整的树，然后进行剪枝。
- 采取一定的停止准则。

在第一种方法中，我们允许贪婪算法生成完整的、过拟合的树模型，然后使用“花园剪刀”删除不满足特定准则的叶节点，最终从树中移除树枝和树叶，这个过程被富有想象力地命名为剪枝。由于修剪过程是从叶节点开始向上剪枝直到根节点，因此又被称为自底向上剪枝。

在第二种方法中，我们需要制定用于停止树构建过程的一些准则。如果不满足这些准则，树将停止划分。由于修剪是从根节点开始向下进行，因此又被称为自顶向下剪枝。

这两种方法在实践中可能会得到类似的结果，但自顶向下剪枝在计算上有一点优势，因为我们不需要事先生成整个树模型。

在决策树构建过程中的每个阶段，可采用的停止准则如下：

- 在划分前使节点包含最小数量的样本。
- 最大化树的深度。
- 为某种划分最小化性能改进。
- 最小化叶节点中样本的数量。

这些准则如图 7-7 所示。对于决策树构建过程中的每种候选划分，将针对每条准则进行评估并将评估结果传递给节点，以便进行下一步划分。

使用 rpart 算法划分节点所需的最小样本数称为 minsplit。如果节点数目少于指定数目，那么节点不会被进一步划分。在 rpart 算法中，树的最大深度被称为 maxdepth。如果节点已处于这个深度，那么节点不会被进一步划分。令人困惑的是，最小的性能改进并不是划分后的基尼增益，而是一种被称为复杂度参数(complexity parameter，cp)的统计量。可在树的每一层深度计算这个统计量。如果深度的 cp 值小于选择的阈值，那么这一层级的节点不会被进一步划分。换言之，向树中添加另一层之后，如果无法通过 cp 提高模型的性能，那么无须划分节点。cp 值的计算公式如下：

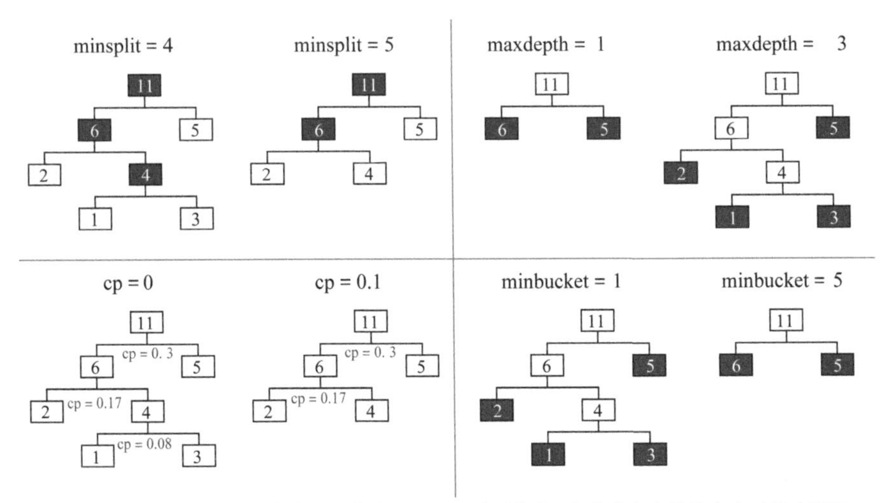

图 7-7　rpart 算法的超参数。这里的每个示例都突出显示了重要节点，每个节点中的数字表示样本数量。minsplit、maxdepth、cp 和 minbucket 超参数则用来约束每个节点的划分

$$\text{cp} = \frac{p(\text{错误分类}_{l+1}) - p(\text{错误分类}_l)}{n(\text{划分}_l) - n(\text{划分}_{l+1})}$$

其中：p(错误分类)代表树在特定深度上错误分类样本所占的比例，n(划分)代表处于这一深度的划分数量。下标 l 和 $l+1$ 表示当前深度(l)和上一深度(l+1)。因此，cp 的计算变成使用当前深度和上一深度错误分类样本的差异，除以添加到树中的新划分的样本数量。这听起来有点抽象，我们将在 7.2 节构建决策树时通过例子进行详细说明。

最后，rpart 算法将叶节点中的最小样本数量记为 minbucket。如果划分一个节点会导致叶节点中包含的样本数量少于 minbucket，那就不应该对这个节点进行划分。

将以上四条准则结合起来，即可形成非常严格且复杂的终止准则。这些准则的值无法直接从数据中获得，所以它们是超参数。如何处理超参数?调节它们!因此，当使用 rpart 算法构建模型时，将调节这些终止准则，以获得性能最优的模型。

注意　回顾第 3 章，可通过变量或选项控制算法的学习方式，但是它们无法从数据中学习得到，因而他们就是超参数。

7.2　构建第一个决策树模型

本节将介绍如何使用 rpart 算法构建决策树以及如何调节超参数。假设你在野生动物保护区从事公共服务。你的任务是为孩子们设计互动游戏，教他们认识不同的动物如何分类。在游戏中，要求孩子们想象保护区内的任何动物，然后询问他们关于动物身体特征方面的问题。根据孩子们给出的特征，告诉他们想象的动物属于什么类别(哺乳动物、鸟类、爬行动物等)。重要的是，模型需要具备一定的通用性，从而能在其他野生动物保护区使用。首先加载 mlr 和 tidyverse 程序包：

```
library(mlr)
library(tidyverse)
```

7.3 加载和研究 zoo 数据集

加载内置于 mlbench 程序包中的 zoo 数据集，将其转换为 tibble，参见代码清单 7.1，然后进行研究。我们得到的这个 tibble 中包含 101 个样本和 17 个变量；在这 17 个变量中，有 16 个是代表某种特征是否存在的逻辑变量，剩下的 type 变量因子，其中包含我们期望预测的动物类别。

代码清单 7.1 加载和研究 zoo 数据集

```
data(Zoo, package = "mlbench")

zooTib <- as_tibble(Zoo)

zooTib

# A tibble: 101 x 17
   hair  feathers eggs  milk  airborne aquatic predator toothed backbone
   <lgl> <lgl>    <lgl> <lgl> <lgl>    <lgl>   <lgl>    <lgl>   <lgl>
 1 TRUE  FALSE    FALSE TRUE  FALSE    FALSE   TRUE     TRUE    TRUE
 2 TRUE  FALSE    FALSE TRUE  FALSE    FALSE   FALSE    TRUE    TRUE
 3 FALSE FALSE    TRUE  FALSE FALSE    TRUE    TRUE     TRUE    TRUE
 4 TRUE  FALSE    FALSE TRUE  FALSE    FALSE   TRUE     TRUE    TRUE
 5 TRUE  FALSE    FALSE TRUE  FALSE    FALSE   TRUE     TRUE    TRUE
 6 TRUE  FALSE    FALSE TRUE  FALSE    FALSE   FALSE    TRUE    TRUE
 7 TRUE  FALSE    FALSE TRUE  FALSE    FALSE   FALSE    TRUE    TRUE
 8 FALSE FALSE    TRUE  FALSE FALSE    TRUE    FALSE    TRUE    TRUE
 9 FALSE FALSE    TRUE  FALSE FALSE    TRUE    TRUE     TRUE    TRUE
10 TRUE  FALSE    FALSE TRUE  FALSE    FALSE   FALSE    TRUE    TRUE
# ... with 91 more rows, and 8 more variables: breathes <lgl>, venomous <lgl>,
#   fins <lgl>, legs <int>, tail <lgl>, domestic <lgl>, catsize <lgl>,
#   type <fct>
```

令人遗憾的是，mlr 不允许创建带有逻辑预测变量的任务，所以我们需要将它们转换为因子，参见代码清单 7.2。可以使用的方式有好几种，比如使用 dplyr 的 mutate_if()函数。mutate_if()函数的第一个参数是数据(也可通过%>%进行传递)；第二个参数是列的选择条件，这里选择使用只考虑逻辑列的 is.logical；最后一个参数是这些列的处理方式，这里选择使用将逻辑列转换为因子的 as.factor，这将使现有因子 type 保持不变。

代码清单 7.2 将逻辑变量转换为因子

```
zooTib <- mutate_if(zooTib, is.logical, as.factor)
```

提示 由于 type 变量已是因子，因此也可使用 mutate_all(zooTib, as.factor)。

7.4 训练决策树模型

本节将介绍如何使用 rpart 算法训练决策树模型。我们将调节算法的超参数，并使用最优超参数组合训练模型。

像往常一样，定义任务和学习器，并训练模型。这一次，将"classif.rpart"作为 makeLearner()函数的参数以指定使用 rpart 算法，参见代码清单 7.3。

代码清单 7.3　创建任务和学习器

```
zooTask <- makeClassifTask(data = zooTib, target = "type")

tree <- makeLearner("classif.rpart")
```

接下来调节超参数。回顾一下，第一步是定义想要搜索的超参数空间。通过代码清单 7.4，可以查看 rpart 算法的超参数。我们已经讨论了需要调节的如下一些重要超参数：minsplit、minbuckel、cp 和 maxdepth。此外，你还需要了解一些其他有用的超参数。

代码清单 7.4　输出 rpart 算法的超参数

```
getParamSet(tree)

                    Type len  Def   Constr Req Tunable Trafo
minsplit         integer   -   20 1 to Inf   -    TRUE     -
minbucket        integer   -    - 1 to Inf   -    TRUE     -
cp               numeric   - 0.01   0 to 1   -    TRUE     -
maxcompete       integer   -    4 0 to Inf   -    TRUE     -
maxsurrogate     integer   -    5 0 to Inf   -    TRUE     -
usesurrogate    discrete   -    2    0,1,2   -    TRUE     -
surrogatestyle  discrete   -    0      0,1   -    TRUE     -
maxdepth         integer   -   30  1 to 30   -    TRUE     -
xval             integer   -   10 0 to Inf   -   FALSE     -
parms            untyped   -    -        -   -    TRUE     -
```

每个节点包含的候选划分的数目由 maxcompete 超参数控制，并在模型摘要中显示。模型摘要根据它们对模型的改进程度(基尼增益)显示了候选划分的顺序。了解我们实际使用的划分之外的次优划分可能是有用的。调节 maxcompete 并不会影响模型的性能，而只会影响模型摘要。

maxsurrogate 超参数类似于 maxcompete，前者用于控制替代划分的显示数目。替代划分是在实际划分中特定样本数据缺失的条件下使用的划分。通过这种方式，rpart 算法可处理缺失数据，并且得知哪些划分可用来替换缺失的变量。maxsurrogate 超参数控制着你在模型中想要保留的替代划分的数目(如果主要划分中的一个样本存在缺失值，就传递给第一个替代划分；如果第一个替代划分中同样存在缺失值，就传递给第二个替代划分；以此类推)。虽然数据集中没有任何缺失数据，但我们期望预测的未知样本中存在缺失数据。可将这个超参数设置为 0 以节省计算时间，这等同于不使用替代变量，但这样做可能会降低对存在缺失数据的未知样本的预测准确性。通常默认值设置为 5 比较合适。

提示　回顾第 6 章，可通过运行 map_dbl(zooTib，~sum(is.na(.))快速统计 data.frame 或 tibble 中每一列的缺失值数目。

usesurrogate 超参数用于控制算法如何使用替代划分。如果值为 0，则表示不会使用替代划分，并且不会对缺失数据的样本进行分类。值为 1 表示将使用替代划分，但如果一个样本针对实际划分和所有替代划分都缺失数据，则不会对该样本进行分类。默认值为 2，表示将使用替代划分，针对实际划分和所有替代划分都存在数据缺失的样本将被传递到包含最多样本的分支。通常，默认值设置为 2 比较合适。

注意　如果对于节点的实际划分和所有替代划分都存在缺失数据的样本，那就应该考虑缺失数据对数据集质量的影响！

下面定义想要搜索的超参数空间。我们将调节 minsplit、minbucket、cp 和 maxdepth 超参数的值，参见代码清单 7.5。

注意 记住，请分别使用 makeIntegerParam()和 makeNumericParam()函数定义整型和数值型超参数的搜索空间。

代码清单 7.5　定义想要搜索的超参数空间

```
treeParamSpace <- makeParamSet(
  makeIntegerParam("minsplit", lower = 5, upper = 20),
  makeIntegerParam("minbucket", lower = 3, upper = 10),
  makeNumericParam("cp", lower = 0.01, upper = 0.1),
  makeIntegerParam("maxdepth", lower = 3, upper = 10))
```

接下来定义如何搜索已在代码清单 7.5 中定义的超参数空间。由于超参数空间非常大，我们将使用随机搜索而不是网格搜索。回顾一下第 6 章，第 6 章中的随机搜索不是无穷的(不会尝试所有超参数组合)，而是按照我们的设定要求确定随机选择组合的次数(迭代)。我们将进行 200 次迭代。

代码清单 7.6 定义了用于调节的交叉验证策略，其中使用了常规的 5-折交叉验证。在第 3 章，我们曾经将数据分成 5 个子集，并将每个子集作为测试集使用一次。对于每个测试集，可以使用剩余的数据(训练集)训练模型。然后，在随机搜索的每个超参数值组合中执行这种交叉验证策略。

注意 一般情况下，如果类别不平衡，可使用分层抽样。但由于在一些类别中，样本数量非常少，因此没有足够的样本用于分层抽样(尝试后将会报错)。在这个例子中，我们不进行分层抽样；但在一个类别只有很少样本的情况下，应该考虑是否有足够的数据证明在模型中保留这个类别是正确的。

代码清单 7.6　定义随机搜索

```
randSearch <- makeTuneControlRandom(maxit = 200)

cvForTuning <- makeResampleDesc("CV", iters = 5)
```

最后，执行超参数调节，参见代码清单 7.7。

代码清单 7.7　执行超参数调节

```
library(parallel)
library(parallelMap)

parallelStartSocket(cpus = detectCores())

tunedTreePars <- tuneParams(tree, task = zooTask,
                            resampling = cvForTuning,
                            par.set = treeParamSpace,
                            control = randSearch)

parallelStop()
```

```
tunedTreePars

Tune result:
Op. pars: minsplit=10; minbucket=4; cp=0.0133; maxdepth=9
mmce.test.mean=0.0698
```

为了加快运行速度，可以通过 parallelStartSocket()启动并行运算。请将 CPU 数量设置为可用数量。

提示 在进行调节时，如果想要使用计算机同时处理其他事情，那么你可能希望将使用的 CPU 数量设置为小于最大可用数量。

然后使用 tuneParams()函数启动调节过程。在这个函数中，第一个参数是学习器，第二个参数是任务，resamplinq 表示交叉验证方法，par.set 表示超参数空间，control 表示搜索方法。一旦运行完，就停止并行化计算并输出调节结果。

警告 笔者在四核计算机上运行上述代码大约需要 30 秒。

相比于第 6 章中用于分类的支持向量机(SVM)算法，rpart 算法的计算开销要小一些。因此，尽管调节了四个超参数，但整个调节过程并不需要很长的时间(这意味着可以执行更多次迭代搜索)。

使用调节的超参数训练模型

我们已经调节了超参数，现在可以使用它们来训练最终的模型。与之前一样，可通过 setHyperPars()函数创建一个使用了调节好的超参数的学习器，并使用 tunedTreePars$x 进行访问。然后，像往常一样使用 train()函数训练最终模型，参见代码清单 7.8。

代码清单 7.8　训练最终模型

```
tunedTree <- setHyperPars(tree, par.vals = tunedTreePars$x)

tunedTreeModel <- train(tunedTree, zooTask)
```

决策树的美妙之处在于模型可解释。解释模型的最简单方法是绘制树的图形表示形式。在 R 语言中，绘制决策树模型的方法有多种。下面首先安装 rpart.plot 程序包，然后使用 getLearnerModel()函数提取模型数据，参见代码清单 7.9。

代码清单 7.9　绘制决策树模型

```
install.packages("rpart.plot")

library(rpart.plot)

treeModelData <- getLearnerModel(tunedTreeModel)

rpart.plot(treeModelData, roundint = FALSE,
           box.palette = "BuBn",
           type = 5)
```

rpart.plot()函数的第一个参数是模型数据。因为已经使用 mlr 来对模型进行训练，所以这个函数将向我们发出如下警告：无法找到用于训练模型的数据。可以忽略这个警告，也可通过提供参数 roubdint=FALSE 来阻止发出上述警告。

如果类别数超出调色板(最重要的功能之一!)中默认的颜色数目，rpart.plot()函数也会报错。要么忽略，要么通过设置 box.palette 参数等于预定义的调色板之一(通过运行?rpart.plot 可查看所有可用调色板)来获取另一个不同的调色板。type 参数用来控制生成的散点图的类型，笔者非常喜欢 type=5 这个选项，你可以通过运行?rpart.plot 来尝试其他选项。

代码清单 7.9 生成的图形如图 7-8 所示。可以看出，这棵树非常简单且具有良好的可解释性。在预测新样本的类别时，将从顶部(根)开始划分，并根据每个节点的划分准则往下分支。

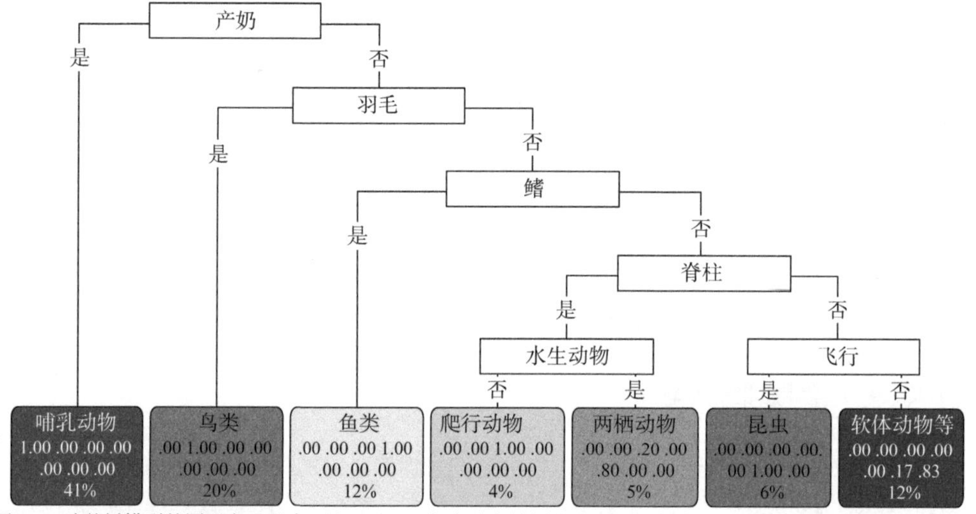

图 7-8 决策树模型的图形表示形式。这里显示了每个节点的划分准则。每个叶节点显示了预测的类别，这个叶节点中每个类别所占的比例，以及这个叶节点中所有样本所占的比例

第一个节点询问是否产奶。选择这种划分的原因在于，这在所有候选划分中具有最高的基尼增益(能立即区分出哺乳动物，占其他类别的训练集的 41%)。叶节点显示了这一节点划分的类别所占的比例。例如，将样本分类为“软体动物等”的叶节点包含 83%的软体动物样本和 17%的昆虫样本。每个叶节点底部的百分比表示这个叶节点中的样本在训练集中所占的百分比。

要检查每个划分的 cp 值，可使用 printcp()函数，参见代码清单 7.10。这个函数将模型数据作为第一个参数，另外还有一个可选的 digits 参数，用于指定输出结果的小数点位数。输出中包含一些有用的信息，比如实际用于划分数据的变量和根节点划分错误(划分之前产生的错误)。另外，输出中还包括每个划分的 cp 值表格。

代码清单 7.10 研究模型

```
printcp(treeModelData, digits = 3)
Classification tree:
rpart::rpart(formula = f, data = d, xval = 0, minsplit = 7, minbucket = 3,
    cp = 0.0248179216007702, maxdepth = 5)

Variables actually used in tree construction:
[1] airborne aquatic backbone feathers fins milk

Root node error: 60/101 = 0.594

n= 101
```

```
        CP nsplit rel error
1 0.3333      0     1.000
2 0.2167      1     0.667
3 0.1667      2     0.450
4 0.0917      3     0.283
5 0.0500      5     0.100
6 0.0248      6     0.050
```

用于计算 cp 值的公式如下：

$$\text{cp}=\frac{p(\text{错误分类}_{l+1})-p(\text{错误分类}_l)}{n(\text{划分}_l)-n(\text{划分}_{l+1})}$$

为了更好地理解 cp 值的含义，下面研究如何计算代码清单 7.10 中的 cp 值表格。

第一个划分的 cp 值为：

$$\text{cp}=\frac{1.00-0.667}{1-0}=0.333$$

第二个划分的 cp 值为：

$$\text{cp}=\frac{0.667-0.450}{2-1}=0.217$$

后续划分的计算方法同上。如果任何候选划分得到的 cp 值都低于调节时设置的阈值，那就不用再对节点进行划分了。

提示　要获得模型的详细摘要，可运行 summary(treeModelData)。显示的输出会很长(树越深，输出越长)。模型的详细摘要主要包括 cp 值表格、按重要性排序的预测变量，以及每个节点的主要划分和替代划分。

7.5　交叉验证决策树模型

本节将交叉验证包括超参数调节阶段在内的模型构建过程，参见代码清单 7.11。我们已经多次进行过这样的处理，因为这非常重要，重申一下：必须在交叉验证中包含基于数据的预处理过程，其中包括代码清单 7.7 执行的超参数调节。

首先，定义外部交叉验证策略。使用 5-折交叉验证作为外部交叉验证循环。将代码清单 7.6 中使用的 cvForTuning 重采样描述作为内部交叉验证循环。

然后，通过将学习器和超参数调节过程“合并封装”来创建封装器。向 makeTuneWrapper() 函数提供内部交叉验证策略、超参数空间和搜索方法。

最后，使用 parallelStartSocket()函数开始并行化计算，并使用 resample()函数开始交叉验证过程。resample()函数会将封装好的学习器、任务和外部交叉验证策略作为参数。

警告　笔者在四核计算机上运行代码清单 7.11 大约需要 2 分钟。

代码清单 7.11　交叉验证模型构建过程

```
outer <- makeResampleDesc("CV", iters = 5)

treeWrapper <- makeTuneWrapper("classif.rpart", resampling = cvForTuning,
                               par.set = treeParamSpace,
```

```
                                    control = randSearch)

parallelStartSocket(cpus = detectCores())

cvWithTuning <- resample(treeWrapper, zooTask, resampling = outer)

parallelStop()
```

查看交叉验证的结果以及模型的构建过程，参见代码清单 7.12。

代码清单 7.12 提取交叉验证结果

```
cvWithTuning

Resample Result
Task: zooTib
Learner: classif.rpart.tuned
Aggr perf: mmce.test.mean=0.1200
Runtime: 112.196
```

结果有点令人失望，不是吗？在超参数调节期间，最优超参数组合给出的平均误分类错误(mean misclassification error，mmce)为 0.0698。但是，针对模型性能的交叉验证给出的 mmce 为 0.12。差别太大了!为什么？好吧，这里发生了过拟合。模型在超参数调节过程中的性能要优于交叉验证。这也很好地说明了在交叉验证过程中包含超参数调节的重要性。

我们刚刚发现了 rpart 算法(以及一般的决策树)存在的一个重要缺点：它们倾向于生成过拟合的模型。如何解决这个问题？答案是使用集成学习算法，在集成学习算法中，我们可以使用多个模型来预测单个任务。下一章将向你展示集成学习算法是如何工作的，并介绍如何使用它们来改进决策树模型。由于下一章将继续使用相同的数据集和任务，因此建议你保存本章中的.R 文件。这样就可以对集成学习算法与常规的决策树算法进行对比，从而突出集成学习技术的优越性能。

7.6 决策树算法的优缺点

对于给定的任务，虽然通常很难判断哪种算法的效果更好，但了解算法的优缺点有助于你确定决策树算法是否适合你所要完成的具体任务。

算法树算法具有如下优点：

- 树的构建初衷非常简单，每棵树都可以很好地进行解释。
- 可以处理分类和连续预测变量。
- 不用对预测变量的分布做任何假设。
- 可以合理地处理缺失值。
- 可以处理不同尺度的连续变量。

决策树算法具有如下缺点：

- 每棵树都容易过拟合，所以很少使用。

7.7 本章小结

- 针对分类和回归问题，rpart 算法是监督机器学习算法。

- 基于树的学习器从根节点中的所有样本开始，按照二分类进行顺序划分，直至样本到达叶节点为止。
- 树的构造是一个贪婪的过程，可通过设置停止准则进行限制(例如，设置一个节点在被划分前所需的最小样本数)。
- 基尼增益用来决定哪个预测变量将在特定节点上产生最优划分。
- 决策树存在过拟合训练集的倾向。

第8章

使用随机森林算法和boosting技术改进决策树

本章内容：

- 理解集成学习算法
- 使用bagging、boosting和stacking技术
- 使用随机森林和XGBoost算法
- 利用多个算法对同一任务进行基准测试

第7章讲解了如何使用递归分区算法训练易于解释的决策树。在第7章的最后，我们着重强调了决策树的一个非常重要的缺点：它们倾向于过拟合训练集，这会导致模型对新数据预测的泛化能力较差。因此，我们很少使用单个决策树，但是当把许多决策树组合在一起时，就可以得到功能非常强大的预测器。

在本章的最后，你将理解普通决策树和集成学习算法(例如，随机森林算法和boosting技术)之间的区别，后者能将多个决策树结合在一起进行预测。这是本书第II部分的最后一章，你将学习什么是基准测试以及如何使用基准测试找到针对特定问题的最佳算法。基准测试是让很多不同的机器学习算法相互竞争，以选择最适合特定问题的算法过程。

我们将继续使用第7章中的zoo数据集。如果在全局环境中没有定义zooTib、zooTask和tunedTree对象(可通过运行ls()函数进行查找)，只需要重新执行第7章中的代码清单7.1～代码清单7.8即可。

8.1 集成学习技术：bagging、boosting和stacking

本节讲解什么是集成学习技术，以及如何使用它们来改善决策树模型的性能。假设你想知道人们对于某个问题的看法，你认为如何才能更好地反映民众的意见：是在街上问路人的意见，还是搜集投票箱中许多人的投票意见？在这种情况下，决策树就相当于大街上的路人。你创建一个模型，将新数据传递给这个模型，然后输出对应的意见。集成学习就相当于进行集体投票。

集成学习算法的思想是训练多个模型(有时会达到数百个甚至数千个模型)而不是训练单个模型。接下来，将每一个模型针对新数据的预测输出作为意见。最后，在做出最终预测时考虑所有模型的投票结果。集成学习算法的优点是，多数投票决定的预测将比单个模型做出的预测具有更少的方差。

目前有以下三种不同的集成学习技术：

- bagging
- boosting
- stacking

8.1.1 利用采样数据训练模型：bagging

下面介绍 bootstrap aggregating (自助汇总) 集成技术的原理，以及如何在随机森林算法中使用这种技术。机器学习算法可能对离群值和测量误差引起的噪声十分敏感。如果训练集中存在噪声数据，那么模型在对未知数据进行预测时可能具有较高的方差。如何训练一个学习器，使它能够在利用所有可用数据的同时忽略噪声数据并减少预测方差？答案就是使用 bootstrap aggregating(简称 bagging)。

使用 bagging 的前提非常简单：

- 事先决定要训练多少个子模型。
- 对于每个子模型，从训练集中随机抽取样本进行替换，直到获得与原始训练集大小相同的样本。
- 利用样本的每一个采样训练子模型。
- 将新数据输入每个子模型，然后对预测进行投票。
- 将来自所有子模型的模态预测(出现频次最高的预测)作为预测输出。

bagging 的最关键部分是对样本进行随机采样。假设你在玩拼字游戏并且有一袋含有 100 个字母的卡片。现在想象一下，你将手伸进袋子，随机摸索一下，拿出卡片并记录上面的字母，这就是随机采样。然后，至关重要的是，你会将卡片放回原处，这就是所谓的替换采样，替换采样表示记录卡片上的字母，再将卡片放回原处，这意味着可能再次记录相同的卡片。继续执行上述操作，直到抽取 100 个随机样本为止，样本的数量与游戏开始前袋子中的卡片数量相同。这个过程被称为自助，自助是统计和机器学习中的一项重要技术。自助采样得到的 100 张卡片应该能够合理地反映袋子中每个字母出现的频率。

利用从训练集中自助采样的数据进行训练的子模型对我们有何帮助？假设样本分布在特征空间中。每次进行自助采样时，由于进行的是替换采样，因此更有可能选择那些靠近分布中心的样本，而不是位于分布边缘的样本。一些自助采样可能包含许多极端值，并且可能做出糟糕的预测。这就是 bagging 的第二个关键部分：汇总所有模型的预测。这可以简单理解为让所有人做出预测，然后进行投票。这样做的结果是对所有模型进行平均，在降低噪声数据影响的同时减少过拟合。用于决策树的 bagging 如图 8-1 所示。

bagging(以及将要学习的 boosting 和 stacking)是一种可应用于任何监督机器学习算法的技术。但是，bagging 在生成低偏差、高方差模型的算法(例如决策树算法)方面效果最佳。实际上，有一种著名且非常流行的针对决策树的 bagging 实现方式，称为随机森林。为什么叫随机森林？因为这种实现方式使用训练集中大量的随机样本来训练决策树。许多树在一起，便形成一片森林！

提示 尽管“世界上没有免费的午餐”这一定理仍然适用(如第 1 章所述)，但单个决策树的性能很少优于随机森林。因此，尽管可以通过建立决策树来广泛了解数据中的关系，但笔者更倾向于直接采用集成学习技术进行预测建模。

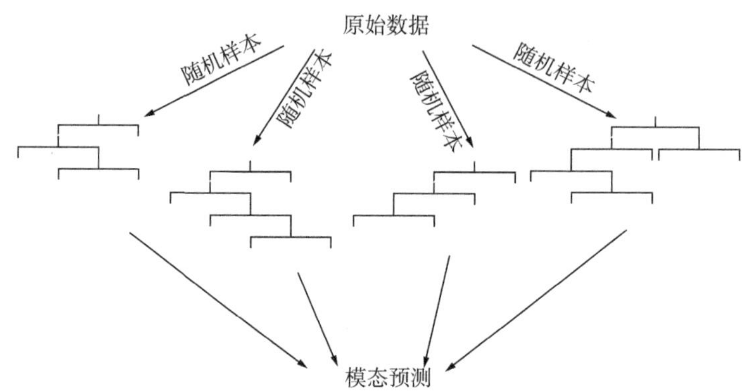

图 8-1 用于决策树的 bagging 技术。这种技术以并行方式集中学习多个决策树，每个决策树的训练数据都通过对训练集中的样本进行自助采样而得到。预测新数据时，每个决策树都会进行预测，并且模态预测会获胜

因此，随机森林算法将使用 bagging 技术创建大量的决策树。这些决策树被保存为模型的一部分；当我们给模型传递新数据时，每个决策树都会做出预测，然后返回模态预测。但是，随机森林算法还有如下妙招：在特定树的每个节点上，随机选择用于当前划分的预测变量比例；在下一个节点处，对当前划分的预测变量进行另一次随机选择；依此类推。尽管这似乎违反直觉，但随机采样样本和随机采样特征的结果是得到高度不相关的单个决策树。

注意 如果数据中的某些变量可以很好地预测结果，那么可以将这些变量选作大多数树的划分标准。彼此包含相同划分的决策树不再提供更多信息，这就是我们希望决策树之间能够不相关的原因所在，只有不同的决策树才能提供不同的预测信息。随机采样的样本能够减少噪声和边缘样本对模型的影响。

8.1.2 从前序模型的错误中进行学习：boosting

下面解释 boosting 技术的原理以及如何在 AdaBoost 和 XGBoost 等算法中使用这种技术。使用 bagging 可以并行训练各个模型。与之相反，boosting 是一种可以再次训练许多单独模型的集成学习技术，但需要按顺序构建模型。每个模型都试图纠正前序模型中的错误。

和 bagging 一样，boosting 可以应用于任何监督机器学习算法。但是，在使用弱学习器作为子模型时，boosting 最有效。弱学习器是指相比随机猜测略微好一点的预测模型。因此，传统上将 boosting 应用于浅层决策树。浅层是指决策树没有太多的层级，抑或可能只有一个划分。

注意 只有一个划分的决策树在想象中被称为决策树桩。

boosting 的功能是将许多弱学习器结合在一起，形成一个强大的集成学习器。使用弱学习器的原因是：在 boosting 中使用强学习器对模型的性能不会有任何改善。所以，当通过训练弱的、不太复杂的学习器就能获得相同的性能时，为什么要浪费计算资源来训练数百个强大的、可能更复杂的学习器呢？

根据纠正前序模型错误方式的不同，boosting 分为如下两类：

- 自适应 boosting
- 梯度 boosting

1. 自适应 boosting

只有一种众所周知的自适应 boosting 技术——于 1997 年发布的著名的 AdaBoost 算法。AdaBoost 算法的工作原理如下。首先，训练集中的所有样本都具有相同的重要性或权重。当使用来自训练集的自助采样样本训练初始模型时，样本被采样的概率与其权重成正比(此时全部相等)。对初始模型进行错误分类的样本将获得较大的重要性/权重，而对初始模型进行正确分类的样本将获得较小的重要性/权重。

下一个模型将从训练集中获取另一个自助采样样本，但是权重不再相等。请记住，样本被采样的概率与其权重成正比。因此，如果一个样本的权重是另一个样本的两倍，那么前者被采样的可能性也将是后者的两倍(更有可能被重复采样)。这确保了被前序模型错误分类的样本更有可能被后续模型在自助采样中获取。因此，后续模型更有可能学习到正确分类这些样本的规则。

一旦获得至少两个模型，就可以像 bagging 一样，根据汇总投票对数据进行分类。对多数投票中错误分类的样本赋予较大的权重，而对正确分类的样本赋予较小的权重。也许令人困惑的是：模型本身也有权重。模型权重基于特定模型犯了多少错误(更多错误意味更小权重)。如果集合中只有两个模型，一个模型预测为 A 类，另一个模型预测为 B 类，那么权重较高的模型将赢得投票。

继续进行上述过程：将一个新模型添加到集成模型中，对所有模型进行投票，更新权重，然后下一个模型根据新的权重对数据进行采样。一旦达到预定义的决策树最大数量，上述过程就会停止，并获得最终的集成模型。如图 8-2 所示。考虑一下这将带来的影响：新的模型正在纠正前序模型中的错误。这就是为什么 boosting 是减少偏差的绝佳方法的原因。但是，就像 bagging 一样，由于采用的是自助采样样本，因此 bagging 减少了方差！将未知样本传递给最终模型进行预测时，每个决策树都将单独投票(和 bagging 一样)，但是每个投票都将由模型权重进行加权。

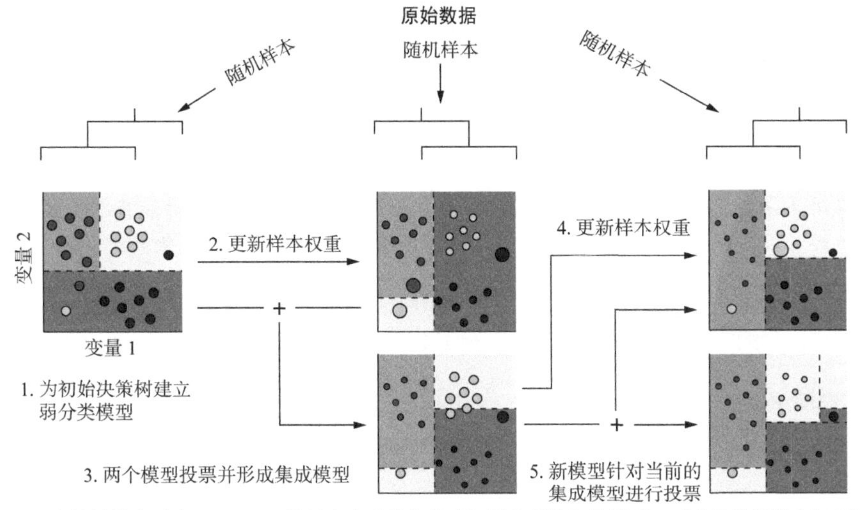

图 8-2　用于决策树的自适应 boosting。使用来自训练集的随机样本训练初始模型。正确分类的样本权重较低，而错误分类的样本权重较高(用不同大小的数据点来指示)。后续模型对每个样本采样的概率与样本的权重成正比。添加决策树后，它们将投票并形成集成模型，集成模型的预测可用于在每次迭代时更新权重

如何计算模型权重和样本权重

模型权重的计算公式为

$$\text{模型权重} = 0.5 \times \ln\left(\frac{1 - p(\text{错误分类})}{p(\text{错误分类})}\right)$$

其中，ln是自然对数，p(错误分类)是错误分类样本所占的比例。

样本权重的计算公式为

$$\text{样本权重} = \begin{cases} \text{初始权重} \times e^{-\text{模型权重}}, \text{如果正确分类} \\ \text{初始权重} \times e^{\text{模型权重}}, \text{如果错误分类} \end{cases}$$

在上述公式中，对于正确分类的样本，使用上方的公式；对于错误分类的样本，使用下方的公式。唯一的细微差别是：对于正确分类的样本，模型权重为负。在这些公式中加上一些数字后，你就会发现：正确分类样本的公式会降低权重，而错误分类样本的公式会增加权重。

2. 梯度boosting

梯度boosting与自适应boosting非常相似，只是在纠正前序模型的错误方面有所不同。后续模型不是根据样本的分类准确性对样本进行加权，而是预测前序模型的残差。

残差或剩余误差是真实值(“观察值”)与模型预测值之间的差值。当预测连续变量(回归)时，这更易于理解。假设期望预测一个人有多少债务。如果一个人的实际债务为$2500，但模型预测他的债务为$2100，那么差值为$400。之所以称为残差，就是因为这是在模型做出预测后剩余的误差。

分类模型的残差是什么有点难以想象，但可以将分类模型的残差量化为错误分类样本的比例或对数损失。错误分类的样本比例是不言而喻的。对数损失与之相似，但前者能够更严厉地惩罚以高置信度做出错误分类的模型。如果你的朋友信心十足地告诉你赫尔辛基(Helsinki)是瑞典(Sweden)的首都(实际上不是)，那么你可能不会做过多思考。但是，当他们也不确定时，你会思考更多。这就是对数损失处理错误分类误差的方式。对于这两种方法，给出正确分类的模型相比给出包含许多错误分类的模型的错误率要低。哪种方法更好？这取决于具体情况，可通过调节超参数来选择最佳方法。

注意 将错误分类的样本比例作为残差往往导致模型比使用对数损失更能容忍少量错误分类的样本。在每次迭代中，用于最小化残差度量的方法被称为损失函数。

因此，在梯度boosting中，选择的后续模型将能够最大程度减少前序模型的残差。通过使残差最小化，后续模型实际上将支持对前序错误分类的样本(对残差建模)进行正确分类。

计算对数损失

一般而言，我们不必知道对数损失的计算公式，但为了方便对此感兴趣的数学爱好者，下面将其列出：

$$\text{对数损失} = -\frac{1}{N}\sum_{i=1}^{N}\sum_{k=1}^{K} y_{ik}\ln(p_{ik})$$

其中：N是样本总数，K是类别数，ln是自然对数，y_{ik}用来指示标签k是否是样本i的正确类别，p_{ik}是与样本i属于同一类别的样本比例(已正确分类)。可以如下理解。

(1) 对于训练集中的每个样本：

- 计算与该样本属于同一类别的样本比例(已正确分类)。
- 取这些比例的自然对数。

(2) 将这些自然对数求和。

(3) 将求和后的值乘以 $-\frac{1}{N}$。

梯度 boosting 不必使用训练集中的样本训练子模型。对训练集进行采样的过程被称为随机过程梯度 boosting。随机过程梯度下降中的采样通常无须替换，这意味着不采用自助样本。因为根据样本的权重对其采样(例如 AdaBoost 算法)并不重要，所以不需要在采样过程中替换每个样本，这对模型的性能几乎没有影响。就像 AdaBoost 和随机森林算法一样，最好对训练集进行采样，因为这样做可以减少方差。同时，从训练集中采样的样本比例可作为超参数进行调节。

当前已有大量的梯度 boosting 算法，但其中可能最著名的是 XGBoost(极限梯度 boosting)算法。XGBoost 于 2014 年发布，是一种非常流行的分类和回归算法。之所以最受欢迎，是因为 XGBoost 算法在完成许多任务时性能都表现良好，且往往优于大多数其他监督机器学习算法。许多选手使用 XGBoost 算法赢得了 Kaggle(一家举办机器学习竞赛的在线社区)数据科学竞赛，XGBoost 算法已成为许多数据科学家使用监督机器学习算法的首选。

XGBoost 是梯度 boosting 的一种实现，并且具有如下特性：

- 可以并行构建每个决策树的不同分支，从而加快模型构建过程。
- 可以处理缺失数据。
- 采用正则化。你将在第 11 章详细了解相关内容，正则化可以防止单个预测变量对整个预测产生过大影响(这有助于防止过拟合)。

提示　还有更多可用的梯度 boosting 算法，例如 LightGBM 和 CatBoost。mlr 程序包目前尚未封装这些算法，因此我们将继续使用 XGBoost，你也可以自行研究它们！

8.1.3　通过其他模型的预测进行学习：stacking

下面讲解 stacking 集成技术的原理以及如何将这种集成技术用于组合多种算法的预测。stacking 是一种十分有价值的集成技术，但使用时不如 bagging 和 boosting 那样频繁。

在 bagging 和 boosting 中，学习器通常是(但不一定总是)同质的。换言之，所有子模型都是通过相同的算法(决策树)进行学习的。stacking 则使用不同的算法来学习子模型。例如，可以选择使用 kNN 算法、对数几率回归算法和 SVM 算法来构建三个独立的基模型。

stacking 技术背后的思想是：创建一些善于学习特征空间中不同模式的基模型。一个模型可能擅长在特征空间的某个区域进行预测，但在另一区域可能会出错；而另一个模型可能在特征空间的某个区域能很好地进行预测，但是其他模型在这个区域的预测效果却不佳。因此，这就是 stacking 技术的关键：基模型所做的预测可作为另一个模型(堆栈模型)的预测变量(包括所有原始预测变量)。然后，堆栈模型可从基模型所做的预测中进行学习，以进行更准确的预测。stacking 技术可能非常复杂且难以实现，但如果使用彼此之间差别较大的基学习器，通常可以提高模型的性能。

注意 诸如bagging、boosting和stacking的集成技术本身并不是严格意义上的机器学习算法，它们是可应用于其他机器学习算法的算法。举例来说，我们在此处描述的bagging和boosting技术主要应用于决策树，这是因为集成最常应用于基于树的学习器。但是，我们也可以轻松地将bagging和boosting技术应用于其他机器学习算法，例如kNN算法和线性回归算法。

8.2 建立第一个随机森林模型

下面讲解如何建立随机森林模型(使用自助采样训练多个决策树并汇总预测)以及如何调节超参数。你需要考虑以下四个十分重要的超参数。

- ntree：森林中单个决策树的数量。
- mtry：在每个节点上随机采样的特征数量。
- nodesize：叶节点上允许的最小样本数(与rpart算法中的minbucket相同)。
- maxnodes：允许的最大叶节点数。

因为我们正在汇总随机森林中大量决策树的投票结果，所以拥有的决策树越多越好。除了计算成本之外，拥有更多的决策树并没有坏处。但在某些时候，得到的收益会递减。我们不会调整决策树的数目，而是固定为某个适合于计算预算的值，通常从几百到上千不等。在本节的后面，我们将展示如何判断是否使用了足够多的决策树，以及能否通过减少决策树的数量来减少训练时间。

其他三个超参数(mtry、nodesize和maxnodes)则需要进行调节。我们将继续使用第7章中定义的zooTask数据集(如果在全局环境中没有定义zooTask数据集，只需要重新运行代码清单7.1～代码清单7.3即可)。首先使用makeLearner()函数创建一个学习器，此时创建的学习器是"classif.randomForest"：

```
forest <- makeLearner("classif.randomForest")
```

接下来，创建需要调节的超参数空间。由于我们期望将决策树的数量固定为300，因此只需要在makeIntegerParam()调用中指定lower=300和upper=300即可，参见代码清单8.1。因为数据集中包含16个预测变量，所以我们考虑在6到12之间寻找mtry的最佳值。考虑到某些组的样本数非常小，我们需要允许叶节点包含较少的样本，因此，可在1到5之间调节nodesize。最后，我们不想过多限制决策树的大小，可在5到20之间调节maxnodes。

代码清单8.1 调节随机森林算法的超参数

```
forestParamSpace <- makeParamSet(                              # 创建超参数空间
  makeIntegerParam("ntree", lower = 300, upper = 300),
  makeIntegerParam("mtry", lower = 6, upper = 12),
  makeIntegerParam("nodesize", lower = 1, upper = 5),
  makeIntegerParam("maxnodes", lower = 5, upper = 20))

randSearch <- makeTuneControlRandom(maxit = 100)               # 定义包含100次迭代的随机搜索方法

cvForTuning <- makeResampleDesc("CV", iters = 5)               # 定义5-折交叉验证策略

parallelStartSocket(cpus = detectCores())
```

```
tunedForestPars <- tuneParams(forest, task = zooTask,
                              resampling = cvForTuning,
                              par.set = forestParamSpace,
                              control = randSearch)
```
调节超参数

```
parallelStop()

tunedForestPars
Tune result:
Op. pars: ntree=300; mtry=11; nodesize=1; maxnodes=13
mmce.test.mean=0.0100
```
输出调节结果

现在，调用 setHyperPars()函数，使用调节后的超参数创建学习器以训练最终模型，然后将其传递给 train()函数：

```
tunedForest <- setHyperPars(forest, par.vals = tunedForestPars$x)

tunedForestModel <- train(tunedForest, zooTask)
```

如何知道森林中是否包含足够多的决策树？可以针对决策树的数目绘制平均包外误差，参见代码清单 8.2。在构建随机森林时，请记住，我们对每个决策树都进行了样本自助采样。包外误差是每个样本的平均预测误差，由不包含自助采样样本的决策树构成。包外误差估计往往特定于 bagging 算法，允许评估森林生长过程中模型的性能。

在代码清单 8.2 中，首先使用 getLearnerModel()函数提取模型信息；然后，可以简单地对模型数据对象调用 plot()函数，并指定每个类别使用什么颜色和线型；最后，使用 legend()函数添加图例，以便更清晰显示我们正在查看的内容。

代码清单 8.2 绘制包外误差

```
forestModelData <- getLearnerModel(tunedForestModel)

species <- colnames(forestModelData$err.rate)

plot(forestModelData, col = 1:length(species), lty = 1:length(species))

legend("topright", species,
       col = 1:length(species),
       lty = 1:length(species))
```

结果如图 8-3 所示。针对森林中不同数量的决策树，图 8-3 显示了每个类别的平均包外误差(单独的一些线和一条均值线)。可以看到：一旦森林中包含至少 100 个决策树，误差估计就会稳定下来。这表明森林中包含足够多的决策树(甚至可以使用更少的决策树)。如果模型的平均包外误差不稳定，那就意味着应该添加更多的决策树！

很高兴我们的森林里有足够多的决策树。现在，让我们正确地交叉验证包括超参数调节在内的模型构建过程。首先，将外部交叉验证策略定义为普通的 5-折交叉验证，参见代码清单 8.3。

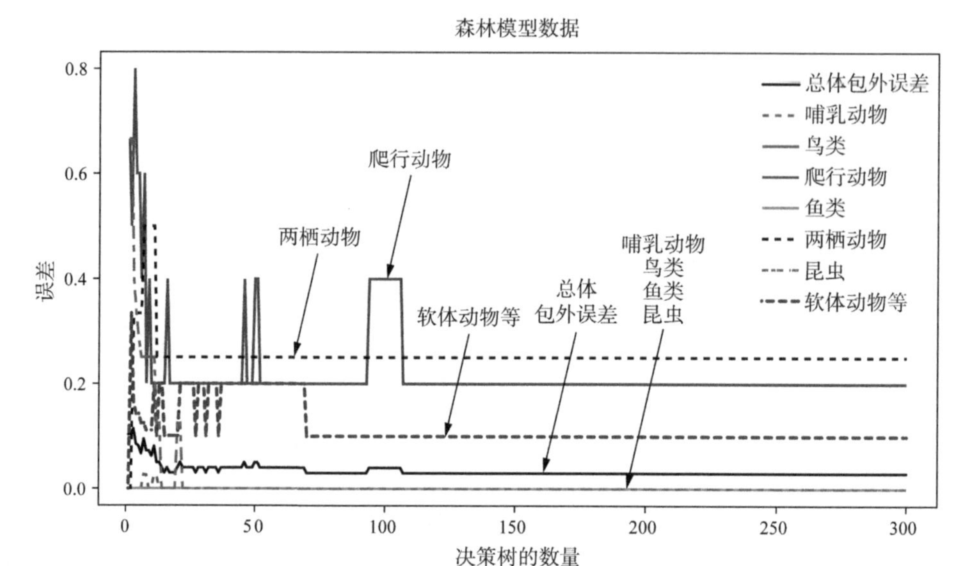

图 8-3 根据决策树的数量绘制平均包外误差。对于训练过程中给定的森林大小，在纵轴上绘制每个类别的平均包外误差和总体包外(OOB)误差。包外误差是每个样本的平均预测误差，由不包含自助采样样本的决策树构成。纵轴显示了所有样本的平均包外误差(图 8.3 的彩图效果可参见本书在线资源，以便更好地区分图中不同的线条)

代码清单 8.3 交叉验证模型构建过程

```
outer <- makeResampleDesc("CV", iters = 5)

forestWrapper <- makeTuneWrapper("classif.randomForest",
                                  resampling = cvForTuning,
                                  par.set = forestParamSpace,
                                  control = randSearch)

parallelStartSocket(cpus = detectCores())

cvWithTuning <- resample(forestWrapper, zooTask, resampling = outer)

parallelStop()

cvWithTuning
Resample Result
Task: zooTib
Learner: classif.randomForest.tuned
Aggr perf: mmce.test.mean=0.0400
Runtime: 66.1805
```

与原始决策树相比，随机森林模型的性能得到大幅提升！bagging 大大提高了分类准确率。接下来，我们观察 XGBoost 是否可以做得更好。

8.3 建立第一个 XGBoost 模型

本节将展示如何构建 XGBoost 模型以及如何调节超参数。我们需要考虑如下 8 个十分重要的超参数。

- eta：又称学习率，取值介于 0 和 1 之间，将模型权重与其相乘后，可以得到最终权重。将值设置为 1 以下会减慢学习过程，因为这会缩减每个附加模型所做的改进。防止算法学习太快可以避免过拟合的发生。较小的值通常更好，但也意味着模型训练需要花费更长的时间，这是因为许多模型的子模型需要一些时间才能获得良好的预测准确率。
- gamma：节点改善预测所必需的最小划分数量，类似于 rpart 算法的 cp 超参数。
- max_depth：每个决策树可以生长的最大深度。
- min_child_weight：划分节点之前所需的最小杂质程度(如果节点足够纯，请勿再次划分)。
- subsample：每个决策树随机抽样(不替换)的样本比例。设置为 1 表示使用训练集中的所有样本。
- colsample_bytree：每个决策树采样预测变量的比例。可以同时调节 colsample_ bylevel 和 colsample_bynode，它们分别表示决策树中的每个节点和每个深度采样预测变量的比例。
- nrounds：模型中顺序构建的决策树数量。
- eval_metric：使用的残差/损失函数的类型。对于多类别分类，这将是错误分类的样本比例(XGBoost 称之为 merror)或对数损失(XGBoost 称之为 mlogloss)。

下面使用 makeLearner()函数创建一个学习器，这里创建的学习器是"classif.xgboost"。

```
xgb <- makeLearner("classif.xgboost")
```

让人厌烦的是：XGBoost 只喜欢使用数值型预测变量。目前，我们的预测变量是因子，因此需要将因子转换为数值，并使用变换后的 tibble 定义一个新的任务，参见代码清单 8.4。在这里，我们已经使用 mutate_at()函数将除了 type 以外的所有变量转换为数值(通过设置.funs=as.numeric)。

代码清单 8.4　将因子转换为数值

```
zooXgb <- mutate_at(zooTib, .vars = vars(-type), .funs = as.numeric)

xgbTask <- makeClassifTask(data = zooXgb, target = "type")
```

注意　在本例中，即使预测变量都是数值也没有关系。这是因为除 legs 作为数值变量有意义外，大多数预测变量都是二进制变量。但是，对于一个具有许多离散层级的因子来说，将其视为数值有意义吗？从理论上讲，没有；但实际上，它同样可以很好地工作。我们只需要将因子的每个级别重新编码为任意整数，然后让决策树为我们找到最佳划分即可，这被称为数值编码(这也是对数据集中的变量所做的操作)。你可能听说过另一种用来对分类特征进行编码的方法，称为独热编码。尽管这里不讨论独热编码，但需要指出的是：基于决策树模型的独热编码因子通常会导致模型性能不佳。

现在定义想要调节的超参数空间，参见代码清单 8.5。

警告　在笔者的四核计算机上，代码清单 8.5 大约需要运行 3 分钟。

代码清单 8.5　定义想要调节的超参数空间

```
xgbParamSpace <- makeParamSet(
  makeNumericParam("eta", lower = 0, upper = 1),
```

```
  makeNumericParam("gamma", lower = 0, upper = 5),
  makeIntegerParam("max_depth", lower = 1, upper = 5),
  makeNumericParam("min_child_weight", lower = 1, upper = 10),
  makeNumericParam("subsample", lower = 0.5, upper = 1),
  makeNumericParam("colsample_bytree", lower = 0.5, upper = 1),
  makeIntegerParam("nrounds", lower = 20, upper = 20),
  makeDiscreteParam("eval_metric", values = c("merror", "mlogloss")))

randSearch <- makeTuneControlRandom(maxit = 1000)

cvForTuning <- makeResampleDesc("CV", iters = 5)

tunedXgbPars <- tuneParams(xgb, task = xgbTask,
                           resampling = cvForTuning,
                           par.set = xgbParamSpace,
                           control = randSearch)

tunedXgbPars

Tune result:
Op. pars: eta=0.669; gamma=0.368; max_depth=1; min_child_weight=1.26;
subsample=0.993; colsample_bytree=0.847; nrounds=10;
eval_metric=mlogloss; mmce.test.mean=0.0190
```

只有在仿真结束看到增益后，你才会发现决策树越多效果越好，所以我们通常不会调节超参数 nrounds，而是根据计算预算进行设置(此处将 lower 和 upper 参数都设置为 20)。建立模型后，可以在一定数量的决策树后观察误差是否趋于平稳，并确定是增加还是减少决策树的数量(就像对随机森林模型所做的一样)。

定义好超参数空间后，将搜索方法定义为具有 1000 次迭代的随机搜索。笔者喜欢设置尽可能多的迭代次数，尤其是当需要同时调节许多超参数时。将交叉验证定义为普通的 5-折交叉验证策略，然后执行调节过程。因为 XGBoost 将使用所有的内核并行化计算每个决策树的构建开销(请查看超参数调节期间 CPU 使用情况)，所以不用对调节过程进行并行化设置。

现在，使用调节后的超参数训练最终的 XGBoost 模型。首先使用 setHyperPars()函数创建一个学习器，然后将其传递给 train()函数，参见代码清单 8.6。

代码清单 8.6 训练最终的 XGBoost 模型

```
tunedXgb <- setHyperPars(xgb, par.vals = tunedXgbPars$x)

tunedXgbModel <- train(tunedXgb, xgbTask)
```

针对迭代次数绘制损失函数，以了解是否包含足够多的决策树，参见代码清单 8.7。

代码清单 8.7 针对迭代次数绘制损失函数

```
xgbModelData <- getLearnerModel(tunedXgbModel)

ggplot(xgbModelData$evaluation_log, aes(iter, train_mlogloss)) +
  geom_line() +
  geom_point()
```

上述代码先使用 getLearnerModel()函数提取模型数据，再使用模型数据的$evaluation_log 组件提取包含每次迭代的损失函数数据的数据框，其中包含 iter 列(迭代次数)和 train_mlogloss 列(与迭代对应的对数损失)。请对它们进行对照绘制，以查看损失函数是否趋于平稳(如果平稳了，就表明已经训练足够多的决策树)。

注意　这里选择对数损失作为最佳损失函数。如果选择分类错误，那么需要在此处使用 $train_merror 而不是$train_mlogloss。

代码清单 8.7 的执行结果如图 8-4 所示。你能发现大约 15 次迭代后对数损失趋于平稳吗？这意味着已经训练足够多的决策树，并且没有因为训练过多决策树而浪费计算资源。

也可以在集合中绘制单个决策树，这是解释模型构建过程的好方法(除非有大量的决策树)。为此，需要先安装 DiagrammeR 程序包，然后将模型数据对象作为参数传递给 XGBoost 程序包中的 xgb.plot.tree()函数，可以使用 trees 参数指定想要绘制的决策树，参见代码清单 8.8。

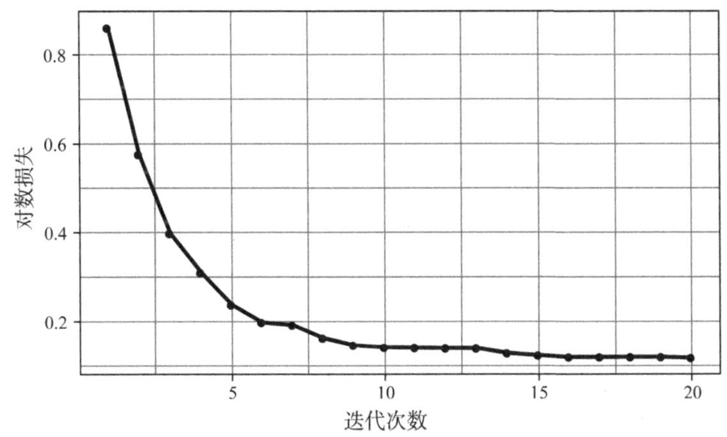

图 8-4　在模型构建过程中针对决策树的数量绘制对数损失。曲线在 15 个决策树之后变得平稳，这表明之后再向模型中添加更多决策树已没有太大效果

代码清单 8.8　绘制单个决策树

```
install.packages("DiagrammeR")
xgboost::xgb.plot.tree(model = xgbModelData, trees = 1:5)
```

结果如图 8-5 所示。请注意，我们使用的决策树很弱，并且有些是决策树桩(决策树 2 甚至没有得到划分)。

提示　这里虽然不会讨论图 8-5 中每个节点显示的信息，但为了易于理解，可以运行?xgboost::xgb. plot.tree，还可以使用 xgboost::xgb.plot.multi.trees(xgbModelData)将最终的集合表示为单个决策树，这有助于从整体上理解模型。

最后，像随机森林和 rpart 模型那样对模型构建过程进行交叉验证，参见代码清单 8.9。

警告　代码清单 8.9 在笔者的四核计算机上运行了将近 15 分钟!

代码清单 8.9　对模型构建过程进行交叉验证

```
outer <- makeResampleDesc("CV", iters = 3)

xgbWrapper <- makeTuneWrapper("classif.xgboost",
```

```
                              resampling = cvForTuning,
                              par.set = xgbParamSpace,
                              control = randSearch)

cvWithTuning <- resample(xgbWrapper, xgbTask, resampling = outer)

cvWithTuning

Resample Result
Task: zooXgb
Learner: classif.xgboost.tuned
Aggr perf: mmce.test.mean=0.0390
Runtime: 890.29
```

太棒了！对模型进行交叉验证估计后，得到的准确率为 1–0.039=0.961=96.1%！

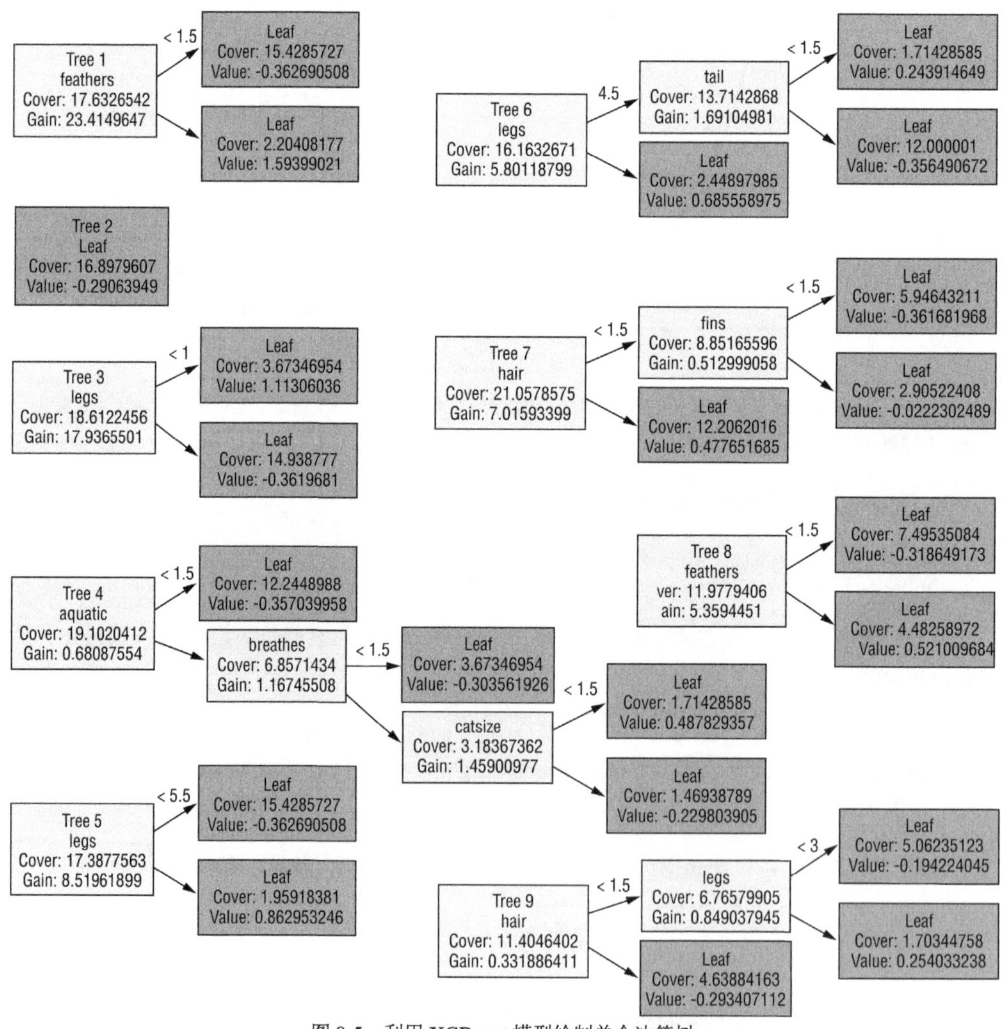

图 8-5　利用 XGBoost 模型绘制单个决策树

8.4 随机森林和 XGBoost 算法的优缺点

对于给定的任务，虽然通常很难判断哪种算法的效果更好，但了解算法的优缺点可以帮助你确定随机森林或 XGBoost 算法是否适合自己所要完成的具体任务。

随机森林和 XGBoost 算法的优点如下：

- 可以处理分类和连续预测变量(尽管 XGBoost 算法需要进行一些数值编码)。
- 不对预测变量的分布做任何假设。
- 可以使用合理的方式处理缺失值。
- 可以处理不同规模的连续变量。
- 集成学习算法可以大大提高基于单个决策树的模型的性能，XGBoost 算法特别擅长减少偏差和方差。

随机森林和 XGBoost 算法的缺点是：

- 与 rpart 算法相比，随机森林算法虽然减少了方差，但没有减少偏差(XGBoost 算法可同时减少方差和偏差)。
- XGBoost 算法具有许多超参数并按顺序生成决策树，因此在计算上可能会有很大开销。

8.5 在算法之间进行基准测试

本节讲解基准测试，并使用基准测试比较几种算法针对特定任务的性能。现在，你的工具箱中已经有了许多算法！利用经验为特定任务选择算法是一种很好的方式。但请记住，我们始终受制于“世界上没有免费的午餐”这一定理。对于特定的任务，你有时可能会惊讶于简单算法比复杂算法性能更优。执行基准测试是判断哪种算法针对特定任务表现最佳的一种很好的方式。

基准测试很简单。你可以创建一个感兴趣的学习器列表，让学习器之间相互竞争，然后找到性能最优的模型。使用 xgbTask 可实现上述目的，参见代码清单 8.10。

代码清单 8.10　绘制一些单独的决策树

```
learners = list(makeLearner("classif.knn"),
                makeLearner("classif.LiblineaRL1LogReg"),
                makeLearner("classif.svm"),
                tunedTree,
                tunedForest,
                tunedXgb)

benchCV <- makeResampleDesc("RepCV", folds = 10, reps = 5)

bench <- benchmark(learners, xgbTask, benchCV)
bench

  task.id                learner.id mmce.test.mean
1  zooXgb               classif.knn        0.03182
2  zooXgb  classif.LiblineaRL1LogReg        0.09091
3  zooXgb               classif.svm        0.07109
4  zooXgb             classif.rpart        0.09891
5  zooXgb      classif.randomForest        0.03200
6  zooXgb           classif.xgboost        0.04564
```

上述代码首先创建了一个学习器列表，其中包括 *k* 最近邻算法("classif .knn")、多项式对数几率回归算法("classif.LiblineaRL1LogReg")、支持向量机算法("classif.svm")，还包括我们之前在第 7 章中训练的 tunedTree 模型以及本章中的 tundForest 和 tunedXgb 模型。如果全局环境中不再包含已定义的 tunedTree 模型，请重新运行代码清单 7.1～代码清单 7.8。

注意 以上对比并不公平，因为我们将使用默认的超参数对前三个学习器进行训练，而基于决策树的模型已经在整体上做了调节。

使用 makeResampleDesc()函数定义交叉验证方法。这一次我们选择进行重复 5 次的 10-折交叉验证。重要的是要注意 mlr 非常智能：虽然每次重复都会将数据随机划分为子集，但每个学习器都使用相同的分区。简而言之，对于重复的每一次交叉验证，基准测试中的每个学习器都会获得完全相同的训练集和测试集。

最后，使用 benchmark()函数运行基准测试：第一个参数是学习器列表，第二个参数是任务的名称，第三个参数是使用的交叉验证方法。

8.6 本章小结

- 随机森林算法和 XGBoost 算法是可用于分类和回归问题的监督学习器。
- 集成学习技术能够构造多个子模型，从而使模型的性能优于单独的任何子模型。
- bagging 是一种集成学习技术，可以使用来自训练集的自助样本并行训练多个子模型。然后，每个子模型将对新样本的预测进行投票。随机森林算法是 bagging 集成学习技术的典型实现之一。
- boosting 也是一种集成学习技术，可按顺序训练多个子模型，并且每个后续子模型都将重点关注前一组子模型的错误。AdaBoost 和 XGBoost 算法是 boosting 集成学习技术的典型实现。
- 基准测试允许比较多种算法/模型针对单个任务的性能。

第Ⅲ部分

回归算法

简单回顾一下到目前为止所学的知识。假设你已经完成对本书第 I 部分和第 II 部分的学习，并且具备解决各种分类问题的技能。本书第 III 部分则将讨论的重点从预测分类变量转移到预测连续变量。

如第 1 章所述，在监督机器学习中，我们使用回归(regression)这个术语来表示预测连续输出变量。第 9～12 章将重点介绍有助于处理不同数据的各种回归算法；其中一些算法适用于预测变量与输出结果之间存在线性关系的情况，并且这些算法非常易于理解；另外一些算法则能够对非线性关系进行建模，但理解起来可能比较困难。

我们将首先介绍线性回归，你将了解到线性回归与第 4 章讨论的对数几率回归密切相关。实际上，如果已经熟悉线性回归，那么你可能想知道为什么一直等到现在才进行介绍，尤其是在对数几率回归建立在线性回归基础之上的情况下。这实际上是为了让你的学习过程更加简单和愉快，通过分别介绍分类、回归、降维和聚类算法，可使每个主题在你的脑海中留下不同的印象。希望本书第III部分介绍的理论能够进一步提升你对对数几率回归的理解。

第9章

线性回归

> **本章内容：**
> - 使用线性回归
> - 回归任务的性能度量指标
> - 使用机器学习算法插补缺失值
> - 通过算法执行特征选择
> - 在 mlr 中组合预处理封装器

本书第III部分的第一站首先介绍的是线性回归(linear regression)。这是一种经典且常用的统计方法，它通过估计预测变量和输出变量之间的强弱关系来建立预测模型。之所以如此命名，原因就在于这种统计方法假设预测变量与输出变量之间的关系是线性的。本章将介绍线性回归如何既处理连续预测变量，又处理分类预测变量。

到了本章的最后，我们希望你能理解使用 mlr 处理回归问题的通用方法，同时知晓回归问题与分类问题之间的区别。特别是，你需要理解用于回归任务的不同性能度量指标，因为平均误分类错误(mean misclassification error，mmce)将不再有意义。此外，本章还将讲解更复杂的用来实现缺失值插补和特征选择的方法。最后，本章将介绍如何使用顺序封装器来组合尽可能多的预处理步骤，并将它们包含在交叉验证中。

9.1 什么是线性回归

本节将介绍什么是线性回归以及如何使用直线方程进行预测。假设你期望基于每一批次中苹果的重量(以千克为单位)来预测相应批次中苹果酒的 pH 值。一个示例如图 9-1 所示。

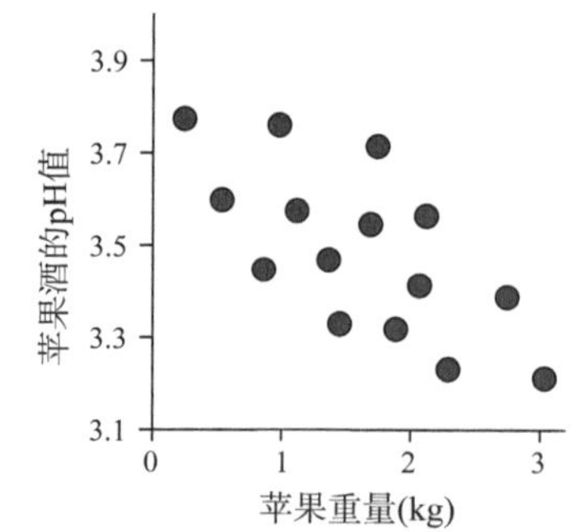

图9-1 每一批次中苹果酒的pH值随苹果重量发生变化的假设数据

注意 回顾一下你所学的化学知识，pH 值越低，代表酸性越强。

苹果重量和苹果酒的 pH 值之间呈线性关系，可以使用直线对这种关系进行建模。回顾第 1 章，描述一条直线所需的参数是斜率和截距：

$$y=截距+斜率\times x$$

y 是输出变量，x 是预测变量，截距是 x 取值为 0(直线与 y 轴相交)时 y 的值，斜率是 x 每变化一个单位时 y 的变化量。

注意 理解斜率非常有用，因为斜率能告诉我们输出变量随预测变量变化的趋势，但理解截距通常没有那么简单(或有用)。例如，根据弹簧的长度来预测弹簧张力的模型可能具有正截距，这表明长度为 0 的弹簧具有张力！如果将所有变量居中并且使均值为 0，那么可以将截距理解为 y 在 x 均值处的值(通常是更有用的信息)。将变量居中并不会影响斜率，这是因为变量之间的关系始终保持不变。因此，将数据居中或执行尺度变换不会影响线性回归模型的预测。

统计学家会将上述等式改写为：

$$y=\beta_0+\beta_1 x_1+\varepsilon$$

其中：β_0 是截距，β_1 是变量 x_1 的斜率，而 ε 是模型的未知误差。

注意 线性回归模型的参数(也称为系数)只是对真实值的估计。这是因为我们通常只处理来自更大范围的有限样本。得到真实参数值的唯一方法是测量整个总体，但这通常是不可能的。

因此，为了学习能够根据苹果重量预测 pH 值的模型，我们需要使用一种方法来估算最能代表这种关系的直线的截距和斜率。

从技术上讲，线性回归不是算法，而是使用直线方程对数据关系进行建模的方法。我们可以使用几种不同的算法来估计直线的截距和斜率。对于像预测苹果酒的 pH 值之类的简单情况，最常用的算法是普通最小二乘法(Ordinary Least Squares，OLS)。

OLS 的作用是学习截距和斜率值的组合，以最大程度减少残差平方和。我们在第 7 章中曾遇到过残差这个概念，残差是模型未解释的信息量。在线性回归中，可以将残差可视化为样本与直线之间的垂直距离(沿 y 轴)。但是，OLS 并不仅仅考虑每个样本与直线之间的原始距离，而是首先将它们平方，然后对它们的所有平方项进行求和。图 9-2 对此进行了说明。

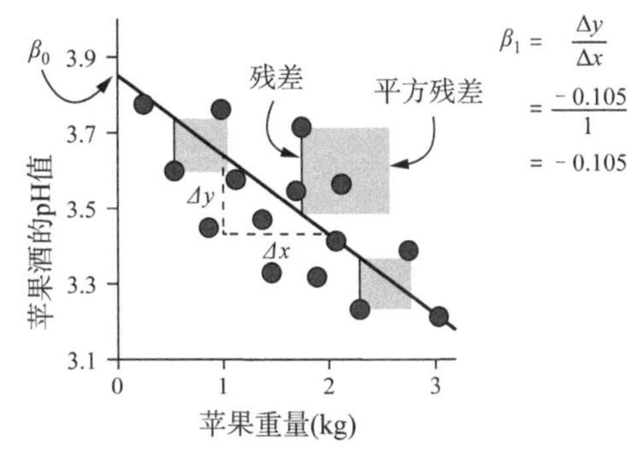

图 9-2　在数据中寻找最小二乘直线。残差是样本与直线之间的垂直距离。方框的面积代表三个样本的残差平方。截距(β_0)是 x=0 时直线与 y 轴的交点。用 $y(\Delta y)$的变化除以 $x(\Delta x)$的变化，即可得到斜率

为什么使用 OLS 对距离进行平方处理？这么做可以使任何负残差(位于直线以下的样本)为正，从而让它们对平方和有所贡献，而不是从平方和中减去它们。当然，这也是平方运算附带的优点之一，也可以不进行平方而简单地使用|残差|表示绝对值(去掉负号)。但我们建议使用残差平方，以便对偏离预测值的样本按不同比例进行惩罚。

9.1.1　如何处理多个预测变量

OLS 可找到使平方和最小的斜率和截距的组合，并且以这种方式学习的直线将对数据进行最优拟合。但是，回归问题很少只简单地使用单个预测变量来预测结果。当有多个预测变量时如何处理？让我们为苹果酒的 pH 值问题添加另一个变量：发酵时间，如图 9-3 所示。

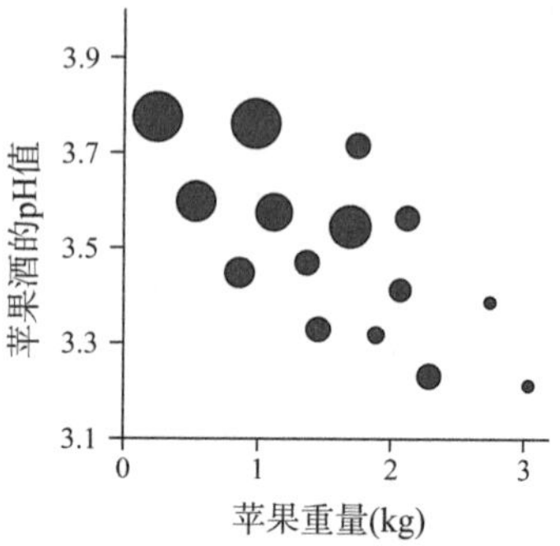

图 9-3　添加一个附加变量：每个点的大小对应于每个苹果酒批次的发酵时间

当存在多个预测变量时，可使用 OLS 估计每个变量的斜率，并在对每个变量的贡献进行线性迭加后，加上模型截距(每个预测变量等于 0 时 y 的值)。线性回归的斜率将告诉我们，在使所有其他预测变量保持不变的同时，每个预测变量每变动一个单位时输出变量将如何变化。换言之，斜率指出了当改变预测变量时输出的变化趋势。例如，包含两个预测变量的苹果酒模型如下：

$$y=\beta_0+\beta_{苹果}\times 苹果+\beta_{发酵}\times 发酵+\varepsilon$$

注意　对于只有一个预测变量和具有多个预测变量的回归，可将它们分别描述为简单线性回归和多元回归。但是，由于我们很少只使用单个预测变量，因此进行这种区分的必要性不大。

当存在两个预测变量时，直线将变成表面/平面，可通过图 9-4 进行查看。当存在两个以上的预测变量时，平面将成为超平面。实际上，直线方程可以扩展到包含任意数量的预测变量。

$$y=\beta_0+\beta_1x_1+\beta_2x_2+\cdots+\beta_kx_k+\varepsilon$$

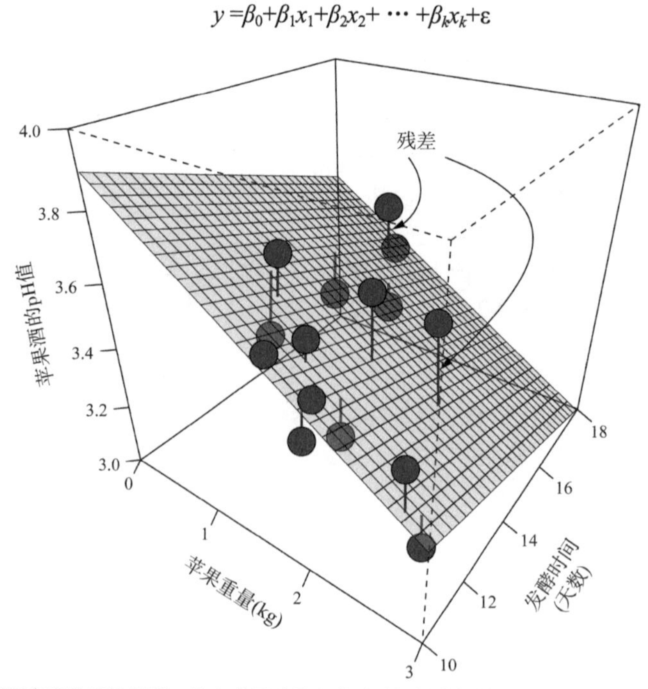

图 9-4　具有两个预测变量的线性模型。结合苹果重量和发酵时间的线性模型可以表示为平面。实线表示每个样本的残差误差(与平面的垂直距离)

我们的模型中有 k 个预测变量，这称为通用线性模型，上述方程是所有线性模型的中心方程。如果学过传统的统计建模，那么你可能熟悉 t 检验和方差分析。这些方法都使用通用线性模型来表示预测变量和输出之间的关系。

注意 通用线性模型与广义线性模型不太相同，广义线性模型允许输出变量具有不同的分布。稍后我们将讨论广义线性模型。

你能区分一般的线性模型吗？第4章在讨论对数几率回归时，我们介绍过与之相似的模型。实际上，等号右侧的所有内容都是一致的。唯一有区别的是等号的左侧。回想一下，在对数几率回归中，我们预测的是样本属于特定类别的对数几率。在线性回归中，我们仅预测输出变量的样本值。

当可解释性与性能同等重要甚至更重要时，怎么办

尽管另一种回归算法可能对特定任务表现更好，但公式化的通用线性模型因具有良好的可解释性而更受青睐。斜率表示当其他变量不变时，输出变量随预测变量每变化一个单位而产生的变化。

当然，还有其他一些算法的学习模型可能对特定任务表现更好，但它们的可解释性却不佳。此类模型通常被描述为黑匣子，模型接收输入并提供输出，但要查看和/或理解导致特定输出的模型的内部规则却不容易。随机森林、XGBoost和SVM算法是黑匣子模型的典型例子。

因此，相对于性能更好的黑匣子模型，什么时候适合使用可解释类型的模型(如线性回归模型)呢？一种场景是：要求构建的模型具有潜在的区分能力。试想一下，如果一个模型在训练期间包含对女性的偏见，那么使用黑匣子模型可能很难立即检测到这种情况。但是，如果我们理解其中的规则，就可以检查到这种偏差。安全性也需要考虑，必须确保模型不会产生潜在的危险结果(如不必要的医疗干预)。

另一种场景是：当使用机器学习来更好地理解系统或事物的本质时，从模型中获取预测可能会有用，但了解这些规则以加深我们的理解并促使开展进一步的研究可能更重要。黑匣子模型可能很难实现这一点。

最后，理解模型规则可以改善我们做事的方式。假设一家企业使用线性回归模型并根据诸如成本和广告支出这样的因素来预测特定产品的需求，那么我们不仅可以预测产品的未来需求，还可以通过理解预测变量如何影响输出的规则来控制产品需求。

当使用通用线性模型对数据建模时，可以假设残差是正态分布的，并且是同方差的。同方差是指输出变量的方差不会随着输出预测值的增加而增加。

提示 同方差的反义词是异方差。

同样，假设每个预测变量与输出之间存在线性关系，并且预测变量对响应变量的影响是累加的(而不是相乘的)。当这些假设成立时，我们的模型将做出更准确的无偏预测。但是，可以扩展通用线性模型以处理残差不符合正态分布假设的情况(对数几率回归就是这样一个例子)。

注意 在本章的后面，我们将讲解构建线性回归模型时如何检验这些假设的有效性。

在这种情况下，可以使用广义线性模型。广义线性模型与通用线性模型相似(实际上，后者是前者的特例)。不同之处在于：广义线性模型使用称为链接函数的各种变换将输出变量映射到了等号右侧的线性预测。例如，统计数据很少呈正态分布，但是通过使用适当的链接函数构建通用模型，可以将模型做出的线性预测转换为统计值。

提示 如果残差是异方差的，那么残差有时可能有助于建立用于预测输出变量的某些转换的模型。例如，预测响应变量的 $\log_{10}$ 是常见选择。然后，为了方便理解，可以将使用这种模型做出的预测转换为回原始尺度。当多个预测变量对结果的影响不再累加时，我们可以在模型中添加交互项，以说明一个预测变量发生变化时另一个预测变量对输出产生的影响。

9.1.2 如何处理分类预测变量

到目前为止，我们仅考虑了预测变量是连续变量的情况。因为通用线性模型在本质上是直线方程，所以我们可以用它来找到连续变量之间的斜率，但如何找到分类变量之间的斜率呢？找到后有意义吗？事实证明：可以通过将分类变量重新编码为虚拟变量来作弊。虚拟变量是分类变量的另一种表示形式，可以将类别映射到0和1。

假设需要根据苹果类别(Gala 或 Braeburn)来预测苹果酒的 pH 值。我们期望找到描述这两种苹果类别与 pH 值之间关系的截距和斜率，该如何做呢？之前已经介绍过，斜率是当 x 每变化一个单位时 y 的变化量。如果将苹果分类重新编码为 Gala=0 和 Braeburn=1，就可以将苹果类别视为连续变量，并且发现在从 0 变化到 1 时 pH 值发生了多少变化。请观察图 9-5：截距为 x 等于 0 时 y 的值，这是苹果类别为 Gala 时的平均 pH 值。因此，Gala 被认为是参考水平。斜率是 x 每变化一个单位时 y 的变化量，这是 Gala 的平均 pH 值与 Braeburn 的平均 pH 值之间的差。这可能看起来像在作弊，但确实有效，并且最小二乘法的斜率将是用来连接类别均值的那个斜率。

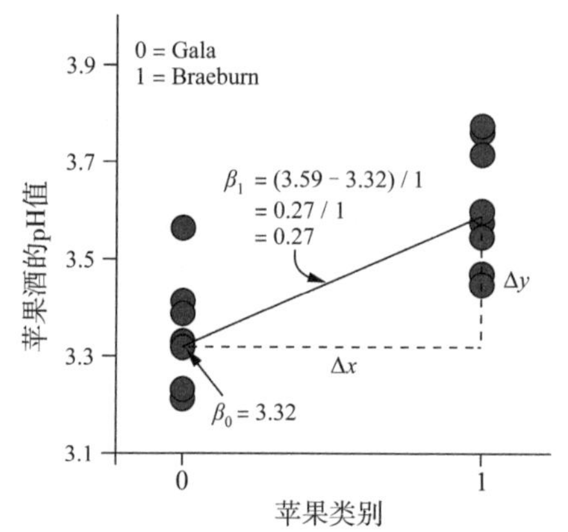

图 9-5 用虚拟变量查找两个水平分类变量之间的斜率。苹果类别被重新编码为 0 和 1，并且被视为连续变量。斜率现在表示两个苹果类别之间的均值差，截距表示参考类别(Gala)的均值

注意 选择哪个类别作为参考水平对模型做出的预测没有影响，并且是因子的第一水平(默认情况下按第一个字母排序)。

将对立的(两个水平)因子重新编码为值为 0 或 1 的单个虚拟变量是有意义的。但是，如果有多个因子(多于两个水平)，怎么办？是否将它们编码为 1、2、3、4 等，并将它们视为单个连续的预测变量？实际上，这行不通，因为一条直线不太可能连接所有类别的均值。为此，可以创建 k–1 个虚拟变量，其中 k 表示因子的水平数目。

查看图 9-6。这里有四种苹果(Granny Smith 是笔者的最爱)，我们希望根据特定批次中苹果酒的苹果类别来预测 pH 值。要将四个水平的因子转换为虚拟变量，请执行以下操作：

(1) 创建一个包含三列的表格，其中的每一列代表一个虚拟变量。

(2) 选择参考水平(在这种情况下为 Gala)。

(3) 将每个虚拟变量的值设置为 0 并作为参考水平。

(4) 对于特定的因子水平，将每个虚拟变量的值设置为 1。

现在，我们已将四个水平因子转换为三个不同的虚拟变量，每个虚拟变量的值为 1 或 0。这对我们有什么帮助呢？每个虚拟变量在模型公式中都充当标记，以表示特定样本属于哪个水平。完整的模型如图 9-6 所示，可表示为：

$$y = \beta_0 + \beta_{d_1} d_1 + \beta_{d_2} d_2 + \beta_{d_3} d_3 + \varepsilon$$

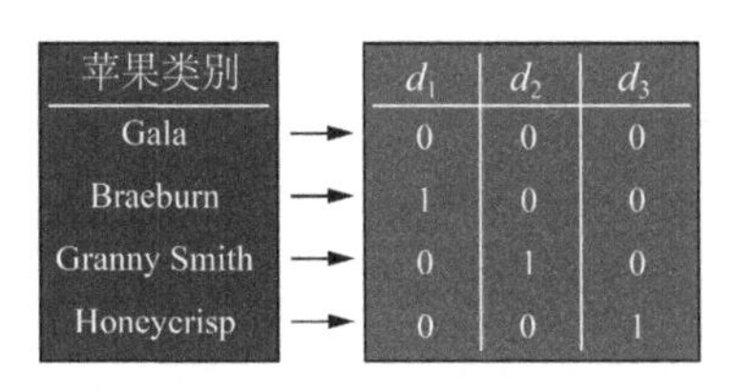

$$y = \beta_0 + \beta_{d_1} d_1 + \beta_{d_2} d_2 + \beta_{d_3} d_3 + \varepsilon$$

图 9-6 将多个分类变量重新编码为 k–1 个虚拟变量。可以使用三个虚拟变量(k–1)来表示四个水平因子。每个虚拟变量的参考水平(Gala)的值为 0。对于特定的虚拟变量，其他参考水平的值为 1。最后，估计每个虚拟变量的斜率

现在，当所有预测变量都等于 0 时，截距(β_0)表示 pH 值，因此这就是参考水平 Gala 的平均值。模型中的斜率 βd_1、βd_2 等表示参考水平的平均值与其他各个水平的平均值之间的差。如果一批苹果酒是用特定类别的苹果制成的，那么对应的虚拟变量将“打开”这一类别的苹果与参考类别之间的斜率，并“关闭”其他类别的苹果。例如，假设某个批次的苹果酒是用 Braeburn 苹果制成的，模型将如下所示：

$$y = \beta_0 + \beta_{d_1} \times 1 + \beta_{d_2} \times 0 + \beta_{d_3} \times 0 + \varepsilon$$

其他苹果类别的斜率仍在模型中，但由于它们的虚拟变量为 0，因此它们对预测值没有影响！

使用通用线性模型构建的模型可以将连续预测变量和分类预测变量混合在一起。当使用模型对新数据进行预测时，只需要执行以下操作：

- 获取用于新数据的每个预测变量的值。
- 将这些值乘以模型学到的相关斜率。
- 将这些值加在一起。
- 最后添加截距。

得到的结果就是我们对新数据做出的预测值。

到目前为止，希望你已经对线性回归有了基本的了解，下面让我们通过建立第一个线性回归模型来将这些知识转变成技能！

9.2 建立第一个线性回归模型

本节介绍如何构建、评估和理解线性回归模型以预测每日的空气质量。此外，我们还将讲解其他用来插补缺失数据和选择相关特征的方法，以及如何根据需要将尽可能多的预处理步骤包括到交叉验证中。

假设你是一位环境科学家，对预测洛杉矶每天的大气臭氧污染水平感兴趣。回顾你在化学课堂上所学的知识，臭氧是具有 3 个氧原子而不是 2 个氧原子的氧分子的同素异形体(“另一种形式”的别致说法)。虽然平流层中的臭氧可以保护我们免受紫外线的伤害，但燃烧化石燃料时生成的产物却可以在地面上转化为有毒的臭氧。你的工作是建立一个回归模型，该模型可以根

据一年中的时间和气象读数(例如湿度和温度)预测臭氧污染水平。下面首先加载 mlr 和 tidyverse 程序包：

```
library(mlr)

library(tidyverse)
```

9.2.1　加载和研究臭氧数据集

现在，加载内置于 mlbench 程序包中的数据(笔者十分喜欢这个程序包中的数据示例)，将其转换为 tibble(使用 as_tibble()函数)，然后进行研究，参见代码清单 9.1。我们还将为变量赋予更易读的名称。最后，你将得到一个包含 366 个样本和 13 个关于每日气象和臭氧读数的变量的 tibble。

代码清单 9.1　加载和研究臭氧数据集

```
data(Ozone, package = "mlbench")

ozoneTib <- as_tibble(Ozone)

names(ozoneTib) <- c("Month", "Date", "Day", "Ozone", "Press_height",
                     "Wind", "Humid", "Temp_Sand", "Temp_Monte",
                     "Inv_height", "Press_grad", "Inv_temp", "Visib")

ozoneTib

# A tibble: 366 x 13
   Month Date  Day   Ozone Press_height  Wind Humid Temp_Sand Temp_Monte
   <fct> <fct> <fct> <dbl>        <dbl> <dbl> <dbl>     <dbl>      <dbl>
 1 1     1     4     3             5480     8    20        NA         NA
 2 1     2     5     3             5660     6    NA        38         NA
 3 1     3     6     3             5710     4    28        40         NA
 4 1     4     7     5             5700     3    37        45         NA
 5 1     5     1     5             5760     3    51        54       45.3
 6 1     6     2     6             5720     4    69        35       49.6
 7 1     7     3     4             5790     6    19        45       46.4
 8 1     8     4     4             5790     3    25        55       52.7
 9 1     9     5     6             5700     3    73        41       48.0
10 1     10    6     7             5700     3    59        44         NA
# ... with 356 more rows, and 4 more variables: Inv_height <dbl>,
#   Press_grad <dbl>, Inv_temp <dbl>, Visib <dbl>
```

当前，Month、Day 和 Date 变量是因子。这么处理是有道理的，但在本例中，我们将它们视为数字。为此，可以使用方便的 mutate_all()函数来清理数据，参见代码清单 9.2。mutate_all()函数将数据作为第一个参数，并将转换函数作为第二个参数。此处，我们使用 as.numeric 将所有变量转换为数值。

注意　mutate_all()函数不会更改变量的名称，而只是在适当的地方对变量的类型进行转换。

然后，由于获得的数据集中存在一些缺失数据(可使用 map_dbl(ozoneTib，~sum(is.na(.))) 来查看缺失数据有多少)；因此，我们可通过将 mutate_all()调用的结果传递到 filter()函数中以删除不包含臭氧测量值的样本，filter()函数将删除 Ozone 数据集中具有 NA 值的样本。实际上，预测变量中存在缺失数据是允许的(稍后将进行插补处理)，但我们不允许即将预测的变量中存在缺失数据。

代码清单 9.2　清理数据

```
ozoneClean <- mutate_all(ozoneTib, as.numeric) %>%
  filter(is.na(Ozone) == FALSE)

ozoneClean

# A tibble: 361 x 13
   Month Date  Day   Ozone Press_height  Wind Humid Temp_Sand Temp_Monte
   <dbl> <dbl> <dbl> <dbl>        <dbl> <dbl> <dbl>     <dbl>      <dbl>
1      1     1     4     3         5480     8    20        NA         NA
2      1     2     5     3         5660     6    NA        38         NA
3      1     3     6     3         5710     4    28        40         NA
4      1     4     7     5         5700     3    37        45         NA
5      1     5     1     5         5760     3    51        54       45.3
# ... with 356 more rows, and 4 more variables: Inv_height <dbl>,
#   Press_grad <dbl>, Inv_temp <dbl>, Visib <dbl>
```

注意　可以在目标变量中插补缺失数据吗？可以，但这有可能在模型中引入偏差。这是因为我们即将训练模型，而预测值是由模型本身产生的。

下面针对 Ozone 数据集绘制每个预测变量，以了解数据中的关系，参见代码清单 9.3。我们选择从常用的技巧开始，也就是使用 gather()函数收集变量，以便将它们绘制到单独的分面上。

代码清单 9.3　绘制数据图

```
ozoneUntidy <- gather(ozoneClean, key = "Variable",
                      value = "Value", -Ozone)

ggplot(ozoneUntidy, aes(Value, Ozone)) +
  facet_wrap(~ Variable, scale = "free_x") +
  geom_point() +
  geom_smooth() +
  geom_smooth(method = "lm", col = "red") +
  theme_bw()
```

注意　记住，必须使用-Ozone 来防止 Ozone 变量与其他变量聚集在一起。

在 ggplot()调用中，我们按 Variable 进行分面构造，并通过将 scale 参数设置为"free_x"来允许分面的 *x* 轴发生变化。然后，连同 geom_point()函数一起，添加两个 geom_smooth()函数。第一个 geom_smooth()函数不提供任何参数，因此使用默认设置：默认情况下，如果少于 1000 个样本，那么 geom_smooth()函数将为数据绘制一条 LOESS 曲线(弯曲的局部回归线)；如果大于或等于 1000 个样本，就为数据绘制一条 GAM 曲线。以上两者都能使我们对数据中关系的形状有所了解。第二个 geom_smooth()函数专门要求使用 lm 方法(线性模型)，lm 方法可用来绘制最优拟合数据的线性回归线。绘制它们两者将有助于我们识别数据中是否存在非线性关系。

如图 9-7 所示，有些预测变量与臭氧水平具有线性关系，有些具有非线性关系，还有些似乎根本没有任何关系！

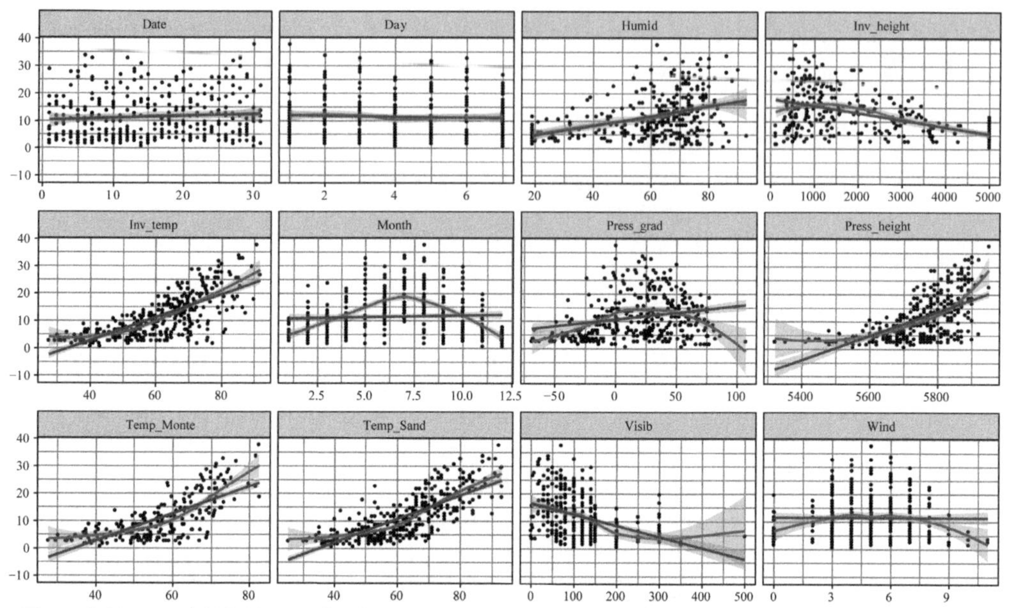

图 9-7　根据 Ozone 变量绘制 Ozone 数据集中的每个预测变量。直线表示线性回归线，曲线表示 GAM 非线性回归线

9.2.2　插补缺失值

线性回归无法处理数据中存在缺失值的情况。因此，为了避免浪费数据集，我们将使用插补法来插补空白。在第 4 章，我们曾使用均值插补法，用变量的均值替换缺失值(NA)。这虽然可行，但由于仅使用单个变量中的信息来预测缺失值，并且单个变量中的所有缺失值将采用相同的值，因此有可能使模型产生偏差。实际上，我们可以使用机器学习算法，通过使用数据集中的所有其他变量来预测缺失的观察值！下面讲解如何使用 mlr 做到这一点。

如果运行?imputations，就可以看到 mlr 中已封装的插补方法，其中包括 imputeMean()、imputeMedian()和 imputeMode()(表示分别使用每个变量的均值、中位数和众数替换缺失值)。但是，最重要的插补方法是 imputeLearner()。imputeLearner()可以基于所有其他变量中包含的信息，指定使用一种监督机器学习算法来预测缺失值。例如，要估算连续变量的缺失值，请执行如下步骤：

(1) 将数据集拆分为包含和不包含特定变量缺失值的样本。

(2) 确定用来预测缺失值的回归算法。

(3) 仅考虑没有缺失值的样本，使用算法通过数据集中的其他变量(包括最终模型中预测的因变量)来预测具有缺失值的变量的值。

(4) 仅考虑包含缺失值的样本，请使用步骤(3)中的模型，并根据其他预测变量的值预测缺失值。

在估算分类变量时，我们将采用相同的策略，只是选择分类算法而不是回归算法。因此，我们最终使用监督机器学习算法来填补空白，以便可以使用另一种算法来训练最终模型！

那么如何选择插补算法呢？与往常一样，有一些实际因素需要考虑，并且这些因素之间存在一定的依赖关系，请尝试不同的方法并查看哪种方法可以提供最优性能，你可能会因此有所收获。我们至少可以从一开始就根据缺失值的变量是连续的还是分类的，将范围缩减小为分类算法或回归算法。接下来，查看一个或多个变量中的缺失值是否有所不同，因为如果不同的话，我们将需要选择一种自身就可以处理缺失值的算法。例如，假设尝试使用对数几率回归来插补分类变量中的缺失值。在执行到之前所讲插补过程中的步骤(3)时，就会停止操作，因为数据中的其他变量(算法正在尝试使用这些变量来预测分类变量)也包含缺失值。对数几率回归无法解决上述问题，并且会引发错误。但是，如果唯一包含缺失值的变量就是我们试图估计的变量，这将没有问题。最后，唯一需要考虑的因素是计算开销。如果用来学习最终模型的算法在计算开销上已经很高，那么使用计算开销很高的算法估算缺失值则必然会增加计算开销。在这些限制条件下，最好尝试与不同的插补学习器一起学习，看看哪一个最适合。

在进行任何形式的缺失值估算时，确保数据随机丢失(MAR)/随机完全丢失(MCAR)和非随机丢失(MNAR)至关重要。如果数据是 MCAR，则意味着存在缺失值的可能性与数据集中的任何变量都不相关。如果数据是 MAR，则意味着存在缺失值的可能性只与数据集中其他变量的值有关。例如，某人可能因年龄原因而不太可能填写工资表。在这种情况下，仍然可以建立由于缺失数据而没有偏见的模型。但是，仍须考虑某人由于薪水较低而不太可能在工资表中填写薪水的情况。在这个示例中，存在缺失值的可能性取决于变量本身的值。在这种情况下，你可能会建立一个偏向于高估调查人员薪水的模型。

如何判断数据是 MCAR、MAR 还是 MNAR？这并不容易。实际上，用来区分 MCAR 和 MAR 的方法也有不少。例如，可以构建分类模型来预测样本是否具有特定变量的缺失值。如果模型在预测缺失值方面比随机猜测做得更好，数据就是 MAR。如果模型不能做得比随机猜测好很多，数据可能就是 MCAR。有没有办法判断数据是否是 MNAR？遗憾的是，没有。是否能够确信数据不是 MNAR 取决于良好的实验设计和对预测变量所做的仔细检查。

提示　还有一种更强大的插补技术，称为多重插补。执行多重插补的前提是创建许多新的数据集，并使用合理值替换缺失数据。然后，可以基于每个插补的数据集训练模型，并返回平均模型。虽然这可能是使用最广泛的插补技术，但遗憾的是，这在 mlr 中尚未实现，因此我们在这里无法使用。强烈建议你阅读 R 中有关 mice 程序包的文档。

对于臭氧数据集，其中包含多个变量的缺失值，并且它们都是连续变量。因此，我们选择一种可以处理缺失数据的回归算法：rpart 算法。是的，你没有听错：我们将使用 rpart 算法估算缺失值。在第 7 章介绍决策树时，我们仅将其视为分类问题。但是，决策树也可以用于预测连续变量。我们将在第 12 章详细介绍 rpart 算法的工作原理。但就目前而言，让 rpart 算法做好自己的事，并为我们估算缺失值即可，参见代码清单 9.4。

代码清单 9.4　使用 rpart 算法估算缺失值

```
imputeMethod <- imputeLearner("regr.rpart")

ozoneImp <- impute(as.data.frame(ozoneClean),
                   classes = list(numeric = imputeMethod))
```

可使用 imputeLearner()函数定义想要用于插补缺失值的算法，我们为这个函数提供的唯一参数是学习器的名称，在这里是"regr.rpart"。

提示　可选的附加参数 features 允许我们指定将数据集中的哪些变量用于预测缺失值。默认设置是使用所有其他变量，但是也可以指定使用没有任何缺失值的变量，从而使用那些本身无法处理缺失值的算法。要查看详细信息，请运行?imputeLearner。

接下来，使用 impute()函数创建估算数据集，该函数的第一个参数是数据。为了防止重复警告有关数据是 tibble 而非数据框(可以安全地忽略它们)，请将 tibble 封装在 as.data.frame()函数中。通过为 cols 参数提供命名列表，可以为不同的列指定不同的插补技术。例如，既可采用 cols=list(var1=imputeMean()，var2=imputeLearner("regr.lm"))，也可以相同的方式使用 classes 参数为不同类别的变量指定不同的插补技术(比如一种用于数字变量，另一种用于因子)。在代码清单 9.5 中，我们选择使用 classes 参数来插补所有变量(它们都是数字)。这将允许我们使用 ozoneImp$data 访问数据集，其中的缺失值已被 rpart 算法的学习模型生成的预测值代替。现在，可以使用插补数据集定义任务和学习器。可通过向 makeLearner()函数提供"regr.lm"作为参数来告诉 mlr 使用线性回归，参见代码清单 9.5。

代码清单 9.5 定义任务和学习器

```
ozoneTask <- makeRegrTask(data = ozoneImp$data, target = "Ozone")

lin <- makeLearner("regr.lm")
```

注意 在本书的第Ⅱ部分，我们已习惯于将学习器定义为 classif.[ALGORITHM]。但是，在本书的第 III 部分，前缀将是 regr.而不是 classif.。这样处理非常重要，因为有时我们可以使用相同的算法执行分类和回归任务，此时前缀的作用就是告诉 mlr 要使用算法执行哪种任务。

9.2.3 自动化特征选择

有时，哪些变量不具备预测价值是显而易见的，因此可以将它们从分析中删除。领域知识在这里也非常重要，模型中包含的变量应该对正在研究的输出具有一定的预测价值。但是，最好采用主观性较低的特征选择方法，并允许算法选择相关特征。下面将向你讲解如何在 mlr 中实现这一点。

用于自动进行特征选择的方法有如下两种。

- 滤波器方法：将每个预测变量与输出变量做比较，并计算输出随预测变量变化的性能度量指标。这些度量指标可能是相关的。例如，如果两个变量都是连续的，那么预测变量将按度量指标的顺序进行排序(理论上，可按它们能为模型贡献信息的多少进行排序)，你还可以选择从模型中删除一定数量或比例的性能表现最差的变量。在模型构建过程中，已删除变量的数量或比例可以作为超参数进行调节。
- 封装器方法：这种方法不是使用单一的、模型外的统计量来估计特征的重要性，而是使用不同的预测变量对模型进行迭代训练，最终选出能够为我们提供最优性能模型的预测变量的组合。可使用不同的方法来执行上述操作，比如顺序正向选择。在顺序正向选择中，从没有预测变量开始，然后逐个添加预测变量。在算法的每个步骤中都选择能产生最优模型性能的特征。最后，如果通过添加更多预测变量已不能改善模型性能，就停止添加特征，最终模型将根据所选的预测变量进行训练。

那么应该选择哪种方法？可以总结为：封装器方法可能会使模型性能表现更好，因为这种方法实际上是使用正在训练的模型来估计预测变量的重要性。但是，由于在特征选择过程中，每次迭代时都要训练一个新的模型(并且在每个步骤中还可能包括插补等其他预处理步骤)，因此封装器方法的计算开销往往很大。相对而言，滤波器方法可能会也可能不会选择性能最优的一组预测器，但计算量却小得多。

1. 用于特征选择的滤波器方法

下面以之前的预测大气中的臭氧污染水平为例，介绍滤波器方法的具体应用。我们同时可以使用许多性能度量指标来估算预测变量的重要性。要想查看 mlr 内置的可用滤波器方法的列表，请运行 listFilterMethods()。虽然内容太多无法全部涵盖，但是一些常见选择如下。

- 线性相关：当预测变量和输出都是连续时使用。
- ANOVA(*F* 检验)：当预测变量是分类变量且输出是连续类型时使用。
- 卡方检验：当预测变量和统计值都是连续类型时使用。
- 随机森林：无论预测变量和输出是分类的还是连续的(默认值)，均可使用。

提示　可自由尝试在 mlr 中实现各种方法，但其中许多方法要求首先安装 FSelector 程序包：install.packages(" FSelector")。

mlr 使用的默认方法(不取决于变量是分类变量还是连续变量)是建立随机森林以预测输出，并返回对模型预测贡献最大的变量(可使用第 8 章讨论过的包外误差。在本例中，因为预测变量和输出变量都是连续的，所以我们使用线性相关方法来估计变量的重要性(相比随机森林算法更易于理解)。

下面使用 generateFilterValuesData()函数为每个预测变量生成重要性度量指标，参见代码清单 9.6：第一个参数是包含数据集的任务；第二个可选参数是 method，这里使用的是 "linear.correlation"。通过提取 frlterVals 对象的$data 分量，我们得到了具有 Pearson 相关系数的预测变量表。

代码清单 9.6　使用滤波器方法进行特征选择

```
filterVals <- generateFilterValuesData(ozoneTask,
                                       method = "linear.correlation")

filterVals$data

           name    type linear.correlation
1         Month numeric           0.053714
2          Date numeric           0.082051
3           Day numeric           0.041514
4  Press_height numeric           0.587524
5          Wind numeric           0.004681
6         Humid numeric           0.451481
7     Temp_Sand numeric           0.769777
8    Temp_Monte numeric           0.741590
9    Inv_height numeric           0.575634
10   Press_grad numeric           0.233318
11     Inv_temp numeric           0.727127
12        Visib numeric           0.414715

plotFilterValues(filterVals) + theme_bw()
```

将上述信息绘制成图形后理解起来会比较容易。可以使用 plotFilterValues()函数来生成图形，并将已存储的 filterVals 对象作为参数，结果如图 9-8 所示。

练习 9-1：使用默认方法 randomForestSRC_importance(不要覆盖 filterVals 对象)为 ozoneTask 生成并绘制滤波器值。

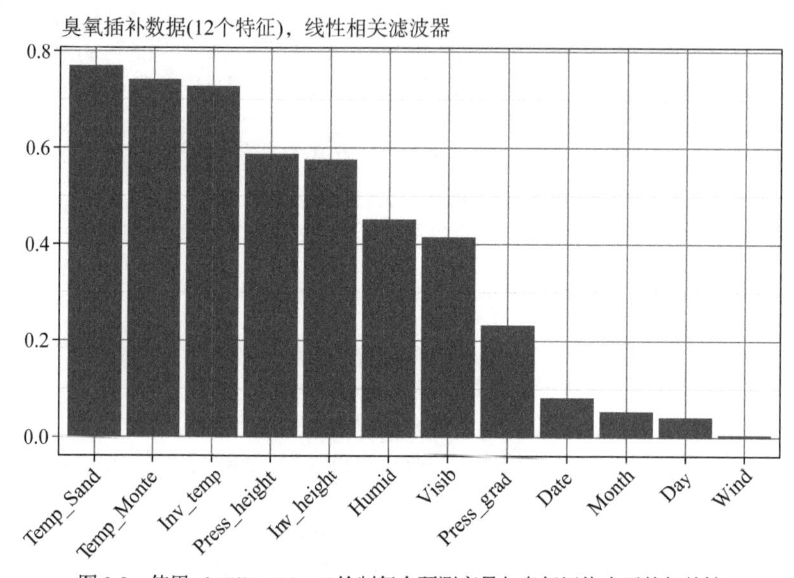

图 9-8 使用 plotFilterValues()绘制每个预测变量与臭氧污染水平的相关性

现在，可以按照重要性对预测变量进行排名，我们可以决定如何“滤除”信息最少的预测变量。可使用 filterFeatures()函数执行上述操作，该函数会将任务作为第一个参数，并将 filterVals 对象作为 fval 参数，同时使用 abs、per 或 threshold 参数。abs 参数用来指定要保留的最优预测变量的绝对数量。per 参数用来指定需要保留的最优预测变量的最高百分比。threshold 参数用来指定预测变量必须超过的滤波器性能度量值(在本例中为相关系数)。可以使用这三种方式之一来手动对预测变量进行过滤。在代码清单 9.7 中，因为我们实际上不进行这样的操作，所以已经注释掉相关的代码行。取而代之的是：可以将学习器(线性回归)和滤波器方法封装在一起，以便将 abs、per 和 threshold 参数中的任何一个视为超参数并进行调节。

代码清单 9.7 手动选择想要删除的特征

```
#ozoneFiltTask <- filterFeatures(ozoneTask,
#                                fval = filterVals, abs = 6)
#ozoneFiltTask <- filterFeatures(ozoneTask,
#                                fval = filterVals, per = 0.25)
#ozoneFiltTask <- filterFeatures(ozoneTask,
#                                fval = filterVals, threshold = 0.2)
```

下面使用 makeFilterWrapper()函数将学习器和滤波器方法封装在一起，可提供线性回归学习器作为 learner 参数，并将滤波器性能度量作为 fw.method 参数。

代码清单 9.8 将学习器和滤波器方示封装在一起

```
filterWrapper = makeFilterWrapper(learner = lin,
                                  fw.method = "linear.correlation")
```

警告 我们仍在使用滤波器方法进行特征选择。遗憾的是，我们正在制作滤波器封装器，但这不是用于特征选择的封装器方法。我们将在稍后对此进行介绍。

当把学习器和预处理步骤封装在一起时，用于它们的超参数可以作为封装学习器的一部分进行调节。在这种情况下，这意味着可以使用交叉验证来调节 abs、per 和 threshold 超参数，以选择性能最优的特征。在本例中，我们将调节需要保留特征的绝对数量，参见代码清单 9.9。

代码清单 9.9 调节需要保留特征的绝对数量

```
lmParamSpace <- makeParamSet(
 makeIntegerParam("fw.abs", lower = 1, upper = 12)
)

gridSearch <- makeTuneControlGrid()

kFold <- makeResampleDesc("CV", iters = 10)

tunedFeats <- tuneParams(filterWrapper, task = ozoneTask, resampling = kFold,
                         par.set = lmParamSpace, control = gridSearch)

tunedFeats

Tune result:
Op. pars: fw.abs=10
mse.test.mean=20.8834
```

提示 因为已经封装了滤波器方法，所以如果运行 getParamSet(filterWrapper)，你将看到 abs、per 和 threshold 超参数的名称已经变成 fw.abs、fw.per 和 fw.threshold。另一个有用的超参数 fw.mandatory.feat 允许强制包含某些变量，而不用考虑得分如何。

首先，像往常一样使用 makeParamSet()函数定义超参数空间，并将 fw.abs 定义为 1～12 的整数(需要保留的最小和最大特征数)。接下来，使用 makeTuneControlGrid()函数定义网格搜索，尝试超参数的每个值。最后，使用 makeResampleDesc()定义普通的 10-折交叉验证策略，并使用 tuneParams()函数进行调节：首先提供封装的学习器，然后依次提供任务、交叉验证方法、超参数空间和搜索过程。

调节程序将选择与臭氧相关程度最高的 10 个预测变量作为最优性能组合。但是，mse.test.mean 是什么？我们之前从未见过这个性能度量指标。当预测变量是连续变量时，使用分类指标(例如平均误分类误差)进行性能度量将没有意义。对于回归问题，常用的性能度量指标如下。

- 平均绝对误差(MAE)：查找每个样本与模型之间的绝对残差，将它们全部相加，然后除以样本数。可以解释为样本与模型的平均绝对距离。
- 均方误差(MSE)：与 MAE 类似，但在找到残差的均值之前就进行平方。这意味着 MSE 对于异常值相比 MAE 更敏感，因为残差的平方会使样本与模型预测值之间的距离更远。MSE 是 mlr 中回归学习器的默认性能度量指标。选择 MSE 还是 MAE 取决于如何处理数据中的离群值：如果希望模型能够预测此类样本，请使用 MSE；否则，如果希望模型对离群值不那么敏感，请使用 MAE。
- 均方根误差(RMSE)：由于 MSE 对残差进行平方，因此得到的值与输出变量的尺度将不一致。相反，如果采用 MSE 的平方根，则会得到 RMSE。在调节超参数和比较模型时，

MSE 和 RMSE 总是选择相同的模型(因为 RMSE 只是 MSE 的一种简单变换)，但是 RMSE 的好处在于与输出变量具有相同的规模，因此更易于理解。

提示 我们还可以使用其他回归性能度量指标，例如 MAE 和 MSE 的百分比版本。如果想了解 mlr 中可用的更多性能度量指标(还有很多性能度量指标)，请运行? measures。

练习 9-2： 使用默认的 fw.method 参数(可选择使用 randomForestSRC_importance)重复代码清单 9.8 和代码清单 9.9 中的特征选择过程。与使用线性相关方法相比，是否选择了相同的预测变量数？哪种方法更快？

使用 MSE 作为性能度量指标，在调参后滤波器方法得出的结论是：通过保留与臭氧相关程度最高的 10 个特征，可以得出性能最优的模型。现在，可以训练最终模型了，其中仅包含任务中的前 10 个特征，参见代码清单 9.10。

代码清单 9.10 使用选择的特征训练模型

```
filteredTask <- filterFeatures(ozoneTask, fval = filterVals,
                              abs = unlist(tunedFeats$x))

filteredModel <- train(lin, filteredTask)
```

上述代码使用 filterFeatures()函数创建了一个仅包含已使用的滤波器特征的新任务。为了使用这个函数，我们需要提供现有任务的名称、代码清单 9.6 中定义的 filterVals 对象以及作为 abs 参数的保留特征数。保留的特征数可以通过 tunedFeats 的$x 组件进行访问，并且需要封装在 unlist()中，否则将引发错误。接下来便可以使用创建的新任务来训练线性模型。

2. 用于特征选择的封装器方法

使用滤波器方法可以生成单变量统计信息，此类信息可以描述每个预测变量与输出变量之间的关系。使用这种方式可能会选到信息最多的预测变量，但并不保证总是可以选到。因此，我们可以使用训练的实际模型来确定哪些特征有助于做出最优预测。这很有可能选出性能更好的预测变量组合。但是，由于需要为预测变量的每种排列训练新的模型，因此计算开销变得更加昂贵。

下面定义一些方法来搜索最优的预测变量组合。

- 穷举搜索：基本上就是网格搜索。首先尝试数据集中所有可能的预测变量组合，然后选择效果最优的那个组合。这虽然可以确保找到最优组合，但速度非常缓慢。例如，在包含 12 个预测变量的数据集中，穷举搜索需要尝试超过 1.3×10^9 个不同的组合！
- 随机搜索：就像超参数调节中的随机搜索一样，可以定义许多迭代并随机选择特征组合。进行完最后一次迭代后的最优组合将获胜。通常计算开销较低(取决于选择迭代的次数)，但不能保证找到最优组合。
- 顺序搜索：从特定的起点开始，然后在每个步骤中添加或删除可提高性能的特征。可采用以下搜索方式之一。
    - 向前搜索：从空模型开始，然后依次添加最能改善模型的特征，直到其他特征不再有助于改善性能为止。
    - 向后搜索：从所有特征开始，然后删除一个特征，并确保在删除这个特征后可以最大程度改善模型的特征，直到删除特征后模型性能不再改善为止。

- ♦ 浮动向前搜索：从空模型开始，然后在每个步骤中添加或删除对模型性能最有改进效果的特征，直到添加或删除都不再有助于改善模型性能为止。
- ♦ 浮动向后搜索：与浮动向前搜索相同，只不过是从完整模型开始。
- 遗传搜索：受达尔文进化论的启发，找到成对的特征组合，这些特征组合可充当“后代”组合的“父代”，因此使用这种方法可以继承性能最优的特征。这种方法非常棒，但是随着特征空间的增长，计算量会很大。

有这么多种选择，从哪里开始呢？对于大型特征空间，穷举搜索和遗传搜索速度较慢。尽管随机搜索可以缓解此问题，但顺序搜索是对计算成本与可能找到最优组合的良好折中。我们可能需要尝试各种选择，以查看哪种结果会产生性能最优的模型。在本例中，我们选择使用浮动向后搜索。

下面使用 makeFeatSelControlSequential()函数定义搜索方法。首先，将"sfbs"作为 method 参数以使用顺序浮动向后搜索。然后，使用 selectFeatures()函数进行特征选择。最后，将代码清单 9.9 中定义的学习器、任务、交叉验证策略以及搜索方法提供给 selectFeatures()函数。整个过程非常简单。当运行函数时，为了评估模型性能，可使用 kFold 策略对预测变量的每个排列进行交叉验证。查看输出结果，可以看到算法选择了 6 个预测变量，它们的 MSE 值相比代码清单 9.9 中使用滤波器方法选择的预测变量略低。

注意　*要想查看所有可用的封装方法以及如何使用它们，请运行?FeatSelControl。*

在撰写本书时，在某些情况下使用"sffs"作为特征选择方法时有可能产生如下错误：Error in sum(x): invalid 'type' (list) of argument。如果出现这种错误，可选择使用顺序浮动向后搜索(" sfbs")进行替代，参见代码清单 9.11。

代码清单 9.11　使用封装器方法进行特征选择

```
featSelControl <- makeFeatSelControlSequential(method = "sfbs")

selFeats <- selectFeatures(learner = lin, task = ozoneTask,
                           resampling = kFold, control = featSelControl)

selFeats

FeatSel result:
Features (6): Month, Press_height, Humid, Temp_Sand, Temp_Monte, Inv_height
mse.test.mean=20.4038
```

现在，就像对滤波器方法所做的那样，可以使用仅包含选定的预测变量的插补数据来创建新任务，并使用新任务训练模型，参见代码清单 9.12。

代码清单 9.12　使用封装器方法进行特征选择

```
ozoneSelFeat <- ozoneImp$data[, c("Ozone", selFeats$x)]

ozoneSelFeatTask <- makeRegrTask(data = ozoneSelFeat, target = "Ozone")

wrapperModel <- train(lin, ozoneSelFeatTask)
```

9.2.4 在交叉验证中包含插补和特征选择

之前已经说过很多次了，下面重申一遍：在交叉验证中需要包含所有与数据相关的预处理步骤！但是到目前为止，我们只需要考虑一个预处理步骤。如何结合多个预处理步骤？实际上，mlr 使结合过程变得极其简单。当把学习器和预处理步骤封装在一起时，实际上相当于创建了一种新的包含预处理的学习器算法。因此，为了包含额外的预处理步骤，只需要封装已经封装好的学习器即可！图 9.9 类似于一种封装版的“俄罗斯套娃”，其中一个被另一个封装，另一个又被下一个封装，依此类推。

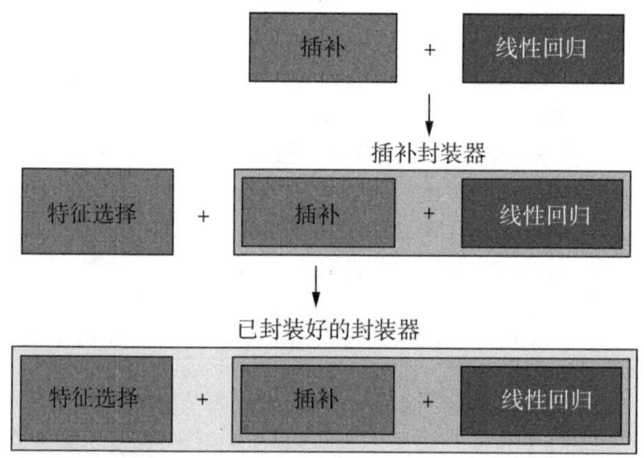

图 9-9 结合多个预处理封装器。一旦在一个封装器中封装了学习器和预处理步骤(例如插补)，这个封装器就可以在另一个封装器中用作学习器

为了使用这种策略，我们可以根据需要组合任意数量的预处理步骤以创建管道。最里面的封装器将始终被首先使用，然后是最里面的下一个封装器，后面依此类推。

注意 由于首先使用最里面的封装器，然后按顺序使用最外面的封装器，因此必须仔细考虑希望采取的预处理步骤的顺序。

让我们通过实际操作来增强对上述方法的理解。下面制作一个插补封装器，然后作为学习器传递给特征选择封装器，参见代码清单 9.13。

代码清单 9.13 将插补和特征选择封装器结合在一起

```
imputeMethod <- imputeLearner("regr.rpart")

imputeWrapper <- makeImputeWrapper(lin,
                                   classes = list(numeric = imputeMethod))

featSelWrapper <- makeFeatSelWrapper(learner = imputeWrapper,
                                     resampling = kFold,
                                     control = featSelControl)
```

在上述代码中，我们首先使用 imputeLearner()函数(已在代码清单 9.4 中定义)重新定义了插补方法；然后使用 makeImputeWrapper()函数创建了一个插补封装器，该封装器将把学习器作为第一个参数，将 list(numeric=imputeMethod)用作 classes 参数，以便将插补策略应用于所有数字预测变量，最后，使用 makeFeatSelWrapper()创建特征选择封装器，并将创建的插补封装器作为学习器，这是至关重要的一步，因为我们正在使用另一个封装器创建新的封装器！在 makeFeatSelWrapper()函数中将交叉验证方法设置为 kFold(已在代码清单 9.9 中定义)，将搜索特征组合的方法设置为 featSelControl(已在代码清单 9.11 中定义)。

现在，让我们像优秀的数据科学家那样对整个模型构建过程进行交叉验证，如代码清单 9.14 所示。

代码清单 9.14　交叉验证模型构建过程

```
library(parallel)
library(parallelMap)

ozoneTaskWithNAs <- makeRegrTask(data = ozoneClean, target = "Ozone")

kFold3 <- makeResampleDesc("CV", iters = 3)

parallelStartSocket(cpus = detectCores())

lmCV <- resample(featSelWrapper, ozoneTaskWithNAs, resampling = kFold3)

parallelStop()

lmCV

Resample Result
Task: ozoneClean
Learner: regr.lm.imputed.featsel
Aggr perf: mse.test.mean=20.5394
Runtime: 86.7071
```

在加载 parallel 和 parallelMap 程序包之后，使用 ozoneClean tibble 定义一个仍然包含缺失数据的任务。接下来，为交叉验证过程定义普通的 3-折交叉验证策略。最后，使用 parallelStartSocket()启动并行化处理，并将学习器(已封装好的封装器)、任务和交叉验证策略提供给 resample()函数，从而开始交叉验证过程。在笔者的四核计算机上，运算上述代码需要大概 90 秒。

交叉验证过程如下。

(1) 将数据分成三个子集。

(2) 对于每一子集：

- 使用 rpart 算法插补缺失值。
- 执行特征选择，更新模板以支持两个以上水平的嵌套的有序列表。
- 使用选择的方法(例如向后搜索)选择训练模型的特征组合。
- 使用 10-折交叉验证评估每个模型的性能。

(3) 返回三个外部子集中性能表现最优的模型。

(4) 返回平均 MSE，以便估算模型性能。

从运行结果可以看出，模型构建过程得到的平均 MSE 为 20.54，这表明基于原始臭氧尺度的平均残差误差为 4.53(取 20.54 的平方根)。

9.2.5　理解模型

线性模型由于结构简单，因此通常很容易理解。我们可以查看每个预测变量的斜率，以推断每个预测变量对输出变量的影响程度。但是，这些解释是否合理取决于是否满足某些模型假设，下面向你讲解如何理解模型输出并生成一些诊断图。

首先使用 getLearnerModel()函数从模型对象中提取模型信息。通过在模型数据上调用 summary()函数，我们将获得有关模型大量信息的输出，参见代码清单 9.15。

代码清单 9.15 理解模型

```
wrapperModelData <- getLearnerModel(wrapperModel)

summary(wrapperModelData)

Call:
stats::lm(formula = f, data = d)

Residuals:
    Min      1Q  Median    3Q    Max
-13.934  -2.950  -0.284 2.722 13.829
Coefficients:
              Estimate Std. Error t value  Pr(>|t|)
(Intercept)  41.796670  27.800562    1.50  0.13362
Month        -0.296659   0.078272   -3.79  0.00018
Press_height -0.010353   0.005161   -2.01  0.04562
Wind         -0.122521   0.128593   -0.95  0.34136
Humid         0.076434   0.014982    5.10  5.5e-07
Temp_Sand     0.227055   0.043397    5.23  2.9e-07
Temp_Monte    0.266534   0.063619    4.19  3.5e-05
Inv_height   -0.000474   0.000185   -2.56  0.01099
Visib        -0.005226   0.003558   -1.47  0.14275

Residual standard error: 4.46 on 352 degrees of freedom
Multiple R-squared: 0.689, Adjusted R-squared: 0.682
F-statistic: 97.7 on 8 and 352 DF, p-value: <2e-16
```

Call 组件通常会告诉我们模型的创建公式(哪些变量以及它们之间是否添加了更复杂的关系)。由于模型是使用 mlr 建立的，因此我们在此处未能获得以上信息；但模型的创建公式将所有选定的预测变量线性组合在了一起。

Residuals 组件提供了有关模型残差的一些摘要统计信息。在这里，我们需要查看中位数是否约等于 0，以及第一和第三个四分位数是否大致相同。如果不相同，则表明残差不是正态分布的或异方差的。如果出现上述两种情况，则不仅会对模型性能产生负面影响，而且可能导致我们对斜率的理解不正确。

Coefficients 组件显示了一个有关模型参数及其标准误差的表格。截距大小为 41.8，这是所有其他变量均为 0 时臭氧水平的估计值。在这种情况下，将某些变量(例如，month 变量)设为 0 实际上没有任何意义，因为我们不会从中得到太多的信息。预测变量的估计值就是它们的斜率。例如，模型估计 Temp_Sand 变量每变化一个单位时，Ozone 将增加 0.227(保持所有其他变量不变)。Pr(>|t|)列包含 p 值，从理论上讲，这些 p 值表示总体斜率实际为 0 时具有如此大的斜率的概率。记住，一定要使用 p 值指导模型构建过程；但是 p 值也存在一些问题，因此不要过分相信它们。

最后，Residual standard error 与 RMSE 相同，Multiple R-squared 是模型可以解释的数据中方差比例的估计值(68.9%)，F-statistic 是模型中已解释方差与未解释方差的比例。这里的 p 值是模型优于仅使用 Ozone 平均值进行预测的概率估计。

注意 *残差标准误差与通过交叉验证为模型构建过程估计的 RMSE 接近但不相同。之所以有这种细微差异，是因为交叉验证的是模型构建过程而不是模型本身。*

通过提供模型数据作为 plot()函数的参数，可以非常快速且容易地输出 R 中线性模型的诊断图，参见代码清单 9.16。通常，系统会提示你按 Enter 键以循环遍历这些图表。这很烦人，因此笔者更喜欢使用 par()函数的 mfrow 参数将绘图窗口分为四部分。这意味着当创建诊断图(将有四幅)时，它们将平铺在相同的绘图窗口中。这些图可以帮助我们找出模型中影响预测性能的不足之处。

提示 *之后，可以再次使用 par()函数将设置改回去。*

代码清单 9.16 创建模型的诊断图

```
par(mfrow = c(2, 2))
plot(wrapperModelData)
par(mfrow = c(1, 1))
```

绘制结果如图 9-10 所示。残差拟合值表示每个样本在横轴上的预测臭氧水平以及在纵轴上的残差臭氧水平。我们诊断图中不存在任何模式。换言之，错误的总量不应该依赖于预测值。在这种情况下，预测变量与臭氧和/或异方差之间具有非线性关系。

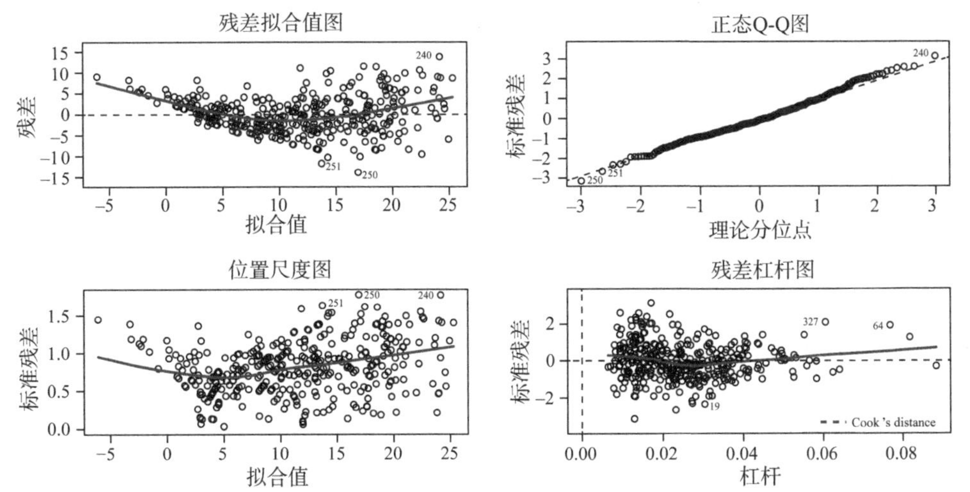

图 9-10 为线性模型绘制诊断图。残差拟合值图和位置尺度图有助于识别存在非线性和异方差关系的模式。正态 Q-Q 图有助于识别残差的非正态性，而残差杠杆图则有助于识别有一定影响力的离群值

正态 Q-Q 图显示了模型残差的分位数与理论正态分布的分位数之间的关系。如果数据与 1∶1 对角线有很大偏差，则表明残差不是正态分布的。对于这个模型来说，这没有问题，因为残差在对角线上排列得很好。

位置尺度图有助于确定残差的异方差。这里不应该有任何模式，但是看起来残差随着预测值的增加而越来越多，这表明存在异方差关系。

最后，残差杠杆图有助于确定对模型参数(潜在异常值)影响较大的样本。落在图中称为库克距离的点状区域内的样本可能是离群值，将它们包含或排除会对模型造成很大的影响。由于

我们在这里甚至都看不到库克距离，因此无须担心离群值。

这些诊断图(尤其是残差拟合值图)表明预测变量和输出变量之间存在非线性关系。因此，我们可以从不做线性假设的模型中获得更好的预测性能。在下一章，我们将讲解广义加性模型的工作原理，并且还将通过训练这样的模型来改善模型性能。建议保存本章中的.R 文件，因为我们将在下一章继续使用相同的数据集和任务。正因为如此，我们才会强调非线性会在多大程度上影响线性回归模型的性能。

9.3 线性回归的优缺点

对于给定的任务，虽然通常很难判断哪种算法的效果更好，但了解算法的优缺点可以帮助你决定线性回归是否适合自己所要完成的具体任务。

线性回归的优点如下：

- 生成的模型非常容易理解。
- 可以处理连续和分类预测变量。
- 计算开销非常小。

线性回归的缺点如下：

- 对数据有很强的假设，例如同方差、线性和残差的分布(如果违反这些假设，那么可能会降低模型性能)。
- 只能学习数据中的线性关系。
- 无法处理缺失数据。

练习 9-3： 不使用封装器方法，而是使用滤波器方法对构建模型的过程进行交叉验证。得到的 MSE 估算值是否相似？哪种方法运算更快？建议执行如下步骤：

(1) 使用 imputeWrapper 作为学习器并创建滤波器封装器。

(2) 定义超参数空间，以使用 makeParamSet()调节" fw.abs"。

(3) 定义调节封装器，将滤波器封装器作为学习器并执行网格搜索。

(4) 使用 resample()执行交叉验证，并将调节封装器用作学习器。

9.4 本章小结

- 线性回归可以处理连续和分类预测变量。
- 线性回归使用直线方程将数据中的关系建模为直线。
- 可以使用监督机器学习算法插补缺失值，这种算法将使用来自所有其他变量的信息。
- 自动化特征选择有两种方式：滤波器方法和封装器方法。
- 用于特征选择的滤波器方法在模型外部计算单变量统计信息，以估计预测变量与输出之间的相关性。
- 用于特征选择的封装器方法积极地使用预测变量的不同排列训练模型，以选择性能最优的组合。
- 在 mlr 中可以按照顺序对封装函数进行封装以将预处理步骤结合在一起。

9.5 练习题答案

1. 使用默认的 randomForestSRC_importance 方法生成滤波器值：

```
filterValsForest <- generateFilterValuesData(ozoneTask,
                           method = "randomForestSRC_importance")

filterValsForest$data

plotFilterValues(filterValsForest) + theme_bw()

# The randomForestSRC_importance method ranks variables
# in a different order of importance.
```

2. 使用默认的滤波器统计信息重复特征滤波器：

```
filterWrapperDefault <- makeFilterWrapper(learner = lin)

tunedFeats <- tuneParams(filterWrapperDefault, task = ozoneTask,
                         resampling = kFold, par.set = lmParamSpace,
                         control = gridSearch)

tunedFeats

# The default filter statistic (randomForestSRC) tends to select fewer
# predictors in this case, but the linear.correlation statistic was faster.
```

3. 使用滤波器方法交叉验证构建的线性回归模型：

```
filterWrapperImp <- makeFilterWrapper(learner = imputeWrapper,
                                      fw.method = "linear.correlation")
filterParam <- makeParamSet(
  makeIntegerParam("fw.abs", lower = 1, upper = 12)
)

tuneWrapper <- makeTuneWrapper(learner = filterWrapperImp,
                               resampling = kFold,
                               par.set = filterParam,
                               control = gridSearch)

filterCV <- resample(tuneWrapper, ozoneTask, resampling = kFold)

filterCV
# We have a similar MSE estimate for the filter method
# but it is considerably faster than the wrapper method. No free lunch!
```

第 10 章

广义加性模型的非线性回归

本章内容：

- 线性回归中的多项式项
- 在回归中使用样条曲线
- 使用广义加性模型(GAM)进行非线性回归

在第 9 章，我们讲解了如何使用线性回归来创建可理解的回归模型。线性回归所做的最强假设之一是每个预测变量与输出之间存在线性关系。但实际情况并非如此，因此本章将向你介绍一些模型，这些模型使你可以对数据中的非线性关系进行建模。

本章将首先讨论如何在线性回归中包括多项式项以对非线性关系进行建模，还将讨论这样做的利弊。然后，本章开始研究更复杂的广义加性模型，进而提供更大的灵活性，同时对复杂的非线性关系进行建模。就像线性回归一样，本章还将向你讲解这些广义加性模型如何处理连续变量和分类变量。

到了本章的最后，希望你能理解如何创建依然令人惊讶的可理解的非线性回归模型。我们将继续使用上一章中的臭氧数据集。如果全局环境中还没有 ozoneClean 对象，只需要重新运行第 9 章中的代码清单 9.1 和代码清单 9.2 即可。

10.1　使用多项式项使线性回归非线性

本节讲解如何利用上一章中讨论的通用线性模型，以及如何对其进行扩展以包括预测变量和输出变量之间的非线性和多项式关系。线性回归强烈假设预测变量与输出之间存在线性关系。有时，现实世界中的变量具有线性关系，抑或可以很好地逼近线性关系；但更多时候，线性关系并容易不满足。当面对非线性关系时，通用线性模型的性能肯定会下降，对吗？毕竟，这种模型因使用直线方程才被称为通用线性模型。事实证明，通用线性模型非常灵活，它们甚至可以用来建模多项式关系。

回顾一下你在课堂上所学的数学知识，多项式方程也是方程，只不过包含多个项而已。如果方程中所有项的幂均为 1——换言之，它们都等于自身，那么方程是一阶多项式。如果方程中的最高指数为 2，换言之，一项或某些项是平方形式，但没有更高的指数，那么方程是二阶多项式。如果最高指数为 3，那么方程是三阶多项式；如果最高指数为 4，那么方程是四阶多项式；依此类推。

提示　为了方便多项式的命名，人们通常根据多项式中的最高指数 *n*，将它们称为 *n* 阶多项式(例如，五阶多项式)。

让我们看一下 *n* 阶多项式的一些示例：

- $y=x^1$(一阶或线性多项式)
- $y=x^2$(二阶多项式)
- $y=x^3$(三阶多项式)
- $y=x^4$(四阶多项式)

在图 10-1 中，介于−30 和 30 之间的 *x* 值显示了这些多项式函数的形状。当指数为 1 时，函数为直线；但是当指数大于 1 时，函数为曲线。

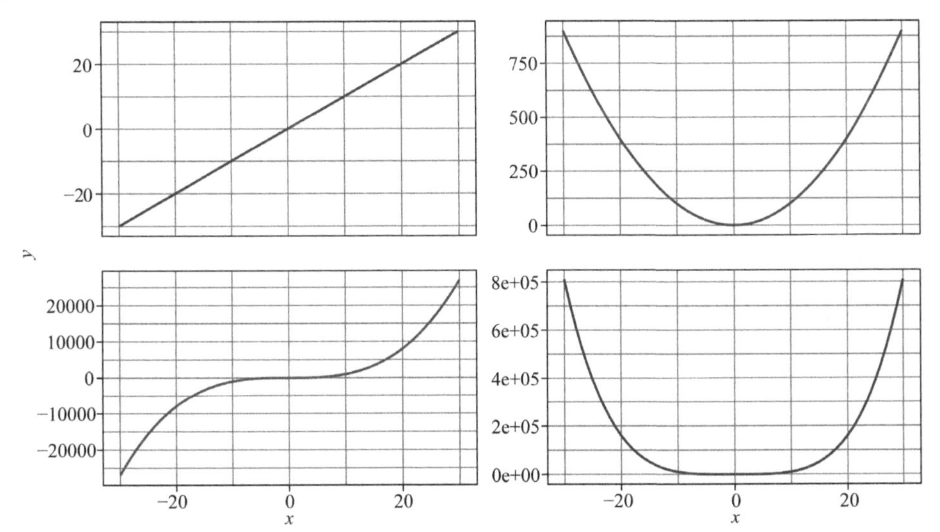

图 10-1　一阶～四阶多项式函数的形状。当 *x* 变量为一次幂时，方程将对一条直线进行建模。随着幂次的增加，方程将以不同程度的灵活性对直线进行建模

如果预测变量与输出变量之间具有曲线关系，则可以通过在模型的定义中包含 *n* 阶多项式来对这种关系进行建模。回顾第 9 章中的苹果酒示例。假设苹果重量与苹果酒的 pH 值之间不是线性关系，而是图 10-2 所示的向下曲线关系。直线已经不能再很好地模拟这种关系，并且通过这种模型进行的预测可能具有很高的偏差。相反，可以通过在模型的定义中包含一个二阶项来更好地对这种关系进行建模。

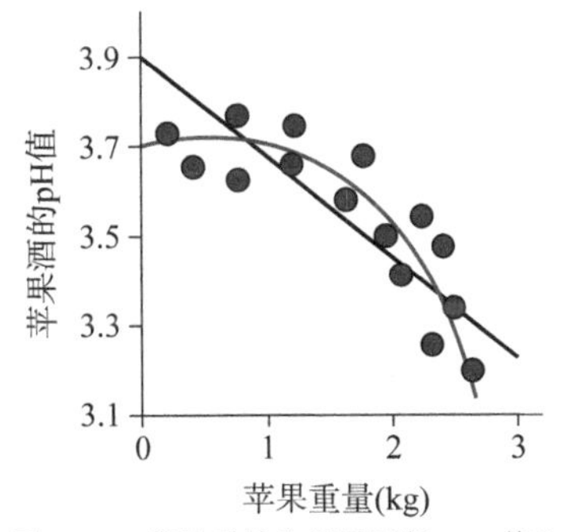

图 10-2　苹果重量和苹果酒的 pH 值之间的非线性关系，并比较线性拟合和二阶拟合

图 10-2 所示模型的公式为：

$$y=\beta_{苹果}\times 苹果+\beta_{苹果^2}\times 苹果^2+\varepsilon$$

其中：$\beta_{苹果^2}$ 是苹果 ^{2} 的斜率，可以理解为随着苹果重量的增加，曲线的弯曲度有多大(绝对值越大，曲线越弯曲)。对于单个预测变量，可以将上式推广为任何 *n* 阶多项式关

系，如下所示：

$$y=\beta_0+\beta_1x+\beta_1x^2+\cdots+\beta_nx^n+\varepsilon$$

其中：n 是用于建模的多项式的最高阶次。请注意，在执行多项式回归时，通常还包括预测变量的所有低阶项。例如，如果要对两个变量之间的二阶关系进行建模，那么应在模型中包含 x、x^2、x^3 和 x^4 项。为什么？如果不在模型中包含低阶项，那么曲线的顶点——变平的部分(在曲线的顶部或底部，取决于弯曲的方向)将被迫通过 $x=0$。这可能是对模型的合理约束，但通常情况下不是。因此，如果在模型中包含低阶项，那么曲线不需要通过 $x=0$，而是可以“摆动”，从而能够更好地拟合数据。具体示例如图 10-3 所示。

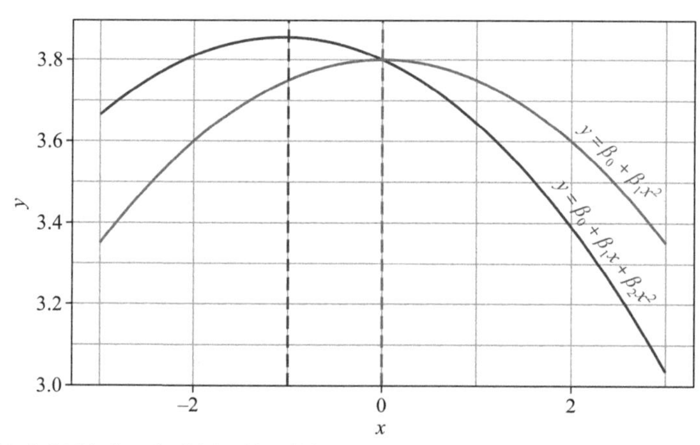

图 10-3 比较包含和不包含一阶项的多项式函数的形状，垂直的虚线表示每个函数的顶点在 x 轴上的位置

就像我们在第 9 章中看到的那样，当为模型输入新的数据时，将预测变量(包括指定的指数)的值乘以斜率，然后与截距相加，就可以得到预测值。我们正在使用的模型仍然是通用线性模型，因为我们正在线性地组合模型项(将它们加在一起)。

10.2 更大的灵活性：样条曲线和广义加性模型

在线性回归中使用多项式项时，使用的多项式阶次越高，模型越灵活。高阶多项式使我们能够获得数据中复杂的非线性关系，但因此也更有可能过拟合训练集。有时，增加多项式的阶数也无济于事，因为在预测变量的范围内，预测变量和输出变量之间的关系可能并不相同。在这种情况下，可以使用样条曲线来代替高阶多项式。在本节中，我们将解释什么是样条曲线和如何使用它们，以及它们如何与多项式和 GAM 的模型相关联。

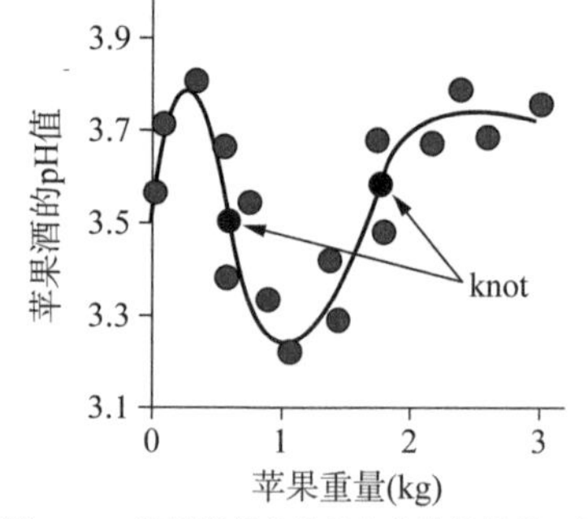

图 10-4 使用样条曲线拟合非线性关系。实心点表示 knot。使用多项式函数对 knot 之间的数据进行拟合，并通过它们进行连接

样条曲线是分段的多项式函数；这意味着样条曲线会将预测变量分成多个区域，并在每个区域内拟合一个单独的多项式，这些区域则通过 knot 进行相互连接。knot 的具体位置将沿着预测变量发生变化。预测变量的每个区域内的多项式曲线都会穿过用于限定该区域的 knot。这将允许在预测变量的范围内对并不恒定的复杂非线性关系进

行建模。图 10-4 对此进行了说明。

由图 10-4 可知，使用样条曲线是建模复杂关系的一种好方法，但是这种方法也有一些局限性：

- 需要手动选择 knot 的位置和数量，这会对样条曲线的形状产生很大的影响。knot 通常位于数据变化明显的区域，或是位于整个预测变量的规律间隔处，例如位于四分位数处。
- 需要选择 knot 之间的多项式阶数。我们通常使用三阶或更高阶的样条曲线，因为它们可确保多项式能够通过 knot 使彼此之间平滑连接(二阶多项式可能使样条曲线在 knot 处断开连接)。
- 合并不同预测变量的样条曲线可能会变得困难。

那么是否有相比简单样条曲线回归更好的方法？答案是肯定的。解决方案就是 GAM。GAM 扩展了通用线性模型，从而将以下公式：

$$y = \beta_0 + \beta_1 x + \beta_2 x_2 + \cdots + \beta_2 x_2 + \varepsilon$$

替换为：

$$y = \beta_0 + f_1(x_1) + f_2(x_2) + \cdots + f_k(x_k) + \varepsilon$$

其中的每个 $f(x)$代表特定预测变量的函数。这些函数可以是任何类型的平滑函数，但通常是多个样条曲线的组合。

注意　你是否发现通用线性模型是广义加性模型的特例，并且其中每个预测变量的函数是相同的($f(x)=x$)？我们甚至可以进一步认为：通用线性模型是通用加性模型的特例。这是因为我们还可以对 GAM 使用不同的链接函数，从而用它们预测分类变量(就像对数几率回归那样)或计数变量。

10.2.1　GAM 如何学习平滑功能

构造这些平滑函数的最常见方法是将样条曲线用作基函数。基函数可以用来组合成更复杂的函数。如图 10-5 所示，x 和 y 变量之间的非线性关系被建模为三个样条曲线的加权和。换言之，对于 x 的每个值，我们对这些基函数的贡献求和，从而得到用于对关系进行建模的函数(用虚线表示)。

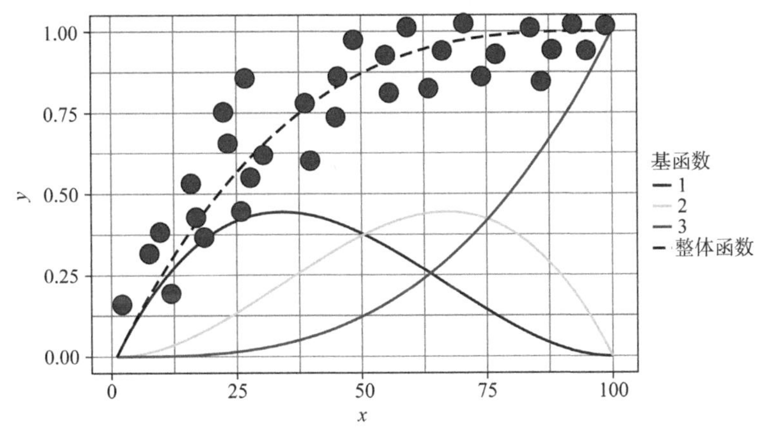

图 10-5　在 GAM 中，连续变量的平滑函数通常是一系列基函数之和，基函数一般采用样条曲线。三个样条曲线将对基函数的每个 x 值进行求和，以预测 y 的值。虚线显示了三个基函数之和，它们可以对数据中的非线性关系进行建模(彩图效果参见本书学习资源)

观察一下 GAM 公式：

$$y = \beta_0 + f_1(x_1) + f_2(x_2) + \cdots + f_k(x_k) + \varepsilon$$

因此，每个 $f_k(x_k)$都是特定变量的平滑函数。当这些平滑函数将样条曲线用作基函数时，可以表示为：

$$f(x_i) = a_1 b_1(x_i) + a_2 b_2(x_i) + \cdots + a_n b_n(x_i)$$

其中：$b_1(x_i)$是在特定 x 值下估计的第一个基函数的值，而 a_1 是第一个基函数的权重。GAM 会估计这些基函数的权重，以最小化模型的残差平方误差。

GAM 还会自动学习每个预测变量与输出之间的非线性关系，然后对这些结果与截距一起进行线性相加。GAM 通过执行以下操作克服了在通用线性模型中仅使用样条曲线时的局限性：

- 自动选择样条函数的 knot。
- 通过控制基函数的权重，自动选择平滑函数的灵活程度。
- 可以同时组合多个预测变量的样条曲线。

提示 如果想要使用线性建模，并且预测变量和输出变量之间的关系是非线性的，那么 GAM 是首选模型。但例外是：如果在理论上认为数据中存在特定的多项式关系(例如二阶关系)，那么在这种情况下，将线性回归与多项式项结合使用可能会生成更简单的模型，使用 GAM 则可能产生过拟合。

10.2.2 GAM 如何处理分类变量

到目前为止，我们已经讲解了 GAM 如何学习预测变量和输出之间的非线性关系。但是，当预测变量是分类变量时如何处理呢？实际上，GAM 可以采用两种不同的方式来处理分类变量。

一种方式是完全像对待通用线性模型那样对待分类变量，并创建 k–1 个虚拟变量，这些虚拟变量能对预测变量的各个水平对结果产生的影响进行编码。当使用这种方式时，样本的预测值就是所有平滑函数的总和加上分类变量对最终结果的贡献值。这种方式在使用前需要假定分类变量和连续变量之间具有独立性(换言之，平滑函数在分类变量的每个水平上都是相同的)。

另一种方式是为分类变量的多个水平创建单独的平滑函数。在连续变量和分类变量的各个水平的输出之间存在明显的非线性关系的情况下，这一点很重要。

注意 在通过 mlr 将 GAM 指定为学习器时，默认使用的是第一种方式。

GAM 非常灵活，而且功能强大，因此可用于解决各种机器学习问题。如果想要更深入地研究 GAM 的细节，建议参阅 Simon Wood 的 *Generalized Additive Models: An Introduction with R* 一书。

到目前为止，希望你已经对多项式回归和 GAM 有了基本的了解，现在让我们通过构建第一个非线性回归模型将这些知识变成技能！

10.3 建立第一个 GAM

通过绘制线性回归模型的诊断图并确定数据中存在非线性关系，我们完成了对第 9 章内容的学习。本节将讲解如何使用 GAM 对数据进行建模，以说明预测变量与输出之间的非线性关系。

我们将从一些特征工程入手。从第 9 章的图 9-7 可以看出，Month 和 Ozone 之间存在曲线关系，在夏季达到峰值，而在冬季则会下降。由于可以访问月份中的某一天，因此可以将它们两者结合起来，看看是否可以获得更大的预测值。换言之，与其从数据中获取一年里某月的分辨率，不如获取一年里某天的分辨率。

为此，生成名为 DayOfYear 的新列，并使用 interaction()函数生成一个新的变量以包含 Date 和 Month 变量中的信息。interaction()函数由于返回一个因子，因此可以封装在 as.numeric()函数中，从而转换为数值向量以表示一年里的某天。

练习 10-1： 为了更好地了解 interaction()函数在做什么，请运行以下命令。

```
interaction(1:4, c("a", "b", "c", "d"))
```

参见代码清单 10.1，因为新的变量已包含 Date 和 Month 变量中的信息，所以使用 select()函数将 Date 和 Month 变量从数据中删除——它们现在是多余的。然后，绘制这个新变量以查看它与臭氧污染水平之间的关系。

代码清单 10.1　在 Date 和 Month 之间创建交互关系

```
ozoneForGam <- mutate(ozoneClean,
                      DayOfYear = as.numeric(interaction(Date, Month))) %>%
               select(c(-"Date", -"Month"))

ggplot(ozoneForGam, aes(DayOfYear, Ozone)) +
  geom_point() +
  geom_smooth() +
  theme_bw()
```

结果如图 10-6 所示。很明显，如果使用天而不是月的分辨率，那么臭氧污染水平与一年中时间之间的关系将更加清晰。

练习 10-2： 设置以下参数并使用二阶多项式曲线拟合数据，在绘图中添加 geom_smooth()层。

- method = "lm"
- formula = "y ~ x + I(x^2)"
- col = "red"

上述多项式关系是否能够很好地拟合数据？

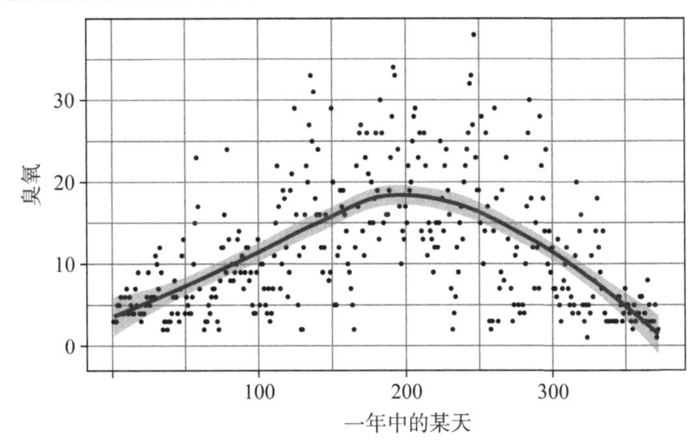

图 10-6　绘制臭氧污染水平与 DayOfYear 变量之间的关系

现在，就像定义线性回归模型一样，定义任务、插补封装器和特征选择封装器。遗憾的是，目前 mlr 还没有封装普通的 GAM(例如来自 mgcv 程序包的实现)。但是，我们可以使用 gamboost 算法，该算法使用 boosting(正如你在第 8 章中了解到的那样)来学习 GAM 的集成模型。因此，在代码清单 10.2 中，我们将使用 regr.gamboost 学习器。除了不同的学习器(regr.gamboost 而不是 regr.lm)以外，创建插补和特征选择封装器的方式与代码清单 9.13 中的完全相同。

代码清单 10.2　定义任务和封装器

```
gamTask <- makeRegrTask(data = ozoneForGam, target = "Ozone")

imputeMethod <- imputeLearner("regr.rpart")

gamImputeWrapper <- makeImputeWrapper("regr.gamboost",
                                  classes = list(numeric = imputeMethod))
gamFeatSelControl <- makeFeatSelControlSequential(method = "sfbs")

kFold <- makeResampleDesc("CV", iters = 10)

gamFeatSelWrapper <- makeFeatSelWrapper(learner = gamImputeWrapper,
                                        resampling = kFold,
                                        control = gamFeatSelControl)
```

注意　mlr 的终极目标是包含几乎所有的机器学习算法。但是，如果想要使用的程序包中有某种算法尚未封装在 mlr 中，那么可以自行实现该算法，以便使用 mlr 的功能。虽然这样做并不复杂，但也确实需要进行一些解释说明。因此，如果要执行这种操作，建议参考 http://mng.bz/gV5x 上的 mlr 教程。

剩下要做的就是对模型构建过程进行交叉验证。由于 gamboost 算法的计算开销要比线性回归大得多，因此我们仅使用 Holdout 作为外部交叉验证方法，参见代码清单 10.3。

警告　在笔者的四核计算机上运行这些代码大约需要 1.5 分钟。

代码清单 10.3　交叉验证 GAM 模型的构建过程

```
holdout <- makeResampleDesc("Holdout")

gamCV <- resample(gamFeatSelWrapper, gamTask, resampling = holdout)

gamCV
Resample Result

Task: ozoneForGam
Learner: regr.gamboost.imputed.featsel
Aggr perf: mse.test.mean=16.4009
Runtime: 147.441
```

太棒了！交叉验证表明使用 gamboost 算法对数据进行建模的效果将优于使用线性回归(线性回归在上一章中得到的平均 MSE 为 22.8)。

现在，让我们实际构建一个模型，以便向你讲解如何询问 GAM 模型，进而理解它们为预测变量所学的非线性函数，参见代码清单 10.4。

警告　在笔者的四核计算机上运行这些代码大约需要 3 分钟。

代码清单 10.4　训练一个 GAM

```
library(parallel)
library(parallelMap)

parallelStartSocket(cpus = detectCores())

gamModel <- train(gamFeatSelWrapper, gamTask)

parallelStop()

gamModelData <- getLearnerModel(gamModel, more.unwrap = TRUE)
```

上述代码使用 gamTask 训练了一个增强型 GAM。为了执行插补和特征选择，可以将 gamFeatSelWrapper 用作学习器。同时为加快进度，可以在运行 train()函数以实际训练模型之前通过运行 parallelStartSocket()函数来并行化特征选择。

然后，使用 getLearnerModel()函数提取模型信息。这一次，因为学习器是封装函数，所以需要提供附加参数 more.unwrap=TRUE，以告诉 mlr 需要一直遍历封装器才能提取模型信息。

下面让我们通过绘制每个预测变量学习到的函数，来更好地了解我们的模型，参见代码清单 10.5。就像在模型信息上调用 plot()函数一样，我们还可以通过使用 resid()函数提取并查看模型中的残差。这使我们能够针对预测值(通过提取$fitted()分量)相对于残差进行绘图，以寻找拟合度较差的模式。我们还可以使用 qqnorm()和 qqline()对残差与理论正态分布的分位数进行绘图，以查看它们是否为正态分布。

代码清单 10.5　绘制 GAM

```
par(mfrow = c(3, 3))

plot(gamModelData, type = "l")

plot(gamModelData$fitted(), resid(gamModelData))

qqnorm(resid(gamModelData))

qqline(resid(gamModelData))

par(mfrow = c(1, 1))
```

提示　由于要为每个预测变量创建一个子图，同时还要为残差创建两个子图，因此我们首先使用 par()函数的 mfrow 参数将绘图窗口分为 9 部分。然后使用相同的函数再次进行设置。需要注意的是，你从特征选择中返回的预测变量数可能会与这里的不同。

结果如图 10-7 所示。对于每个预测变量，可以得到一张代表这个预测变量的值相对于臭氧估计值贡献的关系图。曲线表示算法学习到的函数的形状，从中可以看到它们都是非线性的。

提示　在每张图中，底部的刻度线的“崎岖”部分表示训练样本的位置。这有助于我们确定每个变量中样本很少的区域，例如 Visib 变量的顶端。GAM 有可能在样本较少的区域发生过拟合。

最后，查看残差图。我们仍然可以看到用来表明数据中存在异方差性的模式。同时，我们可以尝试在转换后的 Ozone 变量(例如 $\log_{10}$)上训练模型，以查看是否会有帮助。理论分位数图显示，大多数残差都位于对角线附近，这表明它们近似于正态分布，并且在尾部有一些偏差(这种情况并不罕见)。

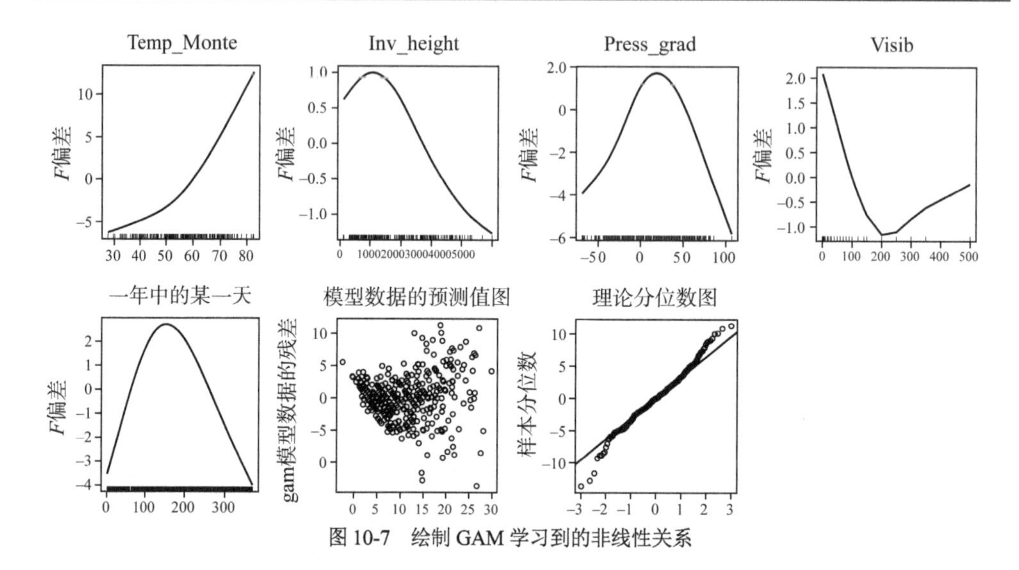

图 10-7 绘制 GAM 学习到的非线性关系

10.4 GAM 的优缺点

对于给定的任务，虽然通常很难判断哪种算法的效果更好，但了解算法的优缺点可以帮助你确定 GAM 是否适合自己所要完成的具体任务。

GAM 的优点如下：

- 尽管是非线性的，但它们产生的模型具有很好的可解释性。
- 可以处理连续和分类预测变量。
- 可以自动学习数据中的非线性关系。

GAM 的缺点如下：

- 仍然对数据有很强的假设，例如假设同方差和残差服从某种分布(如果违反这些假设，性能可能会受到影响)。
- 倾向于过拟合训练集。
- 在利用训练集的值范围之外的数据进行预测时性能可能会特别糟糕。
- 无法处理缺失数据。

练习 10-3：与第 9 章的练习 9-3 一样，不使用封装方法，而是使用滤波器方法对构建 GAM 的过程进行交叉验证。MSE 的估算值是否相似？哪种方法更快？建议执行如下步骤：

(1) 使用 gamImputeWrapper 作为学习器并创建滤波器封装器。

(2) 定义一个超参数空间，以使用 makeParamSet()调节"fw.abs"。

(3) 使用 makeTuneControlGrid()创建网格搜索的定义。

(4) 定义调节封装器，将滤波器封装器作为学习器并执行网格搜索。

(5) 使用调节封装器作为学习器并使用 resample()进行交叉验证。

10.5 本章小结

- 多项式项可以包含在线性回归中，以对预测变量和输出之间的非线性关系进行建模。
- 针对回归问题，广义加性模型(GAM)是监督学习器，可以用于处理连续和分类预测变量。

- GAM 使用直线方程，但允许预测变量与输出之间存在非线性关系。
- GAM 学习到的非线性函数通常是使用一系列基函数之和创建的样条曲线。

10.6　练习题答案

1. 使用 interaction()函数进行试验：

```
interaction(1:4, c("a", "b", "c", "d"))
```

2. 添加使数据符合二阶关系的 geom_smooth()层：

```
ggplot(ozoneForGam, aes(DayOfYear, Ozone)) +
  geom_point() +
  geom_smooth() +
  geom_smooth(method = "lm", formula = "y ~ x + I(x^2)", col = "red") +
  theme_bw()

# The quadratic polynomial does a pretty good job of modeling the
# relationship between the variables.
```

3. 使用滤波器方法交叉验证 GAM 的构建过程：

```
filterWrapperImp <- makeFilterWrapper(learner = gamImputeWrapper,
                                      fw.method = "linear.correlation")

filterParam <- makeParamSet(
  makeIntegerParam("fw.abs", lower = 1, upper = 12)
)

gridSearch <- makeTuneControlGrid()

tuneWrapper <- makeTuneWrapper(learner = filterWrapperImp,
                               resampling = kFold,
                               par.set = filterParam,
                               control = gridSearch)

filterGamCV <- resample(tuneWrapper, gamTask, resampling = holdout)

filterGamCV
```

第 11 章

利用岭回归、LASSO 回归和弹性网络控制过拟合

本章内容：

- 处理回归问题中的过拟合
- 理解正则化
- 使用 L1 和 L2 范数收缩参数

在机器学习领域，我们可以通过在学习过程中应用设定的规则来防止算法对训练集过拟合。机器学习中的这种规范又称为正则化。

11.1 正则化的概念

正则化(有时也称为收缩)是一种用来防止模型参数变得过大并将参数“收缩”到 0 的技术。通过使用正则化，在对新的数据进行预测时，可以得到更小的方差。

注意 回想一下，当形容模型具有“较小的方差”时，是指模型对新数据的预测变化较小，因为模型对训练集中的噪声没有那么敏感。

虽然可以将正则化应用于大多数机器学习问题，但正则化最常用于线性建模。在线性建模中，使用正则化技术可以将每个预测变量的斜率参数缩小到 0。用于线性模型的三种特别著名且常用的正则化技术如下：

- 岭回归
- 最小绝对收缩和选择算子(LASSO)
- 弹性网络

这三种正则化技术可视为对减少过拟合的通用线性模型的扩展。因为它们能将模型参数缩减到 0，所以我们可以通过强制使用信息很少的预测变量对预测不施加或只施加几乎能够忽略不计的影响，来自动进行特征选择。

注意　在本书中，“线性建模”一词是指使用通用线性模型、广义线性模型或广义加性模型对数据进行建模，这些内容已在第 9 和 10 章中做过介绍。

学完本章后，我们希望你能直观地理解什么是正则化、正则化的工作方式及其重要性。你将理解岭回归和 LASSO 的工作方式、它们的有效性，以及弹性网络是如何对它们两者进行混合的。最后，你将能够构建岭回归、LASSO 和弹性网络模型，并使用基准测试对它们与没有采用正则化的线性回归模型进行比较。

11.2　岭回归的概念

本节将解释岭回归的概念、工作方式及有效性。回顾第 3 章中的一个例子，如图 11-1 所示。当对分类问题进行欠拟合处理时，对特征空间进行划分的方式并不能很好地捕获决策边界附近的局部差异。当对分类问题进行过拟合处理时，意味着对局部差异过于重视，最终将由于捕获了训练集中的大部分噪声，导致决策边界过于复杂。

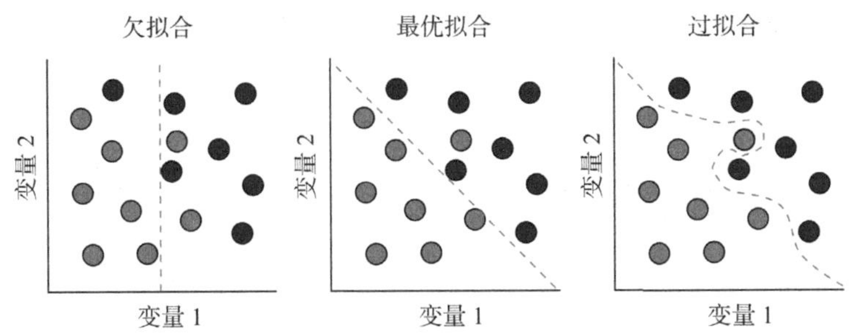

图 11-1　二分类问题的欠拟合、最优拟合和过拟合，虚线表示决策边界

查看图 11-2，其中展示了回归问题中的欠拟合与过拟合情形。当对数据欠拟合时，算法会忽略数据关系中的局部差异，并生成具有高偏差(做出的预测不准确)的模型。当对数据过拟合时，模型对数据关系中的局部差异将过于敏感，并且具有高方差(将对新数据进行变化较大的预测)。

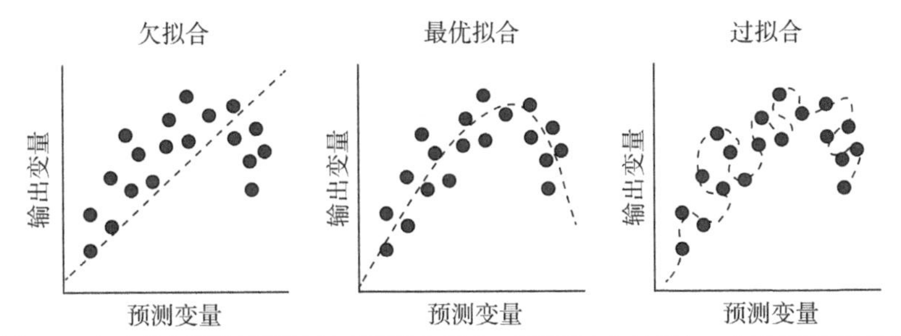

图 11-2　包含单个预测变量的回归问题的欠拟合、最优拟合与过拟合，虚线表示回归曲线

正则化要做的主要工作是通过抑制复杂度来防止算法学习过拟合的模型，这可以通过惩罚值较大的模型参数并将其缩减到 0 来实现。这听起来可能有悖常理：使用普通最小二乘法(第 9 章中的 OLS)学习的模型参数当然是最好的，因为它们会对残差进行最小化处理。问题是，这种方法仅适用于训练集，而不适用于测试集。

考虑图 11-3。在左图中，假设只测量了两个阴影更深的样本。OLS 将学习通过这两个样本的直线，因为这能使平方和最小化。但是，在收集了更多的样本后，我们发现训练的模型并不能很好地泛化到新的数据。这是由采样误差造成的，采样误差是指样本中的数据分布和我们试图预测的更广泛群体中的数据分布之间的差异。在本例中，因为我们只测量了两个样本，所以样本并不能很好地代表更广泛的群体，因此得到的是对训练集过拟合的模型。

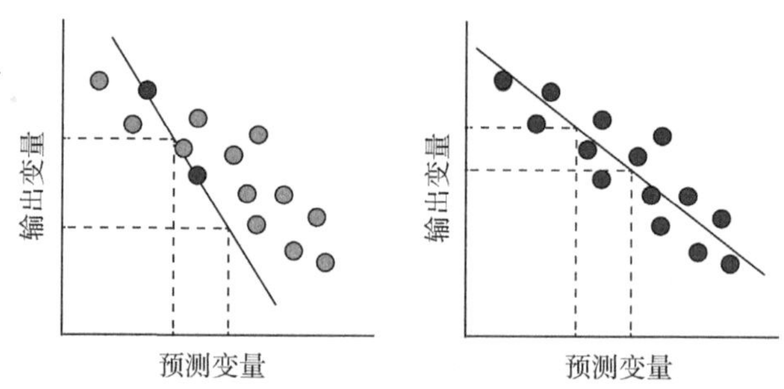

图 11-3 采样误差导致模型不能很好地泛化到新的数据。在左图中，如果只考虑阴影更深的样本，那么回归线是能够拟合的。在右图中，所有的样本都被用来构造回归线。虚线有助于表明左侧回归线的斜率大于右侧回归线的斜率。

这就是正则化需要介入的原因。虽然 OLS 能学习到最适合训练集的模型，但是训练集可能代表不了更广泛的群体。

过拟合训练集更容易导致模型参数过大，因此正则化会对最小二乘法增加惩罚，模型参数估计越大，惩罚越大。因为故意欠拟合训练集，整个过程通常会给模型增加一点偏差。但是，模型方差的减少通常会使我们得到更好的模型，这尤其适用于预测变量与样本数目之比较大的情况。

注意 数据集在更广泛群体中的代表情况如何将取决于是否仔细规划了数据采集过程，通过这种方式可以避免在实验设计中引入偏差(或在数据已经存在的情况下识别并纠正偏差)，并确保数据集足够大，从而能够学习到数据的真实模式。如果数据集不能很好地代表更广泛的群体，那么即使包括交叉验证在内的机器学习技术也无法发挥多大作用！

因此，正则化有助于防止由于采样误差导致的过拟合，但正则化的更重要作用可能在于能够防止包含伪预测变量。如果在现有的线性回归模型中加入预测变量，那么我们可能会在训练集上得到更好的预测。这会让我们(错误地)相信，通过包含更多的预测变量就可以创建出更好的模型。这有时被称为厨房水槽回归(因为包括厨房水槽在内的所有东西都将进入)。例如，假设你想预测某天公园里有多少人，并将当天 FTSE 100 指数的值作为预测变量。FTSE 100 指数的值不太可能对人数产生影响。在模型中保留这个伪预测变量有可能导致训练集过拟合。可以使用正则化技术缩小这个参数，从而减少模型对训练集的过拟合程度。

正则化在不适定问题中也很有用。数学中的不适定问题是指不满足以下三个条件的问题：有解、有唯一解和有依赖于初始条件的解。在统计建模中，常见的不适定问题是：当没有最优参数值时，将会经常遇到参数个数大于样本数量的情况。在这种情况下，正则化可以使参数估计成为一个更稳定的问题。

在最小二乘估计中，加上的惩罚是什么样的？我们经常使用两种惩罚：L1 范数和 L2 范数。我们首先介绍什么是 L2 范数以及 L2 范数的工作原理，因为这是岭回归中将要使用的正则化方法。然后对 L2 范数进行扩展，并介绍 LASSO 如何使用 L1 范数，最后介绍 LASSO 如何结合使用 L1 和 L2 范数。

11.3　L2 范数的定义及其在岭回归中的应用

本节将介绍 L2 范数的数学和图形解释、L2 范数在岭回归中的应用以及使用原因。假设你想根据当天的温度预测你所在公园的人数，如图 11-4 所示。

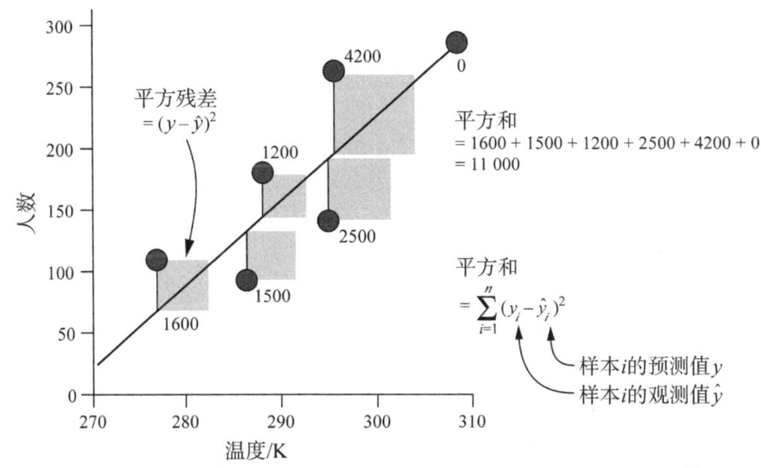

图 11-4　根据温度，通过计算模型的平方和来预测公园里的人数

注意　读者可能来自使用华氏度或摄氏度来测量温度的国家，为了公平起见，这里使用开尔文(K)作为温度单位进行说明。

当使用 OLS 时，针对每个样本计算截距和斜率组合的残差，然后进行平方。最后，将这些残差的平方相加，从而求平方和。用数学符号表示的话，公式如下所示。

$$\text{平方和}=\sum_{i=1}^{n}(y_i-\hat{y}_i)^2 \qquad \text{式(11.1)}$$

y_i 是样本 i 的输出变量值；$\hat{y}_i$ 是模型的预测值，代表每个样本与直线的垂直距离。$\sum_{i=1}^{n}$ 表示计算从第一个样本(i=1)到最后一个样本(n)的垂直距离并进行平方，然后对所有值求和。

使用机器学习算法进行最小化以选择最优参数组合的数学函数称为损失函数。因此，最小平方就是 OLS 算法的损失函数。

岭回归对最小二乘损失函数做了一些修改，使其包含一个随着函数值变大，参数估计值也将越大的项。因此，算法必须在选择最小化平方和的模型参数，以及选择使新的惩罚最小的模型参数之间进行平衡。在岭回归中，这种惩罚被称为 L2 范数，计算起来非常简单：简单地将所有模型参数平方并相加即可(除了截距)。当只存在一个连续变量时，只有一个参数(斜率)，因此 L2 范数是斜率的平方。当存在两个预测变量时，我们先将每个预测变量的斜率平方，然后将这些平方相加，依此类推，如图 11-5 所示。

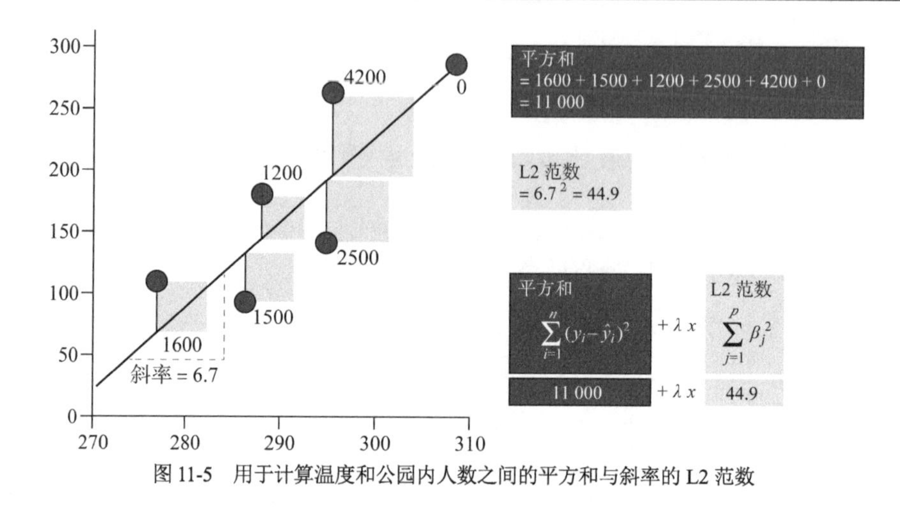

图 11-5 用于计算温度和公园内人数之间的平方和与斜率的 L2 范数

注意 一般来说，模型的预测变量越多，L2 范数越大。因此，在岭回归中，正则化会惩罚过于复杂的模型(因为有太多的预测变量)。

为了控制惩罚程度，可以将 L2 范数乘以 λ。λ 可以是从 0 到无穷大的任意值，并且可以作为能够调节大小的参数使用：λ 取大值意味着对模型进行强惩罚，而 λ 取小值则意味着对模型进行弱惩罚。λ 无法从数据中估计出来，因此需要进行交叉验证才可以获得最优性能。计算出 L2 范数后，乘以 λ，再把结果与平方和相加，就得到了惩罚用的最小二乘损失函数。

注意 如果将 λ 设置为 0，那么将从方程中移除 L2 范数，但我们仍将得到 OLS 损失函数。如果将 λ 设置为非常大的值，那么所有斜率都将缩小到接近于 0。

如果有一定的数学基础，那么上述内容可以用数学符号来表示。式(11.2)和式(11.1)中的平方和是一样的，只是加上了 λ 和 L2 范数。

$$\text{损失函数}_{\text{L2}}=\sum_{i=1}^{n}(y_i-\hat{y}_i)^2+\lambda\sum_{j=1}^{p}\beta_j^2 \qquad \text{式(11.2)}$$

因此，岭回归能够学习使新的损失函数最小化时模型参数的组合。假设有很多预测变量，OLS 可以估计一组模型参数，这些参数可以有效最小化最小二乘损失函数，但是这种组合的 L2 范数可能很大。在这种情况下，岭回归将估计一组具有略高最小二乘值但具有相当低 L2 范数的参数。由于模型参数越小，L2 范数越小，因此岭回归估计的斜率可能比 OLS 估计的要小。

重点 当使用 L2-惩罚或 L1-惩罚损失函数时，首先要做的是缩放预测变量(除以它们的标准差，使它们处于相同的比例)。因为我们是将斜率的平方相加(在 L2 正则化的情况下)，所以对于使用更大尺度的预测变量(例如，毫米对千米)，这个值将会大得多。如果不首先对预测变量进行缩放，它们就无法具有同等的重要性。

如果更喜欢 L2-惩罚损失函数的图形化解释，请观察图 11-6。x 轴和 y 轴显示了两个斜率参数(β_1 和 β_2)的值。阴影轮廓线表示这两个斜率参数不同组合的不同平方和，其中产生最小平方和的组合位于轮廓的中心。以 0 为中心的虚线形式的圆表示将 L2 范数乘以 λ 的不同值，虚

线通过的是 β_1 和 β_2 的组合。

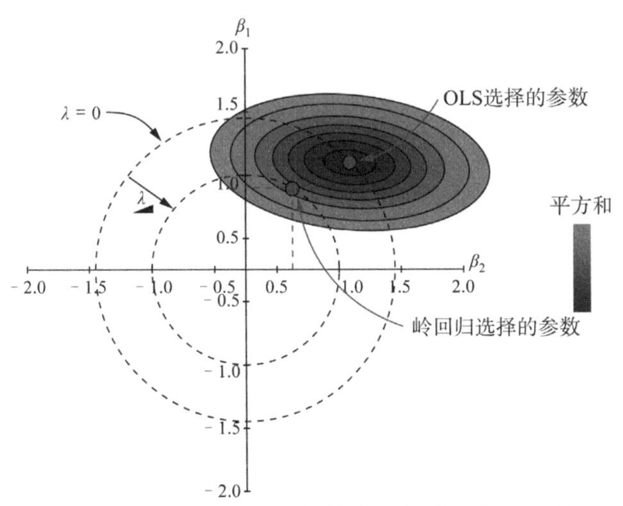

图 11-6　岭回归惩罚的图形表示。x 轴和 y 轴表示两个模型参数的值。实心的同心圆表示不同参数组合的平方和。虚线形式的圆表示将 L2 范数乘以 λ

请注意，当 λ=0 时，虚线将通过 β_1 和 β_2 的组合，从而使平方和最小化。当 λ 增大时，圆将向值为 0 的方向对称收缩。现在，使惩罚损失函数最小化的参数组合将是位于圆上的最小平方和的组合。换言之，当使用岭回归时，最优解总是在圆与围绕 OLS 估计的椭圆的交汇区域。当增大 λ 时，你能看到圆在缩小且模型参数的已选定组合被吸向 0 吗？

注意　在本例中，我们演示了包含两个斜率参数的 L2 正则化。如果只有一个斜率参数，我们将在一个轴上表示相同的过程。如果有三个斜率参数，这同样适用于三维空间，此时惩罚圆就会变成惩罚球。

因此，通过使用 L2-惩罚损失函数来学习斜率参数，岭回归避免了训练模型对训练数据的过拟合。

注意　计算 L2 范数时不必包括截距，因为当所有斜率参数都等于 0 时，截距被定义为输出变量的值。

11.4　L1 范数的定义及其在 LASSO 中的应用

本节将向你展示 L1 范数是什么、L1 范数与 L2 范数有什么不同，以及如何使用 LASSO 来收缩参数估计。

你还记得 L2 范数的表达式吗？回想一下，首先对每个斜率参数的值进行平方，然后将它们全部相加，最后将 L2 范数乘以 λ，得到应用于平方和损失函数的惩罚。

$$\text{L2 范数} = \sum_{j=1}^{p} \beta_j^2 \qquad \text{式(11.3)}$$

L1 范数与 L2 范数略有不同。我们不求参数值的平方，而是取它们的绝对值，然后求和。

$$\text{L1 范数} = \sum_{j=1}^{p} \left| \beta_j \right| \quad 式(11.4)$$

而后，使用与岭回归完全相同的方法为 LASSO(L1-惩罚损失函数)创建损失函数：将 L1 范数乘以 λ(含义相同)，并将结果与平方和相加。L1-惩罚损失函数的计算公式参见式(11.5)。注意，式(11.5)与式(11.2)之间的唯一区别是：在求和之前先取斜率参数的绝对值，而不是进行平方。假设有如下三个斜率参数，其中一个是负的：2.2、−3.1 和 0.8。这三个斜率参数的 L1 范数为 2.2+3.1+0.8=6.1。

$$\text{损失函数}_{\text{L1}} = \sum_{i=1}^{n} (y_i - \hat{y}_i)^2 + \lambda \sum_{j=1}^{p} \left| \beta_j \right| \quad 式(11.5)$$

你肯定在想，“那又怎样呢？用 L1 范数代替 L2 范数有什么好处/区别？”实际上，岭回归可以将参数估计缩减到 0，但它们实际上永远不会是 0(除非 OLS 估计从 0 开始)。因此，对于机器学习任务，你会认为所有的变量都应该有一定程度的预测值，因为岭回归不会删除任何变量，所以这是最好用的方法。但是，如果有大量的变量或者想使用算法进行特征选择呢？LASSO 在这种情况下很有用，因为与岭回归不同，LASSO 能够将小的参数值缩减到 0，从而有效地从模型中删除预测变量。

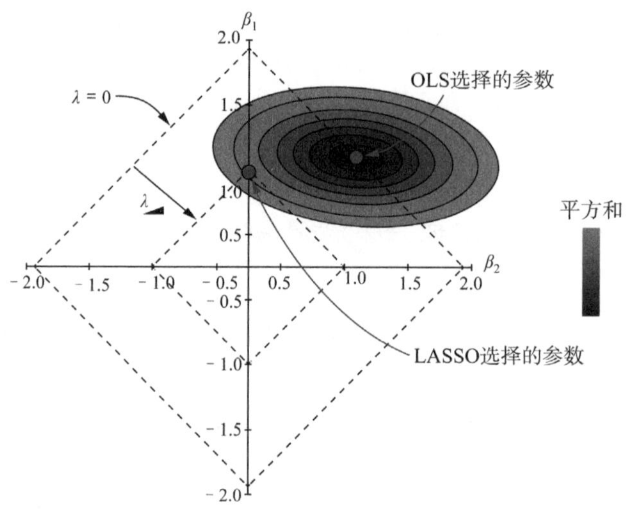

图 11-7 LASSO 惩罚的图形表示。x 轴和 y 轴表示两个模型参数的值。实心的同心圆表示不同参数组合的平方和。虚线的菱形表示将 L2 范数乘以 λ

与之前对岭回归所做的相同，我们也用图形的方式表示 LASSO 惩罚。图 11-7 显示了与图 11-6 中相同的两个模型参数的平方和的轮廓。LASSO 惩罚不是形成圆，而是形成使顶点沿着轴旋转 45° 的菱形。你能否看到，对于与岭回归示例中相同的 λ，参数与所接触菱形的最小平方和的组合是 β_2 参数为 0 的组合？这意味着由 β_2 参数表示的预测变量已从模型中移除。

注意 如果有三个斜率参数，那么可以将 LASSO 惩罚表示为立方体(顶点与轴对齐)。虽然我们很难在超过三维的空间中看到这一点，但是 LASSO 惩罚将表现为超立方体。

为了更清楚地说明这一点，图 11-8 覆盖了 LASSO 惩罚和岭回归惩罚，并重点显示了每种方法用来选择参数值的虚线。

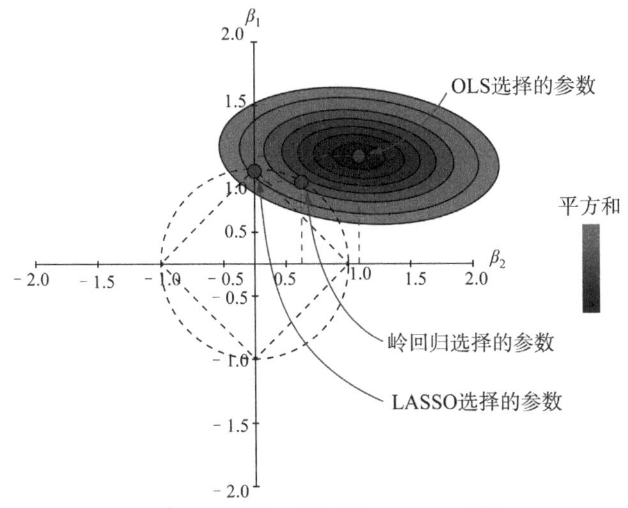

图 11-8 对比岭回归惩罚和 LASSO 惩罚

11.5 弹性网络的定义

本节将介绍弹性网络的定义，以及弹性网络如何利用 L2 和 L1 正则化来找到岭回归和 LASSO 参数估计之间的折中。有时，你可能因为一些特殊的理由而优先使用岭回归或 LASSO。如果在模型中不管各个预测变量的贡献值有多大，都将它们包含在内非常重要的话，那么一般使用岭回归。如果希望算法通过将不提供信息的斜率参数缩减到 0 来进行特征选择的话，那么一般使用 LASSO。不过，通常情况下，岭回归和 LASSO 之间的区别并不明确。在这种情况下，我们一般使用弹性网络。

注意 *LASSO 存在的重要限制是：如果存在比样本更多的预测变量，那么最多选择与数据中样本数量相等的预测变量。换言之，如果数据集包含 100 个预测变量和 50 个样本，那么 LASSO 会将至少 50 个预测变量的斜率设置为 0！*

弹性网络是对线性模型的扩展，弹性网络损失函数中包含 L2 和 L1 正则化。弹性网络能在岭回归和 LASSO 发现的参数估计之间找到一种组合。我们还可以使用超参数 α 来控制 L2 范数和 L1 范数的权重。

观察式(11.6)。首先，将 L2 范数乘以 1-α，并将 L1 范数乘以 α，然后将这些值相加。最后，将得到的结果乘以 λ，再加上平方和。这里的 α 可以取 0～1 的任何值。

- 当 α 为 0 时，L1 范数变为 0，得到岭回归。
- 当 α 为 1 时，L2 范数变为 0，得到 LASSO。
- 当 α 在 0 和 1 之间时，得到岭回归和 LASSO 的一种组合。

如何选择 α？我们实际上并没有直接进行选择！而是将其作为超参数进行调节，并通过交叉验证来选择最优的性能值。

$$\text{损失函数}_{\text{弹性}} = \text{SS} + \lambda((1-\alpha) \times \text{L2范数} + \alpha \times \text{L1范数} \qquad \text{式(11.6)}$$

如果更倾向于数学表达，那么弹性网络损失函数的完整计算公式参见式(11.7)。如果不太喜欢数学，可以跳过这一部分；请仔细观察，相信你能看出弹性网络损失函数是如何结合岭回归损失函数和LASSO损失函数的。

$$\text{损失函数}_{\text{弹性}} = \sum_{i=1}^{n}(y_i - \hat{y}_i) + \lambda\left((1-\alpha)\sum_{j=1}^{p}\beta_j^2 + \alpha\sum_{j=1}^{p}\left|\beta_j\right|\right) \qquad \text{式(11.7)}$$

图11-9比较了岭回归、LASSO和弹性网络惩罚的形状。弹性网络惩罚因为介于岭回归惩罚和LASSO惩罚之间，所以看起来像是带有圆边的正方形。

为什么人们更喜欢使用弹性网络而不是岭回归或LASSO？原因就在于弹性网络可以将参数估计缩减到0，从而能像LASSO一样进行特征选择，同时还规避了LASSO无法选择比实际样本数更多变量的限制。LASSO的另一个限制是，如果存在一组相互关联的预测变量，LASSO将只选择其中一个预测变量，而弹性网络则能够保留这组预测变量。

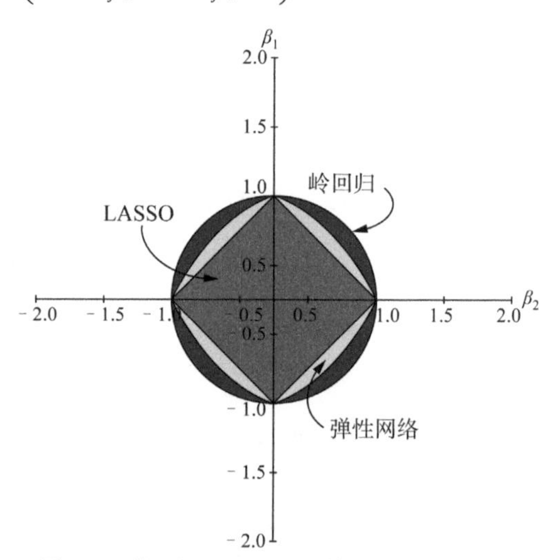

图11-9 岭回归、LASSO和弹性网络惩罚的比较

出于上述原因，我们通常直接使用弹性网络作为正则化方法。虽然单纯使用岭回归或LASSO会得到性能最优的模型，但是通过将α作为超参数，实际上最优解常常介于它们两者之间。如果我们具备很强的领域知识，认为预测变量应该包括在模型中，那么可能就会偏向使用岭回归。相反，如果我们有强烈的先验信念，认为有些变量可能不会产生任何作用(但不知道是哪个)，那么我们可能更偏向使用LASSO。

希望你已经理解了如何使用正则化来扩展线性模型以避免过拟合。你现在应该对岭回归、LASSO和弹性网络的概念有了一定的理解，下面让我们通过分别训练各自的模型来把这些概念变成经验！

11.6 建立岭回归、LASSO和弹性网络模型

本节将基于同一个数据集构建岭回归、LASSO和弹性网络模型，并使用基准测试来比较它们之间以及它们与普通(非正则化)线性模型之间的性能。假设你正试图估算来年爱达荷州小麦的市场价格。因为市场价格取决于当年小麦的产量，所以你想要通过测量降雨量和气温来预测小麦的产量。首先加载mlr和tidyverse程序包：

```
library(mlr)

library(tidyverse)
```

11.6.1　加载和研究 Iowa 数据集

现在，加载内置于 lasso2 程序包中的数据，将其转换为 tibble(使用 as_tibble()函数)，然后进行研究，参见代码清单 11.1。

注意　你可能需要首先使用 install.packages("lasso2")来安装 lasso2 程序包。

你将得到一个 tibble，其中包含 33 个样本和 10 个有关降雨量、温度、年份及小麦产量的变量。

代码清单 11.1　加载和研究 Iowa 数据集

```
data(Iowa, package = "lasso2")

iowaTib <- as_tibble(Iowa)

iowaTib

# A tibble: 33 x 10
    Year Rain0 Temp1  Rain1 Temp2  Rain2 Temp3 Rain3 Temp4 Yield
   <int> <dbl> <dbl>  <dbl> <dbl>  <dbl> <dbl> <dbl> <dbl> <dbl>
 1  1930  17.8  60.2   5.83  69     1.49  77.9  2.42  74.4  34
 2  1931  14.8  57.5   3.83  75     2.72  77.2  3.3   72.6  32.9
 3  1932  28.0  62.3   5.17  72     3.12  75.8  7.1   72.2  43
 4  1933  16.8  60.5   1.64  77.8   3.45  76.4  3.01  70.5  40
 5  1934  11.4  69.5   3.49  77.2   3.85  79.7  2.84  73.4  23
 6  1935  22.7  55     7     65.9   3.35  79.4  2.42  73.6  38.4
 7  1936  17.9  66.2   2.85  70.1   0.51  83.4  3.48  79.2  20
 8  1937  23.3  61.8   3.8   69     2.63  75.9  3.99  77.8  44.6
 9  1938  18.5  59.5   4.67  69.2   4.24  76.5  3.82  75.7  46.3
10  1939  18.6  66.4   5.32  71.4   3.15  76.2  4.72  70.7  52.2
...
# with 23 more rows
```

接下来绘制数据图以便更好地理解数据中的关系，参见代码清单 11.2。我们将使用收集数据时的一些常用技巧，以便可以按每个变量构建分面。将"free_x"作为 scales 参数，以允许 x 轴在分面之间变化。为了得到任何与 Yield(表示小麦产量)线性关系的指示，这里还应用了 geom_smooth()层，可使用"lm"作为 method 参数以获得线性拟合。

代码清单 11.2　绘制数据图

```
iowaUntidy <- gather(iowaTib, "Variable", "Value", -Yield)

ggplot(iowaUntidy, aes(Value, Yield)) +
  facet_wrap(~ Variable, scales = "free_x") +
  geom_point() +
  geom_smooth(method = "lm") +
  theme_bw()
```

结果如图 11-10 所示。看起来有些变量与 Yield 相关；但是注意，由于我们没有大量的样本，因此如果只移除靠近 x 轴极值的几个样本，那么其中一些关系的斜率可能会急剧变化。例如，如果没有测量降雨量最大的三个样本，那么“降雨量 2”和“小麦产量”之间的斜率会不会几乎一样陡？为此，我们需要进行正则化以防止数据集过拟合。

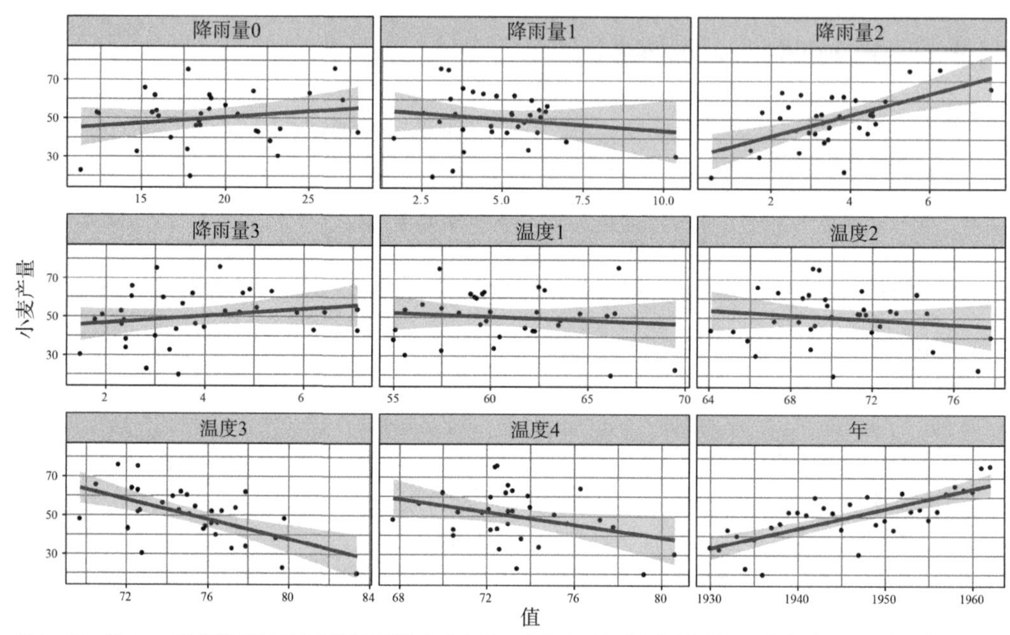

图 11-10 为 Iowa 数据集绘制每个预测变量的小麦产量，直线表示每个预测变量和小麦产量之间的线性模型拟合

11.6.2 训练岭回归模型

下面讲解如何利用岭回归模型从 Iowa 数据集中预测 Yield。我们将调节 λ 超参数并使用其最优值训练模型。

首先定义任务和学习器，这一次提供"regr.glmnet"作为 makeLearner()函数的参数。glmnet 函数(来自同名的程序包)允许使用相同的函数创建岭回归、LASSO 和弹性网络模型。注意，这里将 α 超参数的值设置为 0，这就是我们指定使用纯岭回归与 glmnet 函数的方式。我们还提供了一个你从未见过的参数：id。id 参数只允许你为每个学习器提供一个唯一的名称。之所以需要这样做，是因为在本章的后面，我们将对岭回归、LASSO 和弹性网络学习器进行基准测试。由于使用的是同一个 glmnet 函数，因此如果它们没有唯一的标识符，你将会得到错误。

代码清单 11.3 定义任务和学习器

```
iowaTask <- makeRegrTask(data = iowaTib, target = "Yield")

ridge <- makeLearner("regr.glmnet", alpha = 0, id = "ridge")
```

为了方便了解每个预测变量对模型预测的小麦产量有多大影响，我们可以使用第 9 章中的 generateFilterValuesData()和 plotFilterValues()函数，通过滤波器方法进行特征选择，参见代码清单 11.4。

代码清单 11.4 通过滤波器方法进行特征选择

```
filterVals <- generateFilterValuesData(iowaTask)

plotFilterValues(filterVals) + theme_bw()
```

结果如图 11-11 所示。我们可以看到，这里提供了最具预测性的信息；降雨量 3、降雨量 1 和降雨量 0 似乎影响很小；而温度 1 似乎产生了负面作用，这表明将温度纳入模型将降低预测的准确性。

但我们不进行特征选择。相反，我们将输入所有的预测变量，并让算法缩小那些对模型贡献较小的预测变量。我们首先需要调节 λ 超参数，这个超参数控制着对参数估计使用多大的惩罚。

注意　当 λ 等于 0 时，我们不使用惩罚并将得到 OLS 参数的估计值。λ 的值越大，参数越向 0 缩小。

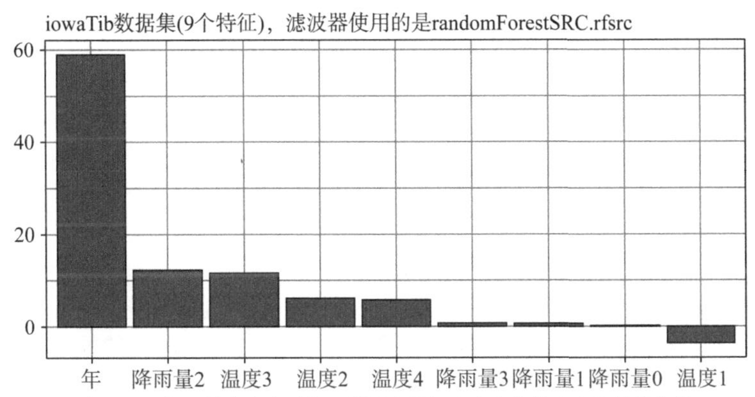

图 11-11　条形的高度表示每个预测变量包含多少有关小麦产量的信息

下面从定义超参数空间开始寻找 λ 的最优值。在此之前，我们已经使用 makeParamSet()函数提供了想要搜索的超参数，并使用逗号做了分隔。因为只有一个超参数需要优化，并且 λ 可以接收从 0 到无穷大的任何数值，所以我们使用 makeNumericParam()函数来指定搜索 λ 介于 0 和 15 之间的数值。

注意　这里调用了超参数 s 而不是 λ。如果运行 getParamSet(ridge)，你将看到一个名为 λ 的可调超参数，那么超参数 s 是什么？这是为了方便我们构建一系列 λ 模型。然后我们可以绘制 λ 图，看看哪一个能提供最优的交叉验证性能。这使用起来非常方便，但是当我们使用 mlr 作为许多机器学习程序包的通用接口时，按照我们习惯的方式来调节 λ 是有意义的。glmnet 的 λ 超参数用于指定想要尝试的 λ 值序列，特别建议不要为 λ 超参数提供单一值。相反，超参数 s 用于训练具有单个特定 λ 的模型，因此这就是在使用 mlr 时需要调节的内容。要想获得更多相关信息，建议运行?glmnet::glmnet 以阅读 glmnet 文档。

接下来，使用 makeTuneControlRandom()将搜索方法定义为包含 200 次迭代的随机搜索，并使用 makeResampleDesc()将交叉验证方法定义为重复 5 次的 3-折交叉验证。最后，使用 tuneParams()函数运行超参数调节过程。为了加快运行速度，建议使用 parallelStartSocket()进行并行化搜索，参见代码清单 11.5。

警告　在笔者的四核计算机上运行这些代码大约需要 30 秒。

代码清单 11.5　调节 λ 超参数

```
ridgeParamSpace <- makeParamSet(
  makeNumericParam("s", lower = 0, upper = 15))
```

```
randSearch <- makeTuneControlRandom(maxit = 200)

cvForTuning <- makeResampleDesc("RepCV", folds = 3, reps = 10)

library(parallel)
library(parallelMap)

parallelStartSocket(cpus = detectCores())

tunedRidgePars <- tuneParams(ridge, task = iowaTask,
                             resampling = cvForTuning,
                             par.set = ridgeParamSpace,
                             control = randSearch)

parallelStop()

tunedRidgePars

Tune result:
Op. pars: s=6.04
mse.test.mean=96.8360
```

上述调节过程选择使用6.04作为性能最好的λ值(你得到的λ值可能会因为随机搜索而有所不同)。但是，怎么才能确定我们搜索了范围足够大的λ呢？让我们对λ的每个值与模型的平均MSE进行比较，看看在搜索空间之外是否还有更好的值(大于15)。

首先，可通过将调节对象作为generateHyperParsEffectData()函数的参数，为随机搜索的每次迭代提取λ值和平均MSE值。然后，将得到的数据作为plotHyperParsEffect()函数的第一个参数，并指出要在x轴上绘制s值，而要在y轴上绘制平均MSE("MSE.test.mean")，我们还需要一条用来连接数据点的曲线，参见代码清单11.6。

代码清单 11.6 绘制超参数调节过程

```
ridgeTuningData <- generateHyperParsEffectData(tunedRidgePars)

plotHyperParsEffect(ridgeTuningData, x = "s", y = "mse.test.mean",
                    plot.type = "line") +
  theme_bw()
```

结果如图11-12所示。可以看到，对于介于5和6之间的λ，MSE得到了最小化，并且似乎在将λ增加到6之后，会导致模型性能更差。如果MSE在搜索空间的边缘处仍在下降，那就说明我们需要扩展搜索以防止错过更好的超参数值。但是，我们似乎已经得到了最小值，所以需要在此时停止搜索。

注意 也许有些太仓促了，因为我们可能只是处在某个局部最小值的范围内(和周围的λ值相比，得到了最小的MSE值)。在搜索超参数空间时，可能存在许多局部极小值，但我们确实希望找到全局最小值。例如，假设继续增大λ值，MSE会升高，但随后又开始下降，形成一座小山。这座小山可能继续下降，甚至比图11-12所示的最小值还小。因此，最好全面搜索超参数空间，尝试找到全局最小值。

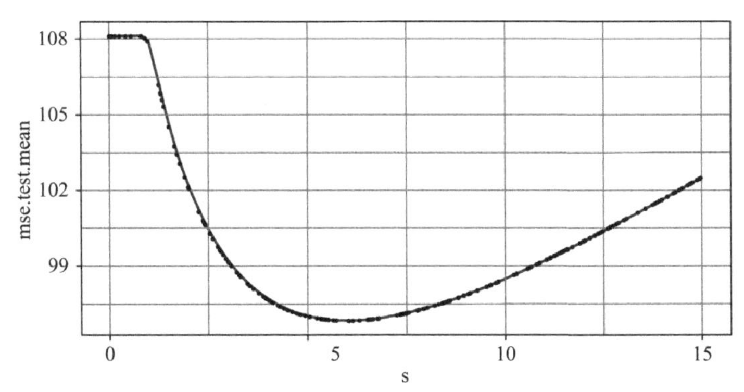

图 11-12　绘制岭回归的 λ 调节过程。*x* 轴表示 λ，*y* 轴表示平均 MSE。点表示通过随机搜索采样的 λ 值。曲线则把这些数据点连在了一起

练习 11-1：重复优化过程，但扩展搜索空间以包含介于 0 和 50 之间的 s 值(不要覆盖任何内容)。最初搜索时找到的是局部最小值还是全局最小值?

既然已经找到了 λ 的最优性能值，接下来使用该值训练一个模型。首先，选择调节好的 λ 值并使用 setHyperPars()函数定义一个新的学习器。然后，使用 train()函数在 iowaTask 数据集上训练模型，参见代码清单 11.7。

代码清单 11.7　使用调节好的 λ 值训练岭回归模型

```
tunedRidge <- setHyperPars(ridge, par.vals = tunedRidgePars$x)

tunedRidgeModel <- train(tunedRidge, iowaTask)
```

我们使用线性模型的主要动机之一，就在于可以通过斜率了解输出变量随每个预测变量变化的程度。因此，让我们从岭回归模型中提取参数估计。首先，使用 getLearnerModel()函数提取模型数据。然后，使用 coef()函数提取参数的估计值。注意，缘于 glmnet 的工作方式，我们需要提供 λ 值才能获取模型的参数，参见代码清单 11.8。

当输出 ridgeCoefs 时，我们得到一个包含每个参数的名称及其斜率的矩阵。截距是所有预测变量为 0 时估计的小麦产量。当然，负的小麦产量并没有多大意义。但是，如果所有的预测变量(比如年份)都是 0 的话，也就没有什么意义了，所以我们不会具体解释截距。我们对预测变量基于原始尺度获得的斜率更感兴趣。

回顾一下，在计算 L1 和/或 L2 范数时，对预测变量进行缩放以使它们的权重相等是非常重要的。只要使用 glmnet 的 standard=TRUE 参数，glmnet 就会默认进行缩放处理。这操作起来非常方便，但重要的是要记住，参数估计值会被转换回变量的原始尺度。

代码清单 11.8　提取模型参数

```
ridgeModelData <- getLearnerModel(tunedRidgeModel)

ridgeCoefs <- coef(ridgeModelData, s = tunedRidgePars$x$s)

ridgeCoefs

10 x 1 sparse Matrix of class "dgCMatrix"
                          1
```

```
(Intercept) -908.45834
Year           0.53278
Rain0          0.34269
Temp1         -0.23601
Rain1         -0.70286
Temp2          0.03184
Rain2          1.91915
Temp3         -0.57963
Rain3          0.63953
Temp4         -0.47821
```

将这些参数估计值与来自非正则线性回归的估计值进行比较并绘图，这样就可以看到参数收缩的效果。我们首先需要使用 OLS 训练一个线性模型。可以使用 mlr 来实现这一点，但是由于不需要对模型做任何改动，因此可以使用 lm()函数快速创建模型。lm()函数的第一个参数是公式 Yield~，这意味着 Yield 是输出变量，并且我们想要使用数据中的所有其他变量(.)来建模(使用符号~)。我们需要告诉函数去哪里寻找数据，并将整个 lm()函数封装在 coef()函数中以提取参数估计值。

接下来，创建一个包含如下三个变量的 tibble：

- 参数名
- 岭回归参数值
- lm 参数值

因为想要去掉截距参数，所以我们使用[-1]来构造除了第一个参数(截距)之外的所有参数子集。

为此，我们可以按模型构造分面，先用 gather()收集数据，再用 ggplot()绘制数据。因为我们已习惯于看到事物的升序或降序形式，所以提供 reorder(Coef，Beta)，从而将 Coef 与 Beta 变量的升序排列作为 x 轴进行绘图。默认情况下，geom_bar()会尝试绘制频率，但由于我们希望条形图表示每个参数的实际值，因此设置参数 stat="identity"，参见代码清单 11.9。

代码清单 11.9　绘制模型参数

```
lmCoefs <- coef(lm(Yield ~ ., data = iowaTib))

coefTib <- tibble(Coef = rownames(ridgeCoefs)[-1],
                  Ridge = as.vector(ridgeCoefs)[-1],
                  Lm = as.vector(lmCoefs)[-1])

coefUntidy <- gather(coefTib, key = Model, value = Beta, -Coef)

ggplot(coefUntidy, aes(reorder(Coef, Beta), Beta, fill = Model)) +
  geom_bar(stat = "identity", col = "black") +
  facet_wrap(~Model) +
  theme_bw() +
  theme(legend.position = "none")
```

结果如图 11-13 所示，左图是未对模型进行正则化的参数估计，右图是岭回归模型的参数估计。你能看到大部分(尽管不是全部)岭回归参数都比那些未进行正则化的模型参数小吗？

练习 11-2： 创建另一幅与图 11-13 完全相同的图，但需要包括截距。这两种模型一样吗？为什么？

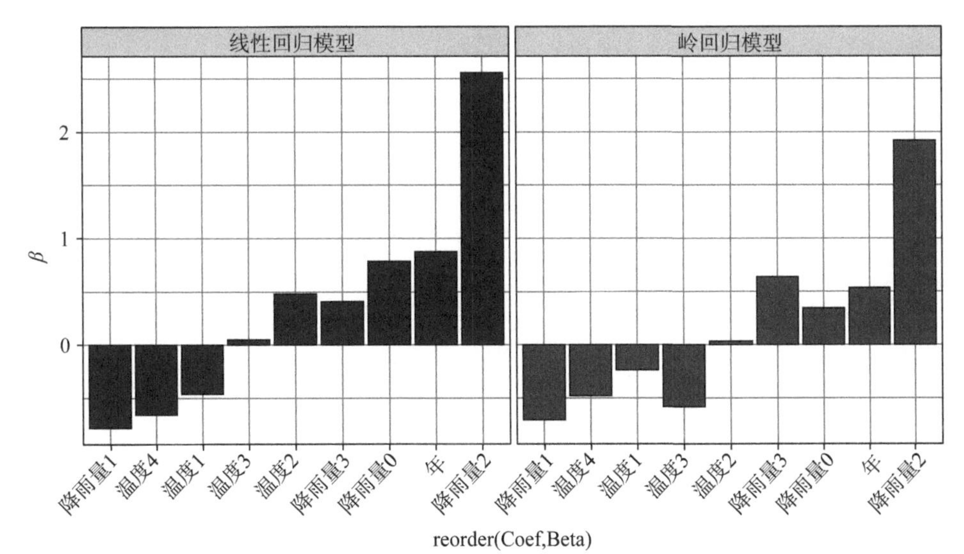

图 11-13　比较岭回归模型和 OLS 回归模型的参数估计

11.6.3　训练 LASSO 模型

下面使用 LASSO 重复 11.6.2 节中的建模过程。将训练好的模型添加到已有的数据图中，以方便比较模型之间的参数估计，这将使你能够更好地理解这些技术的不同之处。

首先定义 LASSO 学习器，这里将 α 设置为 1(使其成为纯 LASSO)。我们还需要给学习器提供 ID，后续在对模型进行基准测试时将会用到。

```
lasso <- makeLearner("regr.glmnet", alpha = 1, id = "lasso")
```

现在，像之前为岭回归模型所做的那样调节 λ，参见代码清单 11.10。

警告　*在笔者的四核计算机上运行这些代码大约需要 30 秒。*

代码清单 11.10　为 LASSO 模型调节 λ

```
lassoParamSpace <- makeParamSet(
  makeNumericParam("s", lower = 0, upper = 15))

parallelStartSocket(cpus = detectCores())

tunedLassoPars <- tuneParams(lasso, task = iowaTask,
                             resampling = cvForTuning,
                             par.set = lassoParamSpa
                             control = randSearch)
parallelStop()

tunedLassoPars

Tune result:
Op. pars: s=1.37
mse.test.mean=87.0126
```

现在绘制调节过程，以查看是否需要扩展搜索范围，参见代码清单 11.11。

代码清单 11.11 绘制超参数调节过程

```
lassoTuningData <- generateHyperParsEffectData(tunedLassoPars)

plotHyperParsEffect(lassoTuningData, x = "s", y = "mse.test.mean",
                    plot.type = "line") +
theme_bw()
```

结果如图 11-14 所示。我们再一次看到，选择的 λ 值落在了平均 MSE 值的谷底。注意，λ 值为 10 之后，平均 MSE 值趋于平坦：这是因为此时的惩罚太大，以至于所有的预测变量都从模型中移除了，因而得到仅包含截距模型的平均 MSE。

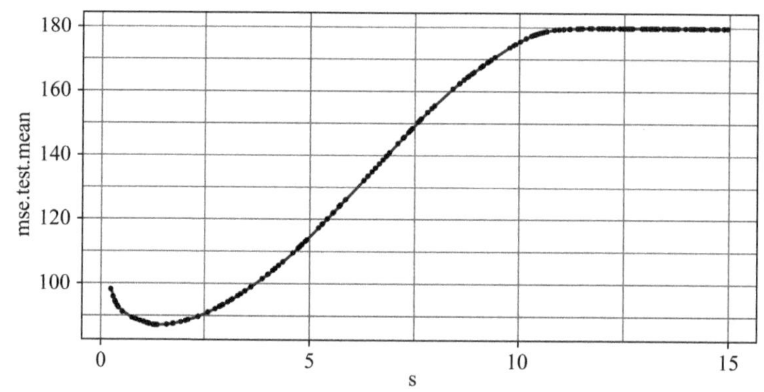

图 11-14 绘制 LASSO 的 λ 调节过程。x 轴表示 λ，y 轴表示平均 MSE。数据点表示通过随机搜索采样的 λ 值。曲线则把这些数据点连在了一起

让我们使用调节后的 λ 训练 LASSO 模型，参见代码清单 11.12。

代码清单 11.12 使用调节后的 λ 训练 LASSO 模型

```
tunedLasso <- setHyperPars(lasso, par.vals = tunedLassoPars$x)

tunedLassoModel <- train(tunedLasso, iowaTask)
```

观察调节后的 LASSO 模型的参数估计，并查看如何与岭回归估计和 OLS 估计进行比较。再次使用 getLearnerModel()函数提取模型数据，然后使用 coef()函数提取参数估计值，参见代码清单 11.13。注意到有哪些不寻常了吗？得到的三个参数估计值只是“.”。实际上，这些“.”代表 0.0。在数据集中，这些参数的斜率已精确设置为 0。这意味着它们已完全从模型中移除。这就是 LASSO 进行特征选择时采用的方式。

代码清单 11.13 提取模型参数

```
lassoModelData <- getLearnerModel(tunedLassoModel)

lassoCoefs <- coef(lassoModelData, s = tunedLassoPars$x$s)

lassoCoefs
```

```
10 x 1 sparse Matrix of class "dgCMatrix"
                      1
(Intercept) -1.361e+03
Year         7.389e-01
Rain0        2.217e-01
Temp1        .
Rain1        .
Temp2        .
Rain2        2.005e+00
Temp3       -4.065e-02
Rain3        1.669e-01
Temp4       -4.829e-01
```

将这些参数估计值与岭回归和 OLS 模型中的参数估计值一起绘制出来，以便进行更图形化的对比。为此，只需要使用$LASSO 在 coefTib tibble 中添加一个新列，其中包含来自 LASSO 模型的参数估计(不包括截距)。然后，收集这些数据，以便可以按模型构造分面，并像以前那样使用 ggplot()进行绘制，参见代码清单 11.14。

代码清单 11.14　绘制模型参数

```
coefTib$LASSO <- as.vector(lassoCoefs)[-1]

coefUntidy <- gather(coefTib, key = Model, value = Beta, -Coef)

ggplot(coefUntidy, aes(reorder(Coef, Beta), Beta, fill = Model)) +
  geom_bar(stat = "identity", col = "black") +
  facet_wrap(~ Model) +
  theme_bw() +
  theme(legend.position = "none")
```

结果如图 11-15 所示。图 11-15 很好地突出了岭回归和 LASSO 之间的区别，前者将参数大致缩小到 0(但实际上永远不会缩小到 0)，后者可以将参数精确缩小到 0。

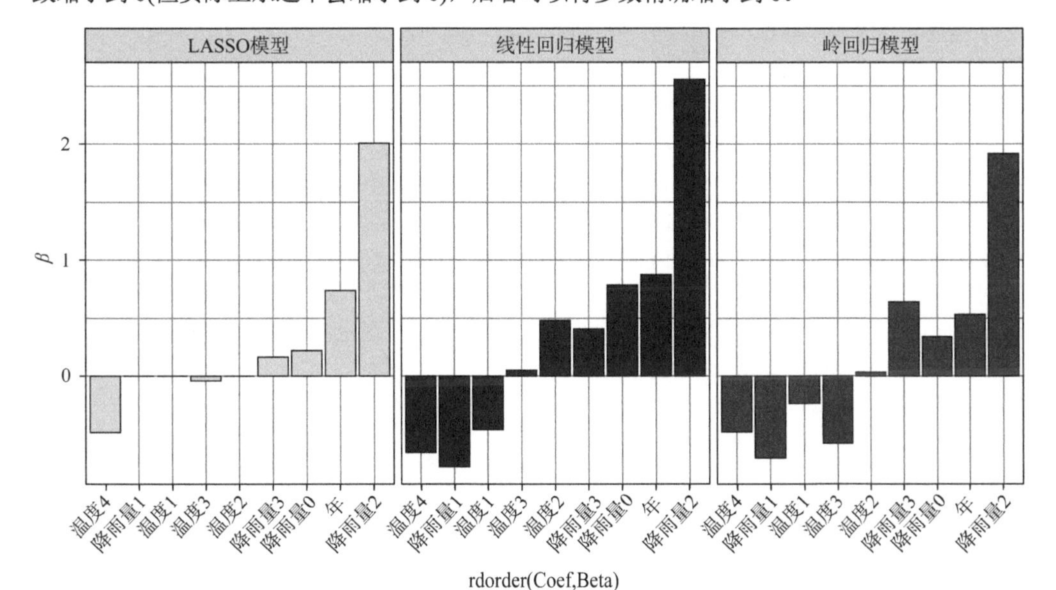

图 11-15　对比岭回归模型、LASSO 模型和 OLS 回归模型的参数估计

11.6.4 训练弹性网络模型

下面讲解如何通过调节 λ 和 α 来训练弹性网络模型。我们将从创建一个弹性网络学习器开始；这一次不事先提供 α 值，因为我们将对 α 进行优化，进而在 L1 和 L2 正则化之间找到最优的折中。同时，我们还需要提供在后续基准测试中将要用到的 ID：

```
elastic <- makeLearner("regr.glmnet", id = "elastic")
```

现在定义需要调节的超参数空间，将 α 的取值范围设置 0～1。因为需要调节两个超参数，所以增加随机搜索的迭代次数以实现对搜索空间的更多覆盖。最后，像以前一样运行调节过程并输出最优结果，参见代码清单 11.15。

警告 在笔者的四核计算机上运行这些代码需要大约 1 分钟。

代码清单 11.15 调节弹性网络的 λ 和 α

```
elasticParamSpace <- makeParamSet(
  makeNumericParam("s", lower = 0, upper = 10),
  makeNumericParam("alpha", lower = 0, upper = 1))

randSearchElastic <- makeTuneControlRandom(maxit = 400)

parallelStartSocket(cpus = detectCores())

tunedElasticPars <- tuneParams(elastic, task = iowaTask,
                               resampling = cvForTuning,
                               par.set = elasticParamSpace,
                               control = randSearchElastic)

parallelStop()

tunedElasticPars

Tune result:
Op. pars: s=1.24; alpha=0.981
mse.test.mean=84.7701
```

接下来绘制参数调节过程，在此之前，我们需要确认搜索空间足够大，参见代码清单 11.16。这一次，因为同时调节两个超参数，所有将 λ 和 α 分别作为 x 轴和 y 轴，而将平均 MSE("mse.test.mean")作为 z 轴。将 plot.type 参数设置为"heatmap"以绘制热点图，其中，颜色可映射到设置为 z 轴的任何对象。不过，要想实现这一点，需要填充 1000 次搜索迭代之间的空白。为此，需要为 interpolate 参数提供任意回归算法的名称。这里使用了"regr.kknn"，从而能够基于最近邻搜索迭代的 MSE 值，使用 k 最近邻填充空白。最后，将 geom_point 添加到绘图代码中，以指示调节过程选择的 λ 和 α 组合。

注意 插值仅用于可视化，因此当选择不同的插值学习器时，可能会更改诊断图，但不会影响选择的超参数。

代码清单 11.16　绘制调节过程

```
elasticTuningData <- generateHyperParsEffectData(tunedElasticPars)

plotHyperParsEffect(elasticTuningData, x = "s", y = "alpha",
                    z = "mse.test.mean", interpolate = "regr.kknn",
                    plot.type = "heatmap") +
  scale_fill_gradientn(colours = terrain.colors(5)) +
  geom_point(x = tunedElasticPars$x$s, y = tunedElasticPars$x$alpha,
             col = "white") +
  theme_bw()
```

结果如图 11-16 所示。注意，选择的 λ 和 α 组合(白点)落在平均 MSE 值的谷底，这表明设置的超参数搜索空间足够大。

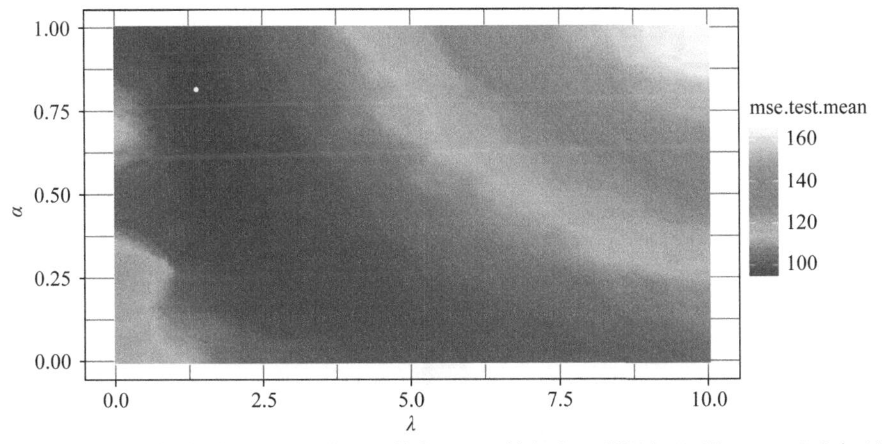

图 11-16　绘制弹性网络模型的超参数调节过程。x 轴表示 λ，y 轴表示 α，阴影表示平均 MSE。白点表示调节过程选择的 λ 和 α 组合

练习 11-3：利用 plotHyperParsEffect()函数进行实验。将 plot.type 参数更改为"contour"，并设置参数 show.experiments=TRUE，然后重新绘图。最后，将 plot.type 更改为"scatter"，删除 interpolate 和 show.experiments 参数，同时删除 scale_fill_gradientn()层。

下面使用已调节的超参数训练最终的弹性网络模型，参见代码清单 11.17。

代码清单 11.17　使用已调节的超参数训练最终的弹性网络模型

```
tunedElastic <- setHyperPars(elastic, par.vals = tunedElasticPars$x)

tunedElasticModel <- train(tunedElastic, iowaTask)
```

接下来，提取模型参数(参见代码清单 11.18)并将它们与其他三个模型一起绘制，参见之前的代码清单 11.9 和代码清单 11.14。

代码清单 11.18　绘制模型参数

```
elasticModelData <- getLearnerModel(tunedElasticModel)

elasticCoefs <- coef(elasticModelData, s = tunedElasticPars$x$s)
```

```
coefTib$Elastic <- as.vector(elasticCoefs)[-1]

coefUntidy <- gather(coefTib, key = Model, value = Beta, -Coef)

ggplot(coefUntidy, aes(reorder(Coef, Beta), Beta, fill = Model)) +
  geom_bar(stat = "identity", position = "dodge", col = "black") +
  facet_wrap(~ Model) +
  theme_bw()
```

结果如图 11-17 所示。注意，弹性网络模型的参数估计是岭回归估计和 LASSO 估计之间的折中。然而，因为 α 调节值接近于 1(记住，当 α 等于 1 时，我们得到的是纯 LASSO)，所以弹性网络模型的参数与纯 LASSO 估计的参数更为相似。

练习 11-4：重新绘制图 11-17，但删除 facet_wrap()层并将 geom_bar()的 position 参数设置为"dodge"。你更喜欢哪种可视化效果？

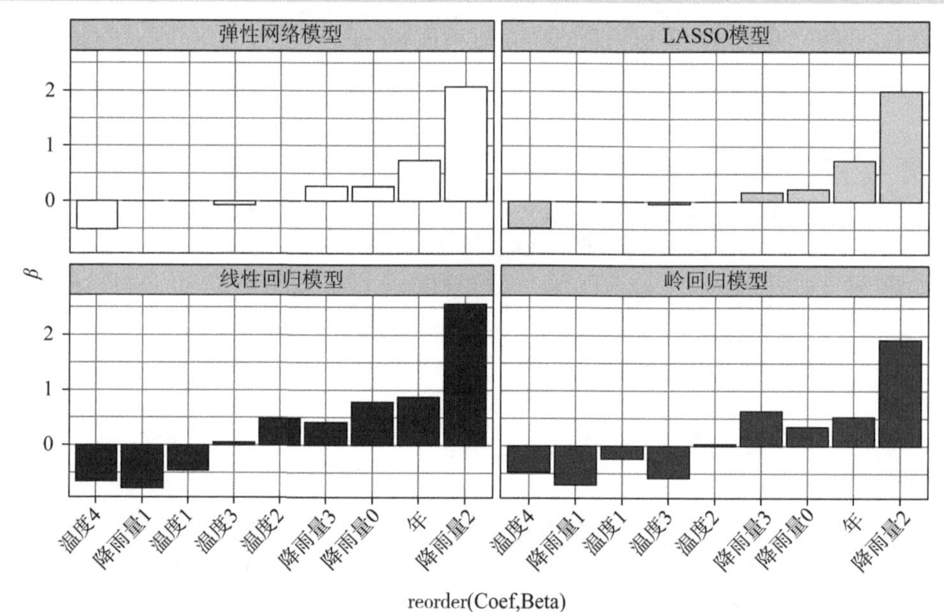

图 11-17 对比岭回归模型、LASSO 模型、弹性网络模型和 OLS 回归模型的参数估计

11.7 对岭回归、LASSO、弹性网络和 OLS 进行基准测试并对比

使用基准测试同时交叉验证和比较岭回归、LASSO、弹性网络和 OLS 建模过程的性能。回顾第 8 章，为了进行基准测试，需要提供学习器列表、任务和交叉验证过程。然后，对于交叉验证过程的每个迭代/子集，使用基于同一训练集的每个学习器训练模型，并使用同一测试集进行评估。一旦完成整个交叉验证过程，就可以得到每个学习器的平均性能度量指标(在本例中为 MSE)，这样就可以比较哪个模型的性能表现最好。绘制模型参数，如代码清单 11.19 所示。

代码清单 11.19 绘制模型参数

```
ridgeWrapper <- makeTuneWrapper(ridge, resampling = cvForTuning,
                                par.set = ridgeParamSpace,
```

```
                                    control = randSearch)

lassoWrapper <- makeTuneWrapper(lasso, resampling = cvForTuning,
                                par.set = lassoParamSpace,
                                control = randSearch)

elasticWrapper <- makeTuneWrapper(elastic, resampling = cvForTuning,
                                  par.set = elasticParamSpace,
                                  control = randSearchElastic)

learners = list(ridgeWrapper, lassoWrapper, elasticWrapper, "regr.lm")
```

上述代码为每个学习器定义了调节封装器，以便在交叉验证循环中包含超参数调节。对于每个封装器(岭回归、LASSO 和弹性网络各一个)，提供学习器、交叉验证策略以及学习器的参数空间和搜索过程(注意，对弹性网络使用差异搜索过程)。OLS 回归没有超参数调节，因此无须封装。因为 benchmark()函数需要一个学习器列表，所以上述代码还创建了一个这样的学习器列表(和 OLS 回归学习器一样，使用"regr.lm")。

为了进行基准测试，将外部重采样策略定义为 3-折交叉验证。在开始并行化之后，就可以通过向 benchmark()函数提供学习器列表、任务和外部交叉验证策略来运行基准测试了，参见代码清单 11.20。

警告　在笔者的四核计算机上运行这些代码耗时大约 6 分钟。

代码清单 11.20　绘制模型参数

```
library(parallel)
library(parallelMap)

kFold3 <- makeResampleDesc("CV", iters = 3)

parallelStartSocket(cpus = detectCores())

bench <- benchmark(learners, iowaTask, kFold3)

parallelStop()

bench

  task.id      learner.id  mse.test.mean
1 iowaTib    ridge.tuned          95.48
2 iowaTib    lasso.tuned          93.98
3 iowaTib  elastic.tuned          99.19
4 iowaTib        regr.lm         120.37
```

也许令人惊讶的是，这三种正则化技术都优于 OLS 回归，同时岭回归和 LASSO 回归的性能也都优于弹性网络。由于弹性网络有可能同时选择纯岭回归或纯 LASSO(基于 α 超参数的值)，增加随机搜索的迭代次数可能最终会使弹性网络性能最优。

11.8　岭回归、LASSO 和弹性网络的优缺点

对于给定的任务，虽然通常很难判断哪种算法的效果更好，但了解算法的优缺点可以帮助你确定岭回归、LASSO 和弹性网络是否适合自己所要完成的具体任务。

岭回归、LASSO 和弹性网络的优点如下：

- 模型很容易理解。
- 可以处理连续和分类预测变量。
- 计算开销很小。
- 性能通常优于 OLS 回归。
- LASSO 和弹性网络可以通过将非信息预测变量的斜率设置为 0 来进行特征选择。
- 可应用于广义线性模型(如对数几率回归)。

岭回归、LASSO 和弹性网络的缺点如下：

- 对数据做了很强的假设，例如假设同方差性(恒定方差)和残差分布，如果违反这些假设，模型性能可能会受到影响。
- 岭回归不能自动进行特征选择。
- LASSO 不能估计超出训练集中样本数量的参数。
- 无法处理缺失数据。

练习 11-5：创建一个只包含 Yield 变量的 tibble，并使用这些数据以 Yield 为目标创建一个新的回归任务。建议执行如下步骤：

(1) 使用这些数据训练普通的 OLS 模型(这种模型没有预测变量)。

(2) 使用原始的 iowaTask 数据集训练 LASSO 模型，λ 的值为 500。

(3) 使用留一法交叉验证(makeResampleDesc("LOO"))，这两个模型。

(4) 比较这两个模型的平均 MSE 值。

练习 11-6：对 glmnet 模型对象调用 plot()后不会绘制模型残差。安装 plotmo 程序包并使用其中的 plotres()函数，将岭回归、LASSO 和弹性网络的模型数据对象作为参数进行传递。

11.9 本章小结

- 正则化是一组通过收缩模型参数估计来防止过拟合的技术。
- 线性模型有三种正则化技术：岭回归、LASSO 和弹性网络。
- 岭回归使用 L2 范数将参数估计值大致缩小到 0(但永远不会精确到 0，除非它们一开始就等于 0)。
- LASSO 使用 L1 范数将参数估计值缩小到 0(可以精确缩小到 0，此时就是特征选择)。
- 弹性网络结合了 L2 和 L1 正则化，权重由 α 超参数控制。
- 对于这三种正则化技术，λ 超参数控制着收缩的程度。

11.10 练习题答案

1. 展开搜索空间，以包含 0～50 的 λ 值：

```
ridgeParamSpaceExtended <- makeParamSet(
  makeNumericParam("s", lower = 0, upper = 50))

parallelStartSocket(cpus = detectCores())

tunedRidgeParsExtended <- tuneParams(ridge, task = iowaTask, # ~30 sec
                                     resampling = cvForTuning,
                                     par.set = ridgeParamSpaceExtended,
```

```
                            control = randSearch)

parallelStop()

ridgeTuningDataExtended <- generateHyperParsEffectData(
                                     tunedRidgeParsExtended)

plotHyperParsEffect(ridgeTuningDataExtended, x = "s", y = "mse.test.mean",
                   plot.type = "line") +
theme_bw()

# The previous value of s was not just a local minimum,
# but the global minimum.
```

2. 绘制岭回归和 LASSO 模型的截距：

```
coefTibInts <- tibble(Coef = rownames(ridgeCoefs),
                      Ridge = as.vector(ridgeCoefs),
                      Lm = as.vector(lmCoefs))

ggplot(coefUntidyInts, aes(reorder(Coef, Beta), Beta, fill = Model)) +
  geom_bar(stat = "identity", col = "black") +
  facet_wrap(~Model) +
  theme_bw() +
  theme(legend.position = "none")

# The intercepts are different. The intercept isn't included when
# calculating the L2 norm, but is the value of the outcome when all
# the predictors are zero. Because ridge regression changes the parameter
# estimates of the predictors, the intercept changes as a result.
```

3. 尝试绘制超参数调节过程的不同方法：

```
plotHyperParsEffect(elasticTuningData, x = "s", y = "alpha",
                    z = "mse.test.mean", interpolate = "regr.kknn",
                    plot.type = "contour", show.experiments = TRUE) +
  scale_fill_gradientn(colours = terrain.colors(5)) +
  geom_point(x = tunedElasticPars$x$s, y = tunedElasticPars$x$alpha) +
  theme_bw()

plotHyperParsEffect(elasticTuningData, x = "s", y = "alpha",
                    z = "mse.test.mean", plot.type = "scatter") +
  theme_bw()
```

4. 使用水平条而不是分面绘制模型相关系数：

```
ggplot(coefUntidy, aes(reorder(Coef, Beta), Beta, fill = Model)) +
  geom_bar(stat = "identity", position = "dodge", col = "black") +
  theme_bw()
```

5. 对比高 λ 值的 LASSO 模型和没有预测变量的 OLS 模型的性能：

```
yieldOnly <- select(iowaTib, Yield)

yieldOnlyTask <- makeRegrTask(data = yieldOnly, target = "Yield")

lassoStrict <- makeLearner("regr.glmnet", lambda = 500)

loo <- makeResampleDesc("LOO")

resample("regr.lm", yieldOnlyTask, loo)

Resample Result
```

```
Task: yieldOnly
Learner: regr.lm
Aggr perf: mse.test.mean=179.3428
Runtime: 0.11691

resample(lassoStrict, iowaTask, loo)

Resample Result
Task: iowaTib
Learner: regr.glmnet
Aggr perf: mse.test.mean=179.3428
Runtime: 0.316366

# The MSE values are identical. This is because when lambda is high
# enough, all predictors will be removed from the model, just as if
# we trained a model with no predictors.
```

6. 使用 plotres()函数为 glmnet 模型绘制模型诊断图：

```
install.packages("plotmo")

library(plotmo)

plotres(ridgeModelData)

plotres(lassoModelData)

plotres(elasticModelData)

# The first plot shows the estimated slope for each parameter for
# different values of (log) lambda. Notice the different shape
# between ridge and LASSO.
```

第12章

使用kNN、随机森林和XGBoost进行回归

本章内容：

- 使用 *k* 近邻(kNN)算法进行回归
- 使用基于决策树的算法进行回归
- 对比 kNN、随机森林和 XGBoost 模型

前面的第 3 章介绍了作为分类工具的 *k* 近邻(kNN)算法，第 7 章介绍了决策树算法，然后第 8 章对决策树算法进行了扩展，以涵盖用于分类的随机森林和 XGBoost 算法。这些算法实际上也可以用来预测连续变量。所以在本章，我们将帮助你扩展这些技能以解决回归问题。

在学完本章后，我们希望你能了解如何通过扩展 kNN 和基于决策树的算法来预测连续变量。如第 7 章所述，决策树倾向于过拟合训练数据，因此人们通常使用集成学习技术来对决策树进行改进。在本章，你将训练随机森林和 XGBoost 模型，并根据 kNN 算法对它们的性能进行基准测试。

注意 回顾第 8 章，随机森林和 XGBoost 是两个基于决策树的学习器，它们实现了大量决策树的集成以提高预测的准确性。随机森林利用来自数据的不同自助采样样本并行训练大量决策树，而 XGBoost 训练的是优先处理错误分类样本的序列决策树。

12.1 使用 kNN 算法预测连续变量

本节将讲解如何使用 kNN 算法以图形化的方式进行回归。假设你不是一个喜欢早起的人，为了最大限度地利用睡眠时间，你决定训练一种机器学习模型，以根据自己出发的时间来预测上班通勤需要多长时间。早上准备大概需要 40 分钟，所以你希望这个模型可以告诉你什么时间出发才能保证准时上班不迟到。

在接下来两周中的每一天，你需要记录自己出发的时间以及通勤所需的时间。你的出行时间将受到交通状况的影响(早上的交通状况会有所不同)，因此通勤时间会根据出发时间而变化。图 12-1 说明了出发时间与通勤时间之间的关系。

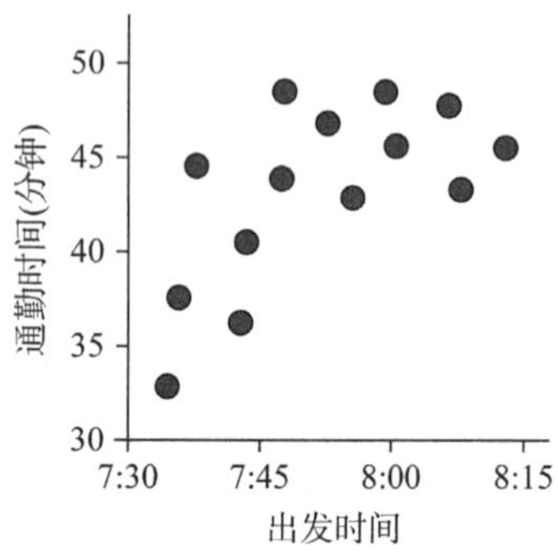

图 12-1 通勤时间取决于出发时间

回顾第 3 章，kNN 算法是一种懒惰的学习器。换言之，这种算法在模型训练期间不做任何工作(而只存储训练数据)；kNN 算法只在做具体预测时才工作。在进行预测时，kNN 算法会在训练集中查找与每个新的、未标注的数据值最相似的 *k* 个样本。这 *k* 个最相似样本中的每一个都将对新数据的预测值进行投票。当使用 kNN 算法进行分类时，这些投票是针对类别成员的，获胜方将作为新数据的输出类别。图 12-2 展示了 kNN 算法的工作原理。

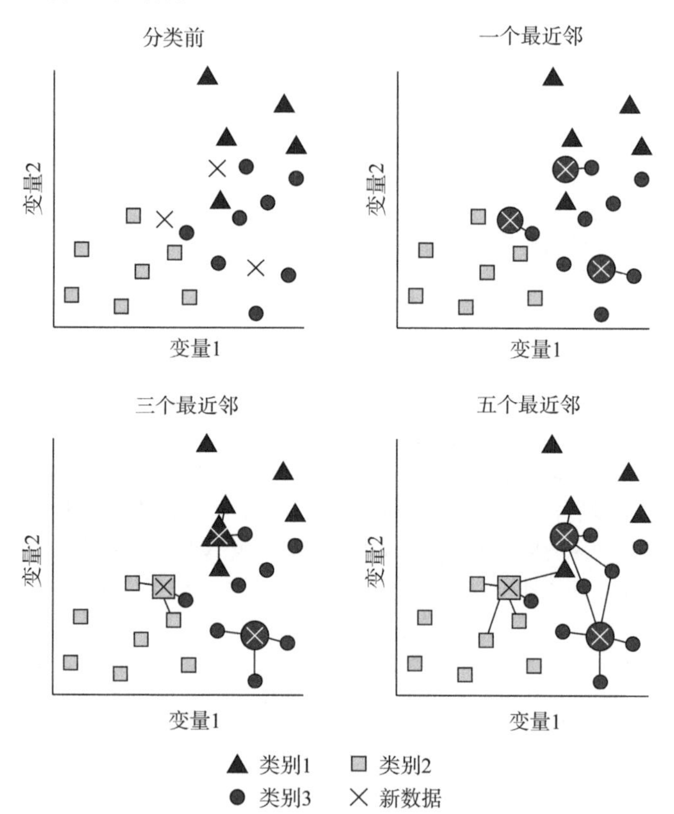

图 12-2 用于分类的 kNN 算法：识别 *k* 个最近邻并选择得票最多的类别作为新数据的输出类别。直线用于将未标注的数据与各个最近邻连接起来

使用 kNN 进行回归时，投票过程非常相似，只不过是将这些 *k* 次投票的平均值作为新数据的预测值。

图 12-3 所示的通勤示例演示了投票过程。*x* 轴上的×表示新的数据：我们离开家门的时间(出发时间)以及想要预测的通勤时长。如果训练一个只有一个最近邻的 kNN 模型，这个模型将从训练集中找到最接近每个新数据点的出发时间的单一样本，并使用对应的值作为预测的通勤

时长。如果训练一个包含三个最近邻的 kNN 模型，这个模型将发现三个出发时间与每个新数据点最相似的训练样本，取这三个样本的平均通勤时长，并作为新数据的预测值输出。这同样适用于训练模型的任何数量的 *k* 值。

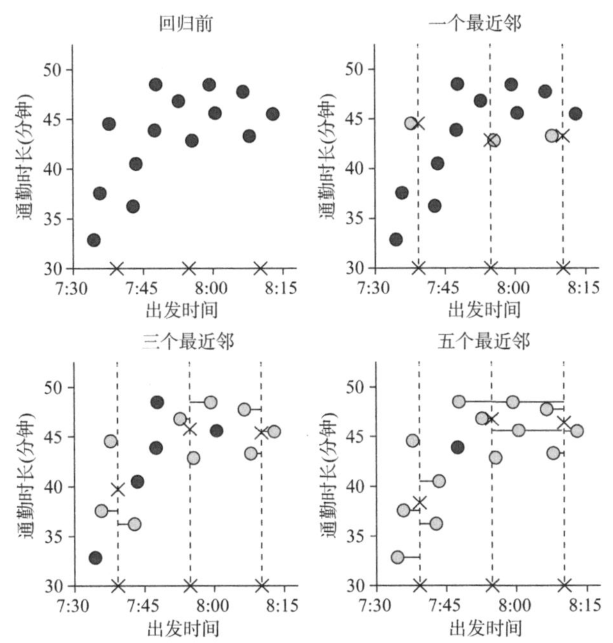

图 12-3　使用 kNN 算法预测连续变量。×表示希望预测通勤时长的新数据点。对于包含一个、三个和五个最近邻的 kNN 模型，每个新数据点的最近邻以较浅的阴影突出显示。在每种情况下，预测值是最近邻的平均通勤时长

注意　和使用 kNN 进行分类一样，选出 *k* 的最优值对模型性能至关重要。如果选择的 *k* 值过低，可能会产生过拟合的模型，并且进行的预测可能具有高方差。如果选择的 *k* 值过高，可能会产生欠拟合的模型，并且进行的预测可能具有高偏差。

12.2　使用基于决策树的算法预测连续变量

本节讲解如何使用基于决策树的算法预测连续变量。在第 7 章，我们已经讲解了如何使用基于决策树的算法(例如 rpart 算法)进行二元划分，从而将特征空间划分为单独的区域。rpart 算法将尝试对特征空间进行划分，使每个区域仅包含来自特定类别的样本。换言之，repart 算法将尝试学习二元划分，从而得到尽可能纯净的区域。

注意　特征空间指的是预测变量值的所有可能组合，纯度指的是单个区域内样本的同类性。

为了帮助你回顾前面学习的相关知识，图 12-4 展示了如何对包含两个预测变量的特征空间进行划分以预测属于三个类别的样本。

在使用基于决策树的算法进行分类时，过程有点像在农场中把动物赶到围栏里。因此，从概念上讲，我们很容易将特征空间根据类别划分为不同的区域。但是，想要用图形来表示通过划分特征空间来预测连续变量也并不容易。

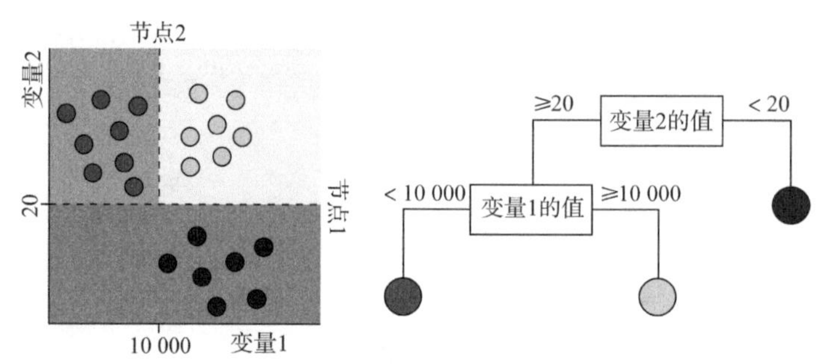

图 12-4　对分类问题进行划分。绘制两个连续变量属于三个类别的情况。第一个节点会根据变量 2 的值将特征空间划分成矩形。第二个节点则进一步基于变量 1 的值将变量 2 大于或等于 20 的特征空间划分成更小的矩形

那么，如何处理回归问题呢？方式完全相同，唯一的区别在于不用表示类别的每个区域，而是表示连续输出变量的值。观察图 12-5，我们使用通勤时长示例创建了一棵回归树，回归树的节点将特征空间(出发时间)划分成了不同的区域，每个区域代表内部样本输出变量的平均值。当对新数据进行预测时，模型将预测新数据所处区域的值。回归树的叶子不再是类别，而是数字。图 12-5 只展示了包含一个和两个预测变量的情况，但我们的模型可以扩展到任何数量的预测变量。

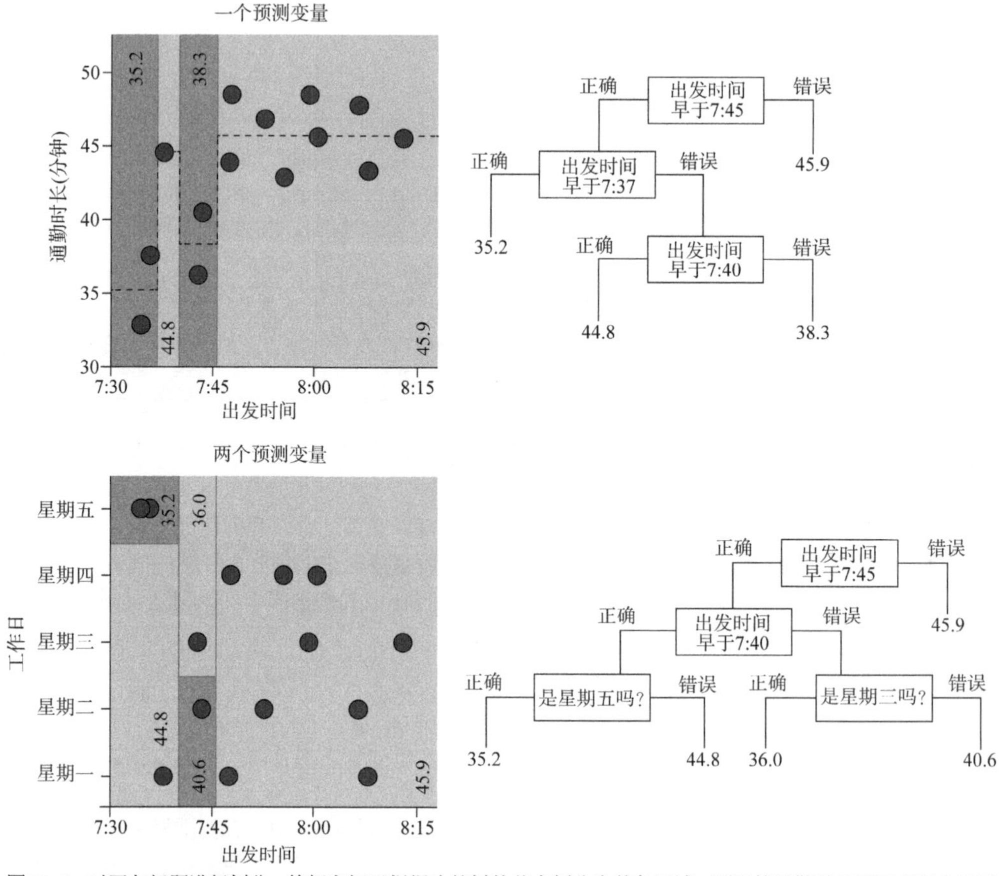

图 12-5　对回归问题进行划分。特征空间已根据决策树的节点划分为着色区域。预测的通勤时长显示在每个区域内。左上方图形中的虚线显示了如何根据决策树从出发时间预测通勤时长

与分类一样，回归树可以处理连续和分类预测变量(XGBoost 除外，它要求对分类变量进行数字编码)。对于连续变量和分类变量，决定划分的方法与分类树相同，只是不寻找基尼增益最高的划分，而是寻找平方和最小的划分。

注意 回顾第 7 章，基尼增益是父节点和子节点基尼指数之间的差异。基尼指数是衡量杂质的指标，等于$1-(p(A)^2+p(B)^2)$，其中 $p(A)$和 $p(B)$分别是属于 A 类别和 B 类别的样本所占的比例。

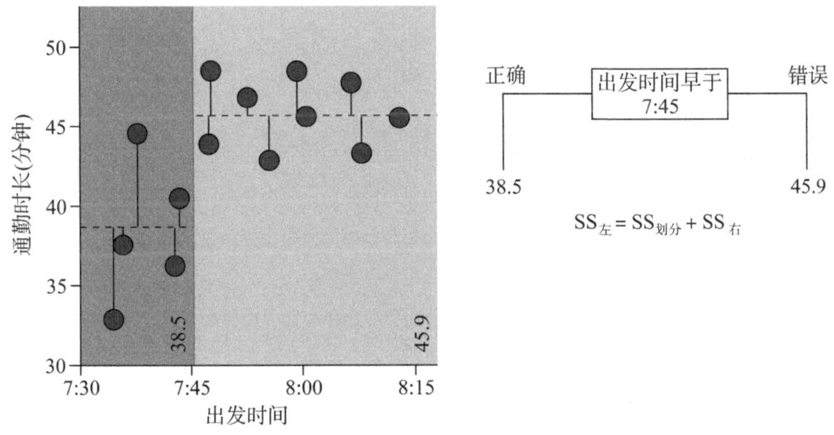

图 12-6　如何为回归问题选择候选划分。纯度的度量是划分的平方和，即左节点和右节点平方和的组合。每个平方和是每个样本与它所属叶预测值之间的垂直距离

对于每种候选划分，计算左右划分的残差平方和，并将它们相加，形成整个划分的残差平方和。在图 12-6 中，算法正在考虑出发时间在 7:45 之前的候选划分。对于出发时间在 7:45 之前的每个样本，计算平均通勤时长，找到残差(每个样本的通勤时长和平均值之间的差)。出发时间在 7:45 之后的情况也是一样的，得到对应的平均值。将两个残值的平方相加，得到整个划分的残差平方和。如果你更喜欢用数学符号来表示的话，计算公式如下：

$$SS_{\text{split}}=\sum\nolimits_{i\in\text{left}}\left(y_i-\hat{y}_{\text{left}}\right)^2+\sum\nolimits_{i\in\text{right}}\left(y_i-\hat{y}_{\text{right}}\right)^2 \quad \text{式(12.1)}$$

其中：$i\in$left 和 $i\in$right 分别表示属于左、右分支的样本。

可以选择残差平方和最小的候选划分作为决策树中任何特定点的划分。因此，对于回归树来说，纯度指的是数据围绕节点的平均值的分布情况。

12.3　建立第一个 kNN 回归模型

本节将定义一个用于回归的 kNN 学习器、调节超参数 *k* 并训练模型，以便用来预测连续变量。假设你是一名化学工程师，想要根据自己对每一批燃料的测量值，预测不同批次燃料释放的热量。为此，你需要建立一个 kNN 模型，然后在本章的后面，与随机森林和 XGBoost 模型进行性能比较。

首先加载 mlr 和 tidyverse 程序包：

```
library(mlr)
```

```
library(tidyverse)
```

12.3.1 加载和研究燃料数据集

mlr 程序包提供了几个预定义的任务，它们可以帮助你尝试使用不同的学习器和进程进行实验。本章使用的数据集包含在 mlr 的 fuelsubset.task 任务中。将任务加载到 R 会话中的方式与加载任何内置数据集的方式相同：使用 data()函数。然后，使用 mlr 的 getTaskData()函数从任务中提取数据，这样就可以研究它们了。一如既往，使用 as_tibble()函数将数据框转换为 tibble，参见代码清单 12.1。

代码清单 12.1 加载和研究燃料数据集

```
data("fuelsubset.task")

fuel <- getTaskData(fuelsubset.task)

fuelTib <- as_tibble(fuel)

fuelTib

# A tibble: 129 x 367
  heatan   h20 UVVIS.UVVIS.1 UVVIS.UVVIS.2 UVVIS.UVVIS.3 UVVIS.UVVIS.4
   <dbl> <dbl>         <dbl>         <dbl>         <dbl>         <dbl>
 1  26.8  2.3         0.874         0.748         0.774         0.747
 2  27.5  3          -0.855        -1.29         -0.833        -0.976
 3  23.8  2.00       -0.0847       -0.294        -0.202        -0.262
 4  18.2  1.85       -0.582        -0.485        -0.328        -0.539
 5  17.5  2.39       -0.644        -1.12         -0.665        -0.791
 6  20.2  2.43       -0.504        -0.890        -0.662        -0.744
 7  15.1  1.92       -0.569        -0.507        -0.454        -0.576
 8  20.4  3.61        0.158         0.186         0.0303        0.183
 9  26.7  2.5         0.334         0.191         0.0777        0.0410
10  24.9  1.28        0.0766        0.266         0.0808       -0.0733
 ...
#  with 119 more rows, and 361 more variables
```

我们得到一个包含 129 个不同批次的燃料样本和 367 个变量/特征的 tibble！

提示 通过运行 names(fuelTib)可返回数据集中所有变量的名称。当处理因具有太多列而无法在控制台上可视化的大型数据集时，这将非常有用。

heatan 变量表示一定量的燃料在燃烧时释放的能量(以兆焦耳(MJ)为单位)。h20 变量表示燃料容器中的湿度。其余变量表示每批燃料吸收的特定波长的紫外线或近红外线的量(每个变量代表不同的波长)。

提示 要查看 mlr 内置的所有任务，请使用 data(package="mlr")。

下面绘制数据图以了解 heatan 变量如何与不同波长的紫外线和近红外线下的 absorbance 变量相关。我们将通过执行如下步骤来升级 tidyverse 任务，参见代码清单 12.2。

(1) 由于要为数据中的每个样本绘制一条单独的 geom_smooth()曲线，因此首先将数据导入 mutate()函数调用，并在 mutate()函数调用中创建仅用作行索引的 id 变量。可使用 nrow(.)指定要导入 mutate()函数调用中的行数。

(2) 将步骤(1)的结果导入 gather()函数以创建包含光谱信息的键-值对(以 wavelength 为键，以波长处的 absorbance 为值)变量。这里忽略了收集过程中的 heatan、h20 和 id 变量(c(-heatan，-h20，-id))。

(3) 将步骤(2)的结果输入另一个 mutate()函数调用以创建两个新的向量：

- 一个是用来表示行是否显示紫外或近红外光谱吸光度的字符向量。
- 另一个是用来表示特定光谱波长的数字向量。

这里从 stringer tidyverse 程序包引入两个函数：str_sub()和 str_extract()。str_sub()函数的作用是将字符串拆分为单独的字母数字字符和符号，并返回 start 和 end 参数之间的字符和符号。例如，str_sub("UVVIS.UVVIS.1"，1，3)将返回"UVV"。当光谱是紫外光谱时，可调用 str_sub()函数，使用"UVV"值对列进行变换；而当光谱是近红外光谱时，使用"NIR"对列进行变换。

str_extract()函数的作用是在字符串中查找特定模式，然后返回。在代码清单 12.2 中，我们要求函数使用\\d 查找任何数字。\\d 后面的+用于指示这种模式可能不止匹配一次。例如，可尝试比较 str_extract("hello123"，"\\d")和 str_extract("hello123"，"\\d+")的输出。

代码清单 12.2　准备绘图用的数据

```
fuelUntidy <- fuelTib %>%
  mutate(id = 1:nrow(.)) %>%
  gather(key = "variable", value = "absorbance",
  c(-heatan, -h20, -id)) %>%
  mutate(spectrum = str_sub(variable, 1, 3),
         wavelength = as.numeric(str_extract(variable, "(\\d)+")))

fuelUntidy

# A tibble: 47,085 x 7
   heatan   h20     id variable      absorbance spectrum wavelength
    <dbl> <dbl> <int> <chr>              <dbl> <chr>         <dbl>
 1   26.8   2.3      1 UVVIS.UVVIS.1     0.874  UVV               1
 2   27.5   3        2 UVVIS.UVVIS.1    -0.855  UVV               1
 3   23.8   2.00     3 UVVIS.UVVIS.1   -0.0847  UVV               1
 4   18.2   1.85     4 UVVIS.UVVIS.1    -0.582  UVV               1
 5   17.5   2.39     5 UVVIS.UVVIS.1    -0.644  UVV               1
 6   20.2   2.43     6 UVVIS.UVVIS.1    -0.504  UVV               1
 7   15.1   1.92     7 UVVIS.UVVIS.1    -0.569  UVV               1
 8   20.4   3.61     8 UVVIS.UVVIS.1     0.158  UVV               1
 9   26.7   2.5      9 UVVIS.UVVIS.1     0.334  UVV               1
10   24.9   1.28    10 UVVIS.UVVIS.1     0.0766 UVV               1
...
#  with 47,075 more rows
```

这是一些相当复杂的数据操作，因此请运行代码并查看结果，确保自己理解这个 tibble 的创建过程。

注意　可通过指定正则表达式来搜索字符向量中的模式，参见代码清单 12.2 中的"\\d+"。正则表达式是用于描述搜索模式的特殊文本字符串，并且是从字符串中提取(有时很复杂)模式的一种非常有用的工具。如果对正则表达式感兴趣，可通过运行? regex 来了解更多关于如何在 R 中使用它们的信息。

在为绘图准备好格式化的数据后，我们将绘制如下三张图：

- absorbance 与 heatan 的关系图，为每个波长绘制单独的曲线。
- wavelength 与 absorbance 的关系图，为每个样本绘制单独的曲线。
- h20(湿度)与 heatan 的关系图。

在 absorbance 与 heatan 的关系图中，可将 wavelength 封装在 as.factor()函数中，以便使用离散颜色(而不是从低波长到高波长的渐变颜色)绘制每个波长。为了防止 gglot()函数将每条曲线的颜色图例绘制得过大，可以通过添加 theme(legend.position="None")来隐藏图例。下面按光谱构造分面来创建紫外和近红外光谱的子图，同时使用 scales="free_x"参数以允许 x 轴在子图之间发生改变。

如果需要添加标题，可以在 ggplot2 中通过使用 ggtitle()函数来实现，在引用中提供标题名称即可。

提示 theme()函数的作用是：让你自定义关于图形外观的任何选项，包括字体大小以及是否有网格线。

在 wavelength 与 absorbance 的关系图中，将 group 设置为与之前创建的 id 变量相等，以便 geom_mooth()为每批燃料绘制一条单独的曲线，参见代码清单 12.3。

代码清单 12.3 绘制数据

```
fuelUntidy %>%
  ggplot(aes(absorbance, heatan, col = as.factor(wavelength))) +
  facet_wrap(~ spectrum, scales = "free_x") +
  geom_smooth(se = FALSE, size = 0.2) +
  ggtitle("Absorbance vs heatan for each wavelength") +
  theme_bw() +
  theme(legend.position = "none")

fuelUntidy %>%
  ggplot(aes(wavelength, absorbance, group = id, col = heatan)) +
  facet_wrap(~ spectrum, scales = "free_x") +
  geom_smooth(se = FALSE, size = 0.2) +
  ggtitle("Wavelength vs absorbance for each batch") +
  theme_bw()

fuelUntidy %>%
  ggplot(aes(h20, heatan)) +
  geom_smooth(se = FALSE) +
  ggtitle("Humidity vs heatan") +
  theme_bw()
```

结果如图 12-7 所示。有时候数据真的很漂亮，不是吗？在 absorbance 与 heatan 的关系图中，每条曲线都对应一个特定的波长。各个预测变量与输出变量之间的关系是复杂的、非线性的。h20 与 heatan 之间也存在非线性关系。

在 wavelength 与 absorbance 的关系图中，每条曲线都对应特定批次的燃料，线条显示了燃料对应紫外光和近红外光的 absorbance，线条的阴影对应燃料的 heatan。虽然很难辨别这些曲线中的模式，但某些 absorbance 似乎与较高和较低的 heatan 相关。

提示 尽管可以对数据过拟合，但绝对不能进行过度绘图。在开始进行探索性分析时，我们将以多种不同方式绘制数据集，以便从不同角度/方面更好地加以理解。

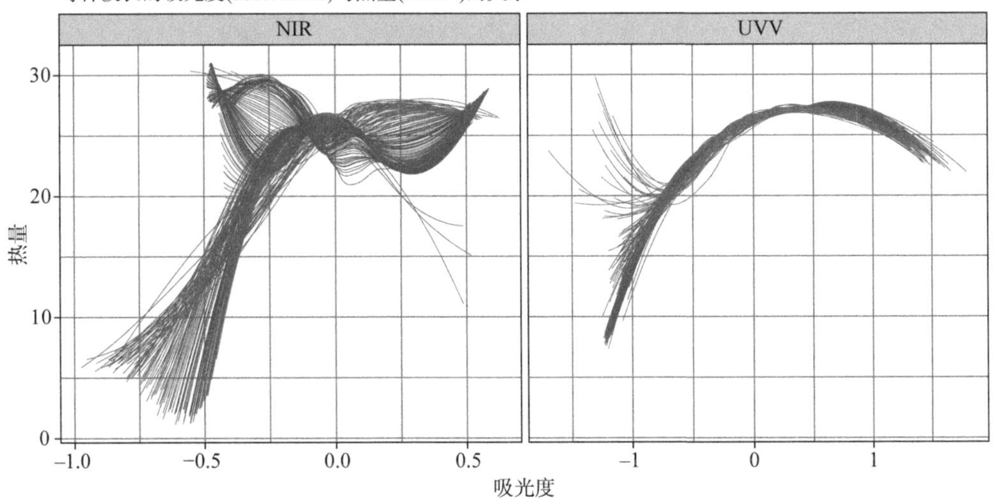

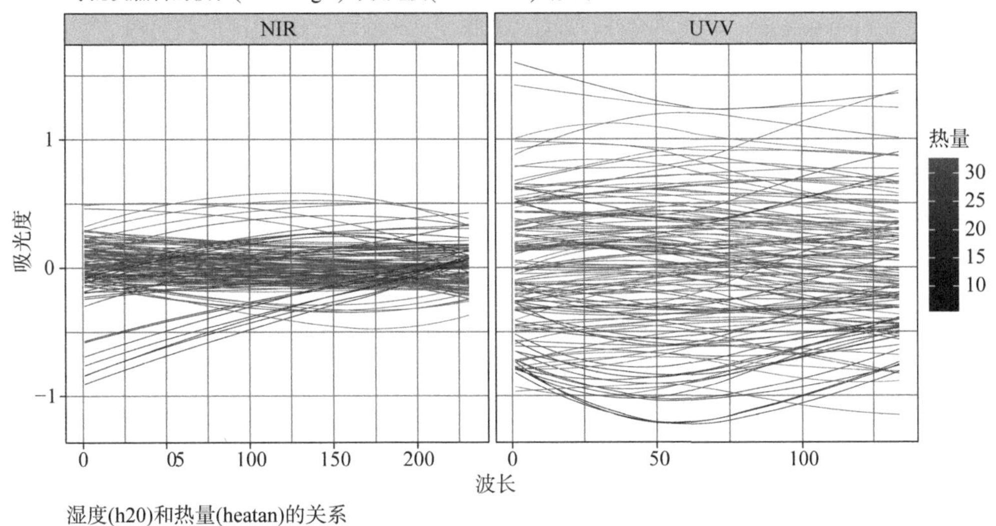

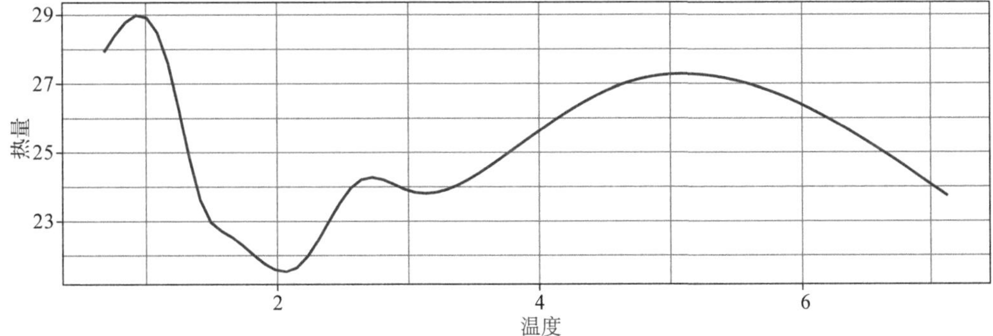

图 12-7　绘制 fuelTib 数据集中的关系

练习 12-1：使用以下参数向 absorbance 与 heatan 的关系图中添加额外的 geom_smooth()。

- group=1
- col="blue"

通过使用 group=1，可忽略分组并创建一条用于对所有数据进行建模的平滑线。

光谱数据建模

我们使用的 faelTib 数据集就是光谱数据的典型例子。光谱数据包含的是处于一系列(常见)波长范围内的观测值。例如，可以测量一种物质从一系列不同颜色中吸收光线的程度。

统计学家和数据科学家称这种数据为功能数据，这样的数据集中往往有许多维度(我们测量的波长)，并且这些维度都有特定的顺序(从测量最低波长的吸光度开始，一直到最高波长)。

一种被称为功能数据分析的统计分支专门用于这样的数据建模。在功能数据分析中，每个预测变量都被转换成函数(例如，描述吸光度在紫外线和近红外线的波长上如何变化的函数)。然后在模型中使用这些函数作为预测变量，以预测输出变量。我们不会将上述技术应用于这些数据，但是，如果你对函数式数据分析感兴趣，请参阅 James Ramsay 撰写的 *Functional Data Analysis*。

预定义的 fuelsubset.task 会将紫外和近红外光谱定义为函数变量，因此，我们将定义自己的任务，并将每个波长作为单独的预测变量。和往常一样，使用 makeRegTask()函数，将 heatan 变量设置为目标，然后使用 makeLearner()函数定义 kNN 学习器，参见代码清单 12.4。

代码清单 12.4 定义任务和 kNN 学习器

```
fuelTask <- makeRegrTask(data = fuelTib, target = "heatan")

kknn <- makeLearner("regr.kknn")
```

注意 对于回归，学习器的名称是带有两个 k 的 regr.kknn，而不是我们在第 3 章中用过的 classif.knn。在这里，我们使用核函数(与第 6 章中的支持向量机一样)来寻找类别之间的线性决策边界。

12.3.2 调节超参数 *k*

下面我们调节超参数 *k* 以获得性能最优的 kNN 模型。对于回归，超参数 *k* 的值决定了在对新的样本进行预测时，要对多少最近邻的结果求平均值。可首先使用 makeParamSet()函数定义超参数搜索空间，并将 *k* 定义为取值范围是 1～12 的离散超参数。然后将搜索过程定义为网格搜索(这样将尝试搜索空间中的每个值)，并定义 10-折交叉验证策略。

正如之前多次所做的那样，使用 tuneParams()函数运行调节过程，并将学习器、任务、交叉验证方法、超参数空间和搜索过程作为参数，参见代码清单 12.5。

代码清单 12.5 调节超参数 *k*

```
kknnParamSpace <- makeParamSet(makeDiscreteParam("k", values = 1:12))

gridSearch <- makeTuneControlGrid()

kFold <- makeResampleDesc("CV", iters = 10)
```

```
tunedK <- tuneParams(kknn, task = fuelTask,
                     resampling = kFold,
                     par.set = kknnParamSpace,
                     control = gridSearch)

tunedK

Tune result:
Op. pars: k=7
mse.test.mean=10.7413
```

可以通过使用 generateHyperParsEffectData()函数来提取调节的数据并传递给 plotHyparsEffect()函数以绘制超参数调节过程，将超参数("k")作为 x 轴，将 MSE("mse.test.mean")作为 y 轴。同时，设置 plot.type 参数等于"line"，从而使用一条曲线将样本连接起来，参见代码清单 12.6。

代码清单 12.6　绘制超参数调节过程

```
knnTuningData <- generateHyperParsEffectData(tunedK)

plotHyperParsEffect(knnTuningData, x = "k", y = "mse.test.mean",
                    plot.type = "line") +
  theme_bw()
```

结果如图 12-8 所示。可以看到，随着 k 值增加到 7 以上，MSE 的平均值开始增加，看起来我们似乎设置了合适的搜索空间。

练习 12-2： 确保我们的搜索空间足够大。让 k 取值为 1 ~ 50 并重复调节过程。绘制调节过程，我们最初设置的搜索空间够大吗？

有了调节后的 k 值，就可以使用 setHyperPars()函数定义学习器并训练模型了，参见代码清单 12.7。

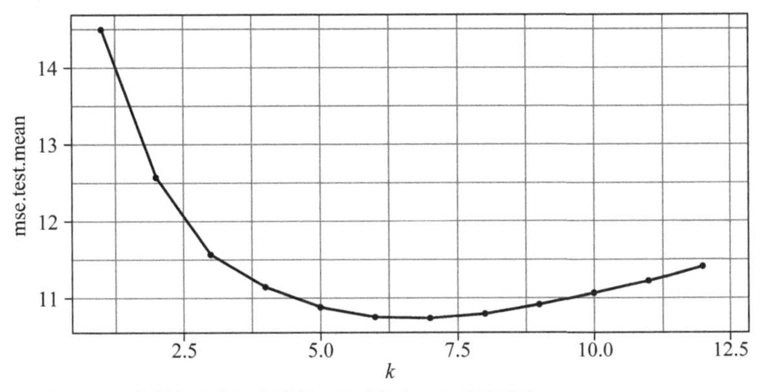

图 12-8　绘制超参数调节过程，针对每个 k 值显示平均 MSE(mse.test.mean)

代码清单 12.7　训练最终的 kNN 模型

```
tunedKnn <- setHyperPars(makeLearner("regr.kknn"), par.vals = tunedK$x)

tunedKnnModel <- train(tunedKnn, fuelTask)
```

12.4 建立第一个随机森林回归模型

本节将定义用于回归的随机森林学习器、调节超参数并为燃料任务训练模型。

注意 尽管可以使用 rpart 算法来构建回归树，但是由于 bagged(自助汇总)和 boosted 学习器性能更优，因此我们将直接使用随机森林和 XGBoost 学习器。回想一下，bagged 学习器能使用数据的自助采样样本训练多个模型，然后返回多数投票；boosted 学习器则按顺序训练模型，并将更多的精力放在纠正先前集成模型的错误方面。

我们将从定义随机森林学习器开始。注意，与第 8 章中的"classif.randomForest"不同，回归模型中的对应项是"regr.randomForest"：

```
forest <- makeLearner("regr.randomForest")
```

接下来调节随机森林学习器的如下超参数：ntree、mtry、nodesize 和 maxnodes。这些超参数的功能如下：

- ntree 控制需要训练的单个决策树的数量。通常，决策树越多越好，直到添加更多决策树无法进一步提高模型性能为止。
- mtry 控制每个决策树随机采样的预测变量的数量。使用随机选择的预测变量训练每个决策树有助于保持决策树之间不相关，因此有助于防止集成模型过拟合训练集。
- nodesize 定义叶节点中允许的最小样本数。例如，将 nodesize 设置为 1 将允许训练集中的每个样本都有自己的叶子。
- maxnodes 定义每个决策树中的最大节点数。

与往常一样，使用 makeParamSet()函数创建超参数搜索空间，将每个超参数定义为具有合理上下限的整数。然后定义一个包含 100 次迭代的随机搜索，并从随机森林学习器、燃料任务和 holdout 交叉验证策略开始进行调节，参见代码清单 12.8。

警告 这个调节过程需要一些时间。为此，可以使用 parallel 和 parallelMap 程序包。在使用了并行化处理方式之后，在笔者的四核计算机上运行这些代码大约需要 2 分钟。

代码清单 12.8 随机森林的超参数调节过程

```
forestParamSpace <- makeParamSet(
  makeIntegerParam("ntree", lower = 50, upper = 50),
  makeIntegerParam("mtry", lower = 100, upper = 367),
  makeIntegerParam("nodesize", lower = 1, upper = 10),
  makeIntegerParam("maxnodes", lower = 5, upper = 30))

randSearch <- makeTuneControlRandom(maxit = 100)

library(parallel)

library(parallelMap)

parallelStartSocket(cpus = detectCores())

tunedForestPars <- tuneParams(forest, task = fuelTask,
                              resampling = kFold,
                              par.set = forestParamSpace,
```

```
                                control = randSearch)

parallelStop()

tunedForestPars

Tune result:
Op. pars: ntree=50; mtry=244; nodesize=6; maxnodes=25
mse.test.mean=6.3293
```

最后，使用已调节的超参数训练随机森林模型。训练完模型后，最好提取模型信息并传递给 plot()函数以绘制包外误差，参见代码清单 12.9。回顾第 8 章，包外误差是决策树对每个样本的平均预测错误，并且这些决策树的自助采样样本中没有包含这些样本。分类的包外误差和回归随机森林的唯一区别是：分类中的误差是错误分类样本所占的比例；但在回归中，误差是均方误差。

代码清单 12.9　训练模型并绘制包外误差

```
tunedForest <- setHyperPars(forest, par.vals = tunedForestPars$x)

tunedForestModel <- train(tunedForest, fuelTask)

forestModelData <- getLearnerModel(tunedForestModel)

plot(forestModelData)
```

结果如图 12-9 所示。可以看出，在有了 30～40 个 bagged 决策树之后，包外误差开始趋于稳定，因此我们可以满意地看到随机森林中已经包含足够多的决策树。

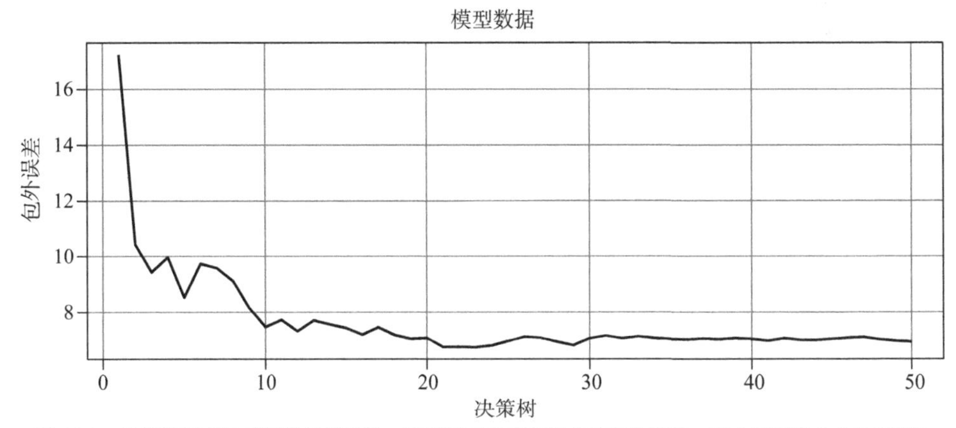

图 12-9　绘制随机森林模型的包外误差。纵轴显示了所有样本的包外误差，可由训练集中未包含这些样本的决策树进行预测

12.5　建立第一个 XGBoost 回归模型

本节将定义用于回归的 XGBoost 学习器、调节超参数并为燃料任务训练模型。与 kNN 和随机森林学习器一样，我们将从定义 XGBoost 学习器开始。同时，使用"regr.xgboost"代替第 8 章中的" classif.xgboost"：

```
xgb <- makeLearner("regr.xgboost")
```

接下来调节 XGBoost 学习器的如下超参数：eta、gamma、max_depth、min_child_weight、subsample、colsample_bytree 和 nrounds。这些超参数的功能如下：

- eta 被称为学习率，取值介于 0 和 1 之间，可通过将 eta 超参数的值乘以每个决策树的模型权重来减慢学习过程并防止过拟合。
- gamma 是节点用来改善损失函数(在回归情况下为 MSE)的最小划分量。
- max_depth 是每个决策树可以生长的最大深度。
- min_child_weight 是尝试划分节点之前节点所需的最小杂质程度(如果节点足够纯，请勿尝试再次划分)。
- subsample 是每个决策树随机抽样(不替换)的样本比例，设置为 1 即可使用训练集中的所有样本。
- colsample_bytree 是每个决策树采样预测变量的比例。还可以调节 colsample_bylevel 和 colsample_bynode，它们分别是决策树中的每个节点和每个深度采样预测变量所占的比例。
- nrounds 是模型中顺序构建的决策树的数量。

注意 当使用 XGBoost 处理分类问题时，还可以调节 eval_metric 超参数，以便在对数损失函数和分类误差损失函数之间进行选择。但是对于回归问题，只有一个损失函数(RMSE)可用，因此不需要调节这个超参数。

在代码清单 12.10 中，我们将搜索这些超参数的上下界。在这里，我们将 max_depth 和 nrounds 定义为整型超参数，而将所有其他超参数定义为数值。我们已经为每个超参数的上下界选择了合理的起始值，但是在你自己的项目中，你可能需要调节搜索空间以找到值的最优组合。笔者通常将 nrounds 超参数固定为某个能够满足计算开销的单一值，然后根据决策树的数量绘制损失函数(RMSE)，以查看模型误差是否趋于稳定。如果不稳定，就增大 nrounds 超参数，直到模型误差趋于稳定为止。

一旦定义了搜索空间，就可以像本章前面那样开始调节过程了。

警告 在笔者的四核计算机上运行这些代码大约需要 1.5 分钟。

代码清单 12.10 XGBoost 的超参数调节过程

```
xgbParamSpace <- makeParamSet(
  makeNumericParam("eta", lower = 0, upper = 1),
  makeNumericParam("gamma", lower = 0, upper = 10),
  makeIntegerParam("max_depth", lower = 1, upper = 20),
  makeNumericParam("min_child_weight", lower = 1, upper = 10),
  makeNumericParam("subsample", lower = 0.5, upper = 1),
  makeNumericParam("colsample_bytree", lower = 0.5, upper = 1),
  makeIntegerParam("nrounds", lower = 30, upper = 30))

tunedXgbPars <- tuneParams(xgb, task = fuelTask,
                           resampling = kFold,
                           par.set = xgbParamSpace,
                           control = randSearch)

tunedXgbPars
```

```
Tune result:
Op. pars: eta=0.188; gamma=6.44; max_depth=11; min_child_weight=1.55; subsamp
     le=0.96; colsample_bytree=0.7; nrounds=30
mse.test.mean=6.2830
```

既然已经获得了超参数的调节组合，现在就让我们使用这个组合来训练最终的模型。一旦完成这项工作，就可以提取模型信息，并绘制针对 RMSE 的迭代次数(决策树数目)，以查看我们的集成模型中是否包含足够多的决策树。有关决策树数目的 RMSE 信息包含在模型信息的 $evaluation_log 组件中，将其用作 ggplot()函数的数据参数，并指定 iter 和 train_rmse 以分别将决策树数目及 RMSE 绘制为 x 轴和 y 轴，参见代码清单 12.11。

代码清单 12.11　训练模型并根据决策树数目绘制 RMSE

```
tunedXgb <- setHyperPars(xgb, par.vals = tunedXgbPars$x)

tunedXgbModel <- train(tunedXgb, fuelTask)

xgbModelData <- getLearnerModel(tunedXgbModel)

ggplot(xgbModelData$evaluation_log, aes(iter, train_rmse)) +
  geom_line() +
  geom_point() +
  theme_bw()
```

结果如图 12-10 所示。可以看到，在达到 30 次迭代以后，RMSE 将趋于稳定(包含更多次迭代已无法生成性能更好的模型)。

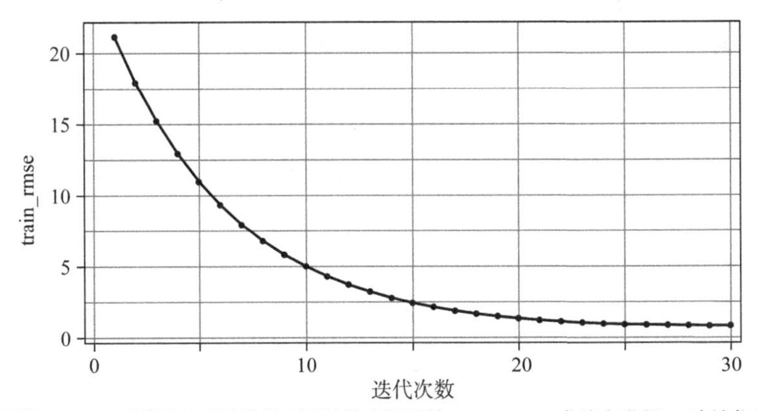

图 12-10　根据 boosting 过程的迭代次数绘制平均均方根误差(train_rmse)。曲线在进行 30 次迭代之后变得平缓，这表明模型中已经包含足够多的决策树

12.6　对 kNN、随机森林和 XGBoost 模型的构建过程进行基准测试

本节将对 kNN、随机森林和 XGBoost 模型的构建过程进行基准测试，参见代码清单 12.12。首先创建调节封装器，将每个学习器及其超参数调节过程封装在一起。然后创建这些调节封装器的列表，并将它们传入 benchmark()函数。由于这个过程需要一些时间，我们将定义并使用 holdout 交叉验证过程来评估每个调节封装器的性能(理想情况下，将使用 k-折法或重复 k-折法进行交叉验证)。

注意 休息时间到了！在笔者的四核计算机上运行这些代码大约需要7分钟。我们正在将训练XGBoost模型作为基准测试的一部分，因此使用parallelMap程序包不会带来太大的帮助。但是，如果允许XGBoost执行自身的内部并行化操作，那么速度将变得更快。

代码清单 12.12　对 kNN、随机森林和 XGBoost 模型进行基准测试

```
kknnWrapper <- makeTuneWrapper(kknn, resampling = kFold,
                                par.set = kknnParamSpace,
                                control = gridSearch)

forestWrapper <- makeTuneWrapper(forest, resampling = kFold,
                                par.set = forestParamSpace,
                                control = randSearch)

xgbWrapper <- makeTuneWrapper(xgb, resampling = kFold,
                                 par.set = xgbParamSpace,
                                 control = randSearch)

learners = list(kknnWrapper, forestWrapper, xgbWrapper)

holdout <- makeResampleDesc("Holdout")

bench <- benchmark(learners, fuelTask, holdout)

bench

  task.id              learner.id mse.test.mean
1 fuelTib          regr.kknn.tuned        10.403
2 fuelTib  regr.randomForest.tuned         6.174
3 fuelTib       regr.xgboost.tuned         8.043
```

根据这一基准测试结果，随机森林算法可能会给出性能最好的模型，平均预测误差为2.485(平方值约为6.174)。

12.7　kNN、随机森林和 XGBoost 算法的优缺点

kNN、随机森林和XGBoost算法在回归方面的优缺点与分类算法相同。

练习 12-3： 通过重新运行基准测试，在将Holdout交叉验证对象更改为kFold对象后，可以更准确地估计每个模型的构建过程。警告：这在笔者的四核计算机上运行了接近1小时！可以将基准测试结果保存到一个对象中，并将这个对象作为唯一参数传递给plotBMRBoExplots()函数。

练习 12-4： 交叉验证练习12-3所示基准测试中获胜模型的建模过程，但在超参数调节期间执行随机搜索的2000次迭代，并使用Holdout作为内部交叉验证循环，而使用10-折交叉验证作为外部交叉验证循环。警告：建议使用并行化方式，并在午餐时间或夜间运行。

12.8　本章小结

- (kNN算法)和基于决策树的算法可用于回归和分类。
- 当预测连续输出变量时，kNN算法的预测值是 k 个最近邻的平均值。

- 当预测连续输出变量时，基于决策树的算法的叶是叶中样本的平均值。
- 在回归问题中，包外误差和 RMSE 仍然可以用来确定随机森林和 XGBoost 模型是否包含足够多的决策树。

12.9　练习题答案

1. 使用额外的 geom_smooth()函数绘制 absorbance 与 heatan 的关系图，并对整个数据集进行建模：

```
fuelUntidy %>%
  ggplot(aes(absorbance, heatan, col = as.factor(wavelength))) +
  facet_wrap(~ spectrum, scales = "free_x") +
  geom_smooth(se = FALSE, size = 0.2) +
  geom_smooth(group = 1, col = "blue") +
  ggtitle("Absorbance vs heatan for each wavelength") +
  theme_bw() +
  theme(legend.position = "none")
```

2. 展开 kNN 搜索空间，以包含 1～50 的值：

```
kknnParamSpace50 <- makeParamSet(makeDiscreteParam("k", values = 1:50))

tunedK50 <- tuneParams(kknn, task = fuelTask,
                       resampling = kFold,
                       par.set = kknnParamSpace50,
                       control = gridSearch)

tunedK50

knnTuningData50 <- generateHyperParsEffectData(tunedK50)

plotHyperParsEffect(knnTuningData50, x = "k", y = "mse.test.mean",
                    plot.type = "line") +
  theme_bw()

# Our original search space was large enough.
```

3. 使用 10-折交叉验证作为基准测试的外部交叉验证循环：

```
benchKFold <- benchmark(learners, fuelTask, kFold)

plotBMRBoxplots(benchKFold)
```

4. 交叉验证赢得基准测试的那个模型的构建过程，执行随机搜索的 2000 次迭代，并使用 Holdout 作为内部交叉验证循环(在调节封装器内部)：

```
holdout <- makeResampleDesc("Holdout")

randSearch2000 <- makeTuneControlRandom(maxit = 2000)

forestWrapper2000 <- makeTuneWrapper(forest, resampling = holdout,
                                     par.set = forestParamSpace,
                                     control = randSearch2000)

parallelStartSocket(cpus = detectCores())

cvWithTuning <- resample(forestWrapper2000, fuelTask, resampling = kFold)

parallelStop()
```

第Ⅳ部分

降维算法

你即将成为有监督机器学习方面的大师！迄今为止，你的机器学习算法工具箱为你提供了许多解决实际的分类和回归问题的技巧。现在我们将进入无监督机器学习领域，我们将不再依赖标注数据，而是直接从数据中学习模式。由于不再对已标注基本事实的数据进行对比，因此验证无监督学习器的性能将是一种挑战。为此，我们将讲解一些切实可行的方法以确保模型尽可能获得最优性能。

回顾第 1 章，无监督机器学习有两个目标：降维和聚类。在第 13～15 章，我们将介绍几种用来将高维变量转换为更小、更易于管理的低维变量的降维算法。降维算法旨在简化在多维数据中可视化模式的过程，并且在把数据传递到监督机器学习算法之前可作为预处理阶段使用，以减轻维数灾难。

第 13 章

最大化方差的主成分分析法

本章内容：

- 理解降维算法
- 处理高维和共线性
- 使用主成分分析降维

降维包括一系列将一组变量(通常数量较大)转换为更小数量变量的方法，同时要求这些变量保留尽可能多的原始多维信息。我们有时希望能减少正在使用的数据集的维数，以帮助我们可视化数据中的关系或避免在高维中发生异常现象。因此，降维是你的机器学习工具箱中必备的关键技能。

我们首先介绍降维算法中非常著名且有用的一种技术：主成分分析(Principal Component Analysis，PCA)。PCA 和第 5 章介绍的判别分析类似；但与构造新的变量分离类别不同，PCA 通过构造新的变量来解释数据中的大部分变化/信息。事实上，因为 PCA 是无监督的，所以使用的数据是未标注的，PCA 将从未标注基本事实的数据中学习模式。可使用两个或三个这样的新变量，采集大部分信息作为回归、分类或聚类算法的输入，通过这种方式，我们将能够更好地理解数据中的变量是如何相互关联的。

注意 降维的典型示例是二维地图。我们在日常生活中遇到的另一种降维应用是将音频压缩成.mp3 或.flac 这样的格式。

mlr 程序包中既没有包含降维类型的任务，也没有包含降维学习器(比如与 dimred.[ALGORITHM]类似的学习器)。PCA 是由 mlr 封装的唯一降维算法，可用于预处理阶段(如数据插补或特征选择)。鉴于此，我们将暂时不考虑 mlr 程序包的安全性。

在学完本章后，我们希望你能理解降维的概念和使用原因。同时，我们还将讲解降维算法的工作原理，以及如何通过降低数据集的维数来帮助识别假钞。

13.1 降维的目的

使用降维算法的主要原因如下：

- 使具有多个变量的数据集更易于可视化。

- 减轻维数灾难。
- 减轻共线性带来的影响。

本节将详细讲解维数灾难和共线性的概念、它们为什么会给机器学习带来问题，以及在数据中搜索模式时，降维能够减少维数灾难和共线性影响的原因是什么。

13.1.1　可视化高维数据

当开始进行探索性分析时，首先要做的就是绘制数据。原因就在于，作为数据科学家，你需要对数据的结构、变量之间的关系以及数据如何分布有相对比较直观的理解。但是，对于包含数千个变量的数据集，从哪里开始分析呢？对这些变量进行相互对照并绘图不是好的选择，如何才能认知数据的整体结构？方法就是先将数据的维数降到更易于管理的程度，之后再把数据绘制出来。这样虽然得不到原始数据的所有信息，但却有助于我们识别数据中的模式，例如降维后的样本聚类可能会在数据中显示出分组结构。

13.1.2　维数灾难的后果

在第 5 章，我们讨论了维数灾难。这种稍显戏剧性的现象描述了试图识别多变量数据集中的模式时有可能遇到的一项挑战。维数灾难一方面的表现如下：对于固定数量的样本，当增加数据集中的维数(增加特征空间)时，样本间距变得越来越远，如图 13-1 所示。在这种情况下，数据将变得稀疏。许多机器学习算法难以从稀疏数据中学习模式，反而可能会从数据集的噪声中开始学习。

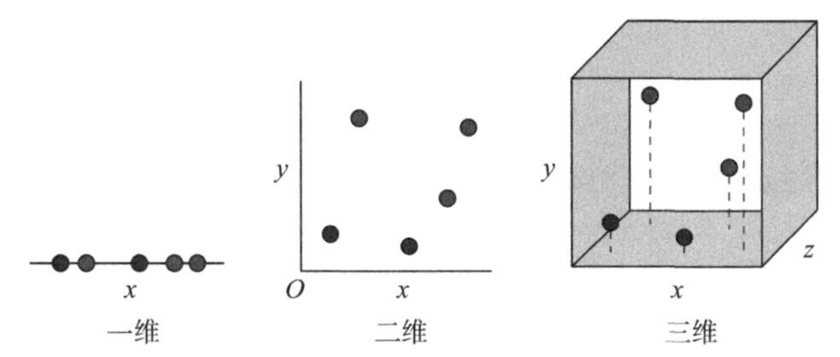

图 13-1　随着维数的增加，数据变得越来越稀疏。一维、二维和三维特征空间中分别显示了两个类别。在三维特征空间中，虚线是为了指明点沿着 z 轴的分布位置。注意：随着维数的增加，空白空间越来越大

维数灾难另一个方面的表现如下：随着维数的增加，样本间距开始收敛到单个值。换言之，对于特定的样本，在高维空间中，它与最近邻样本的距离和它与最远邻样本的距离趋于相同。这对依赖距离测量(特别是欧几里得距离)的算法(例如 KNN 算法)提出了挑战，因为距离开始变得不再有意义。

最后，我们会经常遇到拥有的变量比数据样本多的情况，这被称为 $p>>n$ 问题，其中 p 表示变量的数目，n 表示样本的数目。这会导致特征空间变得稀疏，并进而导致许多算法难以收敛到最优解。

13.1.3　共线性的后果

数据集中的变量往往具有不同程度的相关性。对于两个相关性非常强的变量，其中一个变

量就可能包含另一个变量的基本信息(比如，Pearson 相关系数>0.9)。在这种情况下，这些变量就会表现出共线性。个人年收入和银行批给某人的最大贷款金额就是两个变量具有共线性的典型示例，我们通过其中一个变量就可以准确预测另一个变量。

提示　当存在两个以上的变量具有共线性时，我们称数据集具有多重共线性。当一个变量可以从另一个变量或变量组合中进行完全预测时，它们具有完全共线性。

共线性会带来哪些问题呢？这取决于分析的目标和使用的算法。最有可能遭受负面影响的是线性回归模型的参数估计。

例如，假设你正试图利用线性回归模型根据卧室的数量、房龄来预测房子的市场价格。其中，房龄变量与其他变量是完全共线的，因为包含在房龄变量中的信息也包含在其他变量中。在考虑了其他变量有可能产生的影响后，可使用两个预测变量的参数估计(斜率)描述其中每个预测变量和输出变量之间的关系。如果这两个预测变量包括了有关大部分(在本例中为全部)输出变量的相同信息，那么当考虑其中一个预测变量的影响时，另一个预测变量不会对输出变量产生任何影响。因此，这两个预测变量的参数估计值将小于它们应该达到的估计值。

共线性使得参数估计更具有变化性，并且会对数据的微小变化更加敏感。如果你对理解和推断参数估计值感兴趣，共线性将会成为一个问题；但如果你关心的是预测精度，而不是理解模型参数，那么共线性对你来说可能就不是问题。

值得一提的是，当使用第 6 章介绍的朴素贝叶斯算法时，共线性会带来很大的问题。回想一下，朴素贝叶斯中的“朴素”指的是算法假定预测变量之间相互独立。这种假设在实际情况下是不存在的，但朴素贝叶斯通常对预测变量之间的弱相关性具有一定的容忍度。然而，当预测变量之间高度相关时，朴素贝叶斯模型的预测性能将受到影响，通常这在交叉验证模型时很容易被识别。

13.1.4　使用降维减轻维数灾难和共线性的影响

如何减轻维数灾难和共线性对模型预测性能的影响？当然是进行降维处理！如果能把大部分信息从 100 个变量压缩成只有 2 个或 3 个变量，那么数据稀疏和距离几乎相等的问题就消失了。如果能把两个具有共线性关系的变量变成一个新的变量，并获得两个变量的所有信息，那么变量之间的依赖性问题就解决了。

但是，我们已经学习了另一项可以减轻维数灾难和共线性问题的技术：正则化。正如我们在第 11 章中看到的，正则化可以用来缩小参数估计，甚至可以完全去除贡献弱的预测变量。因此，正则化可以减轻维数灾难引起的稀疏性，并去除其他具有共线性关系的变量。

注意　对于大多数人来说，相对于减少共线性，降维更重要的用途是解决维数灾难。

13.2　主成分分析的概念

本节将介绍 PCA 的概念、工作原理及有效性。假设我们要在 7 个人身上测量两个变量，并且想通过 PCA 将信息压缩成单个变量。我们需要做的第一件事是从每个样本中减去每个变量的平均值以对变量进行中心化。

除了对变量进行中心化之外，还可通过将每个变量除以其标准偏差来进行缩放。这一步十分重要，因为如果基于不同的尺度测量变量，那么基于大尺度的变量将具有更大的权重。但如果变量的尺度相似，那么可以跳过这个步骤。

随着对数据进行中心化和缩放，PCA 发现一个满足如下两个条件的新轴：

- 能穿过原点。
- 沿着轴方向的数据方差最大。

满足以上两个条件的这个新轴被称为第一主轴。当把数据投影到第一主轴时(垂直移到第一主轴上最近的点)，这个新的变量被称为第一主成分，通常缩写成 PC1。图 13-2 展示了对数据进行中心化并找到 PC1 的过程。

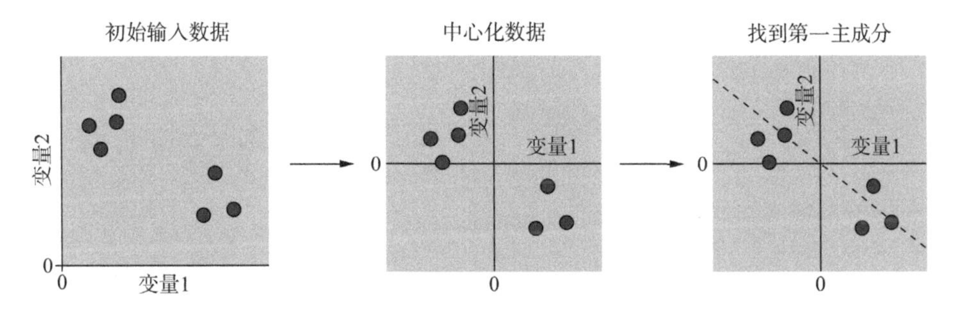

图 13-2　在使用 PCA 算法之前，首先(通常)需要通过减去每个变量的平均值对数据进行中心化，从而将原点放在数据的中心，然后找到第一主轴

第一主轴是穿过原点的直线，一旦数据被投影到第一主轴，沿着轴方向的数据方差将最大，这被称为“方差最大化”。如图 13-3 所示，选择这个轴的原因是：如果这个轴代表数据中的大部分方差，那么也必然代表数据中的大部分信息。

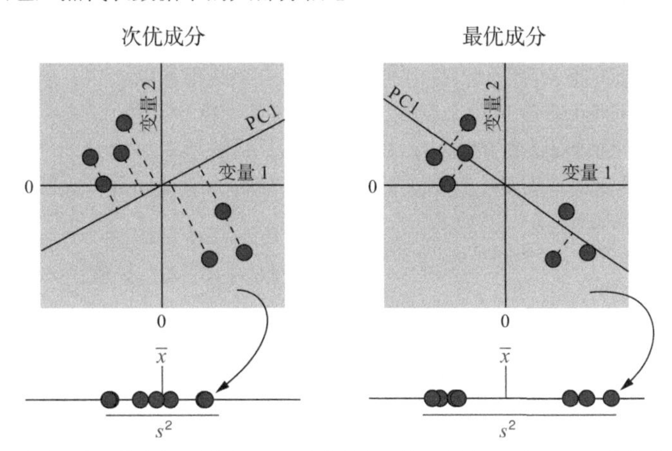

图 13-3　“方差最大化”的含义。左图显示了次优的候选第一主轴。右图显示了最优的第一主轴。数据沿第一主轴方向的方差最大

最优的第一主轴实际上是预测变量的线性组合。观察图 13-3，右图中的第一主轴穿过了两组样本，在变量 1 和变量 2 之间形成负的斜率。就像线性回归一样，我们可通过使用一个变量改变另一个变量的方式来表示这条线(当这条线穿过原点时，截距为 0)。如图 13-4 所示，这里强调了当变量 1 沿第一主轴方向增加两个单位时，变量 2 改变了多少。变量 1 每增加两个单位，

变量 2 减少 0.68 个单位。

通过特征空间对斜率进行标准化的描述是很有用的。在线性回归中，我们定义斜率为 x 每变化一个单位时，y 随之变化的大小。但在 PCA 中，没有任何预测变量和输出变量的概念：我们只有一组希望压缩的变量。因此，我们将根据每个变量(图 13-4 中的 x 轴和 y 轴)所需的距离来定义第一主轴，以便与原点的距离等于 1。

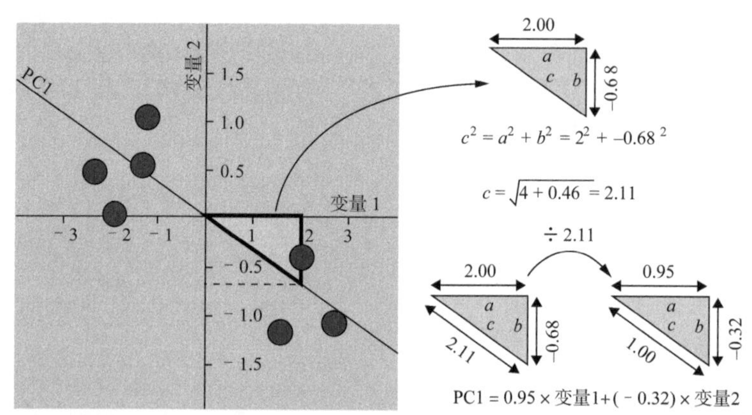

图 13-4 计算主成分的特征向量。为了在第一主轴上标记距离原点 1 个单位的点，我们对每个变量方向上的距离进行了缩放。可以用三角形来描述计算方式：三角形一边的变量随着另一边的变化而变化，可利用勾股定理求得与原点的距离，最后进行单位化即可

观察图 13-4。当边长 c 等于 1 时，计算三角形的另外两条边 a 和 b 的长度。这将向我们指明当沿着第一主轴方向距离原点 1 个单位时，这个点到变量 1 和变量 2 方向的距离。如何计算边长 c 的长度？使用勾股定理即可。根据 $c^2 = a^2 + b^2$，我们可以得出，如果在变量 1 方向变化 2 个单位，而在变量 2 方向变化−0.68 个单位，那么边长 c 的长度等于 2.11。

为了实现标准化，使 c 等于 1，并且把三角形的三个边都除以 2.11。现在定义第一主轴如下：变量 1 方向每增加 0.95 个单位，变量 2 方向将减少 0.32 个单位。

注意这种变换不会改变直线的方向；我们所做的只是将所有事物归一化，以便与原点的距离为 1。这些沿着第一主轴的每个变量的归一化距离被称为特征向量。因此，由第一主轴得出的主成分如下：

$$\text{PC1} = 0.95 \times \text{变量1} + (-0.32) \times \text{变量2} \qquad \text{式(13.1)}$$

对于特定的样本，对其进行中心化(减去每个变量的平均值)，将变量 1 的值乘以 0.95，然后与变量 2 乘以−0.32 的结果相加，得到样本的主成分值。样本的主成分值又称成分得分。

找到第一主轴后，我们需要继续寻找下一主轴。PCA 将找到与变量数量一样多的主轴，或找到相比数据集中样本数少一的主轴。所以，第一主成分总是能够解释数据中的大部分差异。具体来说，如果计算样本随着每个主成分的方差，PC1 将具有最大值。沿着特定主成分的数据方差被称为特征值。

注意 如果特征向量被定义为主轴通过原始特征空间的方向，那么特征值将被定义为沿主轴分布的大小。

一旦找到第一主轴，下一主轴就必须与之正交。当数据集只有两个维度时，这意味着第二

主轴与第一主轴垂直。图 13-5 展示了如何将一组样本投影到第一主轴和第二主轴上。当只将两个变量转换为两个主成分时，绘制数据的成分分数相当于围绕原点旋转数据。

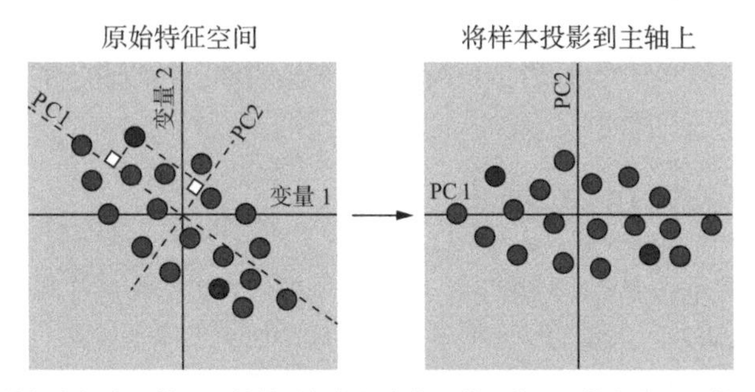

图 13-5　在二维特征空间中，第一主轴总是能够最大化方差，第二主轴与第一主轴正交(直角形式)。在这种情况下，绘制主成分只是相当于简单地旋转数据

注意　这种强加的正交性是 PCA 能够很好地去除变量间共线性的原因之一：PCA 可以将一组相关变量转换成一组不相关(正交)变量。

在图 13-5 中，旋转数据之后，数据中的大部分方差由 PC1 解释，同时 PC2 与 PC1 正交。但是 PCA 通常用于降维，而不仅仅用于旋转二元数据。因此，当存在高维空间时，如何计算主轴呢？如图 13-6 所示，我们有一组三维数据，特征空间的右下角离我们最近、左上角离我们最远(注意点越来越小)。第一主轴仍然解释着数据中的最大方差，但这一次是通过三维空间(从右右角到左上角)进行延伸。

第二主轴仍然与第一主轴正交，但是由于我们在三维空间中，因此第二主轴可以在一个平面内围绕第一主轴自由旋转，并且它们之间仍然是直角关系。我们可以使用一个以原点为中心的圆圈演示这种旋转，圆圈越模糊，表示离我们越远。第二主轴与第一主轴正交并解释了数据中剩余的大部分方差。第三主轴必须与前面的两个主轴正交(与它们是直角关系)，因此第三主轴没有移动方面的自由。第一个主成分总是解释最大的方差，其次是第二个主成分、第三个主成分等。

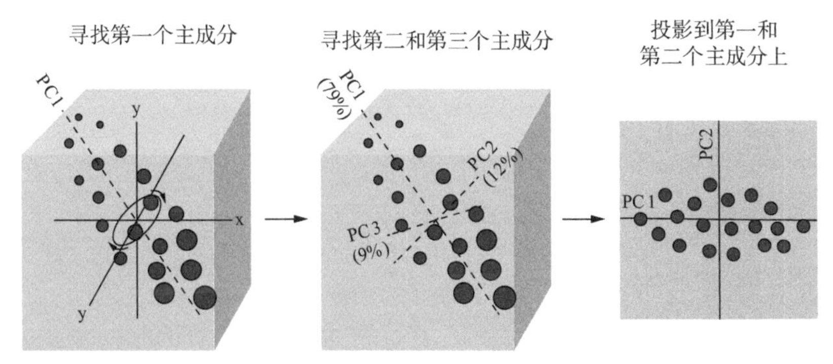

图 13-6　在三维特征空间中，第二主轴仍然与第一主轴正交，并且可以自由围绕第一主轴进行旋转(在左图中，已使用带箭头的椭圆来表示)，直到把剩余的方差最大化。第三主轴与第一主轴和第二主轴正交，因此没有旋转自由，但第三主轴能够解释最小的方差

你可能会问，当 PCA 计算变量数或样本数减 1 后较小一方的主成分时，应该如何降维呢？

简单的主成分计算并不是降维！降维涉及决定在接下来的分析中保留多少主成分。在图 13-6 中，我们有三个主成分，但前两个主成分捕获了数据集中 79%+12%=91%的变化。如果这两个主成分能从原始数据中获得足够多的信息并使降维有价值(也许从聚类和分类算法中能得到更好的结果)，那就可以愉快地放弃剩余 9%的信息。在本章的后面，我们将介绍一些方法来决定保留多少主成分。

13.3 构建第一个 PCA 模型

本节将把 PCA 理论转变为实际应用并运用 PCA 算法对数据集进行降维。假设你为瑞士的财政部门工作。有人认为，大量的瑞士假钞正在流通，你的工作是找到一种识别它们的方法。以前没有人对此进行过调查，也没有标注数据。为此，你让自己部门的 200 名同事每人给你一张钞票(你答应稍后还给他们)，并且测量每张钞票的尺寸。你希望能够运用 PCA 算法来识别真钞和假钞之间的差异。

在本节中，我们将通过以下步骤解决上述识别问题：

(1) 在进行主成分分析之前对原始数据进行研究和绘制。

(2) 使用 prcomp()函数从数据中学习主成分。

(3) 研究和绘制 PCA 模型的结果。

13.3.1 加载和研究钞票数据集

首先加载 tidyverse 程序包，从 mclust 程序包中加载数据，并将数据转换为 tibble。我们将得到一个包含 200 张钞票和 7 个变量的 tibble，参见代码清单 13.1。

代码清单 13.1 加载钞票数据集

```
library(tidyverse)

data(banknote, package = "mclust")

swissTib <- as_tibble(banknote)

swissTib

# A tibble: 200 x 7
    Status  Length   Left  Right  Bottom   Top  Diagonal
    <fct>    <dbl>  <dbl>  <dbl>   <dbl>  <dbl>    <dbl>
 1 genuine    215.    131    131.      9    9.7      141
 2 genuine    215.   130.   130.     8.1    9.5     142.
 3 genuine    215.   130.   130.     8.7    9.6     142.
 4 genuine    215.   130.   130.     7.5   10.4      142
 5 genuine    215    130.   130.    10.4    7.7     142.
 6 genuine    216.   131.   130.       9   10.1     141.
 7 genuine    216.   130.   130.     7.9    9.6     142.
 8 genuine    214.   130.   129.     7.2   10.7     142.
 9 genuine    215.   129.   130.     8.2   11       142.
10 genuine    215.   130.   130.     9.2   10       141.
...
# ... with 190 more rows
```

你可能已经注意到这个 tibble 实际上是有标注的。变量 Status 用来告诉我们每张钞票的真假情况。这纯粹是为了演示；我们将在 PCA 分析中排除标注，但稍后会将标注映射到最终的主成分，以查看 PCA 模型是否能将类别分离。

在有了一个清晰的输出变量的情况下，我们经常对预测变量与输出进行对照绘图(这在前面的章节中已经介绍过)。在无监督机器学习环境中，由于没有输出变量，因此我们更倾向于对所有变量进行相互对照绘图(前提是变量数不太多)。我们可以使用 GGally 程序包中的 ggpairs()函数轻松完成上述操作，但注意 GGally 程序包需要事先安装。我们可以将 swissTib tibble 作为第一个参数传递给 ggpairs()函数，然后通过将 ggplot2 的 aes()函数传递给 mapping 参数来提供任何附加的绘图映射，最后添加 theme_bw()以添加黑白主题，参见代码清单 13.2。

代码清单 13.2　使用 ggpairs()绘制数据

```
install.packages("GGally")

library(GGally)

ggpairs(swissTib, mapping = aes(col = Status)) +
  theme_bw()
```

结果如图 13-7 所示。我们可能需要一些时间才能习惯 ggpairs()的输出，但 ggpairs()为变量类型的每种组合绘制了不同类型的数据图。例如，最上方的一排图形显示了每个连续变量相对于分类变量的分布。可以使用同样的方法绘制直方图。对角构图显示了在忽略所有其他变量后每个变量的值的分布。最后，散点图显示了连续变量对之间的二元关系。

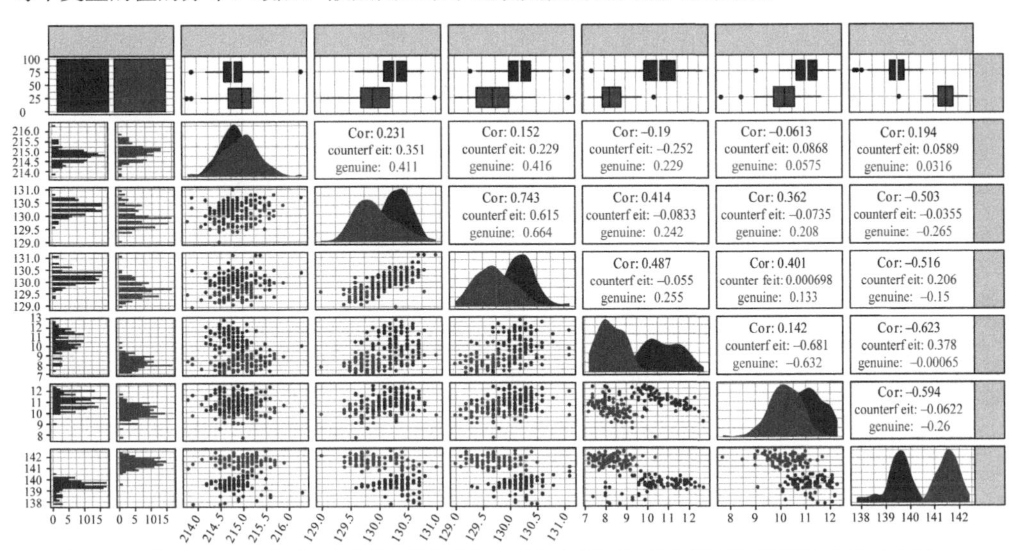

图 13-7　使用 ggpairs()绘制每个变量与其他所有变量的相对关系，并根据变量类型的不同组合绘制不同类型的数据图

观察图 13-7，可以看到一些变量似乎可以区分真假钞票，例如 Diagonal 变量。然而，Length 变量包含的信息很少，无法区分真假钞票。

注意　如果还有更多的变量，那么想要以这种方式对它们进行相互可视化将会变得十分困难！

13.3.2 执行PA

接下来我们将使用 PCA 算法来学习钞票数据集的主成分。为此，我们将介绍 stats 程序包中的 prcomp()函数。之后，我们将检查 prcomp()函数的输出，以理解主成分的成分分数。最后，我们将讲解如何从主成分中提取和理解变量负载，变量负载用于告诉我们每个原始变量与每个主成分的关联程度。

代码清单 13.3 使用 select()函数移除了 Status 变量，并将结果数据导入 prcomp()函数。prcomp()函数有两个重要的参数：center 和 scale。center 参数控制着在应用 PCA 之前是否将数据中心化，默认值为 TRUE。在应用 PCA 之前，我们应该始终将数据中心化，因为这能消除截距并使主轴通过原点。

代码清单 13.3 执行 PCA

```
pca <- select(swissTib, -Status) %>%
       prcomp(center = TRUE, scale = TRUE)

pca

Standard deviations (1, .., p=6):
[1] 1.7163 1.1305 0.9322 0.6706 0.5183 0.4346

Rotation (n x k) = (6 x 6):
               PC1      PC2      PC3     PC4     PC5      PC6
Length    0.006987 -0.81549  0.01768  0.5746 -0.0588  0.03106
Left     -0.467758 -0.34197 -0.10338 -0.3949  0.6395 -0.29775
Right    -0.486679 -0.25246 -0.12347 -0.4303 -0.6141  0.34915
Bottom   -0.406758  0.26623 -0.58354  0.4037 -0.2155 -0.46235
Top      -0.367891  0.09149  0.78757  0.1102 -0.2198 -0.41897
Diagonal  0.493458 -0.27394 -0.11388 -0.3919 -0.3402 -0.63180

summary(pca)

Importance of components:
                         PC1    PC2    PC3    PC4    PC5    PC6
Standard deviation     1.716  1.131  0.932  0.671  0.5183 0.4346
Proportion of Variance 0.491  0.213  0.145  0.075  0.0448 0.0315
Cumulative Proportion  0.491  0.704  0.849  0.924  0.9685 1.0000
```

scale 参数控制着是否将变量除以它们的标准差，从而使它们彼此处于相同的尺度，默认值为 FALSE。在应用 PCA 之前，人们对于是否应该将变量标准化还没有形成共识。常见的经验法则是：如果原始变量是在相似的尺度上进行测量的，那么不需要标准化；但是，如果有一个测量单位为克的变量，并且还有一个测量单位为千克的变量，那么应通过设置 scale=TRUE 将它们标准化。这一点很重要，因为如果有一个变量是在更大的尺度上进行测量的，那么这个变量将支配特征向量，而其他变量对主成分的信息贡献将会小得多。在本例中，我们将设置 scale=TRUE。另外，本章的练习之一是设置 scale=FALSE 并比较结果。

注意　在本例中，我们不想把 Status 变量包含在降维模型中；即使包含 Status 变量，PCA 也不能处理分类变量。如果有分类变量，那么可以对它们进行数字编码(可能有效，也可能无效)，并使用不同的降维方法(有些用来处理分类变量的方法在这里不予讨论)，或者从连续变量中提取主成分，然后与最终数据集中的分类变量重新组合。

当输出 pca 对象时，我们将从模型中得到一些信息。Standard deviations 分量是数据的标准差沿每个主成分的向量。因为方差是标准差的平方，所以要将这些标准差转换为主成分的特征值，可以简单地对它们进行平方。你注意到值从左到右变小了吗？这是因为主成分将按从大到小的顺序解释数据中的方差。

Rotation 分量包含 6 个特征向量。请记住，这些特征向量描述了沿着每个原始变量的变化距离，另外还描述了主轴的方向。

如果将 PCA 结果传递给 summary()函数，就会得到对每个主成分重要性的分解。Standard deviations 分量和你刚才看到的一样，包含特征值的平方根。Proportion of Variance 分量代表每个主成分占总方差的比例，这是通过将每个特征值除以所有特征值的和计算得到的。Cumulative Proportion 分量表示到目前为止主成分所占的累计方差有多大。例如，我们可以看到 PC1 和 PC2 分别占总方差的 49.1%和 21.3%；累计起来，它们占了 70.4%。当我们决定在接下来的分析中保留多少主成分时，以上信息非常有用。

如果对解释主成分感兴趣，那么提取变量负载是很有用的。变量负载用来告诉我们每个原始变量与每个主成分之间的关联程度。计算特定主成分的变量负载的公式如下：

$$\text{变量负载} = \text{特征向量} \times \sqrt{\text{特征值}} \quad \text{式(13.2)}$$

可以同时计算所有主成分的所有变量负载，并使用 map_dfc()函数将它们作为 tibble 返回，参见代码清单 13.4。

代码清单 13.4　计算变量负载

```
map_dfc(1:6, ~pca$rotation[, .] * sqrt(pca$sdev ^ 2)[.])

# A tibble: 6 x 6
       V1      V2      V3      V4      V5      V6
    <dbl>   <dbl>   <dbl>   <dbl>   <dbl>   <dbl>
1  0.0120  -0.922  0.0165  0.385  -0.0305  0.0135
2 -0.803   -0.387 -0.0964 -0.265   0.331  -0.129
3 -0.835   -0.285 -0.115  -0.289  -0.318   0.152
4 -0.698    0.301 -0.544   0.271  -0.112  -0.201
5 -0.631    0.103  0.734   0.0739 -0.114  -0.182
6  0.847   -0.310 -0.106  -0.263  -0.176  -0.275
```

可以将这些值解释为 Pearson 相关系数，我们可以看到：Length 变量与 PC1 的相关性很小(0.012)，但与 PC2 存在极强的负相关性(–0.922)。这有助于我们得出以下结论：平均来说，PC2 的主成分得分越小的样本，Length 越大。

13.3.3　绘制 PCA 结果

接下来绘制 PCA 结果，并观察是否显示了任何模式以帮助我们更好地理解数据中的关系，参见代码清单 13.5。factoextra 程序包中有一些很好的 PCA 结果绘制函数，因此请安装并加载这个程序包(参见后面的代码清单 13.5)。之后就可以使用 get_pca()函数从 PCA 模型中获取信息，以便应用 factoextra 函数了。

提示 虽然我们在代码清单 13.4 中手动计算了变量负载，但通过输出代码清单 13.5 创建的 pcaDat 对象的$coord 组件，我们可以更容易地提取这些信息。

代码清单 13.5 绘制 PCA 结果

```
install.packages("factoextra")

library(factoextra)

pcaDat <- get_pca(pca)

fviz_pca_biplot(pca, label = "var")

fviz_pca_var(pca)

fviz_screeplot(pca, addlabels = TRUE, choice = "eigenvalue")

fviz_screeplot(pca, addlabels = TRUE, choice = "variance")
```

fviz_pca_biplot()函数用于绘制双标图。双标图是同时绘制前两个主成分的成分得分和变量负载的常用方法。你可以在图 13-8 的左上角看到双标图。圆点显示了每个钞票样本相对于前两个主成分的成分得分，箭头表示每个变量的变量负载。图 13-8 中的双标图能帮助我们确定似乎有两个不同的钞票聚类，箭头则有助于我们观察哪些变量倾向于与每个聚类相关。例如，在这张双标图中，最右边的聚类倾向于 Diagnoal 变量具有更高的值。

提示 label="var"参数用于告诉 fviz_pca_biplot()函数只标注变量；否则，这个函数就会使用行号标注每个样本。

fviz_pca_var()函数的作用是绘制变量负载图。你在图 13-8 的右上角可看到变量负载图。注意，这里显示了与双标图中相同的变量负载箭头，但是现在，轴用来表示每个变量与每个主成分的相关性。如果再次查看代码清单 13.4 中计算的变量负载，你将看到变量负载图会显示相同的信息：每个原始变量与前两个主成分的关联程度。

fviz_screeplot()函数的作用是绘制陡坡图。陡坡图是一种根据主成分和相对于主成分解释数据中方差大小的绘图方法，可用来帮助我们确定要保留多少主成分。该函数允许使用 choice 参数绘制每个主成分的特征值或方差所占的百分比。你可以在图 13-8 的底部看到两张不同的陡坡图。

在决定保留多少主成分时，有一些经验法则。一种是保留累计解释至少 80%方差的主成分。另一种是保留所有特征值至少为 1 的主成分；所有特征值的平均值始终为 1，因此这将导致保留包含比平均值更多信息的主成分。还有一种则是在陡坡图中查找“拐点”，并排除拐点以外的主成分(尽管在我们的示例中并没有明显的拐点)。这里不再过分依赖这些经验法则，而是着眼于映射到主成分的数据，并考虑能容忍程序丢失多少信息。如果在对数据应用机器学习算法之前，可以先将 PCA 应用到数据中，那么建议使用自动特征选择方法(就像前几章所做的那样)来选择能够产生最优性能的主成分组合。

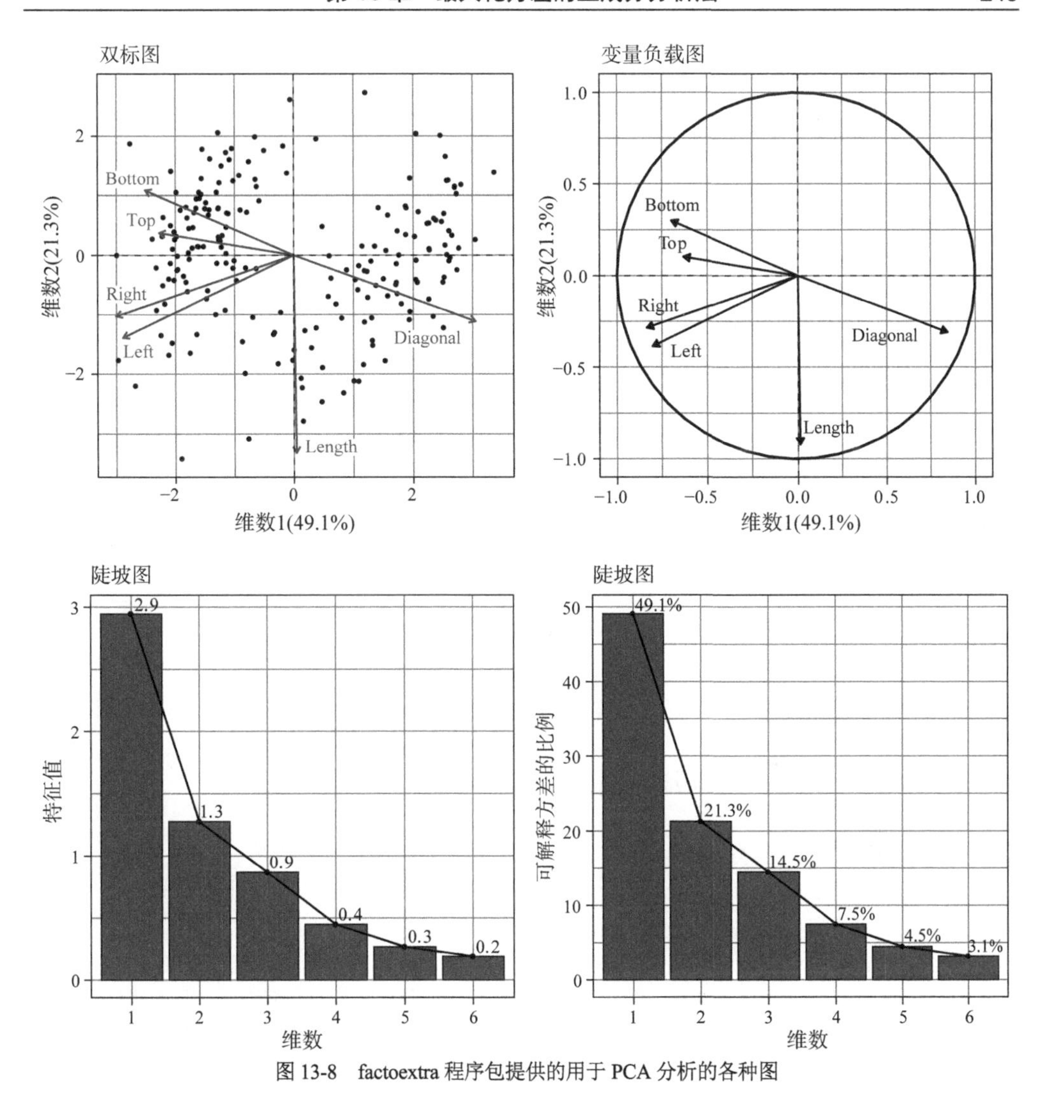

图 13-8　factoextra 程序包提供的用于 PCA 分析的各种图

下面对前两个主成分进行相互绘制，并观察它们的真假钞票区分效果。如代码清单 13.6 所示，可首先对原始数据集进行变换，以包含 PCA1 和 PCA2 的一列成分得分(可使用$x 从 pca 对象中提取)。然后，对主成分进行相互绘制，并为 Status 变量添加颜色信息。

代码清单 13.6　映射真假标注

```
swissPca <- swissTib %>%
 mutate(PCA1 = pca$x[, 1], PCA2 = pca$x[, 2])

ggplot(swissPca, aes(PCA1, PCA2, col = Status)) +
  geom_point() +
  theme_bw()
```

结果如图 13-9 所示。我们从 6 个连续变量开始，将大部分信息压缩成两个主成分，其中包含足够的信息以分离真假钞票！如果没有标注，那么在识别出不同的数据聚类后，我们将试图了解这两个聚类是什么，并有可能想出一种区分真假钞票的方法。

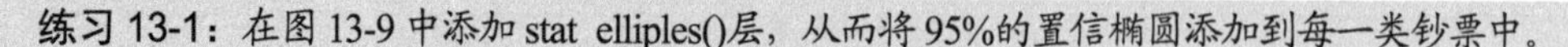

练习 13-1：在图 13-9 中添加 stat_elliples()层，从而将 95%的置信椭圆添加到每一类钞票中。

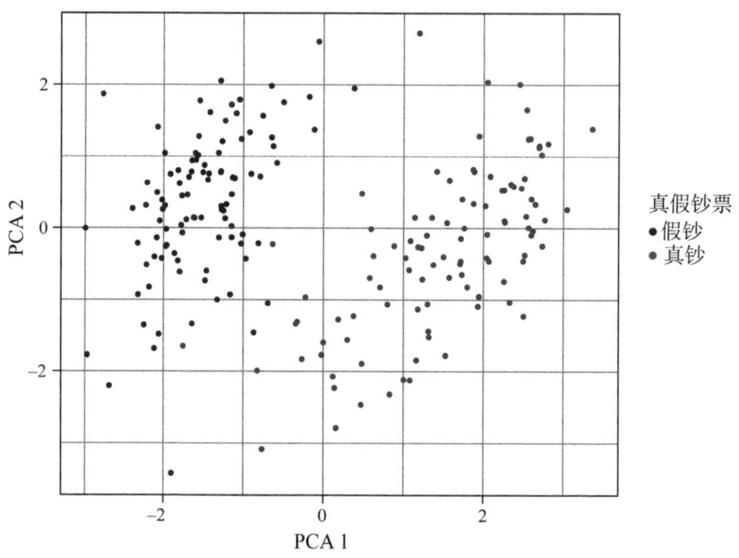

图 13-9　每个样本的 PCA 主成分的成分得分都会被标绘出来，并使用颜色的深浅来标记钞票的真假

13.3.4　计算新数据的成分得分

获得 PCA 模型后，当得到新的数据时，该怎么做呢？因为特征向量准确地描述了每个变量对每个主成分的贡献程度，所以可以简单地计算新数据的成分得分(如果将此作为模型的一部分执行的话，那么还需要进行中心化和尺度缩放)。

下面让我们生成一些新数据，并观察这在实际应用中是如何工作的。代码清单 13.7 首先定义了一个包含两个新样本的 tibble，然后将所有相同的变量输入 PCA 模型中。为了计算这两个新样本的成分得分，只需要调用 predict()函数，并将模型作为第一个参数，而将样本作为第二个参数。如你所见，predict()函数将返回样本中每个主成分的成分得分。

代码清单 13.7　计算新数据的成分得分

```
newBanknotes <- tibble(
  Length = c(214, 216),
  Left = c(130, 128),
  Right = c(132, 129),
  Bottom = c(12, 7),
  Top = c(12, 8),
  Diagonal = c(138, 142)
)

predict(pca, newBanknotes)

        PC1     PC2     PC3    PC4    PC5   PC6
[1,] -4.729  1.9989 -0.1058 -1.659 -3.203 1.623
[2,]  6.466 -0.8918 -0.8215  3.469 -1.838 2.339
```

你已经学会了如何将 PCA 应用于数据，并且理解了 PCA 结果中提供的信息。在第 14 章，我们将介绍两种非线性降维技术。建议你保存本章中的.R 文件，因为在第 14 章我们将继续使用相同的数据集。

13.4　PCA 的优缺点

对于给定的任务，虽然通常很难判断哪种算法的效果更好，但了解算法的优缺点可以帮助你确定 PCA 是否适合你所要完成的具体任务。

PCA 的优点如下：

- 可以创建能直接用原始变量解释的新轴。
- 新的数据可以投影到主轴。
- PCA 实际上是一种数学变换，因此计算开销很小。

PCA 的缺点如下：

- 从高维到低维的映射不能是非线性的。
- 不能直接处理分类变量。
- 能够保留的主成分的最终数量必须由手上的应用任务决定。

练习 13-2：对钞票数据集重新运行 PCA，但这一次将 scale 参数设置为 FALSE。请在以下方面与之前的运行效果进行对比：

- 特征值
- 特征向量
- 双标图
- 变量加载图
- 陡坡图

练习 13-3：再次执行与练习 13-2 相同的操作，但这一次设置参数 center=FALSE、scale=TRUE。

13.5　本章小结

- 降维是一种无监督机器学习技术，目的是学习高维数据集的低维表示，同时保留尽可能多的信息。
- PCA 是一种线性降维技术，用于发现能使数据方差最大化的新轴。这些新轴中的第一主轴能够最大化大多数方差，然后是第二主轴和第三主轴，以此类推，并且它们都与先前计算的主轴正交。
- 当把数据投影到这些主轴时，新的变量被称为主成分。
- 在 PCA 中，特征值表示沿着主成分的方差，特征向量表示通过原始特征空间的主轴方向。

13.6　练习题答案

1. 将 95%的置信椭圆添加到 PCA1 与 PCA2 的曲线图中：

```
ggplot(swissPca, aes(PCA1, PCA2, col = Status)) +
```

```
  geom_point() +
  stat_ellipse() +
  theme_bw()
```

2. 当设置参数 scale=FALSE 时对 PCA 结果进行对比：

```
pcaUnscaled <- select(swissTib, -Status) %>%
   prcomp(center = TRUE, scale = FALSE)

pcaUnscaled

fviz_pca_biplot(pcaUnscaled, label = "var")

fviz_pca_var(pcaUnscaled)

fviz_screeplot(pcaUnscaled, addlabels = TRUE, choice = "variance")
```

3. 当设置参数 center=FALSE 和 scale=TRUE 时对 PCA 结果进行对比：

```
pcaUncentered <- select(swissTib, -Status) %>%
  prcomp(center = FALSE, scale = TRUE)

pcaUncentered

fviz_pca_biplot(pcaUncentered, label = "var")

fviz_pca_var(pcaUncentered)

fviz_screeplot(pcaUncentered, addlabels = TRUE, choice = "variance")
```

第 14 章

最大化 *t*-SNE 和 UMAP 的相似性

本章内容：

- 理解非线性降维
- 理解 *t*-分布随机邻域嵌入(*t*-SNE)
- 理解均匀流形近似与投影(UMAP)

PCA 是一种线性降维算法(用于寻找原始变量的线性组合)，但有时一组变量中的信息并不能提取为这些变量的线性组合。在这种情况下，可以求助于许多非线性降维算法，如 *t*-分布随机邻域嵌入(*t*-SNE)和均匀流形近似与投影(UMAP)。

t-SNE 是目前最流行的非线性降维算法之一。使用 *t*-SNE 可以测量数据集中观测值与其他每个观测值之间的距离，然后将观测值随机排列在两个新轴上。对这些观测值在这两个新轴上迭代地进行移动，直到它们在这个二维空间中彼此之间的距离尽可能与原始高维空间中的距离相似为止。

UMAP 是另一种非线性降维算法，并且克服了 *t*-SNE 的一些局限性。UMAP 的工作原理类似于 *t*-SNE(在多个变量的特征空间中寻找距离，然后尝试在低维空间中再现这些距离)，但测量距离的方式不同。

在学完本章后，我们希望你能理解什么是非线性降维。本章将讲解 *t*-SNE 和 UMAP 算法的工作原理以及它们之间的差异，另外还会把它们分别应用到第 13 章的钞票数据集中，以便与 PCA 进行比较。如果全局环境中不包含 swissTib 和 newBanknotes 对象，那么只需要重新运行代码清单 13.1 和代码清单 13.7 即可。

14.1 *t*-SNE 的含义

本节将讲解 *t*-SNE 的含义和工作原理。PCA 是一种线性降维算法，而 *t*-SNE 是一种非线性降维算法。*t*-SNE 不是寻找原始变量的逻辑组合的新轴，而是关注数据集中近邻样本之间的相似性，并试图在低维空间中再现这些相似性。因此，*t*-SNE 在突出数据(如聚类)中的模式方面几乎总是比 PCA 做得更好。但缺点之一是：轴不再是可解释的，因为它们不代表原始变量的逻辑组合。

执行 *t*-SNE 算法的第一步是计算数据集中每一个样本与其他样本之间的距离。默认情况下，这种距离是欧几里得距离，也就是特征空间中任意两点之间的直线距离(但也可以使用其他距离度量)。然后将这些距离转换为概率，如图 14-1 所示。

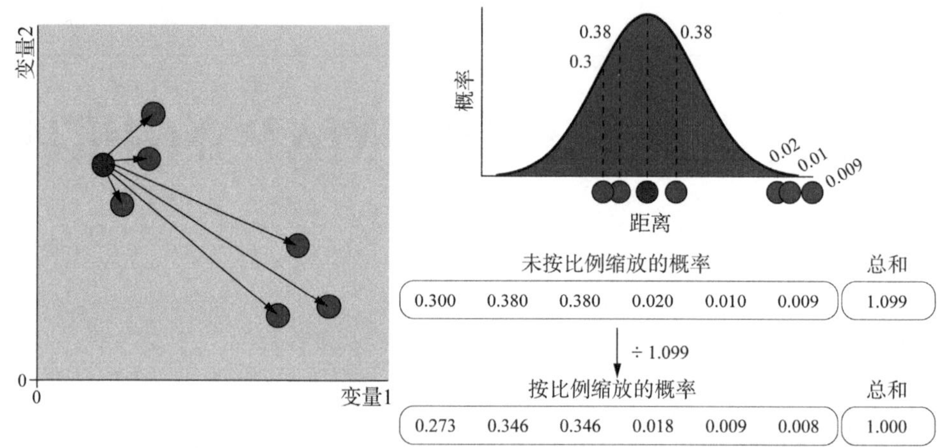

图 14-1 *t*-SNE 通过拟合当前样本的正态分布，将每个样本到其他样本的距离转换为概率。这些概率可通过除以它们的和进行缩放，从而加起来是 1

对于数据集中的特定样本，可测量这个样本与其他所有样本之间的距离。然后将这个样本设置为正态分布的中心，并将距离映射到正态分布的概率密度上，从而将距离转换为概率。正态分布的标准差与该样本周围那些样本的密度成反比。换言之，附近的样本越多(密度越大)，正态分布的标准差越小。

在将距离转换为概率后，可通过将每个样本的概率除以它们的和进行缩放，从而使数据集中每个样本的概率总和为 1。对不同的密度使用不同的标准差，然后将每个样本的概率归一化为 1，意味着如果数据集中有稠密的聚类和稀疏的聚类，那么 *t*-SNE 将扩展稠密的聚类并压缩稀疏的聚类，使它们更容易一起显示出来。数据密度和正态分布的标准差之间的精确关系依赖于一个名为混合因子(perplexity)的超参数，我们稍后将讨论这个超参数。

计算完数据集中每个样本的缩放概率后，将得到一个概率矩阵，它描述了每个样本与其他样本的相似程度。在图 14-2 中，这个概率矩阵被可视化为一张热点图，这是一种十分有用的思考方法。

概率矩阵现在是原始的高维空间中数据值如何相互关联的参考或模板。*t*-SNE 算法要执行的下一步操作是沿着两个新轴随机排列这些样本。

注意 我们通常使用两个轴，这是因为很难同时将数据可视化到两个以上的维度，而且在超过两个维度以后，*t*-SNE 的计算开销将变得越来越大。

t-SNE 将在新的、随机的低维空间中计算样本之间的距离，并像以前一样将它们转换成概率。唯一的区别是，*t*-SNE 不再使用正态分布，而是使用 *t* 分布。*t* 分布看起来有点像正态分布，只是曲线的中间没有那么高，尾部更扁平并向外延伸(参见图 14-3)。接下来我们将具体解释使用 *t* 分布的原因。

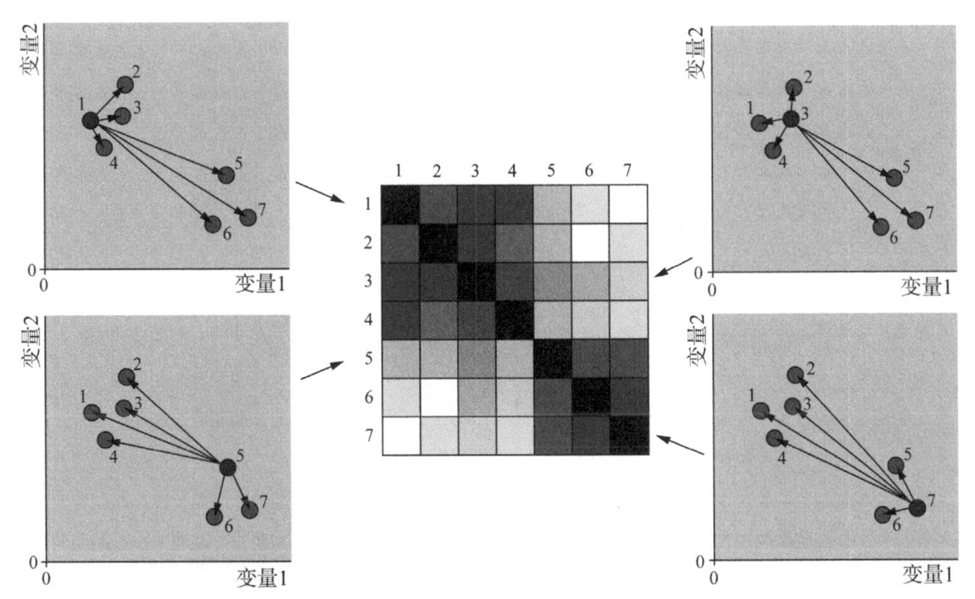

图 14-2　每个样本的缩放概率被存储为值的矩阵。在这里，概率矩阵被可视化为热点图：两个样本越接近，它们在热点图中的距离方框越暗

现在，*t*-SNE 算法的任务是逐步“移动”这些新轴周围的数据点，使低维空间中的概率矩阵看起来尽可能接近原始高维空间中的概率矩阵。直觉告诉我们，如果概率矩阵尽可能相似，那么原始特征空间中每个样本接近的数据也将在低维空间中十分接近。

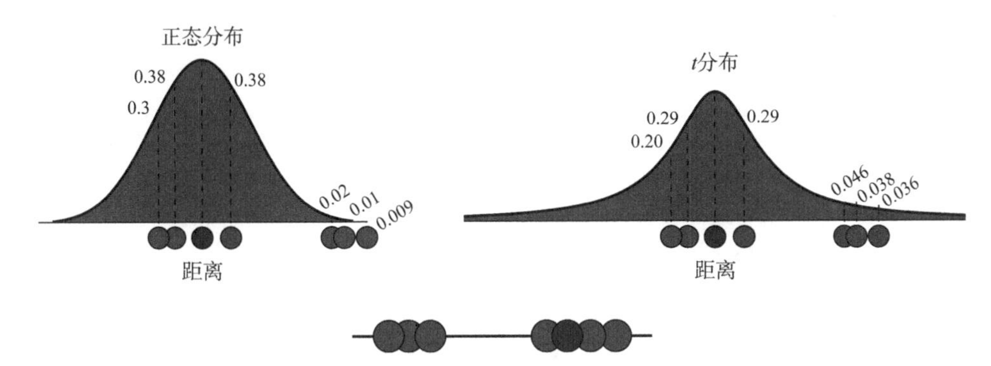

图 14-3　在将低维表示中的距离转换为概率时，*t*-SNE 将与当前样本的 *t* 分布拟合，而不是与正态分布拟合。*t* 分布具有更长的尾部，这意味着不同的样本将被进一步推开，以获得与高维表示中相同的概率

为了使低维空间中的概率矩阵与高维空间中的概率矩阵看起来一样，每个样本都需要靠近原始数据中与之接近的样本，而远离与之较远的样本。因此，附近的样本会把近邻样本拉向它们，而远处的样本则会把非邻近样本推离它们。吸引力和排斥力的平衡将使数据集中的每个样本朝着使两个概率矩阵更相似的方向移动。现在，在这个新的位置再次计算低维概率矩阵，并且再次移动样本，使得低维和高维概率矩阵看起来更加相似。这个过程将一直持续，直至达到预定的迭代次数，整个过程如图 14-4 所示。

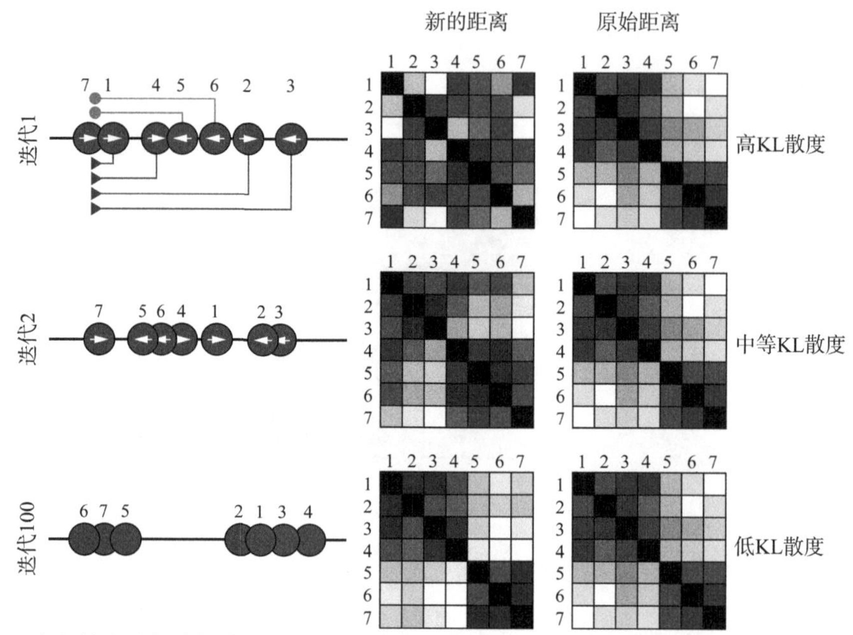

图 14-4 在新轴上随机地初始化样本(此处仅有一个轴)。计算这个轴的概率矩阵，并通过最小化KL(Kullback-Leibler)散度，使这个概率矩阵与原始的高维概率矩阵相似。在“移动”过程中，这些样本会被吸引到与它们相似的样本(带圆圈的线)处，并且还会受到不相似样本的排斥(带三角形的线)

注意 这两个概率矩阵之间的差异是使用名为KL散度的统计量来测量的。当概率矩阵完全不同时，这个统计量很大；而当概率矩阵完全相同时，这个统计量为零。

为什么要用 *t* 分布把低维空间中的距离转换成概率？再次观察图 14-4，*t* 分布的尾部比正态分布的尾部宽。这意味着为了获得与正态分布相同的概率，需要将不同的样本推离 *t* 分布下居中的样本。这有助于分散数据中可能存在的数据聚类，帮助我们更容易地识别它们。然而，这一操作的主要后果是：*t*-SNE 通常被认为在低维表示中保留了局部结构，但没有保留全局结构。实际上，这意味着可以将最终表示中彼此接近的样本解释为彼此相似，但却无法轻易地分辨出原始数据中哪些样本聚类与其他样本聚类更相似。

当上述迭代过程在低 KL 散度下收敛后，就可以得到能够保持邻近样本间相似性的原始数据的低维表示。*t*-SNE 虽然在突出数据中的模式方面通常优于 PCA，但也确实存在一些显著的局限性。

- 计算代价令人诟病：计算时间随着数据集中样本数量的增加呈指数增长。虽然可以借助于多核实现(参考 https://github.com/RGLab/Rtsne.multicore)，但是对于非常大的数据集，*t*-SNE 可能需要几小时才能运行完。
- 无法将新数据投影到 *t*-SNE 嵌入中。因为数据在新轴上的初始位置是随机的，所以在同一个数据集上重复运行 *t*-SNE 会得到略微不同的结果。因此，我们不能像 PCA 那样使用 predict()函数将新数据映射到低维表示上。这将禁止我们把 *t*-SNE 作为机器学习的一部分，并且禁止将 *t*-SNE 降级应用于数据研究和可视化。
- 聚类之间的距离通常并不能代表什么。假设最后的 *t*-SNE 表示中有三个聚类：前两个聚类接近，第三个聚类则远离前两个聚类。因为 *t*-SNE 关注的是局部结构而不是全局结构，所以不能说前两个聚类之间相比它们与第三个聚类之间更相似。

- t-SNE 不一定在最终的表示中保留数据的距离或密度，因此将 t-SNE 的输出传递到依赖于距离或密度的聚类算法中往往达不到预期。
- 需要为多个超参数选择合理的值，但是，如果 t-SNE 算法在数据集上运行时需要几分钟到几小时的时间，那么这将很难做到。

14.2　建立第一个 t-SNE 模型

本节讲解如何使用 t-SNE 算法创建钞票数据集的低维嵌入，从而与第 13 章创建的 PCA 模型进行对比。首先，在 R 中安装并加载 Rtsne 程序包，然后调节用于控制 t-SNE 学习方式的各种超参数。之后，使用超参数的最优组合创建 t-SNE 嵌入。最后，绘制由 t-SNE 算法学习的新的低维表示，并与第 13 章绘制的 PCA 表示进行对比。

14.2.1　执行 t-SNE

首先安装和加载 Rtsne 程序包：

```
install.packages("Rtsne")

library(Rtsne)
```

t-SNE 有四个重要的超参数，它们可以显著地改变嵌入结果。

- perplexity：控制将距离转换成概率的分布宽度。大的值表示更关注全局结构，而小的值表示更关注局部结构。典型值通常在 5 和 50 之间。默认值为 30。
- theta：控制速度和精确度之间的平衡。因为 t-SNE 的运算速度很慢，所以通常使用一种名为 Barnes-Hut 的 t-SNE 实现，从而更快地执行嵌入，但是我们会损失一些精确度。theta 超参数控制着这种平衡，0 表示“精确”的 t-SNE，1 表示最快但最不精确的 t-SNE，默认值为 0.5。
- eta：控制每次迭代时每个数据点移动的距离(也称为学习速率)。较低的值表示需要更多的迭代次数才能达到收敛，但有可能得到更精确的嵌入。200 通常是很好的默认值。
- max_iter：计算停止前允许的最大迭代次数，具体取决于计算能力，但进行足够多的迭代以达到收敛通常是很重要的。默认值为 1000。

提示　你需要调节的最重要的超参数通常是 perplexity 和 max_iter。

到目前为止，在调节超参数时，我们使用的是允许通过网格搜索或随机搜索来选择最优组合的自动调节过程。但是，出于计算开销方面的考虑，大多数人会使用默认的超参数值运行 t-SNE，并在嵌入不合理时更改它们。这种方式虽然听起来很主观，但是人们通常能够从视觉上识别 t-SNE 是否能够很好地分离观察的聚类。

为了帮助你了解这些超参数如何影响最终嵌入，我们使用一个超参数值的网格对钞票数据集运行了 t-SNE。图 14-5 显示了使用 eta 和 max_iter 默认值的 theta(行)和 perplexity(列)不同组合的最终嵌入。请注意，聚类变得更紧密，具有更大的 perplexity，并且偏差很小。另请注意，对于合理的 perplexity，当 theta 设置为 0(精确的 t-SNE)时，可以得到最好的聚类结果。

图 14-6 显示了 max_iter(行)和 eta(列)不同组合的最终嵌入。变化不是很明显，但是较小的 eta 需要较多的迭代次数才能收敛(因为在每次迭代中，样本都会以较小的步长进行移动)。例如，

对于 eta 为 100 的情况，1000 次迭代就足以分离聚类；但在 eta 为 1 的情况下，进行 1000 次迭代后仍然没有得到很好的聚类结果。如果想查看生成这些图形的绘制代码，可以浏览 www.manning.com/books/machinelearning-with-r-tidyverse-and-mlr。

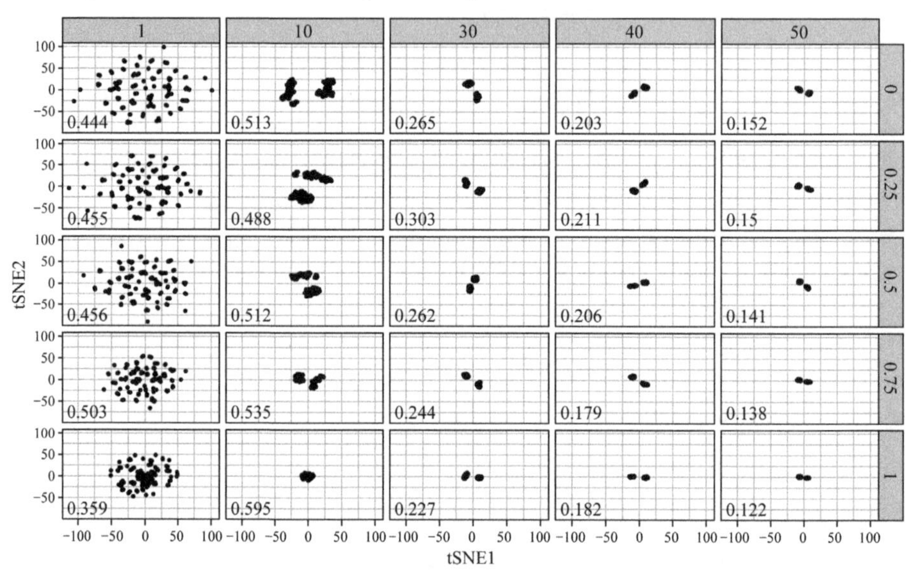

图 14-5 当 eta 和 max_iter 为默认值时，theta(行分面图)和 perplexity(列分面图)的变化对钞票数据集的最终嵌入产生的影响

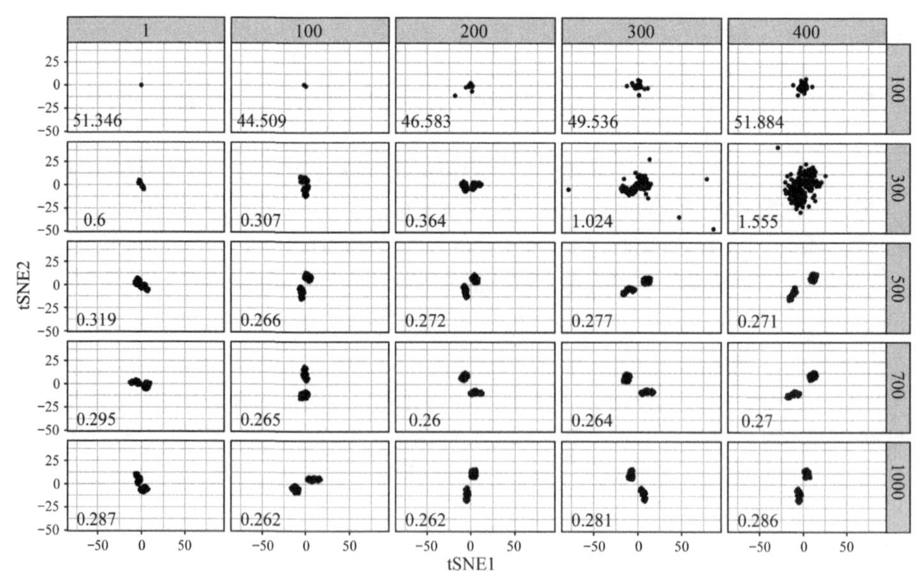

图 14-6 当 perplexity 和 theta 为默认值时，max_iter(行分面图)和 eta(列分面图)的变化对钞票数据集的最终嵌入产生的影响

你已经对 *t*-SNE 的超参数如何影响性能有了更多的了解，接下来在钞票数据集上运行 *t*-SNE，参见代码清单 14.1。与 PCA 一样，首先选择除分类变量外的所有列(*t*-SNE 也不能处理分类变量)，

然后将这些数据导入 Rtsne()函数。手动设置 perplexity、theta 和 max_iter 超参数的值(笔者通常很少改动 eta)，并设置参数 verbose=TRUE，这样就可以在每次迭代中输出关于 KL 散度的实时结果。

代码清单 14.1 运行 t-SNE

```
swissTsne <- select(swissTib, -Status) %>%
  Rtsne(perplexity = 30, theta = 0, max_iter = 5000, verbose = TRUE)
```

提示 默认情况下，Rtsne()函数会将数据集缩减为二维。如果需要返回其他的维数，请使用 dims 参数进行设置。

运行上述代码不需要太长的时间，但随着数据集不断增大，运行速度很快就变慢了。

14.2.2 绘制 t-SNE 结果

下面对两个 t-SNE 维数进行对照绘制，看看分离效果如何。因为无法根据每个变量与坐标轴的关联程度来解释坐标轴，所以我们通常会根据每个原始变量的值为 t-SNE 绘图上色，以帮助识别哪些聚类具有较高值，哪些聚类具有较低值。为此，首先使用 mutate_if()函数将原始数据集中的数值变量居中(通过设置.funs=scale 和.predicate=is.numeric)，并设置 scale=FALSE，因为我们只是将变量居中，而不是除以它们的标准差。将变量居中的原因是，我们希望根据它们在绘图中的值进行着色，而不希望使用具有较大值的变量支配色阶。

接下来，对每个样本中包含 t-SNE 轴的两个新列的值进行变化。最后，收集数据并对每个原始变量进行构图。为此，绘制这些数据，将每个原始变量的值映射到颜色特征，并将每个样本的状态(真钞与假钞)映射到形状特征，按原始变量构造分面图。同时，添加自定义的色阶渐变，使色阶在输出时更具可读性，参见代码清单 14.2。

代码清单 14.2 绘制 t-SNE 结果

```
swissTibTsne <- swissTib %>%
  mutate_if(.funs = scale, .predicate = is.numeric, scale = FALSE) %>%
  mutate(tSNE1 = swissTsne$Y[, 1], tSNE2 = swissTsne$Y[, 2]) %>%
  gather(key = "Variable", value = "Value", c(-tSNE1, -tSNE2, -Status))

ggplot(swissTibTsne, aes(tSNE1, tSNE2, col = Value, shape = Status)) +
  facet_wrap(~ Variable) +
  geom_point(size = 3) +
  scale_color_gradient(low = "dark blue", high = "cyan") +
  theme_bw()
```

结果如图 14-7 所示。注意，在表示二维特征空间中两个聚类之间的差异方面，t-SNE 相比 PCA 做得更好。这些聚类已经得到了分类，但是如果仔细观察，你会发现有几个样本似乎处在错误的聚类中。根据每个变量的值对这些点进行着色，有助于我们识别假钞，因为假钞的 Diagonal 变量值较低，而 Bottom 和 Top 变量值较高。假钞似乎不止一种：这可能是另一批造假者制造的假钞，也可能是超参数不完美组合的伪制品。我们需要进行更多的调查以判断这些是否是其他不同的聚类。

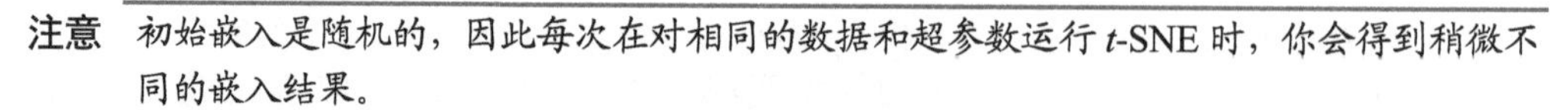

注意 初始嵌入是随机的，因此每次在对相同的数据和超参数运行 *t*-SNE 时，你会得到稍微不同的嵌入结果。

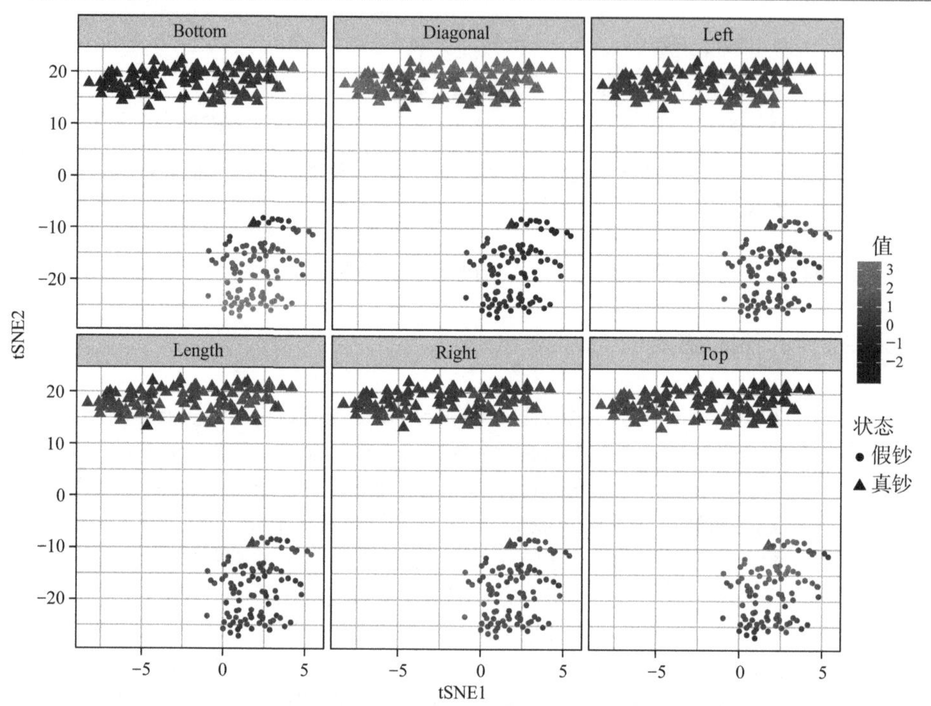

图 14-7 对 tSNE1 轴和 tSNE2 轴进行相互绘制，由原始变量构造分面图并进行阴影处理，然后根据每个样本是真钞还是假钞来确定形状

练习 14-1： 重新创建图 14-7，但这一次在运行 *t*-SNE 之前不要使变量居中(只需要删除 mutate_if()层)。你能理解缩放的必要性吗？

14.3 UMAP 的含义

本节将讲解 UMAP 的含义、工作原理及用途。均匀流行近似和投影(Uniform Manifold Approximation and Projection，UMAP)是类似于 *t*-SNE 的非线性降维算法。UMAP 相比 *t*-SNE 有如下优势。

- 首先，UMAP 相比 *t*-SNE 要快得多，在 *t*-SNE 中，运行时间的增长小于数据集中样本数的平方。从这个角度看，*t*-SNE 可能需要几小时来压缩数据集，而 UMAP 仅需要几分钟。
- 其次，UMAP 是一种确定性算法。换言之，给定相同的输入，UMAP 总是给出相同的输出。这意味着与 *t*-SNE 不同，可以将新数据投影到低维表示上，从而允许我们将 UMAP 包含到机器学习中。
- 最后，UMAP 同时保留了局部结构和全局结构。实际上，这意味着我们不仅可以将两个在较低维数上彼此接近的样本在较高维数上理解为彼此相似，而且可以将两个在较低维数上彼此接近的聚类样本在较高维数上理解为彼此更相似。

那么，UMAP 是如何工作的呢？UMAP 假设数据是沿着流形分布的。流形是一种 *n* 维的光滑几何图形，对于流形上的每一个点，在这个点的周围都有一个小的邻域，看起来像是二维平面。如果还不太明白，想象一下，我们的世界是一个三维的流形，它的任何部分都可以映射成平面，称为地图。UMAP 将搜索数据沿着这种分布的曲面或多维空间，然后计算沿着流形的样本之间的距离，并且迭代地优化数据的低维表示以再现这些距离。

如图 14-8 所示，我们画了一个问号作为流形，并在流形周围的两个变量上随机分布了 15 个样本。UMAP 要做的工作是学习问号流形，这样就可以测量流形上样本之间的距离，而不是像 *t*-SNE 那样使用普通的欧几里得距离(简称欧氏距离)。我们可通过在每个样本周围的一个搜索区域内寻找另一个样本来实现这一点。在这些封装了另一个样本的区域内，样本将通过一条边进行连接。你能看出这个流形是不完整的吗？其中有空隙。这是因为每个样本周围的搜索区域都有相同的半径，而且数据不是沿流形均匀分布的。如果样本是按一定间隔沿着问号隔开的，那么只要为搜索区域选择适当的半径，流行就会变得完整。

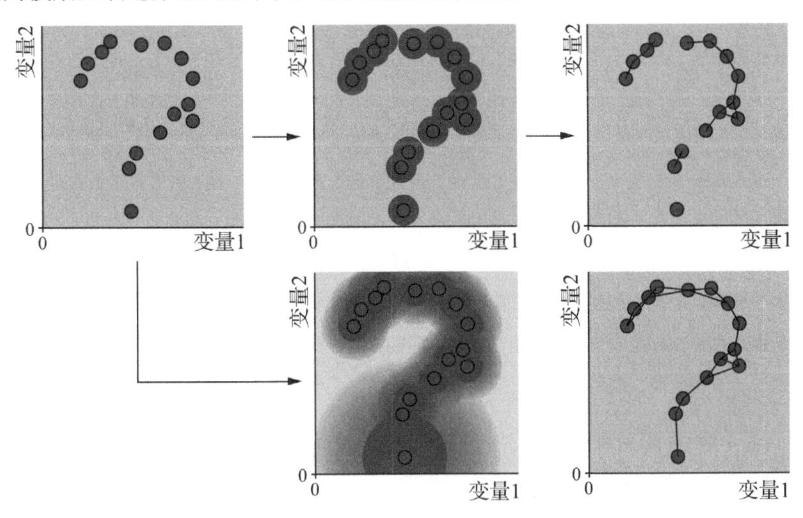

图 14-8　UMAP 是这样学习流形的：UMAP 围绕每个样本展开一个搜索区域，最上面的一排图形展示了这种形式，其中每个搜索区域的半径都是相同的；当搜索区域发生重叠的样本通过边进行连接时，流形中存在空隙。在最下面的两个图形中，搜索区域已扩展到最近的邻域，然后以模糊的方式向外扩展，半径与区域内的数据密度成反比，从而形成完整的流形

在现实世界中，数据很少是均匀分布的，UMAP 采用两种方式解决了这个问题。首先，UMAP 为每个样本扩展搜索区域，直到遇到最近的样本，这可以确保不存在孤立的样本：虽然数据集中可以有多个断开连接的流形，但每个样本必须至少连接到另一个样本。其次，UMAP 将创建附加的搜索区域，并且在低密度区域具有较大的半径，而在高密度区域具有较小的半径。区域半径越大，越容易发现另一个样本，这些样本之间存在边缘的概率也就越低。

下一步是将数据放到包含两个新维度的流形上，并迭代地对这个流形进行“移动”，直到沿着这个流形的样本间的距离看起来等于沿着原始高维流形的样本间的距离。这与 *t*-SNE 的优化步骤类似，只是 UMAP 最小化了称为交叉熵的不同损失函数(*t*-SNE 最小化了 KL 散度)。

注意　如果愿意，你也可以和 *t*-SNE 一样创建两个以上的新维度。

UMAP 在学习了低维流形后，就可以将新数据投影到流形上，以获取新轴上的值，从而进行可视化或作为另一个机器学习算法的输入。

注意 UMAP 还可以用于进行有监督的降维，这实际上意味着在给定高维的标注数据后，UMAP 将学习一种流形，并用于对样本进行分组。

14.4 建立第一个 UMAP 模型

本节将讲解如何使用 UMAP 算法创建钞票数据集的低维嵌入。请记住，我们正在尝试查看是否可以找到钞票数据集的低维表示，以帮助我们识别模式，例如不同类型的钞票。正如对 *t*-SNE 所做的那样，我们将讨论 UAMP 的超参数及其如何影响嵌入。然后，我们将使用钞票数据集训练并绘制 UMAP 模型，从而与 PCA 模型和 *t*-SNE 嵌入进行对比。

14.4.1 执行 UMAP

在这里，我们将首先安装并加载 umap 程序包，然后调节并训练 UMAP 模型。umap 程序包的安装与加载命令如下：

```
install.packages("umap")

library(umap)
```

与 *t*-SNE 一样，UMAP 也有四个重要的超参数用于控制结果的嵌入。

- n-neighbors：控制模糊搜索区域的半径。较大的值将包含更多的近邻样本，从而使算法关注更多的全局结构；较小的值将包含较少的邻近样本，从而使算法关注更多的局部结构。
- min_dist：定义样本在低维表示中允许的最小间距。较小的值会导致"块状"嵌入，而较大的值会导致样本进一步分散。
- metric：定义 UMAP 将使用哪种距离度量来测量沿流形的距离。默认情况下，UMAP 使用普通的欧氏距离，但也可以使用其他距离度量。欧几里得距离的一种常见替代距离是曼哈顿距离(又称出租车距离)：曼哈顿距离不是将两点之间的距离作为单个(可能是对角线)距离来测量，而是一次测量两点之间的距离，并将这些行程相加，就像出租车在城市的街区内行驶一样。

  我们也可以对 *t*-SNE 应用除了欧几里得距离以外的其他距离度量，但是首先需要自己手动计算这些距离。UMAP 只需要我们指定所需的距离即可，其余的都由 UMAP 处理。
- n_epochs：定义优化步骤的迭代次数。

为了让你再次直观地了解这些超参数如何影响最终嵌入，这里使用一个超参数值的网格对钞票数据集运行 UMAP。图 14-9 显示了当 metric 和 n_epochs 为默认值时，n_neighbors(行)和 min_dist(列)不同组合的最终嵌入。请注意，对于 n_neighbors 和 min_dist 的较小值，样本更为分散，并且聚类随着 n_neighbors 超参数值的降低而开始分离。

图 14-10 显示了 metric(行)和 n_epochs(列)不同组合的最终嵌入。变化很细微，但是随着迭代次数的增加，聚类之间的距离趋于更远。看起来，曼哈顿距离在分离这三个较小的聚类(你以前从未见过)方面做得稍微好一点。如果想查看这些图形的绘制代码，可以浏览 www.manning.com/books/machine-learning-with-r-the-tidyverse-and-mlr。

我们希望能揭开 UMAP 超参数的神秘面纱。为此，在钞票数据集上执行 UMAP，参见代码清单 14.3。与前面一样，首先选择除分类变量外的所有列(UMAP 当前无法处理分类变量，但这在将来可能会发生变化)，然后将数据导入 as.matrix()函数(只是为了防止出现令人恼火的警告信息)。然后，概率矩阵被导入 umap()函数，在这个函数中，手动设置所有四个超参数的值，并设置参数 verbose=TRUE，从而输出已完成当前迭代次数的实时结果。

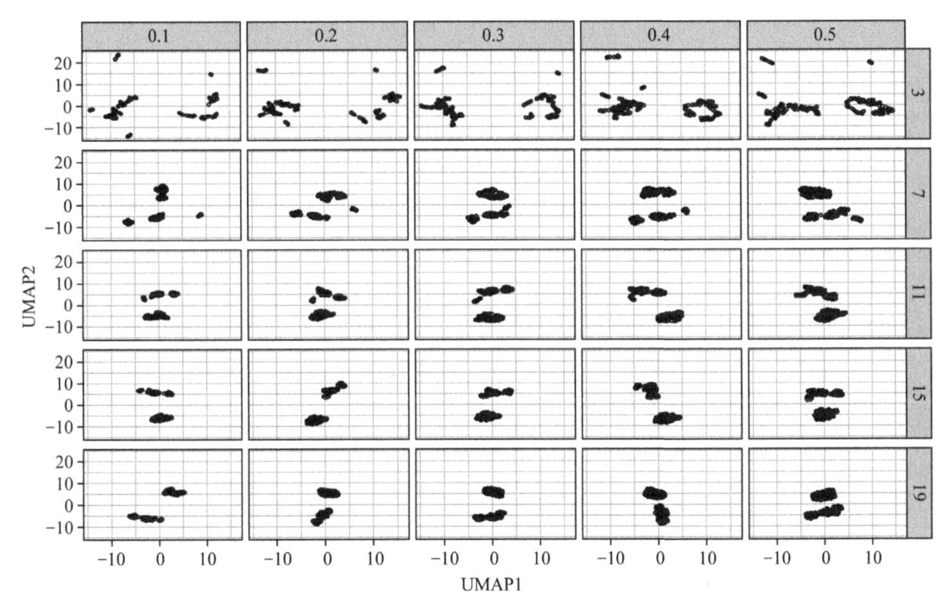

图 14-9　当 metric 和 n_epochs 为默认值时，n_neighbor(行分面图)和 min_dist(列分面图)的变化对钞票数据集的最终嵌入产生的影响

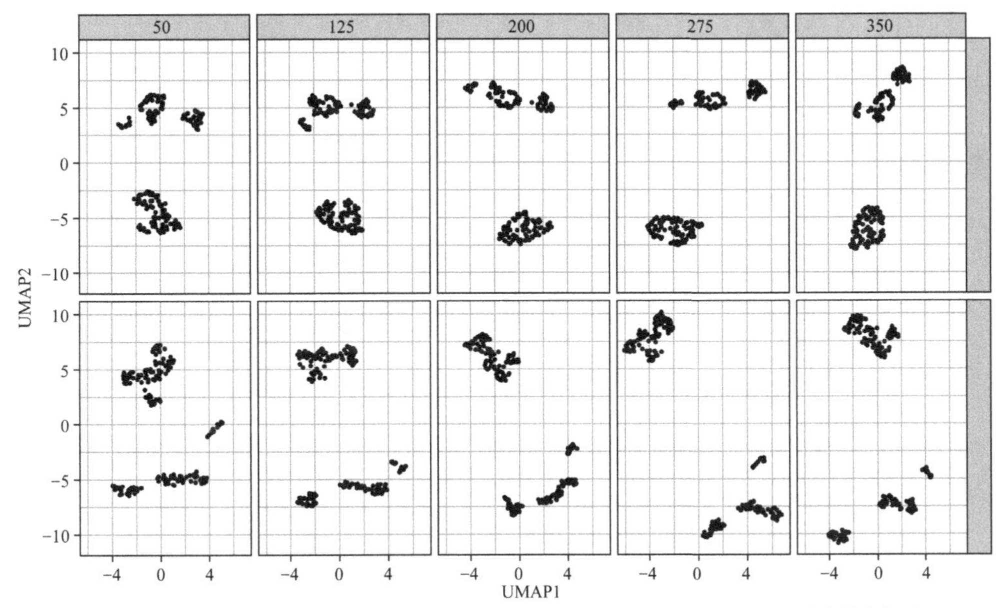

图 14-10　当 n_neighbor 和 min_dist 为默认值时，metric(行分面图)和 n_epochs(列分面图)的变化对钞票数据集的最终嵌入产生的影响

代码清单 14.3 执行 UMAP

```
swissUmap <- select(swissTib, -Status) %>%
             as.matrix() %>%
             umap(n_neighbors = 7, min_dist = 0.1,
                  metric = "manhattan", n_epochs = 200, verbose = TRUE)
```

14.4.2 绘制 UMAP 结果

下面对这两个 UMAP 维度进行对照绘图，看看它们是如何区分真假钞票的。执行代码清单 14.2 以重塑数据并做好绘图准备。

代码清单 14.4 绘制 UMAP 结果

```
swissTibUmap <- swissTib %>%
  mutate_if(.funs = scale, .predicate = is.numeric, scale = FALSE) %>%
  mutate(UMAP1 = swissUmap$layout[, 1], UMAP2 = swissUmap$layout[, 2]) %>%
  gather(key = "Variable", value = "Value", c(-UMAP1, -UMAP2, -Status))

ggplot(swissTibUmap, aes(UMAP1, UMAP2, col = Value, shape = Status)) +
  facet_wrap(~ Variable) +
  geom_point(size = 3) +
  scale_color_gradient(low = "dark blue", high = "cyan") +
  theme_bw()
```

结果如图 14-11 所示。UMAP 嵌入似乎表明存在三种不同的假钞聚类！也许有三个不同的造假者在逃。

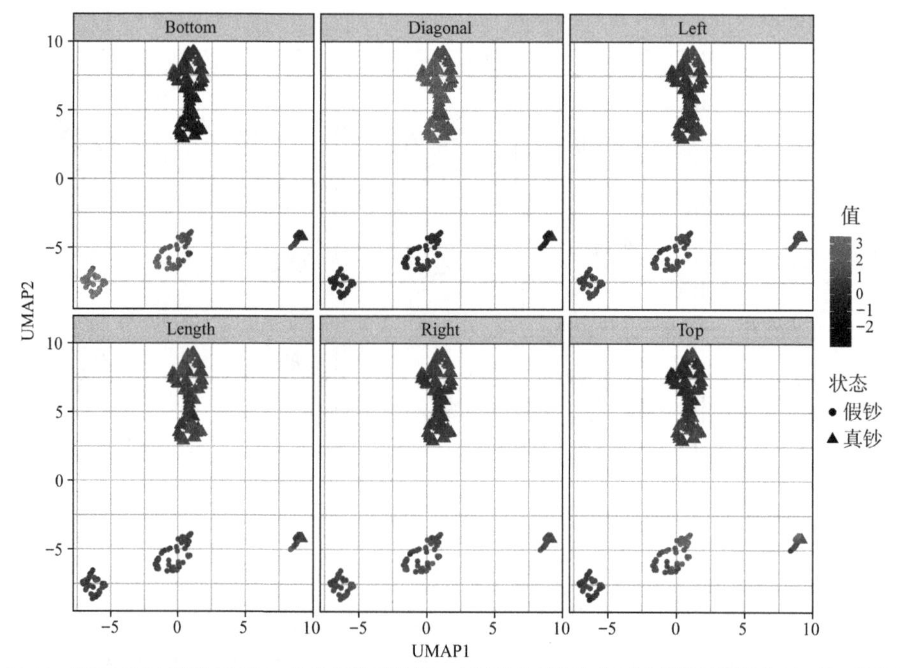

图 14-11 对 UMAP1 轴和 UMAP2 轴进行相互绘制，由原始变量构造分面图并进行阴影处理，然后根据每个样本是真钞还是假钞来确定形状

14.4.3 计算新数据的 UMAP 嵌入

之前讲过，与 *t*-SNE 不同，新的数据可以重复地投影到 UMAP 嵌入上？让我们再一次获得第 13 章在预测 PCA 成分得分时定义的 newBanknotes tibble(如果不再包含这个 tibble，请重新执行代码清单 13.7)。实际上，过程是完全相同的：使用 predict()函数，将模型作为第一个参数，将新数据作为第二个参数。然后输出一个矩阵，其中的行表示样本，列表示 UMAP 轴：

```
predict(swissUmap, newBanknotes)

      [,1]    [,2]
1 -6.9516 -7.777
2  0.1213  6.160
```

14.5 *t*-SNE 和 UMAP 的优缺点

对于给定的任务，虽然通常很难判断哪种算法的效果更好，但了解算法的优缺点可以帮助你确定 *t*-SNE 和 UMAP 是否适合自己所要完成的具体任务。

t-SNE 和 UMAP 的优点如下：

- 可以从数据中学习非线性模式。
- 相比 PCA 能更好地分离样本聚类。
- UMAP 可以对新数据进行预测。
- UMAP 的计算开销小。
- UMAP 能保留局部距离和全局距离。

t-SNE 和 UMAP 的缺点如下：

- *t*-SNE 和 UMAP 的新轴不能使用原始变量直接进行解释。
- *t*-SNE 不能对新数据进行预测(每次结果都不同)。
- *t*-SNE 的计算开销大。
- *t*-SNE 不一定能保留全局结构。
- 它们不能直接用来处理分类变量。

练习 14-2： 在钞票数据集上重新运行 UMAP，但这一次需要设置参数 n_components=3(可通过更改其他超参数的值来自由地进行实验)。将 UMAP 对象的$layout 组件传递给 GGally::ggpairs()函数(需要将 UMAP 对象封装到 as.data.frame()中，否则 ggpairs()函数会出错)。

14.6 本章小结

- *t*-SNE 和 UMAP 是非线性降维算法。
- *t*-SNE 基于正态分布将数据中所有样本之间的距离转换为概率，然后在低维空间中迭代地移动样本以重现这些距离。
- 在低维空间中，*t*-SNE 使用 *t* 分布将距离转换为概率，以更好地分离数据聚类。
- UMAP 能够学习数据排列的流形，然后在低维空间中迭代地移动数据，并沿着流形方向重现样本之间的距离。

14.7 练习题答案

1. 重新绘制 tSNE1 与 tSNE2 的对照图，但不对变量进行缩放：

```
swissTib %>%
  mutate(tSNE1 = swissTsne$Y[, 1], tSNE2 = swissTsne$Y[, 2]) %>%
  gather(key = "Variable",
         value = "Value",
         c(-tSNE1, -tSNE2, -Status)) %>%
  ggplot(aes(tSNE1, tSNE2, col = Value, shape = Status)) +
  facet_wrap(~ Variable) +
  geom_point(size = 3) +
  scale_color_gradient(low = "dark blue", high = "cyan") +
  theme_bw()

# Scaling is necessary because the scales of the variables are different
# from each other.
```

2. 重新运行 UMAP，但输出并绘制三个而不是两个新轴：

```
umap3d <- select(swissTib, -Status) %>%
  as.matrix() %>%
  umap(n_neighbors = 7, min_dist = 0.1, n_components = 3,
       metric = "manhattan", n_epochs = 200, verbose = TRUE)

library(GGally)

ggpairs(as.data.frame(umap3d$layout), mapping = aes(col = swissTib$Status))
```

第 15 章

自组织映射和局部线性嵌入

本章内容：

- 创建自组织映射(Self-Organizing Map，SOM)，从而对数据进行降维
- 创建高维数据的局部线性嵌入(Locally Linear Embedding，LLE)

在本章，我们将继续学习降维算法：这类机器学习算法专注于表示包含在大量或少量变量中的信息。正如第 13 和 14 章所述，有多种算法可以降低数据集的维数，而哪种算法最优取决于数据的结构和预期目标。因此，本章向大家的机器学习工具箱中添加另外两种非线性降维算法：自组织映射(SOM)和局部线性嵌入(LLE)。

15.1 先决条件：节点网格和流形

SOM 和 LLE 算法都将大型数据集缩减为更小、更易于管理的变量，但它们的工作方式截然不同。SOM 算法会创建二维的节点网格，就像地图上的参考网格。数据中的每一个样本都被放置到一个节点中，然后在节点之间移动。原始数据中相似的样本将被放在地图上较为靠近的位置。

以上情形在脑海里可能很难想象，为此，我们做个比喻。假设你的针线盒中有一个装着珠子的袋子，里面有不同大小和重量的珠子，其中有些相比其他的更细长。外面下雨了，没有事情可做，你决定把珠子整理成套，以便以后能够更容易地找到需要的珠子。你在桌子上摆下一排碗，依次观察每一颗珠子，然后把最相似的珠子放在同一个碗里，而把相似但不相同的珠子放在相邻的碗里，对于差异很大的珠子，则放在相距很远的碗里，如图 15-1 所示。

在把所有的珠子放到碗里后，你会看到一张网格图案并注意到已经出现一种模式。所有大的球形珠子都聚集在网格的右上角。当从右向左移动时，珠子会变小；当从上向下移动时，珠子会变得更加细长。把珠子放到碗里的过程基于它们之间的相似性，这个过程揭示了珠子的结构。

这就是自组织映射的目的。自组织映射中的“映射”相当于碗的网格，其中的每个碗被称为一个节点。

另外，与你在第 14 章中学习的 UMAP 算法类似，LLE 算法学习的是数据所在的流形。回顾一下，流形是一种光滑的 *n* 维几何形状，可以由一系列的线性“补丁”构成。UMAP 试图一次性学习流形，而 LLE 则在每个样本的周围寻找这些局部的、线性的数据补丁，然后将这些数

据补丁组合在一起，形成(可能是非线性的)流形。

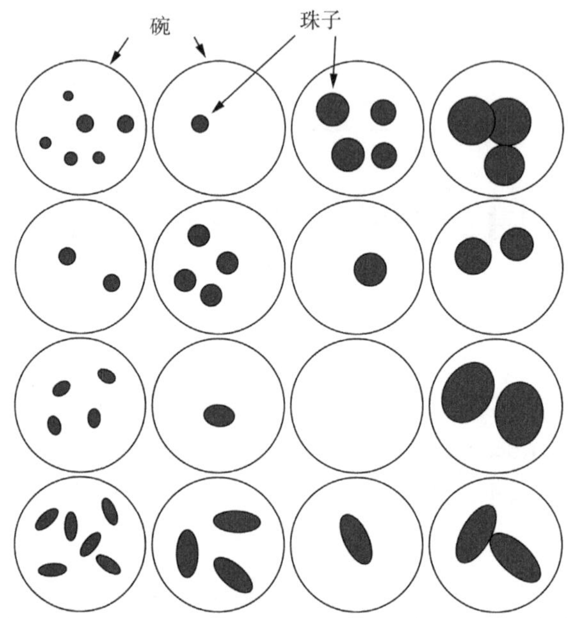

图 15-1 根据珠子的特性将它们放入碗中。相似的珠子放在同一个碗里或相邻的碗里，不同的珠子则放在彼此相距很远的碗里，碗里没有任何珠子也是允许的

观察图 15-2。球体是一种光滑的三维流形。可以通过把球体分解成一系列组合在一起的平面来进行近似(使用的平面越多，就越接近球体)。假设给你一张纸和一把剪刀，让你创造球体。你可以将这张纸切成图 15-2 中右图所示的形状，然后折叠这张纸以近似得到球体。你能理解平面的二维切割就是球体的低维表示吗？这就是 LLE 背后的一般原则。除此之外，LLE 还试图学习用来表示数据的流形，从而在更少的维度中表示它们。

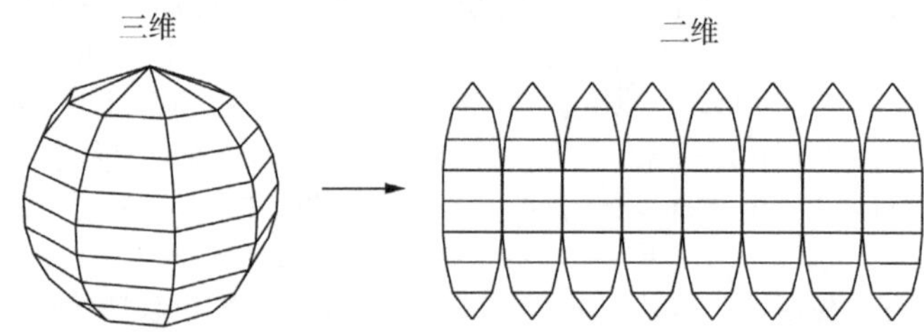

图 15.2 球体是三维流形。可以把球面重构成一系列相互连接的线性补丁，并使用一种特定的方式将球体的三维流形在一张纸上切割成二维表示形式

本章将更详细地讲解 SOM 和 LLE 算法的工作原理，并介绍如何使用它们来降低收集到的各种跳蚤数据的维数。本章还将讲解一个特别有趣的例子，以说明 LLE 如何“展开”一些复杂且形状异常的数据。

15.2 自组织映射的概念

本节介绍 SOM 的定义、工作原理以及 SOM 可用于降维的原因。思考一下地图的用途。地图可以在二维空间中表示地球的一部分，地球上相互接近的区域在地图上也将十分接近。例如，在地图上，你会发现印度与斯里兰卡的距离相比印度与马达加斯加岛的距离更近，因为它们在空间上距离更近。

SOM 的目标与此非常相似；但是 SOM 试图在二维空间中表示数据集，而不是表示国家、地区和城市，这样数据中彼此更相似的样本就会画得更接近。SOM 算法的第一步是在二维网格中创建节点网格(参见图 15-1 中的碗状网格)。

15.2.1　创建节点网格

下面详细解释 SOM 算法如何创建节点网格。就像在图 15-1 中对珠子进行排序的碗状网格一样，SOM 算法将首先创建节点网格。现在，可以将节点想象成碗，我们最终将把数据集中的样本放入其中。前面使用网格这个词来描绘节点的网状结构，但是术语映射更为常用。

映射可以由正方形/矩形节点组成，非常像地图上的正方形参考网格；映射也可以由六边形的节点组成，这些节点将像蜂窝一样紧密地连接在一起。当映射由正方形节点构成时，每个节点都连接到四个相邻节点。当映射由六边形节点构成时，每个节点与六个相邻节点相连。图 15-3 显示了正方形和六边形 SOM 的两种不同表示方式：左图表示将每个节点显示为一个圆圈，用线或边连接到相邻节点；右图表示将每个节点显示为一个正方形或六边形，并通过平边与相邻节点相连。映射的尺寸(有多少行和列)由我们决定；在本章的后面，我们将讲解如何选择合适的映射大小。记住，我们仍然把这些节点看成碗。

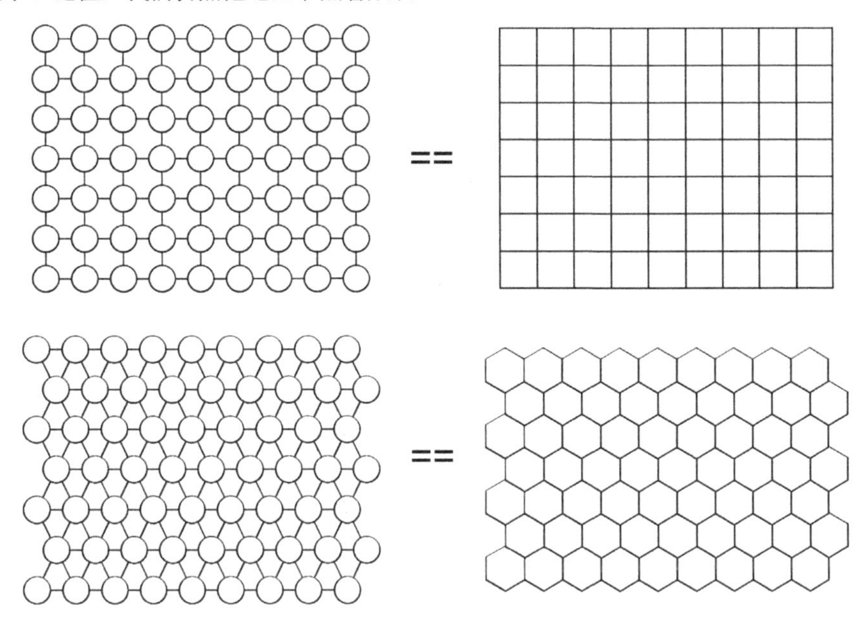

图 15-3　正方形和六边形 SOM 的常见表示方式

注意　SOM 是由芬兰计算机科学家 Teuvo Kohonen 创建的，所以有时你会看到它们被称为 Kohonen 映射。

创建映射后，下一步就是为每个节点随机分配一组权重。

15.2.2　随机分配权重，并将样本放在节点上

下面讲解权重的含义及相关内容，并讲解如何为映射中的每个节点随机初始化这些权重。

假设你有一个包含三个变量的数据集，你希望将这个数据集的样本分布到映射的各个节点上。另外，你还希望将样本放在节点中：把相似的样本放在同一节点或附近的节点中，而把不相似的样本放在彼此距离较远的节点中。

创建映射后，下一步是为每个节点随机分配一组权重：为数据集中的每个变量分配一个权重。在我们的例子中，因为有三个变量，所以每个节点有三个权重。这些权重只是随机数，可以看成对每个变量的猜测值。观察图 15-4，对于这个包含三个变量的数据集，可从映射中查看三个节点。每个节点下都有三个数字，每一个数字对应数据集中的每个变量。例如，节点 1 的权重为 3(对于变量 1)、9(对于变量 2)和 1(对于变量 3)。请记住，这只是对每个变量的随机猜测值。

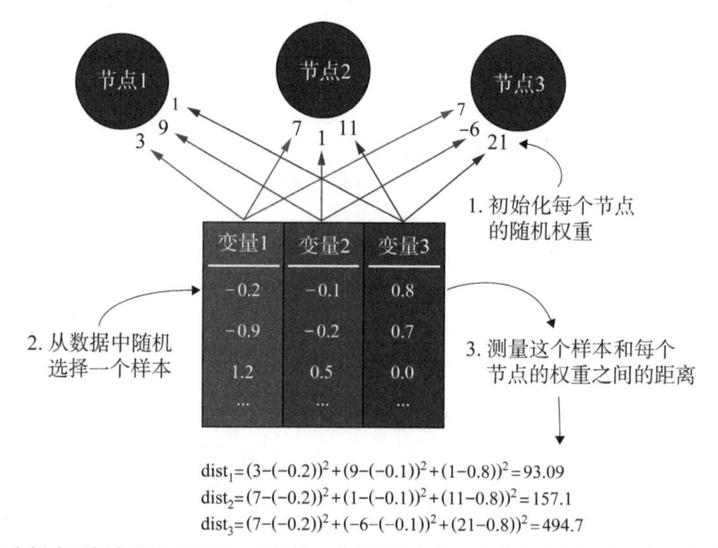

图 15-4　计算每个样本到每个节点的距离。箭头从每个变量指向每个节点代表的权重(例如，节点 1 的权重是 3、9 和 1)。可通过寻找每个节点的权重和样本值的差异来计算距离，最后对这些差异进行平方并求和

接下来，从数据集中随机选择一个样本，并计算对于每个变量，哪个节点的权重与这个样本的值最匹配。例如，如果数据集中有一个样本，其变量 1、变量 2 和变量 3 的值分别是 3、9 和 1，那么这个样本就完全匹配节点 1 的权重。为了找出哪个节点的权重与讨论的样本最相似，需要计算每个节点与映射中每个节点的权重之间的距离。这个距离通常是欧几里得距离的平方。请记住，欧几里得距离就是两点之间的直线距离，所以欧几里得距离的平方省略了平方根步骤以加快计算速度。

在图 15-4 中，可以看到第一个样本与每个节点的权重之间的距离。这个样本与节点 1 的权重最相似，因为它与节点 1 的欧氏距离的平方最小(93.09)。

注意　为了便于说明，图 15-4 仅显示了三个节点，但计算的是与映射中每个节点之间的距离。

在计算出特定样本与所有节点之间的距离后，选择距离最小的节点(与样本最相似)作为样

本的最优匹配单元(BMU)，如图 15-5 所示。就像我们把珠子放进碗里一样，SOM 则把样本放进对应的 BMU 中。

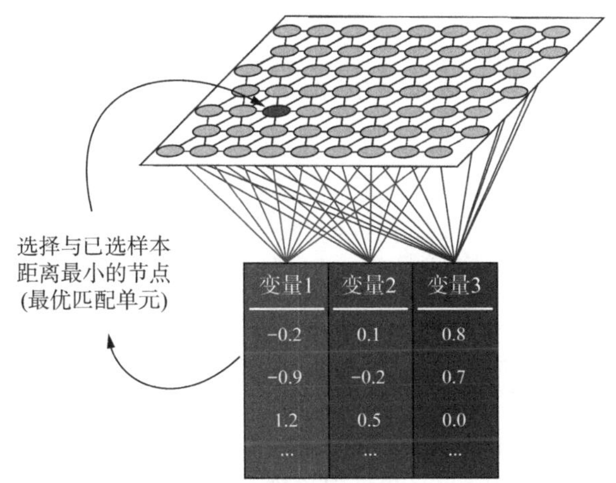

图 15-5　在 SOM 算法的每个阶段，选择权重与特定样本之间距离最小的节点作为样本的最优匹配单元(BMU)

15.2.3　更新节点权重以更好匹配节点内部样本

下面讲解如何更新样本的 BMU 权重及其周围节点的权重，从而与数据更加匹配。我们首先总结一下目前所学的 SOM 算法的一些知识：

- 创建节点的映射。
- 为每个节点随机分配一组权重(为数据集中的每个变量分配一个权重)。
- 随机选择一个样本，计算这个样本到映射中的每个节点权重的距离。
- 将样本放入权重与样本的距离最小的节点(样本的 BMU)中。

BMU 现在已经被选中，它的权重被更新为更类似于放置在它里面的那个样本。然而，更新的不仅仅是 BMU 的权重，BMU 附近的节点也将更新自身的权重。我们可以使用不同的方法来定义邻域：一种常用的方法是使用气泡函数，通过使用气泡函数，我们可以简单地定义一个围绕 BMU 的半径(或气泡)，并且这一半径内所有节点的权重都将更新到相同的程度，半径之外的任何节点都不会更新。对于气泡函数，如果半径等于 3，将包括 BMU 的三个直接连接范围内的任何节点。

另一种常用的方法是根据节点与 BMU 的距离更新映射的节点权重(距离 BMU 越远，更新的节点权重就越少)，最常用的是高斯函数。这可以想象成把高斯分布放在 BMU 的中心，BMU 周围的节点权重将按高斯分布在它们上的密度成比例更新。我们仍然可通过 BMU 周围的半径来定义高斯分布的宽窄，但这里使用的是没有硬截止的软半径。高斯函数很流行，但计算开销要比简单的气泡函数大一些。

注意　用于更新 BMU 邻域节点权重的气泡函数和高斯函数又称为邻域函数。

我们选择的邻域函数是一个超参数，它将影响映射更新节点的方式，但它不能从数据本身估计得到。

注意　节点的一组权重有时被称为节点的码书向量。

无论使用哪个邻域函数，更新 BMU 邻域节点权重带来的好处是：随着时间的推移，我们会创建彼此相似的节点邻域，但同时会获得数据中的一些变化。另外，随着时间的推移，邻域的半径和权重更新数量都会变小。这意味着映射最初更新得非常快，然后随着学习过程的延续，更新得越来越慢。这有助于映射收敛到如下解决方案：将类似的样本放在相同或附近的节点中。更新 BMU 邻域节点权重的过程如图 15-6 所示。

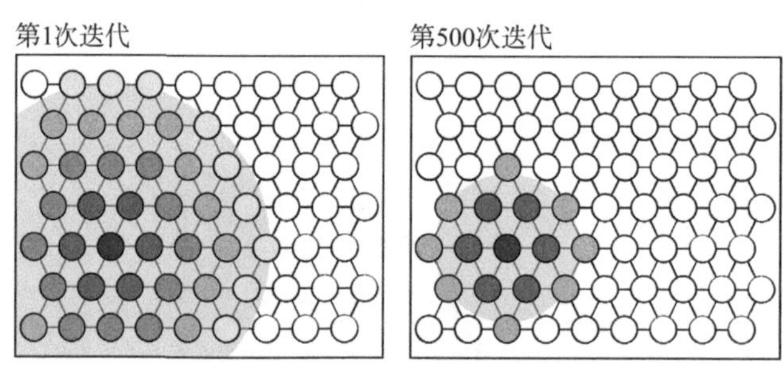

图 15-6　在 SOM 算法的第一次和最后一次迭代之间，BMU(最暗的节点)周围的邻域半径和邻域节点权重的更新数量都变小了。高斯邻域函数的半径显示为以 BMU 为中心的半透明圆，每个邻域节点权重的更新数量由阴影的深浅表示。如果使用气泡函数，那么所有节点都将显示相同的阴影(因为它们的更新数量相同)

我们现在已经确定了特定样本的 BMU，并且更新了 BMU 及其邻域节点的权重。在下一次迭代中，我们只需要从数据中选择另一个随机样本，并重复上述过程。随着这一过程的继续，样本可能会被选择多次，并随着 BMU 的变化在映射上移动。换言之，如果当前所在的节点不再是它们之前的 BMU，那么样本将会改变节点。最终，类似的样本将会汇聚到映射的某个特定区域。

结果就是，随着时间的推移，映射上的节点将能够更好地适应数据集。最终，在原始的特征空间中，彼此相似的样本将被放置在相同或附近的节点中。

注意　特征空间指的是所有预测变量值的可能组合。

在构建 SOM 之前，让我们回顾一下所有步骤，并将它们牢记在脑海中：

(1) 创建节点的映射。

(2) 为每个节点随机分配一组权重(为数据集中的每个变量分配一个权重)。

(3) 随机选择一个样本，计算这个样本到映射中的每个节点权重的距离。

(4) 将样本放入权重与样本的距离最小的节点(样本的 BMU)中。

(5) 更新 BMU 及其邻域节点的权重(取决于邻域函数)，以更紧密地匹配内部样本。

(6) 使用指定的迭代次数重复步骤(3)～(5)。

15.3　建立第一个 SOM

本节介绍如何使用 SOM 算法将数据集的维数缩减为二维映射。我们希望能够通过在相同或附近的节点中放置类似的样本来揭示数据中的一些结构。例如，如果有一种分组结构隐藏在数据中，我们希望将不同的组分离到映射的不同区域。

注意　超参数是用于控制算法的性能/功能变量，它们不能直接从数据本身估计得到。

假设你是跳蚤马戏团的团长。你决定统计所有跳蚤的信息，看看不同的跳蚤群体是否在特定的马戏团任务中表现得更好。下面从加载 tidyverse 和 GGally 程序包开始：

```
library(tidyverse)

library(GGally)
```

15.3.1　加载和研究跳蚤数据集

加载内置于 GGally 程序包的数据，将其转换为一个 tibble(使用 as_tibble()函数)，然后使用 ggpairs()函数绘制这个 tibble。

代码清单 15.1　加载和研究跳蚤数据集

```
data(flea)

fleaTib <- as_tibble(flea)

fleaTib

# A tibble: 74 x 7
     species  tars1  tars2   head  aede1  aede2  aede3
       <fct>  <int>  <int>  <int>  <int>  <int>  <int>
 1  Concinna    191    131     53    150     15    104
 2  Concinna    185    134     50    147     13    105
 3  Concinna    200    137     52    144     14    102
 4  Concinna    173    127     50    144     16     97
 5  Concinna    171    118     49    153     13    106
 6  Concinna    160    118     47    140     15     99
 7  Concinna    188    134     54    151     14     98
 8  Concinna    186    129     51    143     14    110
 9  Concinna    174    131     52    144     14    116
10  Concinna    163    115     47    142     15     95
...
# with 64 more rows

ggpairs(flea, mapping = aes(col = species)) +
  theme_bw()
```

通过在 74 种跳蚤上进行测量，我们得到一个包含 7 个变量的 tibble。species 变量是每个跳蚤所属物种的因子，而其他 6 个变量是对跳蚤身体不同部位的连续测量。我们将在降维过程中忽略 species 变量，但是后续将使用 species 变量来查看 SOM 是否聚类了来自同一物种的跳蚤。

结果如图 15-7 所示。从中可以看出，利用连续变量的不同组合可以区分三种跳蚤。下面训练 SOM，将这 6 个连续变量简化到两维，并观察如何才能很好地分离这三种跳蚤。

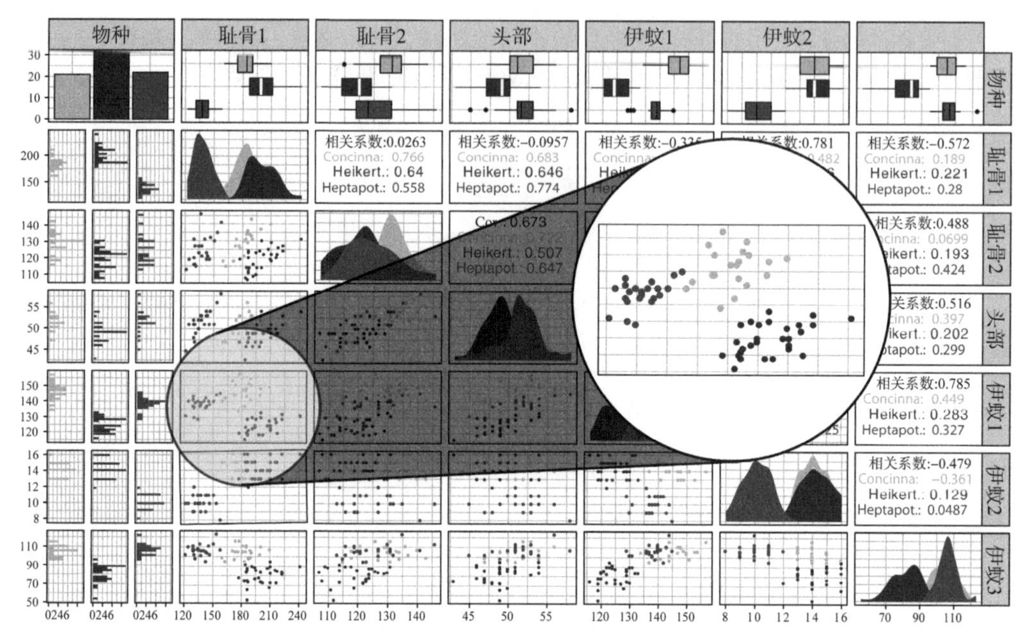

图 15-7 使用 ggpairs()函数绘制的矩阵图，从跳蚤数据集中绘制所有变量之间的关系。因为每个图形都非常小，所以这里使用虚拟放大镜手动放大了其中一个

15.3.2 训练 SOM

让我们将跳蚤放置在节点上并开始训练 SOM，这样相同物种的跳蚤将被放置在彼此附近，不同物种的跳蚤则被分离。首先安装和加载 kohonen 程序包，然后创建一个节点网格作为映射，参见代码清单 15.2。为此，可以使用 somgrid()函数，并在以下方面做出选择：

- 映射的尺寸。
- 映射是矩形节点还是六边形节点。
- 使用哪个邻域函数。
- 映射边缘的表现形式。

代码清单 15.2 加载 kohonen 程序包并创建一个节点网格

```
install.packages("kohonen")

library(kohonen)

somGrid <- somgrid(xdim = 5, ydim = 5, topo = "hexagonal",
                   neighbourhood.fct = "bubble", toroidal = FALSE)
```

1. 选择映射的尺寸

首先，我们需要分别使用 xdim 和 ydim 参数选择 x 和 y 维度中的节点数。这非常重要，因为这决定了映射的大小和划分样本的间隔尺度。如何选择映射的尺寸?事实证明，这不是一个容易回答的问题。如果节点太少，所有的数据就会堆积起来，这样一来，不同聚类的样本就会彼此合并。如果节点太多，最终可能得到只包含一个样本的节点，甚至有些节点不包括样本，从而冲淡任何聚类并妨碍我们理解数据中包含的信息。

SOM 的最优维度在很大程度上取决于数据中的样本数量。我们的首要目标是保证大多数节点中都有样本，但是 SOM 中的最优节点数实际上也是数据中最能揭示模式的节点数。我们还可以绘制每个节点的质量，这是对特定节点中的每个样本与这个节点的最终权重之间平均差异的度量。然后，可以考虑选择能够提供最优质量节点的映射大小。在这个例子中，我们将从创建一个 5×5 的网格开始，但是选择映射维度的这种主观性可以说是 SOM 的一项弱点。

注意 网格的 x 和 y 维度不需要等长。如果网格维度可以很好地显示数据集中的模式，那么可以对映射进行扩展以查看这是否有助于进一步分离样本聚类。SOM 算法有一种特殊的实现称为增长 SOM，这种算法能根据数据增加网格的大小。学完本章之后，建议访问 https://github.com/alexhunziker/GrowingSOM 以查看 R 中的 GrowingSOM 程序包。

2. 选择映射是矩形节点还是六边形节点

矩形节点连接到四个相邻节点，而六边形节点连接到六个相邻节点。因此，当更新节点的权重时，六边形节点最多更新六个近邻，而矩形节点最多更新四个近邻。六边形节点能够产生“更平滑”的映射，其中数据聚类看起来更圆润(矩形节点网格中的数据聚类可能看起来更呈“块状”)，具体取决于数据。在本例中，可通过设置参数 topo ="hexonal"来指定我们想要使用六边形节点。

提示 无论是从数据中揭示出的模式看，还是从美学角度看，笔者通常更喜欢使用六边形节点。

3. 选择使用哪个邻域函数

使用哪个邻域函数取决于 neighbourhood.fct 参数的设置，选项"bubble"和"Gaussian"分别对应于前面讨论的两个邻域函数。由于邻域函数是超参数，因此可以对它们进行调节；但在这个例子中，只需要使用默认的气泡函数即可。

4. 选择映射边缘的表现形式

需要做出的最后一项选择是：决定网格是否为环形。如果网格是环形的，那么映射左边缘的节点会连接到右边缘的节点(对于顶部和底部边缘的节点等效)。如果你从环形映射的左边缘走出去，你将重新出现在右边缘！因为边缘上的节点与其他节点的连接较少，所以它们的权重相比位于映射中间的节点更新少。因此，尽管环形映射往往难以解释，但使用环形映射有助于防止样本在映射边缘“堆积”。在本例中，我们将把环形参数设置为 FALSE，以使最终的映射更具可解释性。

初始化网格后，可以将 tibble 传递给 som()函数以训练映射，参见代码清单 15.3。

代码清单 15.3 训练 SOM

```
fleaScaled <- fleaTib %>%
  select(-species) %>%
  scale()

fleaSom <- som(fleaScaled, grid = somGrid, rlen = 5000,
               alpha = c(0.05, 0.01))
```

上述代码首先将 tibble 导入 select()函数以删除 species 因子。由于样本被分配给权重最相似的节点，因此缩放变量非常重要，这样基于大尺度的变量就不会被赋予更大的重要性。为此，我们将 select()函数调用的输出导入 scale()函数中，以居中并缩放每个变量。

为了构建 SOM，我们将使用 kohonen 程序包中的 som()函数，并为之提供以下内容：

- 将数据作为第一个参数。
- 将代码清单 15.2 创建的网格对象作为第二个参数。
- 超参数 rlen 和 alpha。

超参数 rlen 代表对数据集采样的次数(迭代次数)，默认值是 100。与其他算法一样，在得到递减的结果之前，迭代次数越多越好。我们稍后将讲解如何评估是否包含足够多的迭代次数。

超参数 alpha 是学习率。请记住，随着迭代次数的增加，每个节点权重的更新数量会减少。这是由 alpha 超参数的两个值控制的。第一次迭代使用 alpha 的第一个值，然后在每次迭代中以第一个值为基础线性递减，直到在最后一次迭代中达到 alpha 的第二个值为止。

向量 *c*(0.05,0.01)为默认值；但是对于更大的 SOM，如果担心 SOM 在分离具有细微差异的类别方面做得不好，可以尝试减少这些值，这会使学习速度变得更慢。

注意 如果想让 SOM 算法的学习速度变慢，通常需要增加迭代次数以帮助 SOM 模型收敛到稳定的结果。

15.3.3 绘制 SOM 结果

kohonen 程序包提供了 SOM 的绘制函数，但使用的是基本 R 图形而不是 ggplot2。SOM 的绘制函数是 plot(x，type，shape)，参见代码清单 15.4。其中的 x 表示 SOM 对象，type 表示期望绘制的类型，shape 表示绘制的节点使用的边缘形状(如果是矩形网格，就是矩形；如果是六边形网格，就是六边形)。

代码清单 15.4 绘制 SOM 结果

```
par(mfrow = c(2, 3))

plotTypes <- c("codes", "changes", "counts", "quality",
               "dist.neighbours", "mapping")

walk(plotTypes, ~plot(fleaSom, type = ., shape = "straight"))
```

注意 笔者更喜欢绘制直边类型的图形，但这种选择仅限于审美方面的考量。可以将 shape 参数设置为"round"或"straight"。

可以为 SOM 绘制 6 张不同的结果图，但不是将 plot()函数写六 6 遍，而是定义带有图形类型名的向量并使用 walk()函数一次性绘制它们。下面首先通过运行 par(mfrow = c(2,3))将绘图窗口划分为 6 个区域。

也可以通过运行 purrr::map()得到同样的结果，但是 purrr::walk()会因为副作用而调用另一个函数(例如绘制一张图)并返回输入(在一系列相互传递的操作中绘制中间数据集是非常有用的)。这里的便利之处在于：purrr:::walk()不会将任何输出输入控制台。

注意 kohonen 程序包还包含一个名为 map()的函数。如果已经加载了 kohonen 和 purrr 程序包，那么最好在函数调用(kohonen::map()和 purrr::map())前使用程序包的前缀。

结果如图 15-8 所示。编码图是一张扇形图，用于表示每个节点的权重。扇形的每个部分表示特定变量的权重，扇形从中心延伸出来的距离表示权重的大小。例如，编码图左上角的节点 tars2

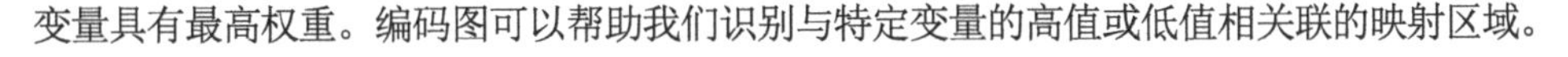
变量具有最高权重。编码图可以帮助我们识别与特定变量的高值或低值相关联的映射区域。

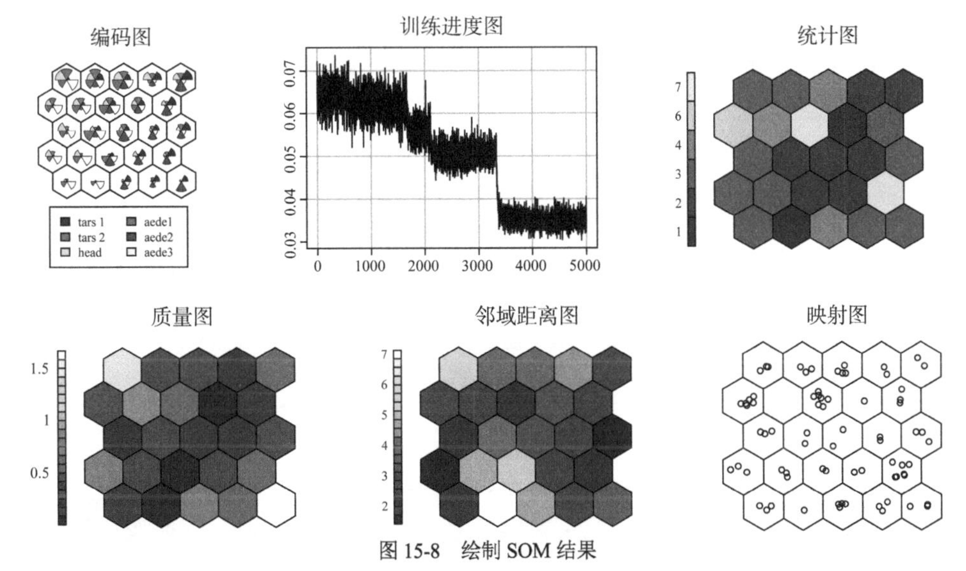

图 15-8　绘制 SOM 结果

训练进度图可以帮助我们评估在训练 SOM 时是否包含足够多的迭代次数。横轴表示迭代次数(由 rlen 参数指定)，纵轴表示每次迭代时每个样本与其 BMU 权重之间的平均距离。我们希望在达到最大迭代次数之前看到训练进度图的轮廓变平，在本例中就是这样。如果觉得训练进度图还没有变得平坦，可以增加迭代次数。

统计图是一张用来显示分配给每个节点的样本数的热点图。在统计图中，我们需要确保没有大量的空节点(这表明映射太大)，并且确保样本在整个映射中是均匀分布的。如果在边缘处堆积了大量的样本，那么可以考虑增加映射的尺寸或者训练环形映射。

质量图显示了每个样本与其 BMU 权重之间的平均距离，这个值越小越好。

邻域距离图显示了一个节点上的样本与相邻节点上的样本之间的距离和。领域距离图又称为 U 矩阵图，它对于在映射上识别样本聚类非常有用。由于节点聚类边缘的样本与相邻节点聚类中的样本之间的距离更大，因此距离较远的节点往往会分离聚类。这看起来像是映射中被高亮区域分开的灰暗区域(可能的聚类)。想要解释这么小的映射是很困难的，但看起来似乎在左右边缘和顶部的中心有聚类。

最后，映射图显示了样本在节点之间的分布。注意，样本在节点中的位置没有任何意义，它们只是移动了一小段随机的距离，这样它们就不会全部重叠在一起了。

编码图是一种可视化每个节点权重的有效方法，但是当存在大量变量时，编码图将变得难以阅读，并且编码图并没有给出可解释的大小指示。相反，笔者更喜欢为每个变量创建一张热点图。可使用 getCodes()函数提取每个节点的权重，其中的每一行是一个节点、每一列是一个变量，然后转换为 tibble。代码清单 15.5 显示了如何为每个变量创建单独的热点图，这里使用 iwalk()函数来迭代每一列。

代码清单 15.5　为每个变量绘制热点图

```
getCodes(fleaSom) %>%
  as_tibble() %>%
  iwalk(~plot(fleaSom, type = "property", property = .,
```

```
            main = .y, shape = "straight"))
```

注意 第2章介绍过，每个map()函数都有一个以 *i* 为前缀的等价函数(比如imap()、imap_dbl()、iwalk()等)，从而允许我们将每个元素的名称/位置传递给函数。iwalk()函数是walk2(.x,.y = names(.x),.f)的简写，目的是允许我们在函数中使用.y来访问每个元素的名称。

通过将type参数设置为"property"，可允许我们使用一些数值属性为每个节点着色。我们可以使用 propety 参数来告诉函数需要绘制的属性。为了将每个图形的标题设置为它所显示的变量的名称，可以将main参数设置为.y(这就是我们选择使用iwalk()而不是walk()函数的原因)。

结果如图 15-9 所示。热点图显示了每个变量的不同权重模式。热点图右侧的节点对 tars1和aede2变量的权重较高，而对aede3变量的权重较低(在热点图的右下角最低)。热点图左上角的节点对于tars2、head和aede1变量具有更高的权重。由于变量在训练SOM之前进行了缩放，因此热点图的尺度是以每个变量的标准差为单位的。

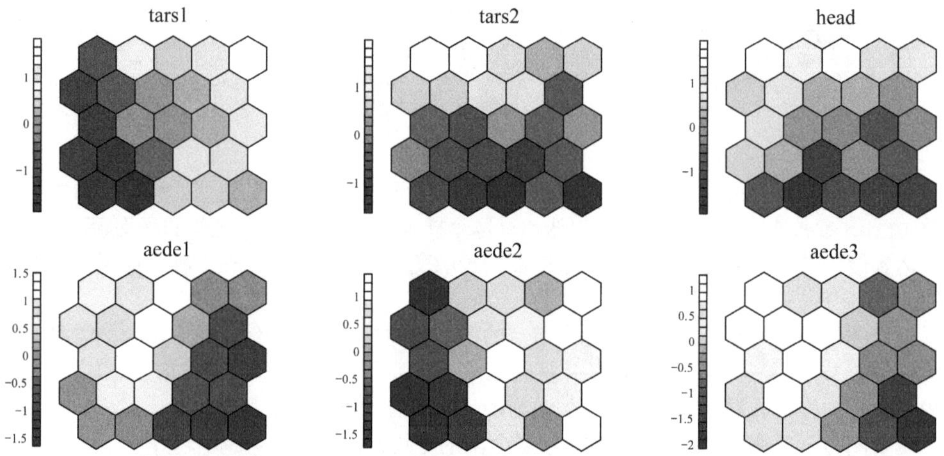

图 15-9 每个原始变量的节点权重的热点图，以每个变量的标准差为单位

我们有一些关于跳蚤的类别信息，因此，我们可以绘制 SOM，并根据所属的物种给每个样本着色，参见代码清单15.6。

代码清单 15.6 绘制跳蚤物种

```
par(mfrow = c(1, 2))

nodeCols <- c("cyan3", "yellow", "purple")

plot(fleaSom, type = "mapping", pch = 21,
     bg = nodeCols[as.numeric(fleaTib$species)],
     shape = "straight", bgcol = "lightgrey")
```

上述代码首先定义了一个颜色向量来区分类别，然后使用plot()函数和type = "mapping"参数创建了一张映射图。设置参数pch =21意味着使用填充的圆圈表示每个样本(因此可以为每个物种设置背景颜色)。bg参数用于设置这些点的背景颜色。通过将species变量转换为数值向量并作为颜色向量的子集，每个点都有了与物种对应的背景颜色。最后，我们使用shape参数来绘制六边形而不是圆形，并将背景颜色(bgcol)设置为"lightgrey"。

结果如图 15-10 所示。你能否看到来自相同物种的跳蚤(它们彼此之间比来自其他物种的跳蚤更相似)已被分配到相同物种样本附近的节点中？在图 15-10 中，右图使用聚类算法来查找节点的聚类，并根据分配给每个节点的聚类为节点着色，同时还添加了用于分隔聚类的粗边框。因为还没有讲解聚类，所以我们不想在这里解释这样做的原因(详情请访问 www.manning.com/books/machine-learning-with-r-the-tidyverse-and-mlr)。但是 SOM 可以分离不同的类别，并且 SOM 是可以用来聚类的！我们将从第 16 章开始学习聚类。

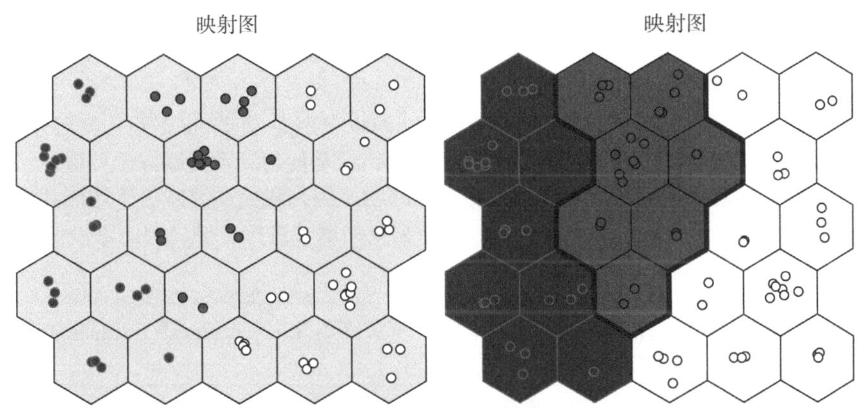

图 15-10 在 SOM 上显示类别成员。左边的映射图显示了在指定节点内绘制的样本，阴影部分显示了它们所属的跳蚤物种。右边的映射图显示了相同的信息，但是在对节点应用聚类算法之后，节点被聚类成员关系的阴影覆盖。实线用于分隔分配给不同聚类的节点

注意 SOM 与其他降维技术略有不同，因为它们并没有真正为每个样本的值创建新变量(例如，PCA 中的主成分)。SOM 通过将样本放置到二维映射的节点中而不是创建新变量来降低维度。因此，如果要对 SOM 结果进行聚类分析，那么可以使用权重对节点进行聚类。这在质上相当于将每个节点看作新数据集中的一个样本。如果聚类分析返回节点的聚类，那么可以将原始数据集中的样本分配给它们的节点所属的聚类。

练习 15-1：使用 somgrid()函数创建另一个映射，参数设置如下。

- topo=rectangular
- toroidal=TRUE

使用这个映射训练 SOM，并像图 15-10 那样创建映射图。注意每个节点现在是如何与四个相邻节点连接的。你能看出 toroidal 参数是如何影响最终映射的吗？如果不能，将 toroidal 设置为 FALSE，并保持其他所有参数不变，看看有什么不同。

15.3.4 将新数据映射到 SOM

下面获取新数据并将它们映射到已经过训练的 SOM，然后使用 SOM 为数据中的所有连续变量创建两个新的样本，参见代码清单 15.7。

代码清单 15.7 在 SOM 上绘制跳蚤物种

```
newData <- tibble(tars1 = c(120, 200),
                  tars2 = c(125, 120),
```

```
                    head = c(52, 48),
                    aede1 = c(140, 128),
                    aede2 = c(12, 14),
                    aede3 = c(100, 85)) %>%
          scale(center = attr(fleaScaled, "scaled:center"),
                    scale = attr(fleaScaled, "scaled:scale"))

predicted <- predict(fleaSom, newData)

par(mfrow = c(1, 1))

plot(fleaSom, type = "mapping", classif = predicted, shape = "round")
```

因为已经使用缩放数据对 SOM 进行了训练，所以在定义了 tibble 之后，就可以将 tibble 直接导入 scale()函数。需要注意的是：一种常见的错误是使用新数据减去平均值，然后除以标准差以对新数据进行缩放。这可能导致错误的映射，因为我们需要减去平均值并除以训练集的标准差。幸运的是，这些值可作为已缩放数据集的属性进行存储，因此可以使用 attr()函数访问它们。

注意　如果不太确定 attr()函数正在检索什么，那么可以运行 attributes(fleaScaled)来查看 fleaScaled 对象的完整属性列表。

另外，我们可以使用 predict()函数，将 SOM 对象作为第一个参数，而将缩放后的新数据作为第二个参数，并将新数据映射到 SOM。然后，可以使用 plot()函数绘制新数据在映射中的位置，并提供 type = "mapping"参数。classif 参数允许指定 predict()函数返回的对象，但只绘制新数据。这一次，可使用参数 shape = "round"来显示圆形节点的外观。

结果如图 15-11 所示。每个样本都被放在单独的节点中，其权重最能代表样本的变量值。

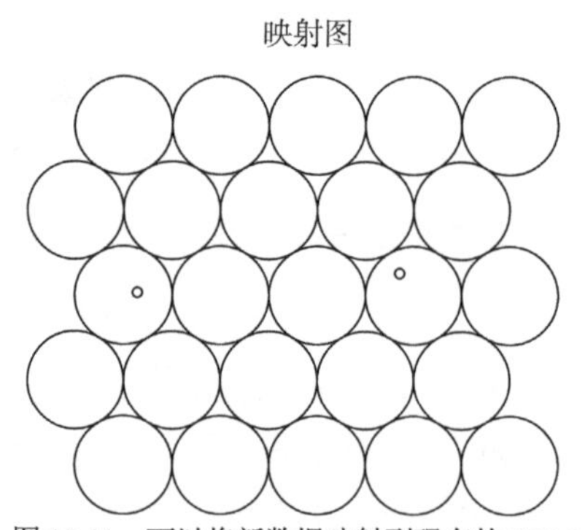

图 15-11　可以将新数据映射到现有的 SOM

使用 SOM 进行监督机器学习

我们专注于将 SOM 作为无监督机器学习方法用于降维。这可能是 SOM 最常见的用法，但是 SOM 也可以用于回归和分类，这使得 SOM 在机器学习算法中非常与众不同。

在监督设置中，SOM 实际上创建了两个映射：我们称它们为 x 和 y 映射。x 映射和我们目前学习的映射是一样的：节点权重被迭代更新，类似的样本被放置在附近的节点中，而不相似的样本则被放置在相距较远的节点中，并且只使用数据集中的预测变量。样本一旦被放置到 x 映射上各自的节点中，它们就不会移动。y 映射节点的权重表示输出变量的值。SOM 算法会再次随机选择样本，并迭代更新每个 y 映射节点的权重，以更好地匹配节点中样本的输出变量值。权重可以用来表示连续的输出变量(在回归的情况下)或一组类别概率(在分类的情况下)。

可以使用来自 kohonen 程序包的 xyf()函数训练有监督的 SOM。你还可以通过运行?xyf()来了解更多信息。

15.4　局部线性嵌入的概念

本节将讲解局部线性嵌入(LLE)的概念、工作原理及其与 SOM 的区别。与 UMAP 类似，LLE 试图识别数据所在的底层流形，但 LLE 有如下不同：LLE 不是一次性学习所有流形，而是学习每个样本的局部线性补丁，然后结合这些线性补丁形成(可能是非线性的)流形。

注意　LLE 中经常被引用的口号是“全局考虑，局部拟合”。LLE 着眼于每个样本周围的、小的局部补丁，并使用这些补丁构建更广泛的流形。

LLE 尤其擅长“铺开”或“展开”那些被卷成或扭曲成不寻常形状的数据。例如，假设有一个三维数据集，其中的样本被卷成瑞士卷。LLE 能够展开这些数据并将它们表示为由数据点组成的二维矩形。

那么 LLE 是如何工作的呢？观察图 15-12。LLE 首先从数据集中选择一个样本并计算它的 k 个最近邻(参见第 3 章中的 kNN 算法，所以 k 是 LLE 算法的超参数)。然后，LLE 将这个样本表示为 k 个最近邻的线性加权和。你也许会问：这是什么意思？可以这样解释，每个最近邻都会被赋予一个权重：值介于 0 和 1 之间，并且所有最近邻的权重之和为 1(所以权重值是原始值的一部分)。

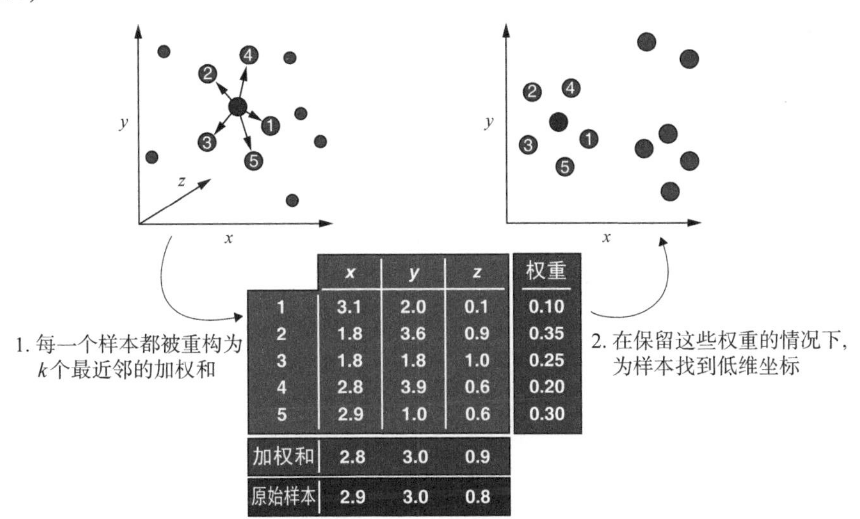

	x	y	z	权重
1	3.1	2.0	0.1	0.10
2	1.8	3.6	0.9	0.35
3	1.8	1.8	1.0	0.25
4	2.8	3.9	0.6	0.20
5	2.9	1.0	0.6	0.30
加权和	2.8	3.0	0.9	
原始样本	2.9	3.0	0.8	

图 15-12　计算每个样本与其他样本之间的距离，并为它们分配 k 近邻(在左上角的图中，沿 z 轴的距离由圆圈的大小表示)。对于每一个样本，LLE 都要学习一组权重，并且每个最近邻的加权和都是 1。还可以对每个最近邻的权重进行求和(对列求和)，以近似所选样本的原始值

注意　由于 LLE 依赖于测量样本之间的距离来计算最近邻，因此 LLE 对变量尺度之间的差异很敏感。一种好的解决方法就是在嵌入数据之前缩放数据。

当每个变量的权重值通过 k 近邻相加时，新的权重值之和应该近似于我们最初计算 k 近邻时样本的变量值。因此，LLE 将学习每个最近邻的权重。这样，当我们对每个最近邻的权重相乘并将这些值相加时，我们就得到了原始样本(或近似样本)。

对数据集中的每一个样本都重复这个过程：计算这个样本的 k 近邻，然后学习可以用来重构的权重。因为权重是线性(求和)的，所以 LLE 在本质上是围绕每个样本学习线性"补丁"。但是，LLE 是如何结合这些补丁来学习流形的呢？实际上，数据通常被放置在两维或三维的低维空间中，以便新空间中的坐标保留 LLE 在前一步中学习到的权重。换言之，数据被放置在新的特征空间中，这样每个样本就仍然可以通过对最近邻进行加权和来计算。

15.5　建立第一个 LLE

本节将介绍如何使用 LLE 将数据集的维数缩减为二维映射。我们首先从一个例子入手，这个例子真正演示了 LLE 作为非线性降维算法的强大功能。这个例子很特别，因为它代表的是三维的 S 形数据，这与我们在现实世界中遇到的情况可能不同。然后，我们将使用 LLE 创建跳蚤马戏团数据的二维嵌入，并与之前创建的 SOM 结果进行比较。

15.5.1　加载和研究 S 曲线数据集

下面安装和加载 lle 程序包：

```
install.packages("lle")

library(lle)
```

接下来从 lle 程序包中加载 lle_scurve_data 数据集，对变量进行命名，并将数据转换为 tibble。于是，我们最后得到一个包含 800 个样本和 3 个变量的 tibble，参见代码清单 15.8。

代码清单 15.8　加载 S 曲线数据集

```
data(lle_scurve_data)

colnames(lle_scurve_data) <- c("x", "y", "z")

sTib <- as_tibble(lle_scurve_data)

sTib

# A tibble: 800 x 3
        x     y      z
    <dbl> <dbl>  <dbl>
 1  0.955 4.95  -0.174
 2 -0.660 3.27  -0.773
 3 -0.983 1.26  -0.296
 4  0.954 1.68  -0.180
 5  0.958 0.186 -0.161
 6  0.852 0.558 -0.471
 7  0.168 1.62  -0.978
 8  0.948 2.32   0.215
 9 -0.931 1.51  -0.430
10  0.355 4.06   0.926
...
```

```
# with 790 more rows
```

S 曲线数据集由一些能够在三维中折叠成 S 字母形状的样本组成。可通过使用 plot3D 和 plot3Drgl 程序包创建三维图来可视化这一点，参见代码清单 15.9。

代码清单 15.9　在三维中绘制 S 曲线数据集

```
install.packages(c("plot3D", "plot3Drgl"))

library(plot3D)

scatter3D(x = sTib$x, y = sTib$y, z = sTib$z, pch = 19,
          bty = "b2", colkey = FALSE, theta = 35, phi = 10,
          col = ramp.col(c("darkred", "lightblue")))

plot3Drgl::plotrgl()
```

scatter3D()函数允许我们创建三维图，plotrgl()函数则允许我们交互式地旋转三维图。scatter3D()函数的参数如下。

- *x*、*y*、*z*：用于设置要在对应坐标轴上绘制的变量。
- pch：用于设置希望绘制的点的形状(19 表示绘制填充圆)。
- byt：用于设置要在数据周围绘制的方框类型("b2"表示绘制带有网格线的白色方框，可使用?scatter3D 查看其他选项)。
- colkey：用于设置是否需要使用图例来描述每个点的着色。
- theta 和 phi：用于设置绘图的视角。
- col：用来表示 z 变量值的颜色面板。此处使用 ramp.col()函数来指定渐变的开始颜色和结束颜色。

创建好静态绘图后，就可以将其转换为交互式绘图，只需要调用不带参数的 plotrgl()函数即可。可使用鼠标单击并旋转交互式绘图。

注意　*你还可以使用鼠标滚轮放大和缩小交互式绘图。*

结果如图 15-13 所示。你能否看到数据形成了三维的 S 形？

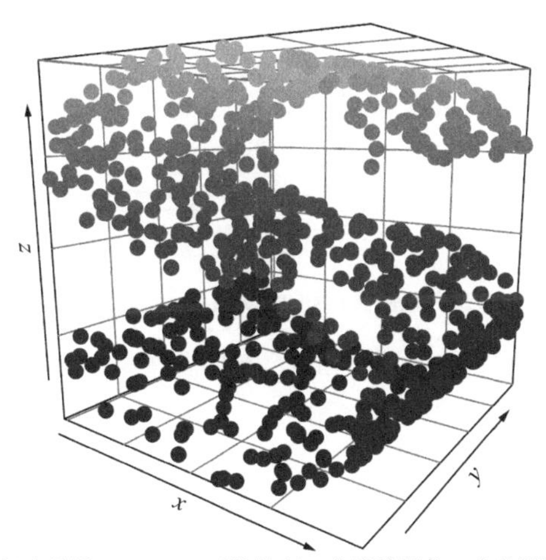

图 15-13　在三维空间中使用 scatter3D()函数绘制 S 曲线数据集，点的阴影则被映射到 *z* 变量

15.5.2 训练 LLE

为了减少数据集的维数(通常减少到二维或三维)，*k* 是唯一需要选择的超参数。我们可以使用 calc_k()函数来选择 *k* 的最优值。该函数能对数据应用 LLE 算法，并在指定的范围内使用不同的 *k* 值。对于每个使用不同 *k* 值的嵌入，calc_k()函数将计算原始数据和低维表示中的样本之间的距离。这些距离之间的相关系数(ρ)将被用于计算选择 *k* 的度量($1-\rho^2$)。在这个度量中，*k* 的最小值是在高维和低维表示中最能保持样本之间距离的那个值。

calc_k()函数的参数如下：

- 第一个参数是数据集。
- 参数 m 用于指定要将数据集缩小到的维数。
- 参数 kmin 和 kmax 用于指定 *k* 的最小值和最大值范围。
- 参数 cpus 用于指定想要用来执行并行化的内核数量(可使用 parallel::detectCores()来指定使用所有内核)。

注意 因为需要计算每个 *k* 值的嵌入，所以如果 *k* 值的范围很大或者数据集包含很多样本，那么可以通过将 parallel 参数设置为 TRUE 来并行地运行 calc_k()函数。

calc_k()函数完成计算后，将为每个 *k* 值绘制一幅用来展示 $1-\rho^2$ 度量的图，如图 15-14 所示。

calc_k()函数还会返回一个包含用于每个 *k* 值的 $1-\rho^2$ 度量的 data.frame。可使用 filter()函数选择一些行，要求其中包含 rho 列的最小值。同时，我们将使用与这个最小值对应的 *k* 值来训练最终的 LLE。在这个例子中，*k* 的最优值是 17。

注意 这有点混乱，实际上，我们想要的是 rho(ρ)的最大值，从而得到 $1-\rho^2$ 的最小值。

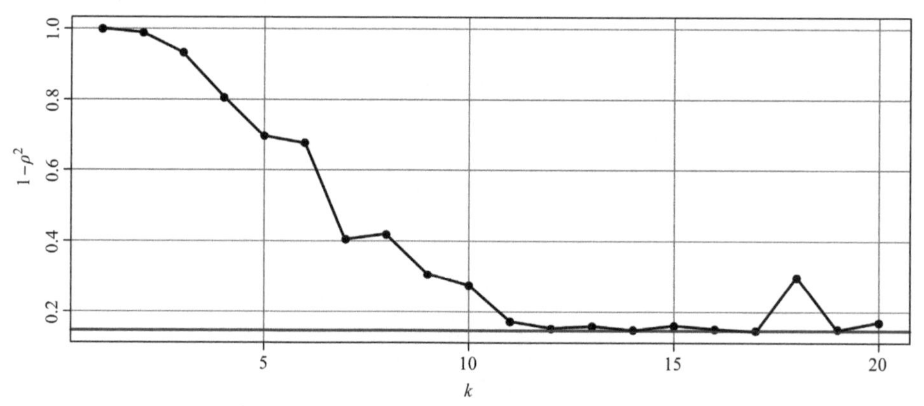

图 15-14 绘制 $1-\rho^2$ 与 *k* 的关系以找到 *k* 的最优值。水平线显示了最小的 $1-\rho^2$ 对应的 *k* 值

最后，使用 lle()函数计算 *k* 值并执行 LLE，参见代码清单 15.10，你需要提供如下内容：

- 想要作为第一个参数的数据。
- 嵌入 m 参数中的维数。
- 超参数 *k* 的值。

代码清单 15.10　计算 *k* 值并执行 LLE

```
lleK <- calc_k(lle_scurve_data, m = 2, kmin = 1, kmax = 20,
               parallel = TRUE, cpus = parallel::detectCores())

lleBestK <- filter(lleK, rho == min(lleK$rho))

lleBestK

   k    rho
1 17 0.1469

lleCurve <- lle(lle_scurve_data, m = 2, k = lleBestK$k)
```

15.5.3　绘制 LLE 结果

完成嵌入后，提取两个新的 LLE 轴并将数据绘制到这两个轴上，参见代码清单 15.11。这将允许我们在新的二维空间中可视化数据，以查看 LLE 算法是否显示了分组结构。

代码清单 15.11　绘制 LLE

```
sTib <- sTib %>%
  mutate(LLE1 = lleCurve$Y[, 1],
         LLE2 = lleCurve$Y[, 2])

ggplot(sTib, aes(LLE1, LLE2, col = z)) +
  geom_point() +
  scale_color_gradient(low = "darkred", high = "lightblue") +
  theme_bw()
```

上述代码将首先基于原来的 tibble 生成两个新列，其中每一列都包含一些值用于新的 LLE 轴。然后使用 ggplot()函数绘制这两个 LLE 轴，并将 *z* 变量映射到颜色图。另外，添加 geom_point()层和 scale_color_gradient()层，后者用于指定想要映射到 *z* 变量的颜色尺度的极端色彩，从而允许我们直接比较每个样本在新的二维表示中的位置与其在三维图(参见图 15-13)中的位置。

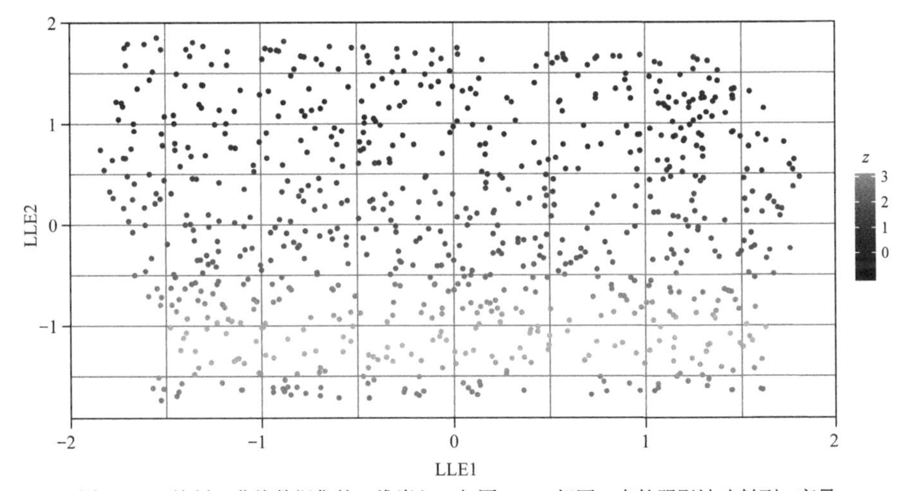

图 15-15　绘制 S 曲线数据集的二维嵌入。与图 15-13 相同，点的阴影被映射到 *z* 变量

结果如图 15-15 所示。你能否看到 LLE 已经将三维的 S 形曲线扁平化成平面的、二维矩形中的点？如果不能，请返回观察图 15-13，并试着将这两张图关联起来。这几乎就像数据被画在一张折叠的纸上！这正是降维流形学习算法的强大之处。

15.6 建立跳蚤数据集的 LLE

有人批评 LLE 是为处理“玩具数据”而设计的——换言之，这些数据专用于构造有趣而不寻常的形状，但是此类数据(如果有的话)很少出现在现实世界的数据集中。我们在 15.5 节中处理的 S 曲线数据集中就有玩具数据。在本节中，你将看到 LLE 在跳蚤数据集上的表现情况，你还可以观察一下 LLE 是否能够像 SOM 那样识别跳蚤的聚类。

我们将遵循与 S 曲线数据集相同的过程：

(1) 使用 calc_k()函数计算 *k* 的最优值。

(2) 在两个维度中执行嵌入。

(3) 对这两个新的 LLE 轴进行交互式绘图。

但这一次，我们会将 species 变量映射到颜色图，并观察 LLE 嵌入如何分离聚类，参见代码清单 15.12。

代码清单 15.12 在跳蚤数据集上执行并绘制 LLE

```
lleFleaK <- calc_k(fleaScaled, m = 2, kmin = 1, kmax = 20,
                   parallel = TRUE, cpus = parallel::detectCores())

lleBestFleaK <- filter(lleFleaK, rho == min(lleFleaK$rho))

lleBestFleaK

   k    rho
1 12 0.2482

lleFlea <- lle(fleaScaled, m = 2, k = lleBestFleaK$k)
fleaTib <- fleaTib %>%
  mutate(LLE1 = lleFlea$Y[, 1],
         LLE2 = lleFlea$Y[, 2])

ggplot(fleaTib, aes(LLE1, LLE2, col = species)) +
  geom_point() +
  theme_bw()
```

结果如图 15-16 所示。尽管结果并不像 LLE 能够处理 S 曲线数据集那样令人印象深刻，但 LLE 似乎在分离不同物种的跳蚤方面做得很好。

注意 遗憾的是，由于每个样本都是作为最近邻样本的加权和重新构造的，因此无法将新数据投影到 LLE 映射上。由于新数据无法传递给 LLE，因此 LLE 也将无法很容易地用作其他机器学习算法的预处理步骤。

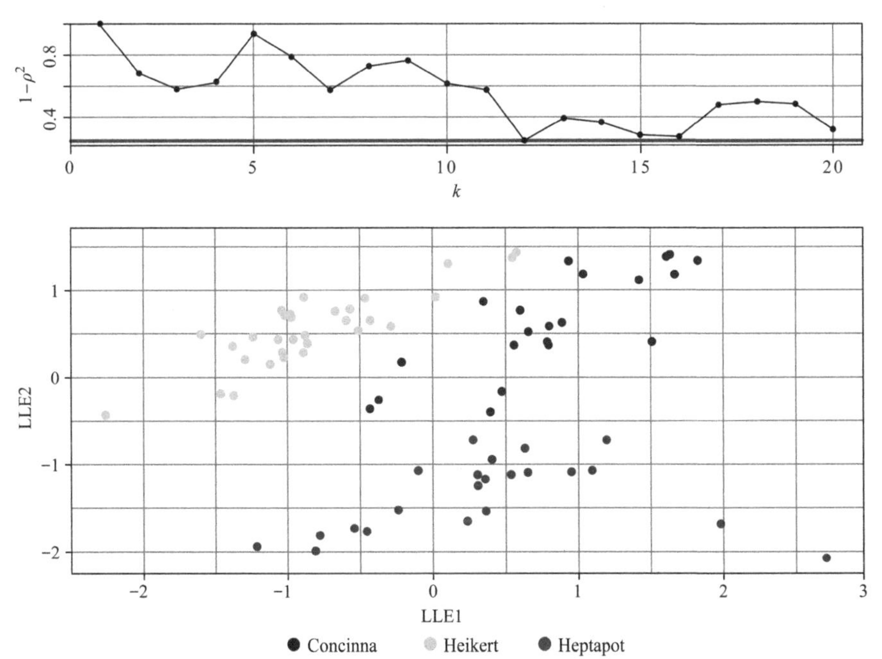

图 15-16　上图显示了不同 k 值对应的 $1-\rho^2$ 值；下图显示了跳蚤数据集的二维嵌入，并按物种以阴影进行显示

练习 15-2：将每个跳蚤物种的 95%置信椭圆添加到图 15-16 中。

15.7　SOM 和 LLE 的优缺点

对于给定的任务，虽然通常很难判断哪种算法的效果更好，但了解算法的优缺点可以帮助你确定 SOM 或 LLE 是否适合自己所要完成的具体任务。

SOM 和 LLE 的优点如下：

- 它们都是非线性降维算法，因此可以揭示线性算法(如 PCA)可能无法表示的数据模式。
- 可以将新数据映射到现有的 SOM。
- 训练成本低。
- 在具有相同 k 值的相同数据集上重新运行 LLE 算法将始终产生相同的嵌入。

SOM 和 LLE 的缺点如下：

- 它们不能直接处理分类变量。
- 低维表示不能直接使用原始变量来解释。
- 它们对不同尺度的数据很敏感。
- 不能将新数据映射到现有的 LLE。
- 它们不一定保留数据的全局结构。
- 在同一数据集上重新运行 SOM 算法时，每次都会生成不同的映射。
- 小型 SOM 模型可能很难解释，因此 SOM 算法最适合大型数据集(样本超过数百个)。

练习 15-3：使用创建的原始 somGrid 网格创建另一个 SOM，但是将迭代次数增加到 10 000 次，并将 alpha 参数设置为 c(0.1,0.001)以降低学习速度。创建与练习 15-1 类似的映射图。对 SOM 进行多次训练和绘图。映射比以前变化小了吗？你知道原因吗？

练习 15-4： 重复三维而不是二维 LLE 嵌入。使用 scatter3()函数绘制这个新的嵌入，并按物种对点进行着色。

练习 15-5： 使用尚未进行尺度缩放的变量重复 LLE 嵌入(在二维中)。绘制两个 LLE 轴，将 species 变量映射到颜色图，并将这种嵌入与使用尺度缩放变量的结果进行比较。

15.8 本章小结

- SOM 能够创建网格/节点映射，并将数据集中的样本分配给这些节点。
- SOM 通过更新每个节点的权重来学习数据中的模式，直到映射收敛到一组能够保留样本之间相似性的权重为止。
- 新数据可以映射到已有的 SOM，并且可以根据 SOM 节点的权重进行聚类。
- LLE 会将每个样本重新构造为最近邻的线性加权和。
- LLE 还会将数据嵌入保留了权重的低维特征空间中。
- LLE 非常擅长学习一组数据的复杂流形，但是新数据不能映射到现有的嵌入中。

15.9 练习题答案

1. 可以训练矩形和环形的 SOM：

```
somGridRect <- somgrid(xdim = 5, ydim = 5, topo = "rectangular",
                       toroidal = TRUE)

fleaSomRect <- som(fleaScaled, grid = somGridRect, rlen = 5000,
                   alpha = c(0.05, 0.01))

plot(fleaSomRect, type = "mapping", pch = 21,
     bg = nodeCols[as.numeric(fleaTib$species)],
     shape = "straight", bgcol = "lightgrey")

# Making the map toroidal means that nodes on one edge are connected to
# adjacent nodes on the opposite side of the map.
```

2. 在以 LLE1 和 LLE2 分别为横轴和纵轴的图形中为每个跳蚤物种添加 95%置信椭圆：

```
ggplot(fleaTib, aes(LLE1, LLE2, col = species)) +
  geom_point() +
  stat_ellipse() +
  theme_bw()
```

3. 使用多次迭代，但选取学习速度较慢的参数来训练 SOM：

```
fleaSomAlpha <- som(fleaScaled, grid = somGrid, rlen = 10000,
                    alpha = c(0.01, 0.001))

plot(fleaSomAlpha, type = "mapping", pch = 21,
     bg = nodeCols[as.numeric(fleaTib$species)],
     shape = "straight", bgcol = "lightgrey")

# While the positions of the groups change between repeats, there is less
```

```
# variation in how well cases from the same species cluster together.
# This is because the learning rate is slower and there are more iterations.
```

4. 在三维空间中训练 LLE:

```
lleFlea3 <- lle(fleaScaled, m = 3, k = lleBestFleaK$k)

fleaTib <- fleaTib %>%
 mutate(LLE1 = lleFlea3$Y[, 1],
        LLE2 = lleFlea3$Y[, 2],
        LLE3 = lleFlea3$Y[, 3])

scatter3D(x = fleaTib$LLE1, y = fleaTib$LLE2, z = fleaTib$LLE3, pch = 19,
          bty = "b2", colkey = FALSE, theta = 35, phi = 10, cex = 2,
          col = c("red", "blue", "green")[as.integer(fleaTib$species)],
          ticktype = "detailed")

plot3Drgl::plotrgl()
```

5. 使用未进行尺度缩放的跳蚤数据集训练 LLE:

```
lleFleaUnscaled <- lle(dplyr::select(fleaTib, -species),
                       m = 2, k = lleBestFleaK$k)

fleaTib <- fleaTib %>%
   mutate(LLE1 = lleFleaUnscaled$Y[, 1],
          LLE2 = lleFleaUnscaled$Y[, 2])

ggplot(fleaTib, aes(LLE1, LLE2, col = species)) +
  geom_point() +
  theme_bw()

# As we can see, the embedding is different depending on
# whether the variables are scaled or not.
```

第Ⅴ部分

聚类算法

无监督机器学习的下一站是聚类算法。聚类算法涵盖了用于识别数据集中样本聚类的一系列技术。聚类是相比其他聚类中的样本而言彼此之间更为相似的一组样本。

因为要为每个样本分配一个离散值，所以从概念上讲，可以认为聚类类似于分类。它们之间的区别在于：分类使用已标注的样本学习数据中的模式，从而对类别进行区分；但是，当没有关于类别成员的任何先验知识或不知道数据中是否存在不同的类别时，使用聚类更为合适。因此，聚类描述了一系列试图从数据集中识别出分组结构的算法。

第 16～19 章将为你提供可以解决大量聚类问题的不同聚类技术。验证聚类算法的性能对你而言将是一项挑战，而且并不总是存在明显的或正确的答案，但是本书将教你一些技巧，从而帮助你从这些方法中获得最多的信息。

第 16 章

使用 *k*-均值算法寻找中心聚类

本章内容：

- 理解聚类的必要性
- 理解聚类的过拟合和欠拟合
- 验证聚类算法的性能

作为聚类的第一站，本章将介绍一种非常常用的聚类技术：*k*-均值算法。注意刚才使用的词汇是技术而不是算法，这是因为 *k*-均值算法描述了一种许多其他聚类算法都将遵循的特殊技术。本章将在后面讨论这些单独的算法。

注意 请不要将 *k*-均值算法和 *k*-近邻算法搞混淆！*k*-均值算法是无监督机器学习算法，而 *k*-近邻算法是用于分类的监督机器学习算法。

k-均值算法将首先定义数据集中存在多少聚类，并试图学习数据集中的分组结构。这就是 *k* 的含义；将 *k* 设置为 3，即可确定 3 个聚类(而不管它们是否代表数据中真正的分组结构)。也可以说，这是 *k*-均值算法的弱点，因为我们没有先验信息以确定需要搜索多少聚类，稍后我们再阐述如何选择合理的 *k* 值。

在定义了想要搜索的聚类数量 *k* 之后，*k*-均值算法会初始化数据集中的 *k* 个中心或质心(通常是随机的)。每个质心可能不是数据中的实际样本，但是对于数据中的每个变量都有一个随机值。每个质心代表一个聚类，样本则被分配给离它们质心最近的聚类。重复进行多次以后，质心将以最小化类内数据差异和最大化类间数据差异的方式在特征空间的周围移动。在每一次迭代中，样本将被分配给离它们质心最近的聚类。

在学完本章之后，我们希望你能理解聚类的一般方法，并且弄明白对于聚类任务来说，什么是过拟合和欠拟合。同时，本章还将讲解如何对数据集使用 *k*-均值算法以及如何评估聚类性能。

16.1 *k*-均值算法的定义

本节讲解 *k*-均值算法的工作原理、常用的各种 *k*-均值算法以及它们之间的区别。*k*-均值算法会将数据集中的样本划分为 *k* 个聚类，*k* 是一个整数。由 *k*-均值算法返回的聚类趋向于 *n* 维球形(其中 n 是特征空间的维数)。这意味着聚类倾向于在二维空间中形成圆圈，而在三维空间中形成球体，在超三维空间中形成的则是超球体。*k*-均值算法趋向于使用相似的直径，但有些特征可能不是数据中潜在结构的真实描述。

k-均值算法的种类繁多，一些常用的 *k*-均值算法如下：

- Lloyd 算法(又称 Lloyd-Forgy 算法)
- MacQueen 算法
- Hartigan-Wong 算法

Lloyd、MacQueen 和 Hartigan-Wong 算法在概念上非常相似，但是它们之间也有一些差异，这些差异会影响它们的计算成本和性能。

16.1.1 Lloyd 算法

下面讲解最容易让人理解的 Lloyd 算法。假设你是一位运动科学家，对跑步者之间的生理差异感兴趣。你测量了一组跑步者的静息心率和最大耗氧量，并且想要使用 *k*-均值算法来确定一组跑步者，使他们将来能从不同的训练方案中受益。

假设存在如下先验信息：数据集中可能有 3 组不同的运动员。Lloyd 算法的第一步是在数据(参见图 16-1)中随机初始化 *k* 个(在本例中为 3 个)质心。接下来，计算每个样本和每个质心之间的距离。这个距离通常是欧氏(Euclidean)距离，也就是直线距离；但也可以是其他距离度量标准，如曼哈顿(Manhattan)距离，又称出租车司机距离。

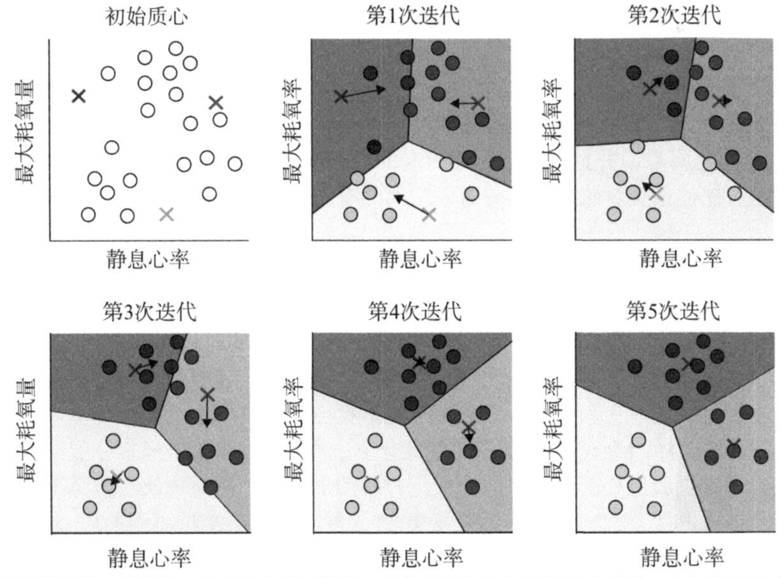

图 16-1　*k*-均值算法的 5 次迭代。在左上角的子图中，我们在特征空间中随机生成了 3 个初始质心(用×表示)。所有样本将被分配给由最近的质心表示的聚类。在每次迭代中，每个质心将被移向聚类中样本的平均值(用箭头表示移动方向)。特征空间可以划分为 Voronoi 单元(稍后将讨论这些单元)，并由阴影区域表示，这些单元显示了特征空间中最接近特定质心的区域

注意　因为 *k*-均值算法依赖于距离度量，所以如果它们是基于不同的尺度测量的，那么对变量进行尺度缩放将变得十分重要；否则，基于更大尺度的变量将会不均衡地影响结果。

每个样本都被分配给由最近的质心表示的聚类。通过这种方式，每个质心都可以作为聚类的原型样本。接下来，质心被移动，它们将被放置到分配给它们的聚类样本的平均值处(这就是*k*-均值算法这一名称的由来)。

重复如下过程：计算每个样本和每个质心之间的距离，并将样本分配给由最近的质心表示的聚类。由于质心是在特征空间中更新和移动的，你能否看到离特定样本最近的质心会随时间发生改变？这个过程会一直持续下去，直至迭代中没有任何样本再改变聚类为止，或者直至达到迭代的最大次数为止。注意，在图 16-1 中，第 4 次和第 5 次迭代之间没有样本改变聚类，因此算法停止了。

注意 因为初始质心通常是随机选择的，所以多重复这个过程几次是十分重要的，每次都会得到新的初始质心。然后，你可以选择使用具有最小类内平方误差之和的质心。

Lloyd 算法的执行过程如下。

(1) 选择 *k* 值。

(2) 在特征空间中随机初始化 *k* 个质心。

(3) 对于每个样本：

- 计算样本和每个质心之间的距离。
- 将样本分配给由最近的质心表示的聚类。

(4) 将每个质心放在聚类样本的均值位置。

(5) 重复步骤(3)和步骤(4)，直到没有样本改变聚类或达到最大迭代次数为止。

观察图 16-1，你能看出在每次迭代中，质心的位置是如何更新(箭头的移动方向)以移向真正的聚类质心吗？在每次迭代中，我们可以将特征空间划分为多边形(或多面体，对于两个以上的维度)区域，这些区域将围绕着每个质心向我们显示“属于”特定聚类的那些区域。这些区域被称为 Voronoi 单元。如果一个样本落在其中一个 Voronoi 单元里，则意味着该样本最接近这个 Voronoi 单元的质心，并且将被分配给对应的聚类。对 Voronoi 单元进行可视化(有时称为 Voronoi 图)是可视化聚类算法用来划分有限空间的有用方法。

16.1.2 MacQueen 算法

MacQueen 算法与 Lloyd 算法极为相似，只是在更新质心的时候略有不同。Lloyd 算法被称为批处理算法或离线算法，这意味着它将在每次迭代结束时一起更新质心；而 MacQueen 算法则在每个样本发生变化时更新质心，直到遍历完数据中的所有样本为止。

和 Lloyd 算法一样，MacQueen 算法也初始化 *k* 个质心，并将每个样本分配给由最近的质心表示的聚类，同时更新质心的位置以匹配最近样本的平均值，然后依次考虑每个样本并计算这个样本到每个质心的距离。如果样本改变聚类(因为样本现在更接近不同的质心)，那么新的以及旧的质心位置都会更新。MacQueen 算法继续在数据集中运行，并依次考虑每个样本。一旦所有样本都考虑后，质心位置就会再次更新。如果没有样本更改聚类，MacQueen 算法将停止，否则执行另一次迭代。

相比 Lloyd 算法，MacQueen 算法的优点在于能够更快地接近最优解。然而，对于非常大的数据集来说，MacQueen 算法的计算成本可能稍微高一些。

MacQueen 算法的执行过程如下。

(1) 选择 k 值。

(2) 在特征空间中随机初始化 k 个质心。

(3) 将每个样本分配给由最近的质心表示的聚类。

(4) 将每个质心放在聚类样本的均值位置。

(5) 对于每个样本：

- 计算样本和每个质心之间的距离。
- 将样本分配给由最近的质心表示的聚类。
- 如果样本改变聚类，就更新质心位置。

(6) 在考虑完所有样本后，更新所有质心位置。

(7) 如果没有样本更改聚类，MacQueen 算法将停止，否则重复步骤(5)。

16.1.3 Hartigan-Wong 算法

Hartigan-Wang 算法与 Lloyd 和 MacQueen 算法有些不同。和 Lloyd 和 MacQueen 算法一样，Hartigan-Wang 算法也首先初始化 k 个随机质心，然后将每个样本分配给由最近的质心表示的聚类。以下是不同之处：对于数据集中的每个样本，如果样本被移除，Hartigan-Wang 算法将计算样本所属聚类的误差平方和；如果样本包含在当前聚类中，则计算其他每个聚类的误差平方和。回顾前面的章节，误差平方和的计算方式是：先计算每个样本的值与其预测值之间的差值(在这种情况下为质心)，再对所有样本的平方和进行相加：

$$\mathrm{SS}=\sum_{i\in k}\left(x_i-c_k\right)^2 \qquad 式(16.1)$$

其中：$i\in k$ 是聚类 k 的第 i 个实例，而 c_k 是聚类 k 的质心。

误差平方和最小的聚类(包括正在考虑的样本)被指定为样本的聚类。如果样本改变了聚类，那么新旧聚类的质心将被更新为聚类中样本的平均值。Hartigan-Wang 算法会一直运行，直到没有样本改变聚类为止。因此，样本可以分配给特定的聚类(因为减少了误差平方和)，即使样本更接近另一个聚类的质心。

Hartigan-Wang 算法的执行过程如下。

(1) 选择 k 值。

(2) 在特征空间中随机初始化 k 个质心。

(3) 将每个样本分配给由最近的质心表示的聚类。

(4) 将每个质心放在聚类样本的均值位置。

(5) 对于每个样本：

- 忽视正在考虑的样本并计算对应聚类的误差平方和。
- 将正在考虑的样本也包括在内，并计算其他聚类的误差平方和。
- 将样本分配给具有最小误差平方和的聚类。
- 如果样本改变了聚类，就更新新旧聚类的质心。

(6) 如果没有样本更改聚类，Hartigan-Wang 算法就停止，否则重复步骤(5)。

相比 Lloyd 和 MacQueen 算法，Hartigan-Wong 算法更倾向于找到最低的聚类结构。另外，Hartigan-Wong 算法更复杂，所以对于大型数据集来说，计算速度会慢很多。

应该选择哪种 k-均值算法？实际上，由于使用的是离散的超参数，因此我们可以通过调节超参数来选出最好的 k-均值算法。

16.2 建立第一个 *k*-均值算法模型

本节讲解如何使用 mlr 程序包在 R 中构建 *k*-均值算法模型，以及如何创建聚类任务和学习器。此外，本节还将介绍一些可以用来评估聚类算法性能的方法。

假设你正在寻找 GvHD 患者的白细胞聚类。GvHD 是一种令人不快的疾病，移植组织中残留的白细胞会攻击接受移植的患者的身体。你将从每个患者身上取活组织，测量每个细胞表面不同的蛋白质。你希望建立聚类模型，以帮助自己从活检中识别不同的细胞类型，从而更好地了解这种疾病。下面首先加载 mlr 和 tidyverse 程序包：

```
library(mlr)

library(tidyverse)
```

16.2.1 加载和研究 GvHD 数据集

现在加载内置于 mclust 程序包中的数据，将其转换成一个 tibble(使用 as_tibble()函数)，然后进行研究。你将得到一个包含 6809 个样本和 4 个变量的 tibble，参见代码清单 16.1。

代码清单 16.1 加载和研究 GvHD 数据集

```
data(GvHD, package = "mclust")

gvhdTib <- as_tibble(GvHD.control)

gvhdTib

# A tibble: 6,809 x 4
     CD4  CD8b   CD3   CD8
   <dbl> <dbl> <dbl> <dbl>
 1   199   420   132   226
 2   294   311   241   164
 3    85    79    14   218
 4    19     1   141   130
 5    35    29     6   135
 6   376   346   138   176
 7    97   329   527   406
 8   200   342   145   189
 9   422   433   163    47
10   391   390   147   190
...
# with 6,799 more rows
```

注意 调用 data(GvHD，package="mclust")时实际上加载了两个数据集——GvHD.control 和 GvHD.pos。这里使用的是 GvHD.control 数据集，但在稍后的练习 16-2 中，我们希望你能以相同的方式为 GvHD.pos 数据集建立聚类模型。

因为 *k*-均值算法使用距离度量来为聚类分配样本，所以对变量进行尺度缩放很重要，从而使不同尺度的变量拥有相同的权重。因为所有的变量都是连续的，所以可以简单地将所有的 tibble 输入 scale()函数中，参见代码清单 16.2。请记住，可通过减去平均值和除以标准差来对每个变量进行居中和缩放。

代码清单 16.2　对 GvHD 数据集进行尺度缩放

```
gvhdScaled <- gvhdTib %>% scale()
```

接下来，我们使用 GGally 程序包中的 ggpairs()函数绘制数据。这一次，我们将修改 ggpairs()函数绘制构图的方式。我们使用 upper、lower 和 diag 参数来指定分别要在顶部、底部和对角线上绘制什么样的图形。为上述每一个参数指定一个列表，其中的每个列表元素可用于为连续变量、离散变量或它们两者的组合指定不同类型的绘图。在这里，我们选择在顶部绘制二维密度图，在底部绘制散点图，并在对角线上绘制密度图，参见代码清单 16.3。

为了避免过度拥挤，我们希望减小底部绘图中点的尺寸。想要更改绘图的任何图形选项(例如，几何体的大小和颜色)，只需要在 wrap()函数中封装图表类型的名称以及正在更改的选项即可。在这里，我们使用 wrap("points"，size=0.5)在底部绘制散点图，点的大小小于默认值。

注意　几何体代表几何对象，比如图形中的线、点和条。

代码清单 16.3　使用 ggpairs()函数绘制图形

```
library(GGally)

ggpairs(GvHD.control,
        upper = list(continuous = "density"),
        lower = list(continuous = wrap("points", size = 0.5)),
        diag = list(continuous = "densityDiag")) +
  theme_bw()
```

注意　在对角线上，默认为连续变量绘制的是密度图。

结果如图 16-2 所示。你能在数据中看到不同类型的样本吗？人的大脑非常擅长识别二维甚至三维的聚类，看起来数据集中至少有四个聚类。密度图有助于我们观察样本的密集区域，这些区域在散点图中显示为黑色。

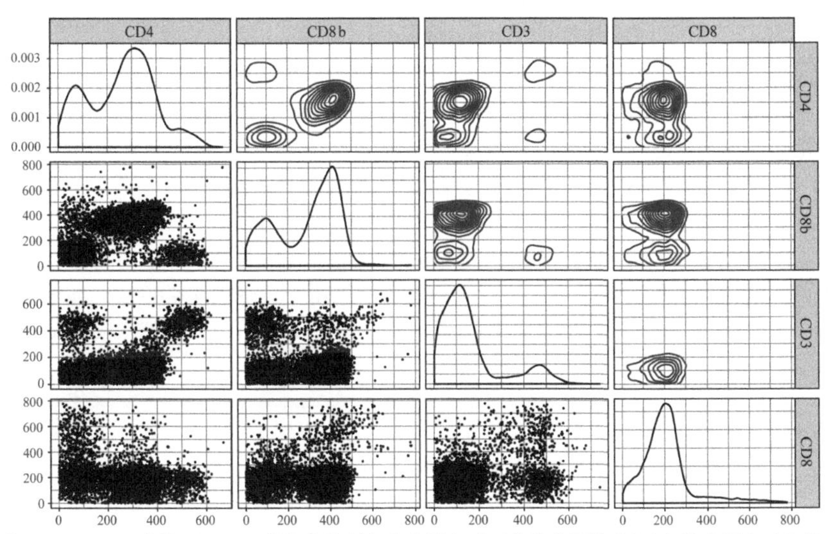

图 16-2　使用 ggpairs()函数针对 GvHD 数据集绘制每个变量相对于其他变量的数据图。散点图在对角线下方显示，二维密度图在对角线上方显示，一维密度图绘制在对角线上。数据集中似乎有多个聚类

16.2.2 定义任务和学习器

下面讲解如何定义任务和学习器。首先，在 mlr 中使用 makeClusterTask()函数创建聚类任务(这里没有选择使用其他方式)。然后，提供尺度缩放后的数据(并转换成数据框)作为 data 参数。

重点 需要注意的是，与创建监督机器学习任务(用于分类或回归)不同，我们不再需要提供 target 参数。这是因为在无监督机器学习任务中，没有哪个标注变量可用作目标。

使用第 3 章介绍的 listLearners()函数，观察到目前为止 mlr 程序包实现了哪些算法。在撰写本书时，我们只能使用 9 种聚类算法。诚然，这远远少于可用于分类和回归的算法数量，但 mlr 仍然提供了一些有用的聚类工具。如果想使用 mlr 当前没有封装的算法，那么需要自行实现它们(可以通过访问 mlr 网站 http://mng.bz/E1Pj 进行学习)。

现在定义 *k*-均值算法的学习器，可使用熟悉的 makeLearner()函数来实现，这里提供"cluster.kmeans"作为学习器的名称，同时使用 par.vals 参数为学习器提供两个参数——iter.max 和 nstart，参见代码清单 16.4。

注意 就像分类和回归学习器的前缀是 classif.和 regr.一样，聚类学习器的前缀是 cluster.。

代码清单 16.4 使用 mlr 定义任务和学习器

```
gvhdTask <- makeClusterTask(data = as.data.frame(gvhdScaled))

listLearners("cluster")$class

[1] "cluster.cmeans"        "cluster.Cobweb"          "cluster.dbscan"
[4] "cluster.EM"            "cluster.FarthestFirst"  "cluster.kkmeans"
[7] "cluster.kmeans"        "cluster.SimpleKMeans"   "cluster.XMeans"

kMeans <- makeLearner("cluster.kmeans",
                      par.vals = list(iter.max = 100, nstart = 10))
```

iter.max 参数用于设置循环遍历数据的次数上限(默认值为 10)。一旦样本停止移动聚类，*k*-均值算法就全部停止，但是设置最大次数对于需要长时间收敛的大型数据集很有用。稍后将讲解如何确定聚类模型在达到次数限制之前是否已经收敛。

nstart 参数用于设置函数随机初始化质心的次数。回顾一下，初始质心通常是在特征空间中的某个地方随机初始化的，这可能会影响最终的质心位置，从而影响最终的聚类。将 nstart 参数设置为大于默认值 1，即可随机初始化质心数量。对于每组初始质心，将样本分配给最接近的质心表示的聚类，然后将聚类中平方误差和最小的组用于其他的聚类算法。通过采用这种方式，我们可以选出与数据中的实际聚类质心最相似的质心集。可以说，增大 nstart 比增加迭代次数更重要。

提示 如果数据集具有非常清晰的可分离聚类，那么将 nstart 设置为大于 1 可能会浪费计算资源。但是，除非数据集非常大，否则最好将 nstart 设置为大于 1。

16.2.3 选择聚类的数量

下面讲解如何合理地选择 k 值，k 值定义了质心数，因此也定义了模型可以识别的聚类有多少。需要选择 k 值通常被认为是 k-均值算法的弱点，这是因为 k 值的选择可能具有主观性。如果具有一定的先验知识，比如知道在理论上应在数据集中显示多少聚类，那么这些知识就可以用来指导我们选择 k 值。如果将聚类用作监督机器学习算法(例如分类)之前的预处理步骤，那么选择将变得十分容易：将 k 作为整个模型构建过程的超参数，然后比较最终模型的预测与原始标注。

但是，如果没有先验知识，也没有可比较的标注数据，该怎么办？另外，如果选择错误，又会发生什么？就像分类和回归一样，聚类也需要进行偏差-方差平衡。如果想把聚类模型泛化到更广泛的群体，那么需要注意的是：既不能过拟合也不能欠拟合训练数据。图 16-3 演示了聚类问题的欠拟合和过拟合。当欠拟合时，我们将无法识别和分离数据中的真实聚类；但是当过拟合时，我们又会将真实聚类分解为较小的、无意义的聚类，而这些聚类根本就不存在于更广泛的群体中。

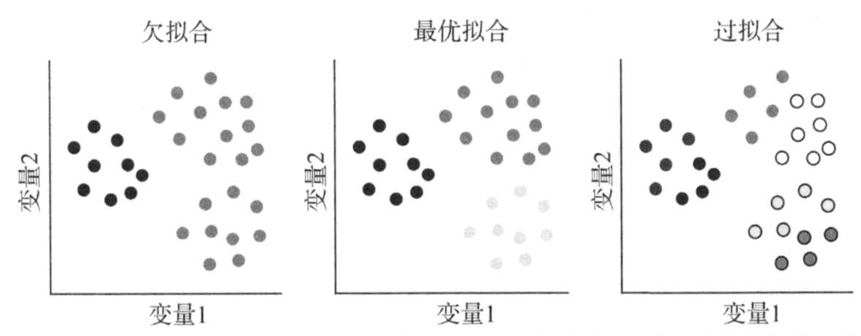

图 16-3 聚类任务的欠拟合和过拟合。在左图中，聚类不足(已识别的聚类少于实际存在的聚类)。在右图中，聚类过拟合(真实聚类被分解为较小的聚类)。在中间图中，最优的聚类模型可以真实地代表数据中的结构

想要避免过拟合和欠拟合的聚类问题并非易事。因此，人们提出了许多不同的方法来避免发生过拟合或欠拟和，但对于特定的问题，并不是所有人都能完全达成共识。这些方法中的很大一部分都依赖于内部聚类性能度量指标的计算，内部聚类性能度量指标是旨在量化聚类结果“质量”的统计数据。

注意 “优质”聚类的定义并不明确且有些主观，但人们通常认为每个聚类都应尽可能紧凑，且聚类之间的距离应尽可能大。

这些度量标准都是“内部”的，因为它们都是根据聚类数据本身进行计算的，而不是通过将结果与任何外部标注或基本事实进行比较得出的。选择聚类数量的一种常见方法是使用一定范围内的聚类训练多个聚类模型，并比较每个聚类模型的聚类性能度量指标，以帮助选择最适合的聚类模型。常用的聚类性能度量内部指标如下：

- Davies-Bouldin 指数
- Dunn 指数
- 伪 F 统计量

使用 Davies-Bouldin 指数评估聚类性能

Davies-Bouldin(以创建者 David Davies 和 Donald Bouldin 的名字命名)指数量化了每个聚类与最近聚类的平均可分离性。该指数通过计算聚类内方差(也称为散点)与聚类质心之间的距离

之比来实现聚类性能评估目的(参见图 16-4)。

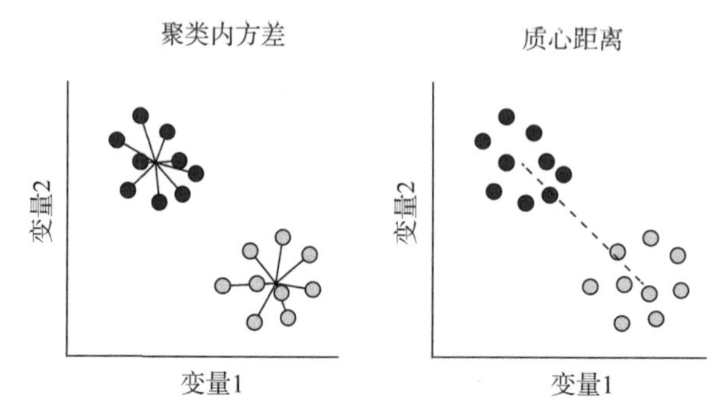

图 16-4 计算聚类内方差(左图)和每个聚类质心之间的距离(右图)。对于每个聚类，识别最近的邻近聚类，并将它们的聚类内方差之和除以它们的质心之间的差。为每个聚类计算上述值，Davies-Bouldin 指数是这些值的平均值

如果固定聚类之间的距离，但使每个聚类中的样本更加分散，那么 Davies-Bouldin 指数将变大。相反，如果修正聚类内方差，但将聚类彼此分开，那么 Davies-Bouldin 指数将变小。从理论上讲，Davies-Bouldin 指数越小(范围介于 0 和无穷大之间)，聚类之间的分离性越好。简而言之，Davies-Bouldin 指数量化了每个聚类与其最相似聚类之间的平均可分离性。

计算 Davies-Bouldin 指数

你没有必要记住 Davies-Bouldin 指数的计算公式。但是，如果感兴趣，可以将聚类内的散度定义为

$$\text{散度}_k = \left(\frac{1}{n_k} \sum_{i \in k}^{n_k} \left(x_i - c_k \right)^2 \right)^{1/2}$$

其中：散度 k 是对聚类 k 内散布的度量，n_k 是聚类 k 中的样本数，x_i 是聚类 k 中的第 i 个样本，c_k 是聚类 k 的质心。

聚类之间的间隔可定义为

$$\text{间隔}_{j,k} = \left(\sum_{1 \leqslant j \leqslant k}^{N} \left(c_j - c_k \right)^2 \right)^{1/2}$$

其中：间隔 $_{j,k}$ 是聚类 j 和 k 之间间隔的度量，c_j 和 c_k 是它们各自的质心，N 是聚类总数。

然后，计算聚类内的散布和两个聚类之间间隔的比率：

$$\text{比率}_{j,k} = \frac{\text{散度}_j + \text{散度}_k}{\text{间隔}_{j,k}}$$

对于每个聚类，该聚类和其他聚类之间的最大比率可定义为 R_k。Davies-Bouldin 指数可以简单地表示为这些最大比率的平均值：

$$\text{DB} = \frac{1}{N} \sum_{k=1}^{N} R_k$$

使用 Dunn 指数评估聚类性能

Dunn 指数是另一个内部聚类性能度量指标，用于量化不同聚类中点之间的最小距离与任何聚类中最大距离之间的比率，称为聚类直径(参见图 16-5)。可以选择任何距离度量方式，但我

们通常选择欧氏距离。

直觉告诉我们，如果保持聚类直径不变，但将最接近的聚类分开，那么 Dunn 指数将变大。相反，如果维持聚类质心之间的距离相同但缩小聚类直径(使聚类更密)，那么 Dunn 指数也会增加。这样，导致最大 Dunn 指数的聚类数量就是导致类间最小距离最大和类内最大距离最小的指数。

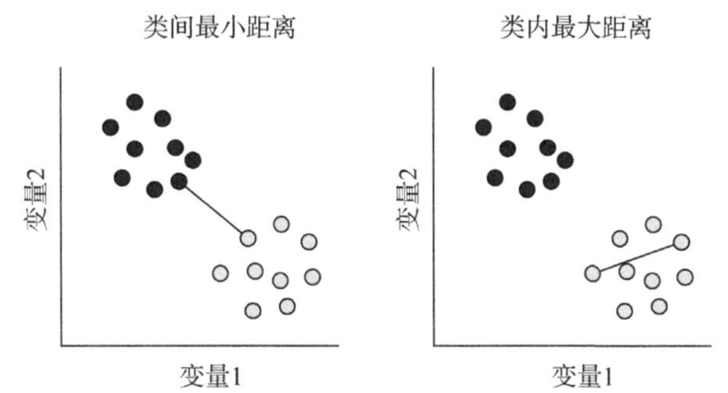

图 16-5　Dunn 指数量化了不同聚类中样本之间的类间最小距离(左图)与类内最大距离(右图)之间的比率

计算 Dunn 指数

你没有必要记住 Dunn 指数的计算公式。但是，如果感兴趣，可以将 Dunn 指数的计算公式定义为

$$\text{Dunn} = \min_{1 \leqslant i \leqslant k} \left\{ \min_{k} \left(\frac{\delta(c_i, c_j)}{\max\limits_{1 \leqslant i \neq j \leqslant k} \Delta(c_k)} \right) \right\}$$

其中：$\delta(c_i, c_j)$代表聚类 i 和 j 中样本之间的所有成对差异，而 $\delta(c_i)$代表聚类 i 中样本之间的所有成对差异。

使用伪 *F* 统计量评估聚类性能

伪 F 统计量是类间距离平方和与类内距离平方和的比值(参见图 16-6)。类间距离平方和是每个聚类质心和总质心(大聚类中的数据质心)之间的平方差，可使用聚类中的样本数进行加权并对每个聚类求和。这是另一种衡量聚类彼此分离程度的方法(聚类质心彼此之间的距离越远，平方和之间的距离就越小)。类内距离平方和是每个样本与其聚类质心之间的平方差，这是另一种测量每个聚类内方差或离散度的方法(聚类越密集，类内距离平方和越小)。

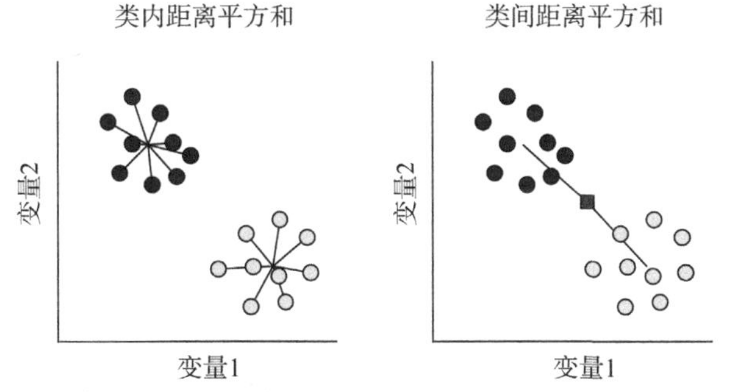

图 16-6　伪 F 统计量是类间距离平方和(右图)与类内距离平方和(左图)的比值，总质心在右图中显示为正方形

因为伪 F 统计量是一个比值，所以如果保持相同的聚类方差但将聚类移得更远，那么伪 F

统计量将增加。相反，如果在聚类质心之间保持相同的间隔，但使聚类扩展更多，那么伪 F 统计量将减少。因此，从理论上讲，能导致最大伪 F 统计量的聚类数量也将使聚类分离最大化。

计算伪 F 统计量

你没有必要记住伪 F 统计量的计算公式。但是，如果感兴趣，可以将伪 F 统计量的计算公式定义为

$$\text{伪 } F \text{统计量} = \frac{\mathrm{SS}_{\text{between}} / (k-1)}{\mathrm{SS}_{\text{within}} / (n-k)}$$

其中，$\mathrm{SS}_{\text{between}}$ 和 $\mathrm{SS}_{\text{within}}$ 的计算公式为

$$\mathrm{SS}_{\text{between}} = \sum_{k}^{N} n_k (c_k - c_g)^2$$

$$\mathrm{SS}_{\text{within}} = \sum_{k}^{N} \sum_{i \in k}^{n_k} (x_i - c_k)^2$$

其中：N 是聚类数量，n_k 是聚类 k 中的样本数，c_k 是聚类 k 的质心，c_g 是所有样本的总质心。

以上只是众多内部聚类性能度量指标中的三个典型代表，此时，你可能想知道为什么没有指标用来告诉我们聚类的分离程度。原因是，当我们拥有非常清晰且定义明确的聚类时，这些指标往往彼此一致，但是随着解决方案变得越来越模糊，这些指标将开始彼此不一致，并出现某些性能度量指标在某些方面的表现要优于其他性能度量指标的情况。例如，依赖于计算平方和的内部聚类性能度量指标可能更喜欢选择导致直径相等的多个聚类。如果真实聚类的直径严重不相等，那么聚类数量可能不是最优的。因此，在选择聚类数量时，最好考虑多个内部聚类性能度量指标作为证据。

虽然诸如此类的内部聚类性能度量指标可以帮助我们找到最优的聚类数量，但是这里始终存在通过过度聚类而对训练数据过拟合的危险。避免过度聚类的一种方法是获取数据的多个自助采样样本(带替换功能的采样样本)，将聚类算法应用于每个样本，并比较聚类样本之间是否一致。如果存在很高的稳定性(换言之，样本之间的聚类结果是稳定的)，那么我们将更有信心确定没有将噪声拟合到数据中。

对于能够预测新数据所属聚类的聚类算法，例如 *k*-均值算法，另一种方法是使用类似交叉验证的过程。这涉及将数据分为训练集和测试集(例如，使用 *k*-折法交叉验证)，在训练集上训练聚类算法，并预测测试集中样本的聚类，同时为预测的聚类计算内部聚类性能度量指标。这种方法的优点在于能使我们既可以测试聚类的稳定性，又可以计算我们从未见过的数据的性能度量指标。在本章中，我们将使用 *k*-均值算法来选择最优的聚类数量。

注意 使用 *k*-均值算法时，只需要将新样本分配给最近的质心表示的聚类，就可以将新数据投影到现有的聚类模型。

16.2.4 调节 *k* 值和选择 *k*-均值算法

下面讲解如何使用类似于交叉验证的方法，将内部聚类算法应用于预测的聚类，从而调节 *k* 值(聚类数量)和选择 *k*-均值算法。为此，首先使用 makeParamSet()函数定义超参数搜索空间。

在代码清单 16.5 中，我们定义了用于搜索值的两个离散超参数：centers，用于指定 *k*-均值算法将要搜索的聚类数量；algorithm，用于指定使用哪一种 *k*-均值算法来拟合模型。

提示　如前所述，我们可以使用 getParamSet(kMeans)来查找所有可用的超参数。

然后，将搜索方法定义为网格搜索(尝试使用超参数的每种组合)，并将交叉验证方法定义为 10-折法。

代码清单 16.5　定义如何调节超参数

```
kMeansParamSpace <- makeParamSet(
  makeDiscreteParam("centers", values = 3:8),
  makeDiscreteParam("algorithm",
                    values = c("Hartigan-Wong", "Lloyd", "MacQueen")))

gridSearch <- makeTuneControlGrid()

kFold <- makeResampleDesc("CV", iters = 10)
```

在定义好搜索空间后，下面继续进行调节。为了使用 Davies-Bouldin 指数和伪 *F* 统计量，我们需要首先安装 clusterSim 程序包。

提示　mlr 还实现了其他两个内部聚类性能度量指标：silhouette 和 G2(可使用 listMeasures ("cluster")列出所有性能度量指标)。这两个指标的计算成本都较高，因此我们在这里不使用它们，但是它们可作为确定聚类数量的附加性能度量指标。

下面使用 tuneParams()函数执行调节过程，我们先回顾一下相关参数：

- 第一个参数代表学习器的名称。
- task 参数代表聚类任务的名称。
- resampling 参数代表交叉验证策略的名称。
- par.set 参数代表超参数搜索空间。
- control 参数代表搜索方法。
- measures 参数代表每次迭代时计算哪些性能度量。在这里，我们要求按顺序获取 Davies-Bouldin 指数(db)、Dunn 指数(Dunn)和伪 *F* 统计量(G1)，参见代码清单 16.6。

提示　我们可以提供所需数量的性能度量指标列表。针对每一次迭代都计算这些列表中的指标，但是，能使列表中第一个性能度量指标值最优的超参数组合将始终从调节中返回。mlr 程序包还知道哪些指标应该最大化，哪些指标应该最小化以获得最优性能。

重申一遍：当我们执行调节时，对于超参数的每种组合，数据将被分成 10 个子集，并且 *k*-均值算法将基于每个子集的训练集进行训练。每个测试集中的样本将被分配给离它们最近的聚类质心，并且将根据这些测试集聚类计算内部聚类性能度量指标。结果表明，采用 4 个聚类的 Lloyd 算法能给出最低(最优)的 Davies-Bouldin 指数。

代码清单 16.6　执行调节过程

```
install.packages("clusterSim")

tunedK <- tuneParams(kMeans, task = gvhdTask,
```

```
                    resampling = kFold,
                    par.set = kMeansParamSpace,
                    control = gridSearch,
                    measures = list(db, dunn, G1))

tunedK

Tune result:
Op. pars: centers=4; algorithm=Lloyd
db.test.mean=0.8010,dunn.test.mean=0.0489,G1.test.mean=489.5331
```

注意 当调节过程结束时，你是否收到如下警告：did not converge in 100 iterations。这是一种用来告诉你是否在学习器的定义中将 iter.max 参数设置过低的方法。可以选择接受(可能不是最优解决方案)，也可以增大 iter.max(如果还有预算的话)。

练习 16-1：修改代码清单 16.4，使 iter.max 的值为 200。重新执行代码清单 16.6 中的调节过程。有关不收敛的错误会消失吗？

为了更好地了解这 3 个内部指标如何随聚类数量和选择的算法而变化，接下来绘制调节过程，参见代码清单 16.7。回顾一下，我们需要使用 generateHyperParsEffectdata()函数从调节结果中提取调节数据，然后从 kMeansTuningData 对象中调用$data 组件，这样你就可以了解其结构了(为了节省空间，此处不再输出结果)。

注意 性能度量指标 exec.time 记录了使用每种超参数组合训练模型时花费的时间(以秒为单位)。

接下来绘制这些数据以使每个性能度量指标具有不同的分面图，其中不同的算法对应不同的行。为此，首先需要收集数据，以使每个性能度量指标的名称位于一列中，而使指标的值位于另一列中。然后使用 gather()函数，将键列和值列分别命名为 Metric 和 Value。因为我们只希望收集这些列，所以可以提供那些不想收集的列的向量。输出新收集的数据集，以确保你了解我们要做的事情。这种格式的数据使我们可以按算法构造分面图，并为每个指标绘制单独的线条。

接下来使用 ggplot()函数绘制数据，分别将 centers 和 Value 映射到 x 轴和 y 轴。通过将 algorithm 映射到 col 颜色图，可以为每种算法(具有不同的颜色)绘制单独的 geom_line()和 geom_point()层。使用 facet_wrap()函数为每个性能度量指标绘制单独的子图，设置 scales="free_y"以允许每个分面图使用不同的 y 轴(因为它们具有不同的尺度)。最后，添加 geom_line()和 geom_point()层以及主题。

代码清单 16.7 绘制调节过程

```
kMeansTuningData <- generateHyperParsEffectData(tunedK)

kMeansTuningData$data

gatheredTuningData <- gather(kMeansTuningData$data,
                             key = "Metric",
                             value = "Value",
                             c(-centers, -iteration, -algorithm))

ggplot(gatheredTuningData, aes(centers, Value, col = algorithm)) +
  facet_wrap(~ Metric, scales = "free_y") +
  geom_line() +
```

```
geom_point() +
theme_bw()
```

结果如图 16-7 所示。每个分面图均显示了不同的性能度量指标，每个单独的线条分别显示了 3 种算法之一。注意，包含 4 个聚类(质心)的聚类模型能使 Davies-Bouldin 指数最小，而使 Dunn 指数和伪 F 统计量(G1)最大。Davies-Bouldin 指数的值较低，而 Dunn 指数和伪 F 统计量的值较高，这表明(理论上)聚类之间分隔得较好，这 3 个内部性能度量指标彼此一致。另外，不同算法之间也几乎没有分歧，尤其是在 4 个聚类的最优数量方面。

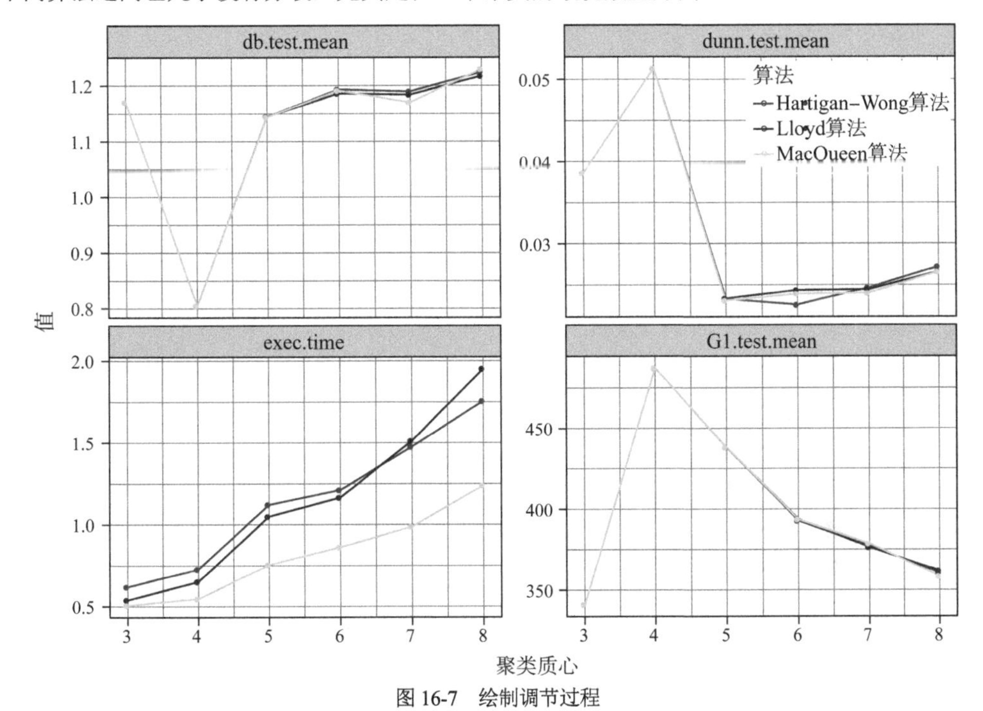

图 16-7　绘制调节过程

算法之间的最大区别在于它们的训练时间。请注意，MacQueen 算法始终比其他任何一种算法都快。这是由于 MacQueen 算法更新质心的频率比 Lloyd 算法高，并且重新计算距离的频率比 Hartigan-Wong 算法低。Hartigan-Wong 算法在聚类数量较小时似乎计算量最大，但是随着聚类数量增加到 7 个以上，训练模型所需时间将少于 Lloyd 算法。

注意　我们在调节过程中选择了 Lloyd 算法，因为这种算法的 Davis-Bouldin 指数比其他算法略小。对于非常大的数据集，计算速度对你而言可能比性能得到小幅提升显得更为重要。在这种情况下，由于训练时间较短，因此你可能更愿意选择 MacQueen 算法。

16.2.5　训练最终的、调节后的 k-均值算法模型

下面使用调节后的超参数来训练最终的聚类模型。你将注意到，我们不会使用嵌套的交叉验证来验证整个模型构建过程。尽管 k-均值算法可以预测新数据的聚类身份，但我们通常不将此作为预测技术。相反，我们可以使用 k-均值算法来帮助我们更好地定义数据集中的类别，以便后续用于构建分类模型。

代码清单16.8首先通过setHyperPars()函数创建了一个使用调节后的超参数值的k-均值算法学习器，然后使用train()函数基于gvhdTask训练调节后的模型，并使用getLearnerModel()函数提取用于绘制聚类的模型数据。可通过调用kMeansModelData来输出模型数据，并检查输出，其中包含很多有用的信息。通过提取对象的$iter组件，我们可以看到k-均值算法只用3次迭代就达到了收敛效果(远远小于iter.max)。

代码清单 16.8 使用调节后的超参数训练模型

```
tunedKMeans <- setHyperPars(kMeans, par.vals = tunedK$x)

tunedKMeansModel <- train(tunedKMeans, gvhdTask)

kMeansModelData <- getLearnerModel(tunedKMeansModel)

kMeansModelData$iter

[1] 3
```

寻找最优的聚类数量并不是一个明确定义的问题。因此，尽管内部性能度量指标为正确的聚类数量提供了证据，但我们仍然应该始终尝试直观地验证聚类模型，以了解获得的结果(至少)是否合理。这似乎有些主观，并且确实是主观的，但是对你来说，使用专家判断比单独依赖内部性能度量指标要好得多。我们可以通过绘制数据来进行这种操作，并且可以依照样本的聚类身份为每个样本着色。

提示 如果难以确定正确的聚类数量，那么可能是因为数据中没有明确定义的聚类，或是因为可能需要执行包括生成更多数据在内的进一步研究。尝试另一种聚类方法可能是值得的。例如，使用那些可以排除离群值的聚类方法(例如第18章将要介绍的DBSCAN)。

为此，首先使用mutate()函数将每个样本的聚类添加为gvhdTib tibble中的新列。可从模型数据的$cluster组件中提取聚类的向量，并使用as.factor()函数将其转换为因子，以确保在绘制过程中应用离散的配色方案。

然后，使用ggpairs()函数相互绘制所有变量，从而将kMeansCluster映射到颜色图。可使用upper参数在对角线的上方绘制密度图，并应用黑白主题，参见代码清单16.9。

代码清单 16.9 使用 ggpairs()函数绘制聚类

```
gvhdTib <- mutate(gvhdTib,kMeansCluster = as.factor(kMeansModelData$cluster))

ggpairs(gvhdTib, aes(col = kMeansCluster),
  upper = list(continuous = "density")) +
  theme_bw()
```

结果如图16-8所示。从表面上看，k-均值算法模型在捕获整体数据中的结构方面做得很好。但是，看看CD8与CD4的关系图：聚类3似乎已分裂。这表明我们要么对数据进行了欠聚类，要么将这些样本分配给了错误的聚类；更有甚者，也许它们只是偏远的样本，密度图夸大了它们的重要性。

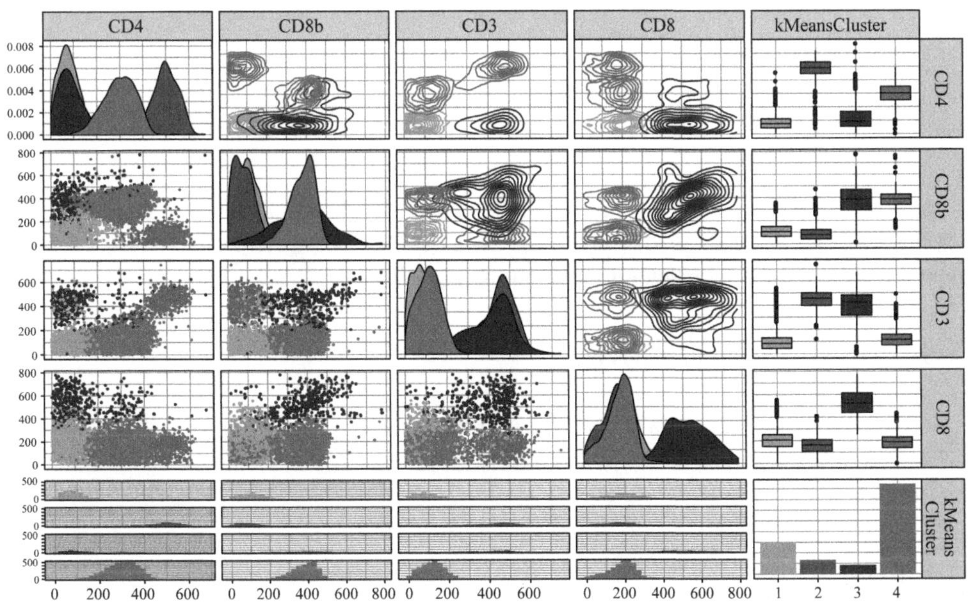

图 16-8　使用 k-均值算法将聚类映射到颜色图。盒形图和直方图显示了聚类之间连续变量的值如何发生变化

16.2.6　使用模型预测新数据的聚类

下面讲解如何使用现有的 k-均值算法模型来预测新数据的聚类。正如之前已经提到的，聚类技术并非旨在用于预测数据聚类——我们拥有出色的分类算法。但是，使用 k-均值算法可以获取新数据并输出与新样本最接近的聚类。当你仍在探索并尝试理解数据中的结构时，这可能会很有用，具体过程如下。

首先创建一个 tibble，其中包含新的样本数据，还包含用来训练模型的数据集中每个变量的值。因为我们缩放了训练数据，所以需要缩放新样本的值。请记住，必须根据用来训练模型的数据的均值和标准差来缩放新数据，这非常重要。最简单的方法是使用 attr()函数从缩放后的数据中提取 center 和 scale 属性。因为 scale()函数将返回一个矩阵(如果给定一个矩阵，predict()函数将引发错误)，所以需要将缩放后的数据传递给 as_tibble()函数以转换为 tibble。

为了预测新样本属于哪个聚类，只需要调用 predict()函数，将模型作为第一个参数，并将新样本作为 newdata 参数即可。从输出中可以看到，新样本最接近聚类 2 的质心，参见代码清单 16.10。

代码清单 16.10　预测新数据的聚类

```
newCell <- tibble(CD4 = 510,
                  CD8b = 26,
                  CD3 = 500,
                  CD8 = 122) %>%
  scale(center = attr(gvhdScaled, "scaled:center"),
        scale = attr(gvhdScaled, "scaled:scale")) %>%
  as_tibble()

predict(tunedKMeansModel, newdata = newCell)
```

```
Prediction: 1 observations
predict.type: response
threshold:
time: 0.01
  response
1        2
```

你现在已经掌握了如何将 *k*-均值算法应用于数据。第 17 章将介绍层次聚类，这是一组用来帮助你揭示数据中的层次结构的聚类方法。建议你保存本章中的.R 文件，因为第 17 章将继续使用相同的数据集，以便比较 *k*-均值算法和层次聚类的性能。

16.3 *k*-均值算法的优缺点

对于给定的任务，虽然通常很难判断哪种算法的效果更好，但了解算法的优缺点可以帮助你确定 *k*-均值算法是否适合自己所需完成的具体任务。

k-均值算法的优点如下：

- 在每次迭代时，样本可以在聚类之间移动，直至找到稳定的结果。
- 当变量很多时，计算速度可能会比其他算法快。
- 实施起来很简单。

k-均值算法的缺点如下：

- 本身不能处理分类变量，这是因为在分类特征空间中计算欧氏距离没有意义。
- 无法选择最优的聚类数量。
- 对不同尺度的数据敏感。
- 由于初始质心的随机性，多次运算的聚类结果可能会略有不同。
- 对离群值敏感。
- 即使数据不符合描述，也会优先找到直径相等的球形聚类。

练习 16-2： 使用与 GvHD.control 数据集相同的方式对 GvHD.pos 数据集进行聚类。聚类的选择是否很简单？你可能需要手动为 centers 参数提供值，而不是依赖调节过程的输出。

16.4 本章小结

- 聚类是一种无监督机器学习技术，这种技术关注的是在指定的数据集中找到与其他数据集中的样本更相似的样本集合。
- *k*-均值算法涉及创建随机放置的质心，此类质心将迭代地移向数据集中的聚类质心。
- 3 种最常用的 *k*-均值算法是 Lloyd 算法、MacQueen 算法和 Hartigan-Wong 算法。
- 用户需要自行选择 *k*-均值算法的聚类数量。这既可以通过图形方式来完成，也可以通过将内部聚类度量指标与交叉验证和/或自助采样法结合起来来完成。

16.5 练习题答案

1. 将 *k*-均值算法学习器的 iter.max 增加到 200：

```
kMeans <- makeLearner("cluster.kmeans",
                      par.vals = list(iter.max = 200, nstart = 10))
```

```
tunedK <- tuneParams(kMeans, task = gvhdTask,
                     resampling = kFold,
                     par.set = kMeansParamSpace,
                     control = gridSearch,
                     measures = list(db, dunn, G1))

# The error about not converging disappears when we set iter.max to 200.
```

2. 使用 *k*-均值算法对 GvHD.pos 数据集进行聚类：

```
gvhdPosTib <- as_tibble(GvHD.pos)

gvhdPosScaled <- scale(gvhdPosTib)

gvhdPosTask <- makeClusterTask(data = as.data.frame(gvhdPosScaled))

tunedKPos <- tuneParams(kMeans, task = gvhdPosTask,
                        resampling = kFold,
                        par.set = kMeansParamSpace,
                        control = gridSearch,
                        measures = list(db, dunn, G1))

kMeansTuningDataPos <- generateHyperParsEffectData(tunedKPos)

gatheredTuningDataPos <- gather(kMeansTuningDataPos$data,
                               key = "Metric",
                               value = "Value",
                               c(-centers, -iteration, -algorithm))

ggplot(gatheredTuningDataPos, aes(centers, Value, col = algorithm)) +
   facet_wrap(~ Metric, scales = "free_y") +
   geom_line() +
   geom_point() +
   theme_bw()

tunedKMeansPos <- setHyperPars(kMeans, par.vals = list("centers" = 4))

tunedKMeansModelPos <- train(tunedKMeansPos, gvhdPosTask)

kMeansModelDataPos <- getLearnerModel(tunedKMeansModelPos)

mutate(gvhdPosTib,
       kMeansCluster = as.factor(kMeansModelDataPos$cluster)) %>%
   ggpairs(mapping = aes(col = kMeansCluster),
           upper = list(continuous = "density")) +
   theme_bw()

# The optimal number of clusters is less clear than for GvHD.control.
```

第 17 章

层次聚类

本章内容：

- 理解层次聚类
- 使用链接方法
- 测量聚类结果的稳定性

在第 16 章，我们了解了 *k*-均值算法如何在特征空间中找到 *k* 个质心，并对它们进行迭代更新以找到一组聚类。层次聚类则采用另一种不同的方法，顾名思义，层次聚类可以学习数据集中聚类的层次结构。层次聚类不是对聚类进行“平坦的”输出，而是在聚类中给出聚类树。因此，与诸如 *k*-均值算法这样的平面聚类方法相比，层次聚类能让你对复杂的分组结构有更多了解。

在每个步骤中，层次聚类将通过计算每个样本或聚类与数据集中其他所有样本或聚类之间的距离来迭代构建聚类树。至于如何将彼此最相似的多个样本/聚类对合并为单个聚类，或者如何将彼此最不相似的样本/聚类对划分为单独的聚类，具体取决于使用的聚类算法。

学完本章后，我们希望你能理解层次聚类的工作原理。从第 16 章开始，我们已将这种方法应用于 GvHD 数据集，以帮助你了解层次聚类与 *k*-均值算法的区别。如果全局环境中已不再包含 gvhdScaled 对象，请重新运行代码清单 16.1 和代码清单 16.2。

17.1 什么是层次聚类

本节介绍什么是层次聚类及其与 *k*-均值算法的区别，同时介绍执行层次聚类的两种不同方法、如何理解所学层次结构的图形表示以及如何选择想要保留的聚类数量。

之前在研究 *k*-均值算法时，我们只考虑了单层聚类。但是有时候，数据集中存在层次结构，因而无法在单个平坦级别进行聚类。例如，假设我们正在观察管弦乐队中的一组乐器。在最高级别，我们可以将每种乐器归类为以下乐器之一：

- 打击乐器
- 铜管乐器
- 木管乐器

- 弦乐器

但是，我们可以根据它们的演奏方式将每个聚类进一步划分为多个子聚类：

- 打击乐器
  - 使用槌
  - 使用手
- 铜管乐器
  - 气阀
  - 滑动条
- 木管乐器
  - 有凹槽
  - 无凹槽
- 弦乐器
  - 拨弦
  - 弓弦

另外，我们还可以根据它们发出的声音对相应级别的子聚类进行进一步划分：

- 打击乐器
  - 使用槌
    - -定音鼓
    - -锣
  - 使用手
    - -手钹
    - -手鼓
- 铜管乐器
  - 气阀
    - -喇叭
    - -法国号
  - 拉管乐器
    - -长号
- 木管乐器
  - 有凹槽
    - -单簧管
    - -低音管
  - 无凹槽
    - -长笛
    - -短笛
- 弦乐器
  - 拨弦
    - -竖琴
  - 弓弦
    - -小提琴
    - -大提琴

请注意，我们已经形成了一种层次结构，从非常高层级的聚类直到每个单独的乐器。可视化这种层次结构的常见方法是使用称为树状图的图形表示形式。图 17-1 展示了管弦乐队层次结构可能的树状图。

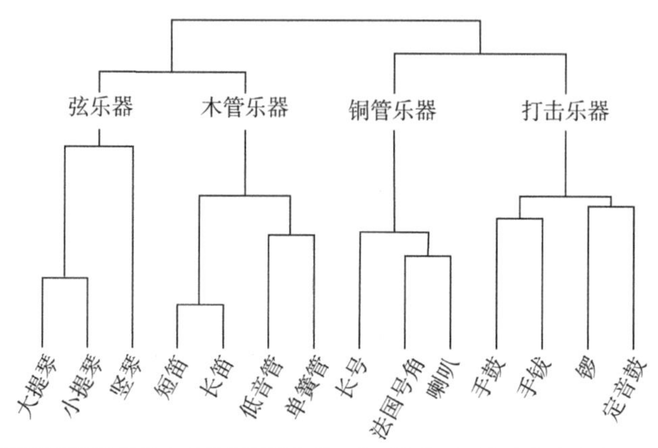

图 17-1 树状图显示了管弦乐队中乐器的假设聚类。水平线表示对单独的聚类进行合并。合并的高度用来指明聚类之间的相似性(高度越低，表示聚类之间越相似)

请注意，在树状图的底部，每个乐器都由自己的垂直线表示，并且在这个级别，每个乐器都被视为位于自己的聚类中。当向上移动层次结构时，同一聚类中的乐器将通过一条水平线相连。这种聚类的合并高度与聚类之间的相似程度成反比。例如，可以绘制树状图来表明相比低音管和单簧管之间的相似度，短笛和长笛彼此更相似。

通常，当在这样的数据中找到一种层次结构时，树状图的一端会在自己的聚类中显示所有样本。这些聚类将向上合并，直到所有样本都放置在一个聚类中为止。因此，尽管我们已经指出了弦乐器、木管乐器、铜管乐器和打击乐器的位置，但是我们仍将继续，直到只有一个包含所有样本的聚类为止。

因此，层次聚类的目的是学习数据集中聚类的层次结构。通过 *k*-均值算法进行层次聚类的主要好处是，我们对数据的结构将有更细致的了解，并且这种方法通常能够重构自然且真实的层次结构。例如，假设需要对所有犬种的基因组(所有 DNA)进行测序。我们可以放心地假设，一个品种的基因组将与衍生品种的基因组更相似，而不会与非衍生品种的基因组更相似。如果将层次聚类应用于这些数据，就可以将它们可视化为树状图形式的层次结构，并且能够直接地显示哪些品种是从其他品种衍生而来的。

层次结构非常有用，但是如何将树状图划分为一组有限的聚类呢？实际上，基于树状图中的任何高度，我们都可以水平切割树状图，并从相应级别获取聚类数量。按另一种方式设想，如果我们想要通过树状图得到切片，那么掉落的许多单独的分支就是聚类数量。回顾图 17-1。如果切割标注了弦乐器、木管乐器、铜管乐器和打击乐器的树状图，就会得到四个单独的聚类，可以将样本分配给它们所属的这四个聚类中的任何一个。在本节的后面，我们将向你展示如何选择切割点。

注意 如果从更靠近树状图的顶部进行切割，那么聚类将会更少；如果从更靠近树状图的底部进行切割，你将得到更多的聚类。

现在，我们理解了层次聚类试图获得的内容。接下来，我们继续讨论它们将如何实现这一目标。当尝试学习数据中的层次结构时，可以采取以下两种方法：

- 聚合法
- 分裂法

聚合层次聚类将从每个聚类中孤立(且独立)的样本开始，然后顺序合并聚类，直到所有数据都包含在单个聚类中为止。分裂层次聚类则从某个聚类中的所有样本开始，然后将它们递归地分裂为多个聚类，直到每个样本都被分配到自己的聚类中为止。

17.1.1 聚合层次聚类

下面讲解聚合层次聚类如何学习数据中的结构。具体的步骤非常简单：

(1) 计算每个聚类与所有聚类之间的距离度量(由我们定义)。

(2) 将最相似的聚类合并到单个聚类中。

(3) 重复步骤(1)和步骤(2)，直到所有样本都位于单个聚类中为止。

以图 17-2 为例，这里从 9 个样本开始(因此是 9 个聚类)，在每个聚类之间计算距离量度(稍后将介绍有关此内容的更多信息)并合并那些相互之间最相似的聚类。持续上述过程，直到最终的超级聚类包含所有样本为止。

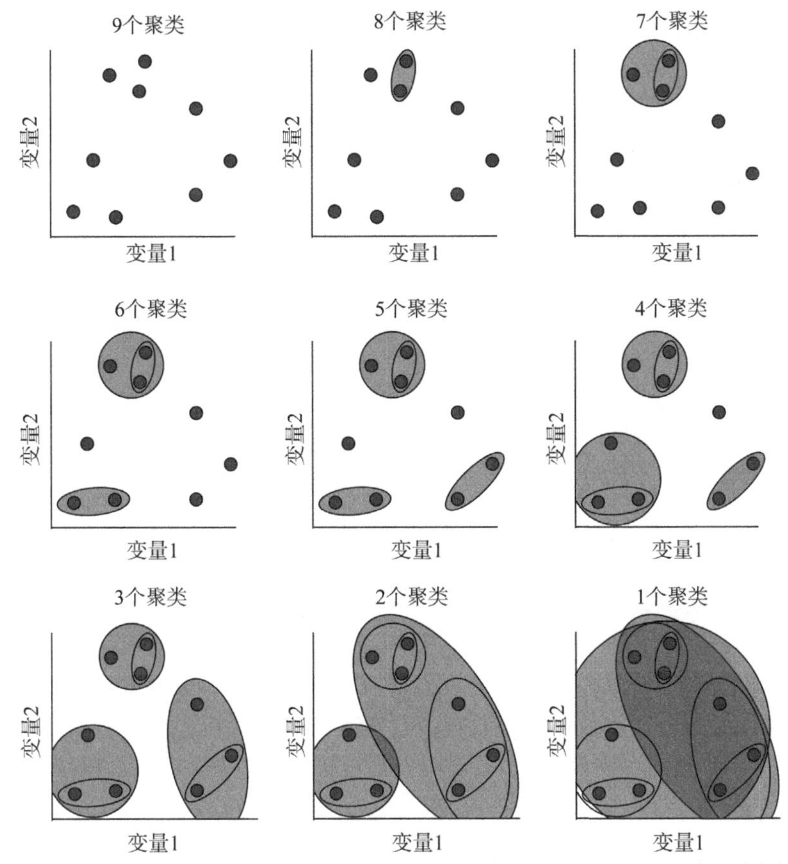

图 17-2 聚合层次聚类将在每次迭代时合并彼此之间最接近的聚类。椭圆表示每次迭代的聚类形状，从左上方开始到右下方结束

如何计算聚类之间的距离呢？首先需要选择计算时使用的距离度量方式。和往常一样，欧氏距离和曼哈顿距离是最受欢迎的选择。其次需要选择如何计算类别之间的距离度量。计算两个样本之间的距离是显而易见的，并且一个聚类往往包含多个样本。如何计算两个聚类之间的欧氏距离？实际上，如下链接方法可供选择：

- 质心链接
- 单链接
- 全链接
- 均链接
- Ward 方法

如图 17-3 所示，质心链接计算每个聚类质心与其他聚类质心之间的距离(例如，欧氏距离或曼哈顿距离)，单链接则计算两个聚类最近样本之间的距离作为这些聚类之间的距离，全链接将计算两个聚类最远样本之间的距离作为这些聚类之间的距离，均链接将两个聚类所有样本之间的平均距离作为这些聚类之间的距离。Ward 方法稍微复杂一些。对于聚类的每种可能组合，Ward 方法(有时称为 Ward 最小方差法)将计算类内距离平方和。

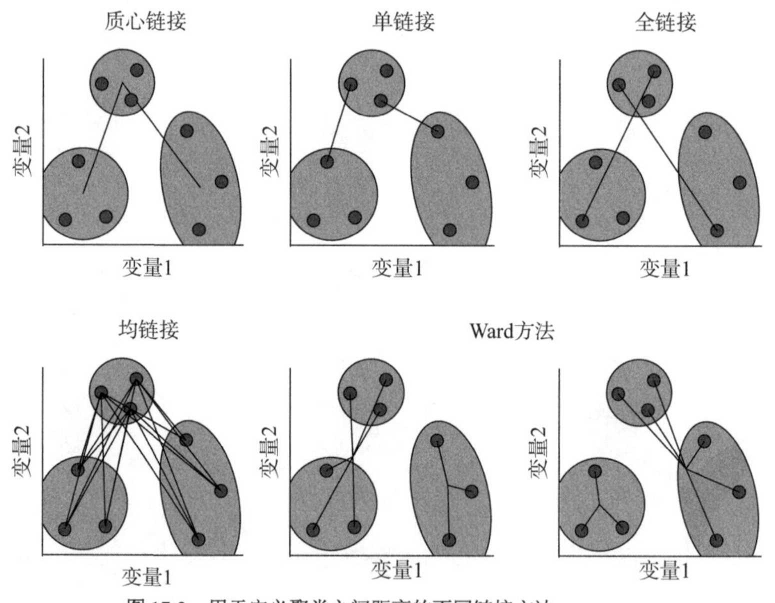

图 17-3　用于定义聚类之间距离的不同链接方法

17.1.2　分裂层次聚类

下面讲解分裂层次聚类的工作原理。与聚合层次聚类不同，分裂层次聚类将从单个聚类中的所有样本开始，然后将这个聚类递归地划分成越来越小的聚类，直到每个样本独立成为聚类为止。在聚类的每个阶段找到最优划分是一项十分艰巨的任务，因此分裂层次聚类使用了启发式方法。

在聚类的每个阶段，都将选择直径最大的聚类。观察图 16-5 可知，聚类的直径被定义为聚类中任意两个样本之间的最大距离。找到聚类中与其他所有样本之间平均距离最大的样本，这些最不相似的样本将开始分裂。对聚类中的每个样本进行迭代运算，至于将样本分配给分裂出来的聚类还是分配给原始聚类，主要取决于它们和哪个聚类更相似。在本质上，为了拆分每个聚类，分裂层次聚类将在层次结构的每个级别应用 *k*-均值算法(*k*=2)。一直重复上述过程，直到所有样本都位于自己的聚类中为止。

分裂层次聚类只有一种实现方式： DIANA(分裂分析)算法。聚合层次聚类则更常用，并且比 DIANA 算法简单。然而在聚合层次聚类中，早期所犯的错误并不能在聚类树的更深处得到修正；因此，聚合层次聚类在查找小型聚类方面性能更好，而 DIANA 算法则在查找大型聚类方面性能更好。本章剩余部分将介绍如何执行 R 中的聚合层次聚类，你也可以使用 DIANA 算法并比较结果。

17.2　建立第一个聚合层次聚类模型

本节讲解如何在 R 中建立聚合层次聚类模型。遗憾的是，由于 mlr 程序包没有封装层次聚类的实现，因此我们只能使用 stats 程序包中的 hclust()函数。

用于执行聚合层次聚类的 hclust()函数期望将距离矩阵而不是原始数据作为输入。距离矩阵包含每个元素组合之间的成对距离，这个距离可以采用指定的任何距离度量。在这里，我们将使用欧氏距离。因为计算样本之间的距离是执行聚合层次聚类的第一步，所以你可能希望 hclust()函数能够做到这一点。你也可以自定义距离度量，然后提供给 hclust()函数以灵活地使用距离度量。

通过使用 dist()函数可在 R 中创建距离矩阵。在 dist()函数中，可将期望计算距离的数据作为第一个参数，并提供想要使用的距离类型。请注意，由于聚合层次聚类对变量之间的尺度差异也很敏感(任何依赖连续变量之间距离的算法都将如此)，因此请使用尺度缩放后的数据集：

```
gvhdDist <- dist(gvhdScaled, method = "euclidean")
```

提示　如果想要一个关于距离矩阵的更直观的例子，请运行 dist(c(4, 7, 11, 30, 16))。不要尝试输出本节创建的距离矩阵——其中包含的数据大于 2.3×10^7 个!

获得距离矩阵后，就可以执行聚合层次聚类以学习数据中的层次信息。hclust()函数的第一个参数是距离矩阵；同时 method 参数允许指定链接方法以定义聚类之间的距离，可用的选项有"ward.D"、"ward.D2"、"single"、"complete"、"average"、"centroid"等。注意 Ward 方法似乎有两个选项，但是如前所述，选项"ward.D2"才是 Ward 方法的正确实现。

```
gvhdHclust <- hclust(gvhdDist, method = "ward.D2")
```

现在，hclust()函数已经学习了数据的层次聚类结构，接下来让我们将其表示为树状图。这可以通过在聚类模型上调用 plot()函数来实现。但是，如果首先将聚类模型转换为树状图对象并进行绘制，那么树状图将会更加清晰。可以使用 as.dendrogram()函数将聚类模型转换为树状图对象。为了绘制树状图，我们需要将树状图对象传递给 plot()函数。默认情况下，我们将在原始数据中为每个样本绘制标注。但是由于数据集非常大，因此可以使用参数 leaflab="none"，参见代码清单 17.1。

代码清单 17.1　绘制树状图

```
gvhdDend <- as.dendrogram(gvhdHclust)
```

```
plot(gvhdDend, leaflab = "none")
```

结果如图 17-4 所示。*y* 轴表示基于使用的任何链接方法(和距离度量)计算得到的聚类之间的距离。因为使用了 Ward 方法，所以 *y* 轴的值是类内距离平方和。当两个聚类合并在一起时，它们将通过水平线相连，沿 *y* 轴的位置对应于它们之间的距离。因此，在树状图的底部合并的样本聚类(在聚类中合并较早)相比在树状图的顶部合并的样本聚类更相似。为了有助于理解，可沿着 *x* 轴对样本的排序进行优化，这样相似的样本将被拉得很近(否则，分支将会发生重叠)。如图 17-4 所示，树状图中从属于自己聚类的每一个样本到属于超级聚类的所有样本都将以递归方式加入聚类中。

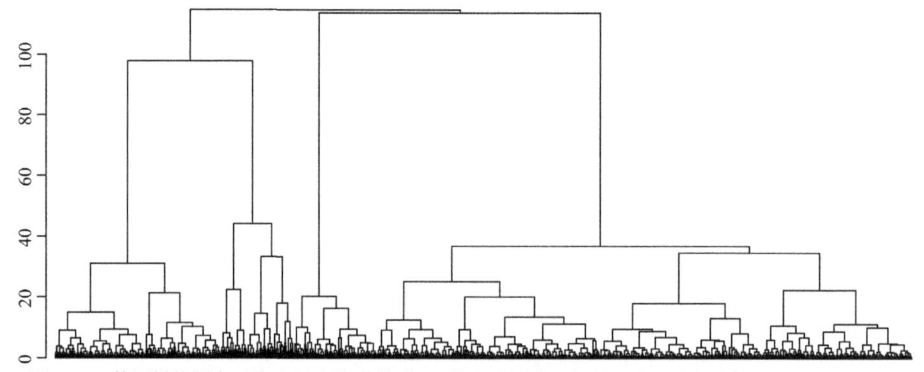

图 17-4 使用树状图表示聚合层次聚类模型。*y* 轴代表样本之间的距离。水平线表示样本/聚类彼此合并。合并的高度越高，聚类彼此之间的相似性越低

练习 17-1：重复聚类过程，但是在创建距离矩阵(不要覆盖任何现有对象)时指定 method="manhattan"。绘制聚类层次结构的树状图，并与使用欧氏距离得到的树状图进行比较。

聚合层次聚类已经完成自身要做的工作，但是具体做什么则由我们决定。我们可能希望直接理解聚类树的结构，从而对可能存在于自然界中的层次结构做出一些推断，尽管这在我们的数据集中可能相当具有挑战性。

聚类层次聚类的另一个常见用途是对热点图的行和列进行排序，例如用于基因表达数据。使用层次聚类对热点图的行和列进行排序有助于研究人员同时识别基因聚类和患者聚类。

最后，我们的主要动机可能是在数据集中识别出那些最让我们感兴趣的数量有限的聚类。这就是我们对聚类结果要做的工作。

17.2.1 选择聚类数量

下面讲解如何确定从层次结构中提取多少个聚类。这个问题的另一种思考方式是：如何使用层次结构的哪个级别进行聚类？

为了在层次聚类之后定义有限数量的聚类，我们需要在树状图中定义切割点。如果在顶部附近切割树状图，将会得到更少的聚类；如果在底部附近切割树状图，将会得到更多的聚类。因此，如何选择切割点？实际上，Davies-Bouldin 指数、Dunn 指数和伪 *F* 统计量都可以为你提供帮助。对于 *k*-均值算法，我们可以通过执行类似交叉验证的过程来估计不同数目聚类的性能。遗憾的是，我们无法将这种方法用于层次聚类，因为与 *k*-均值算法不同，层次聚类无法预测新样本的聚类。

注意　虽然层次聚类本身无法预测新样本的聚类，但是我们可以执行一些操作，例如将新数据分配给具有最近质心的聚类。你可以使用这种方法来创建单独的训练集和测试集，以评估内部聚类性能度量指标。

另外，我们可以使用自助采样法。回顾第 8 章，自助采样法是对每个样本进行一些计算并返回统计量的自助采样过程。使用自助采样统计量的平均值可以得出最可能的值，并且分布表明了统计量的稳定性。

注意　请记住，为了获得自助采样样本，我们需要从数据集中随机选择样本并进行替换，以创建与旧样本大小相同的新样本。进行带有替换功能的采样仅仅意味着在对特定样本进行采样后，便将它们放回原处，这样便有可能再次抽取到该特定样本。

在层次聚类中，可以使用自助采样法从数据中生成多个样本，并为每个样本生成单独的层次结构。然后，可以从每个层次结构中选择一定范围内的聚类数量，并为每个聚类计算内部聚类性能度量指标。使用自助采样法的优势在于：对整个数据集计算内部聚类性能度量指标并不能表明估计的稳定性，而自助采样法可以做到这一点。聚类性能度量指标的自助采样样本在平均值上会有一些变化，因此可以选择性能度量指标最优且最稳定的聚类数量。

我们首先定义一个名为 cluster_metrics 的函数以获取数据和聚类向量，然后返回我们熟悉的 3 个内部聚类性能度量指标：Davies-Bouldin 指数、Dunn 指数和伪 *F* 统计量。由于需要为计算 Dunn 指数的函数提供距离矩阵，因此我们在 cluster_metrics()函数中添加一个额外的参数，以便提供一个预先计算的距离矩阵，参见代码清单 17.2。

代码清单 17.2　定义 cluster_metrics()函数

```
cluster_metrics <- function(data, clusters, dist_matrix) {
  list(db       = clusterSim::index.DB(data, clusters)$DB,
       G1       = clusterSim::index.G1(data, clusters),
       dunn     = clValid::dunn(dist_matrix, clusters),
       clusters = length(unique(clusters))
  )
}
```

cluster_metrics()函数有 3 个强制性参数。

- data：用于指定聚类数据。
- clusters：一个向量，其中包含了 data 中的每个样本聚类。
- dist_matrix：用于为 data 预先计算距离矩阵。

cluster_metrics()函数将返回一个包含如下 4 个元素的列表：Davies-Bouldin 指数(db)、伪 *F* 统计量(G1)、Dunn 指数(Dunn)和聚类数量。我们不会从头定义它们，而是使用其他程序包中的预定义函数来计算内部聚类性能度量指标。Davies-Bouldin 指数可使用 clusterSim 程序包中的 index.DB()函数进行计算，该函数接收 data 和 clusters 作为参数(统计量本身包含在$DB 组件中)。伪 *F* 统计量同样使用 clusterSim 程序包中的 index.G1()函数进行计算，并且采用与 index.DB()函数相同的参数。Dunn 指数则使用 clValid 程序包中的 Dunn()函数进行计算，该函数采用 dist_matrix 和 clusters 作为参数。

我们定义 cluster_metrics()函数的动机是：我们想要从数据集中获取自助采样样本、学习每个样本中的层次结构、从每个样本中选择聚类数量的范围，并使用函数为每个自助采样样本中的聚类数量计算这 3 个性能度量指标。现在，让我们创建自助采样样本。参见代码清单 17.3，我们将从 gvhdScaled 数据集中创建 10 个自助采样样本。使用 map()函数重复采样 10 次，这将返回一个列表，其中的每个元素都是不同的自助采样样本。

代码清单 17.3 创建自助采样样本

```
gvhdBoot <- map(1:10, ~ {
  gvhdScaled %>%
    as_tibble() %>%
    sample_n(size = nrow(.), replace = TRUE)
})
```

注意 ~只是 function()的简写。

dplyr 程序包中的 sample_n()函数用于从数据集中随机采样行。由于 sample_n()函数无法处理矩阵，因此首先需要将 gvhdScaled 数据集通过管道传递给 as_tibble()函数。通过设置参数 size=nrow(.)，可要求 sample_n()函数随机绘制与原始数据集中行数相等的样本(.是对“通过管道输入的数据集”的简写)。通过将 replace 参数设置为 TRUE，可启用替换采样功能。创建简单的自助采样样本竟然如此简单！

现在，针对刚刚生成的每个自助采样样本，使用 cluster_metrics()函数计算聚类数量范围内的上述 3 个内部性能度量指标，参见代码清单 17.4。

代码清单 17.4 计算聚类模型的性能度量指标

```
metricsTib <- map_df(gvhdBoot, function(boot) {
  d <- dist(boot, method = "euclidean")
  cl <- hclust(d, method = "ward.D2")

  map_df(3:8, function(k) {
    cut <- cutree(cl, k = k)
    cluster_metrics(boot, clusters = cut, dist_matrix = d)
  })
})
```

提示 map_df()函数与 map()函数类似，但是前者不返回列表，而是逐行组合每个元素并返回数据框。

代码清单 17.4 首先调用了 map_df()函数，目的是将另一个函数应用于自助采样样本列表中的每个元素。我们定义了一个匿名函数，该函数以 boot(正在考虑的当前元素)作为唯一参数。

对于 gvhdBoot 中的每个元素，这个匿名函数都会计算其欧氏距离矩阵，然后存储为对象 d，并对这个矩阵和 Ward 方法进行层次聚类。在为每个自助采样样本获取层次结构后，再次进行 map_df()函数调用以选择 3~8 个聚类并对数据进行划分，然后根据结果计算内部聚类性能度量指标。我们将使用这个过程来查看多大数量的聚类能够提供最优的内部聚类性能度量指标。

使用 cutree()函数可以从层次聚类模型中选择想要保留的聚类数量。我们将使用这个函数在返回大量聚类的地方切割树状图。同时，你可以使用 h 参数指定想要切割的高度，还可使用 k 参数指定想要保留的特定聚类数量。cutree()函数的输出是一个向量，用于指示分配给数据集中每个样本的聚类数量。一旦得到这个向量，就可以调用 cluster_metrics()函数，并提供自采样数据、聚类向量和距离矩阵。

警告　在笔者的四核计算机上，运行上述代码花了将近 3 分钟时间！

如果你还是有些迷糊，请输出 metricsTib tibble 以查看输出结果。

接下来绘制自助采样法的实验结果。我们将为每个内部聚类性能度量指标(使用分面图)创建一个单独的子图，每个子图将在 *x* 轴上显示聚类的数量，在 *y* 轴上显示内部聚类性能度量指标的值，并分别为每个单独的自助采样样本显示一条单独的曲线，我们还将显示一条用来连接所有自助采样样本均值的曲线，参见代码清单 17.5。

代码清单 17.5　为了绘图而变换数据

```
metricsTib <- metricsTib %>%
  mutate(bootstrap = factor(rep(1:10, each = 6))) %>%
  gather(key = "Metric", value = "Value", -clusters, -bootstrap)
```

在上述代码中，我们首先生成了一个新列，以指示每个样本所属的自助采样样本。因为有 10 个自助采样样本，而每个样本能够评估 6 个不同数目(3～8)的聚类，所以我们使用 rep()函数创建了一个变量，用于将每个数字从 1 到 10 重复 6 次。我们将这个变量封装在 factor()函数中，以确保在绘制时不会将其视为连续变量。接下来，收集数据，以便将选择的内部性能度量指标包含在单个列中，并将性能度量指标的值保存在另一列中。可通过指定-clusters 和-bootstrap 来控制函数不收集这些变量。最后，输出这个 tibble，以确保你了解上述操作是如何完成的。

下面进行绘图，参见代码清单 17.6。

代码清单 17.6　计算性能度量指标并绘图

```
ggplot(metricsTib, aes(as.factor(clusters), Value)) +
  facet_wrap(~ Metric, scales = "free_y") +
  geom_line(size = 0.1, aes(group = bootstrap)) +
  geom_line(stat = "summary", fun.y = "mean", aes(group = 1)) +
  stat_summary(fun.data="mean_cl_boot",
               geom="crossbar", width = 0.5, fill = "white") +
  theme_bw()
```

在这里，我们将聚类的数量(作为因子)映射到 *x* 轴，并将内部聚类性能度量指标的值映射到 *y* 轴。因为性能度量指标处于不同的尺度，所以我们将通过内部聚类性能度量指标向分面图添加 facet_wrap()层，并设置参数 scales="free_y"。接下来，添加一个 geom_line()层，将 size 参数设置为 0.1 以使这些行不太显眼，并将自助采样样本数映射到颜色图。geom_line()层将为每个自助采样样本绘制一条单独的细线。

提示　当使用 ggplot()函数指定颜色图映射时，该映射将由使用颜色图的所有其他层继承。但是，也可以在每个几何体函数内使用 aes()函数指定颜色图映射，并且该映射将仅应用于那个图层。

然后，添加另一个 geom_line()层，用于连接所有自助采样样本的均值。默认情况下，geom_line()函数喜欢连接单独的值。如果希望该函数连接汇总统计量(如均值)，则需要指定参数 stat="summary"，然后使用 fun.y 参数告诉该函数需要绘制何种汇总统计量。

最后，可视化自助采样样本的 95%置信区间是不错的选择。95%的置信区间告诉我们，如果重复进行 100 次实验，那么预计将有 95 个构造的置信区间包含性能度量指标的真实值。自助采样样本之间的估计值彼此越一致，置信区间越小。我们想使用灵活的 stat_summary()函数可视化置信区间，该函数可用于以多种不同方式可视化多个汇总统计量。为了绘制平均±95%的置信区间，可使用 fun.data 参数指定使用"mean_cl_boot"，这将绘制自助采样置信区间(默认为 95%)。

注意 另一种选择是使用"mean_cl_normal"来构造置信区间，但是这需要假设数据是正态分布的，并且这种假设有可能不正确。

现在，我们已经定义了汇总统计量。接下来，我们使用 geom 参数来指定用来表示它们的几何图形。使用几何图形"crossbar"绘制的形状看起来像是盒子的零件，其中的实线指明了质心的变化趋势以及离差分布范围的上限和下限。

结果如图 17-5 所示。回顾代码清单 17.6，以确保你了解我们是如何绘图的。看起来导致平均 Davies-Bouldin 指数、平均 Dunn 指数和平均伪 F 统计量最小的聚类数量为 4。观察每个单独自助采样样本的细线，你能否看到其中一些可能使我们得出上述结论。这就是自助采样法的这些性能度量指标要比使用单个数据集计算每个性能度量指标更好的原因。

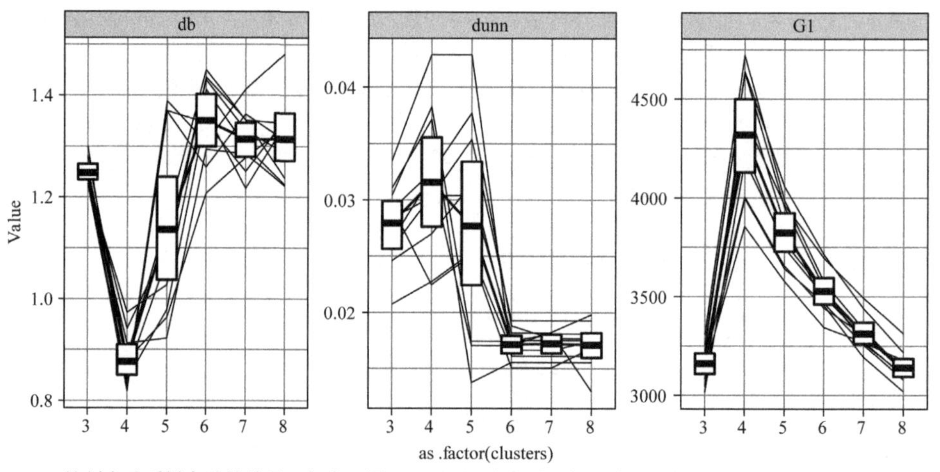

图 17-5 绘制自助采样实验的结果。每个子图显示了不同内部聚类性能度量指标的结果。x 轴显示了聚类数量，y 轴显示了每个性能度量指标的值。浅色线连接的是每个单独的自助采样样本的结果，而粗线连接的是平均值。每个横杆的顶部和底部表示特定值的 95%置信区间，水平线表示平均值

练习 17-2：尝试另一种可视化这些结果的方法。可使用 dplyr 从以下操作开始(需要将每一个步骤传递给下一个步骤)。

(1) 使用 Metric 对 metricsTib 对象进行分组。

(2) 使用 mutate()函数将 Value 变量替换成 scale(Value)。

(3) 使用 Metric 和 clusters 进行分组。

(4) 将新列 Stdev 变换为 sd(Value)。

然后，通过以下颜色图映射将得到的 tibble 传递到 ggplot()函数调用中：

- x=clusters
- y=Metric
- fill=Value
- height=Stdev

最后，添加 geom_tile()层。

17.2.2 切割树状图以选择平坦的聚类集合

下面讲解如何切割树状图以返回所需聚类数量的聚类标注。前面的自助采样法实验得出了 4 是最优聚类数量的结论，并且代表了 GvHD 数据集的结构。为了提取代表这 4 个聚类的聚类向量，我们需要使用 cutree()函数，并提供聚类模型和 *k*(要返回的聚类数量)作为参数。通过像以前那样绘制树状图并使用与 cutree()函数相同的参数调用 rect.hclust()函数，我们可以形象地看到如何切割树状图以生成这 4 个聚类，参见代码清单 17.7。

代码清单 17.7 切割树状图

```
gvhdCut <- cutree(gvhdHclust, k = 4)

plot(gvhdDend, leaflab = "none")

rect.hclust(gvhdHclust, k = 4)
```

rect.hclust()函数将在现有的树状图中绘制矩形，以显示切割了哪些分支以产生指定的聚类数量，结果如图 17-6 所示。

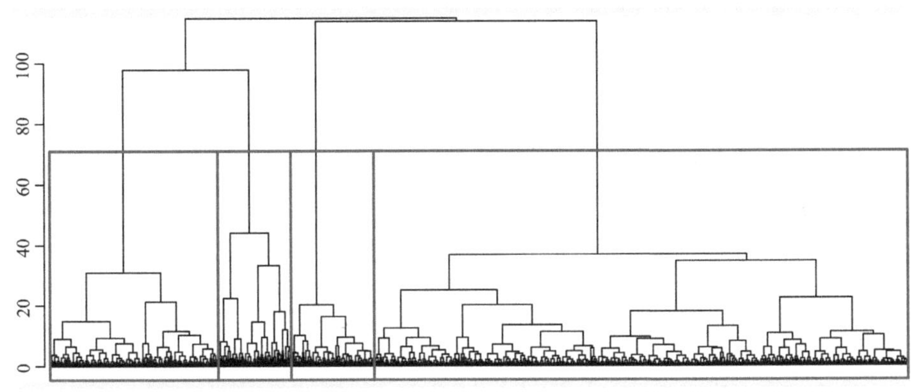

图 17-6 与图 17-4 相似，但是这一次使用矩形来表示由于切割树状图而产生的聚类

接下来，像第 16 章中的 *k*-均值算法那样使用 ggpairs()函数绘制聚类，参见代码清单 17.8。

代码清单 17.8 绘制聚类

```
gvhdTib <- mutate(gvhdTib, hclustCluster = as.factor(gvhdCut))

  ggpairs(gvhdTib, aes(col = hclustCluster),
          upper = list(continuous = "density"),
          lower = list(continuous = wrap("points", size = 0.5))) +

  theme_bw()
```

结果如图 17-7 所示，对这些聚类与图 16-8 中使用 *k*-均值算法返回的聚类进行比较。两种方法将产生相似的聚类，并且来自层次聚类的聚类结果似乎对聚类 3 进行了欠聚类。

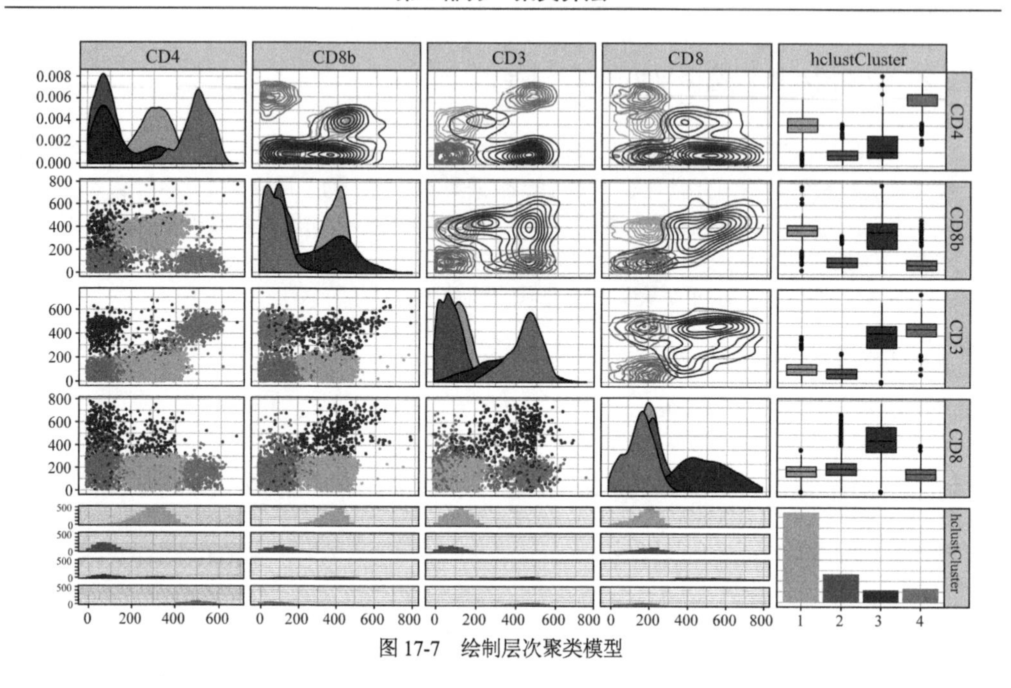

图 17-7 绘制层次聚类模型

17.3 聚类稳定吗

本节将讲解用于评估聚类模型性能的另一个工具。除了在自助采样实验中计算每个自助采样样本的内部聚类性能度量指标之外，还可以量化自助采样样本之间聚类彼此的一致性，这种一致性又称为聚类稳定性。量化聚类稳定性的一种常用方法是使用名为 Jaccard 指数的相似性度量。

Jaccard 指数量化了两组离散变量之间的相似性，其值可以解释为两组数中共同存在的数与不同数在数量上的百分比值，范围为 0%(无共同数)～100%(所有数都是共同数))。Jaccard 指数的计算公式如下：

$$\text{Jaccard指数} = \left(\frac{\text{两组数中共同数的数量}}{\text{两组数中不同数的数量}}\right)\times 100\% \qquad 式(17.1)$$

例如，假设有如下两组数：

a={3,3,5,2,8}

b={1,3,5,6}

那么

$$\text{Jaccard 指数} = \left(\frac{2}{6}\right)\times 100\% \approx 33.3\%$$

如果要对多个自助采样样本进行聚类，那么可以计算原始聚类(所有数据上的聚类)与每个自助采样样本之间的 Jaccard 指数，并取平均值。如果 Jaccard 平均指数较低，那么聚类在自助采样样本之间将发生很大变化，这表明聚类结果不稳定，可能无法很好地进行泛化。如果 Jaccard 平均指数较高，那么聚类在自助采样样本之间将变化很小，这表明聚类结果稳定。

幸运的是，fpc 程序包中的 clusterboot()函数可用来帮助我们完成上述操作！将 fpc 程序包加载到 R 会话中。由于 clusterboot()函数会产生一系列基本的 R 绘图，因此请使用

par(mFrow=c(3，4))将绘图窗口分为 3 行 4 列以适应输出，参见代码清单 17.9。

代码清单 17.9　使用 clusterboot()函数计算 Jaccard 指数

```
library(fpc)

par(mfrow = c(3, 4))

clustBoot <- clusterboot(gvhdDist, B = 10,
                         clustermethod = disthclustCBI,
                         k = 4, cut = "number", method = "ward.D2",
                         showplots = TRUE)

clustBoot

Number of resampling runs: 10

Number of clusters found in data: 4

  Clusterwise Jaccard bootstrap (omitting multiple points) mean:
[1] 0.9728 0.9208 0.8348 0.9624
```

clusterboot()函数的第一个参数是数据，可以是原始数据或距离矩阵。参数 B 代表希望计算的自助采样样本数，为了减少运行时间，这里设置为 10。clustermethod 参数用于指定想要构建的聚类模型的类型，对于层次聚类，可以设置为 disthclustCBI。参数 k 用于指定想要返回的聚类数量，参数 method 用于指定聚类的距离度量，并且如果需要，参数 showplots 将使我们有机会适当控制期望输出的图形。

这里对结果进行了截断，只显示最重要的信息，如图 17-8 所示。针对每个聚类，这 4 个值代表了原始聚类和每个自助采样样本之间的平均 Jaccard 指数。可以看到，所有 4 个聚类在不同的自助采样样本中具有良好的一致性(>83%)，这表明聚类具有很高的稳定性。

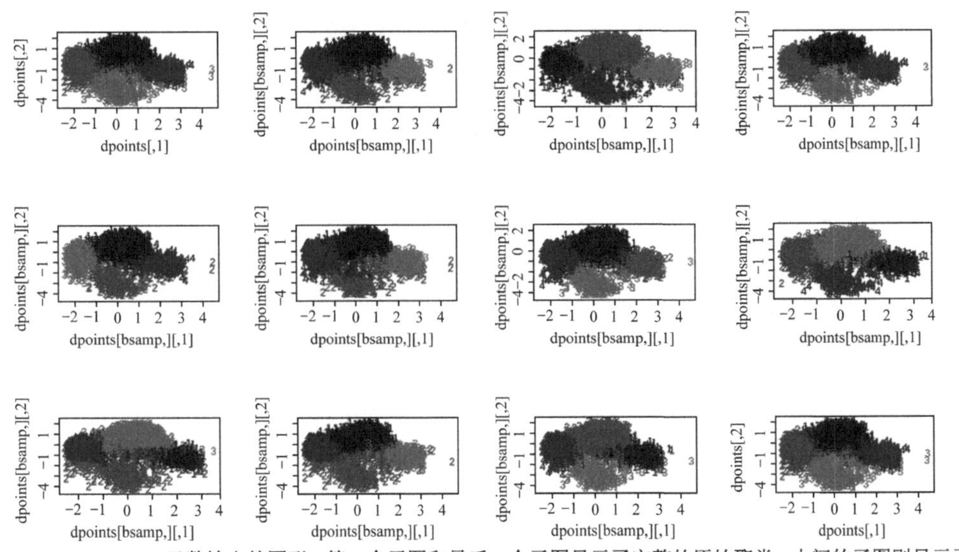

图 17-8　clusterboot()函数输出的图形。第一个子图和最后一个子图显示了完整的原始聚类，中间的子图则显示了自助采样样本的聚类。每个样本的聚类由一个数字表示。注意，聚类具有相对较高的稳定性

17.4 层次聚类的优缺点

对于给定的任务，虽然通常很难判断哪种算法的效果更好，但了解算法的优缺点可以帮助你确定层次聚类是否适合自己所要完成的具体任务。

层次聚类的优点如下：

- 所要学习的层次结构本身可能是有趣且可解释的。
- 实现起来非常简单。

层次聚类的缺点如下：

- 本身不能处理分类变量，这是因为在分类特征空间中计算欧氏距离没有意义。
- 无法选出“平坦”聚类的最优数量。
- 对不同尺度的数据敏感。
- 无法预测新数据的聚类身份。
- 在将样本分配给聚类后，便无法再移动它们。
- 对于大型数据集，计算开销可能变得很大。
- 对离群值敏感。

练习 17-3：就像对层次聚类所做的那样，使用 clusterboot()函数自助采样 Jaccard 指数以进行 *k*-均值聚类(4 个聚类)。这一次，clustermethod 应该是 kmeansCBI(使用 *k*-均值算法)，并且应将 method 替换为 algorithm="Lloyd"。哪种方法能获得更稳定的聚类，*k*-均值算法还是层次聚类？

练习 17-4：使用 cluster 程序包中的 diana()函数对 GvHD 数据集执行分裂层次聚类。将输出另存为一个对象，并通过将这个对象传递给 as.dendrogram()%>%plot()来绘制树状图。与使用聚合层次聚类获得的树状图进行比较。

练习 17-5：对聚合层次聚类重复进行自助采样法实验，但这一次将聚类的数量固定为 4 个，比较每个自助采样上的不同链接方法。哪种链接方法的效果最优？

练习 17-6：使用练习 17-5 中最优的链接方法，并使用 hclust()函数重新聚类数据。同时，使用 ggpairs()函数绘制这些聚类，并与 Ward 方法生成的聚类进行比较。使用这种新的链接方法能否很好地找到聚类？

17.5 本章小结

- 层次聚类使用样本之间的距离来学习聚类的层次结构。
- 距离的计算方式由我们选择的链接方法来控制。
- 层次聚类可以是自下而上的(聚合的)或自上而下的(分裂的)。
- 通过从特定高度切割树状图，可以从层次聚类模型返回平坦的聚类集合。
- 可以通过对自助采样样本进行聚类并使用 Jaccard 指数量化样本之间聚类身份的一致性来测量聚类稳定性。

17.6 练习题答案

1. 使用曼哈顿距离创建层次聚类模型，绘制树状图并进行比较：

```
gvhdDistMan <- dist(gvhdScaled, method = "manhattan")

gvhdHclustMan <- hclust(gvhdDistMan, method = "ward.D2")

gvhdDendMan <- as.dendrogram(gvhdHclustMan)

plot(gvhdDendMan, leaflab = "none")
```

2. 以另一种方式进行自助采样法实验：

```
group_by(metricsTib, Metric) %>%
  mutate(Value = scale(Value)) %>%
  group_by(Metric, clusters) %>%
  mutate(Stdev = sd(Value)) %>%

  ggplot(aes(as.factor(clusters), Metric, fill = Value, height = Stdev)) +
  geom_tile() +
  theme_bw() +
  theme(panel.grid = element_blank())
```

3. 使用 clusterboot()函数评估 *k*-均值模型的稳定性：

```
par(mfrow = c(3, 4))

clustBoot <- clusterboot(gvhdScaled,
                         B = 10,

clustBoot

# k-means seems to give more stable clusters.
```

4. 使用 diana()函数对数据进行聚类：

```
library(cluster)

gvhdDiana <- as_tibble(gvhdScaled) %>% diana()

as.dendrogram(gvhdDiana) %>% plot(leaflab = "none")
```

5. 重复自助采样法实验，并比较不同的链接方法：

```
cluster_metrics <- function(data, clusters, dist_matrix, linkage) {
  list(db = clusterSim::index.DB(data, clusters)$DB,
       G1 = clusterSim::index.G1(data, clusters),
       dunn = clValid::dunn(dist_matrix, clusters),
       clusters = length(unique(clusters)),
       linkage = linkage
  )
}

metricsTib <- map_df(gvhdBoot, function(boot) {
  d <- dist(boot, method = "euclidean")
  linkage <- c("ward.D2", "single", "complete", "average", "centroid")

  map_df(linkage, function(linkage) {
    cl <- hclust(d, method = linkage)
    cut <- cutree(cl, k = 4)
    cluster_metrics(boot, clusters = cut, dist_matrix = d, linkage)
  })
})
```

```
metricsTib

metricsTib <- metricsTib %>%
  mutate(bootstrap = factor(rep(1:10, each = 5))) %>%
  gather(key = "Metric", value = "Value", -clusters, -bootstrap, -linkage)

ggplot(metricsTib, aes(linkage, Value)) +
  facet_wrap(~ Metric, scales = "free_y") +
  geom_line(size = 0.1, aes(group = bootstrap)) +
  geom_line(stat = "summary", fun.y = "mean", aes(group = 1)) +
  stat_summary(fun.data="mean_cl_boot",
               geom="crossbar", width = 0.5, fill = "white") +
  theme_bw()

# Single linkage seems the best, indicated by DB and Dunn,
# though pseudo F disagrees.
```

6. 使用练习 17-5 中最优的链接方法对数据进行聚类:

```
gvhdHclustSingle <- hclust(gvhdDist, method = "single")

gvhdCutSingle <- cutree(gvhdHclustSingle, k = 4)

gvhdTib <- mutate(gvhdTib, gvhdCutSingle = as.factor(gvhdCutSingle))

select(gvhdTib, -hclustCluster) %>%
  ggpairs(aes(col = gvhdCutSingle),
          upper = list(continuous = "density"),
          lower = list(continuous = wrap("points", size = 0.5))) +
  theme_bw()

# Using single linkage on this dataset does a terrible job of finding
# clusters! This is why visual evaluation of clusters is important:
# don't blindly rely on internal metrics only!
```

第 18 章

基于密度的聚类：DBSCAN 和 OPTICS

本章内容：

- 理解基于密度的聚类
- 使用 DBSCAN 和 OPTICS 算法

本章介绍无监督机器学习的倒数第二站：基于密度的聚类。基于密度的聚类旨在实现与 *k*-均值算法和层次聚类相同的功能：将数据集划分为一组有限的聚类，以揭示数据中的分组结构。

在第 16 和 17 章，我们了解了 *k* 均值算法和层次聚类如何使用距离(样本之间的距离以及样本与其质心之间的距离)来识别聚类。顾名思义，基于密度的聚类包括一组算法，这些算法使用样本密度来分配待聚类的样本。这里有多种衡量样本密度的方法，我们可以将样本密度定义为特征空间中每单位体积特征空间包含的样本数。特征空间中包含许多紧密堆积在一起的样本的区域被称为高密度区域，而包含很少或没有样本的区域则被称为低密度区域。经验表明，数据集中的不同聚类将由高密度区域表示，而低密度区域则用来将它们分隔开。基于密度的聚类算法将试图学习这些不同的高密度区域，并将它们划分为不同的聚类。本章将介绍如何使用 DBSCAN 和 OPTICS 算法将基于密度的聚类划分为多个聚类。基于密度的聚类算法有一些显著的优势特性，因此可以避免 *k*-均值算法和层次聚类的一些局限性。

在学完本章后，我们希望你能对两种最常用的基于密度的聚类算法——DBSCAN 和 OPTICS 算法——的工作原理有十分明确的了解。我们还将应用本书前几章介绍的一些技能，以帮助你评估和比较不同聚类模型的性能。

18.1 基于密度的聚类的定义

本节将讲解两种最常用的基于密度的聚类算法是如何工作的，它们分别是：

- 基于密度且带噪声的空间聚类应用(Density-Based Spatial Clustering of Applications with Noise，DBSCAN)。
- 样本排序以识别聚类结构(Ordering Points To Identify the Clustering Structure，OPTICS)。

除了名称似乎是为了形成有趣的首字母缩略词之外，DBSCAN 和 OPTICS 算法都将学习数据集中由低密度区域分隔出来的高密度区域。它们都以相似但略有不同的方式实现了这一点，

但相比 *k*-均值和层次聚类，它们具有如下优点：

- 不偏向于发现球形聚类，并且实际上可以找到变化多样、形状复杂的聚类。
- 不偏向于找到直径相同的聚类，并且可以在同一数据集中同时识别分布稀疏和分布紧密的聚类。
- 这两种算法在聚类算法中都是唯一的，因为样本在没有落入密度足够高的区域内的情况下，会落入单独的“噪声”聚类中。这种特性通常来说非常有用，因为有助于防止数据过拟合，并使我们能够专注于聚类身份证据更强的样本。

提示　在实际应用中，如果不希望将样本分到噪声聚类中(但是 DBSCAN 或 OPTICS 算法会如此操作)，那么可以使用启发式方法。例如，可基于最近聚类的质心对噪声点进行分类，或将它们添加到最近邻的聚类中。

以上三个优点你都可以在图 18-1 中看到。其中的三个子图显示的是相同的数据，并分别使用 DBSCAN 算法、*k*-均值算法(Hartigan-Wong 算法)和层次聚类(全链接)进行聚类。这个数据集有些奇怪，大多数人可能会认为在真实情况下不太可能遇到类似的数据，但是它说明了基于密度的聚类算法优于 *k*-均值算法和层次聚类。数据中的聚类结果具有不同的形状(当然不是球形)和直径。虽然 *k*-均值算法和层次聚类将学习对这些真实聚类进行划分和合并的聚类，但是 DBSCAN 算法能够真实地将每个形状视为不同的聚类。此外，需要注意的是，*k*-均值算法和层次聚类会将每个样本都归入一个聚类；而 DBSCAN 算法会创建“零聚类”，并将判定为噪声的所有样本置于“零聚类”中。在这种情况下，几何形状聚类之外的所有样本都将被置入噪声聚类。如果仔细观察，你或许能够注意到数据中存在正弦波，但遗憾的是，这三种方法都无法将其识别为聚类。

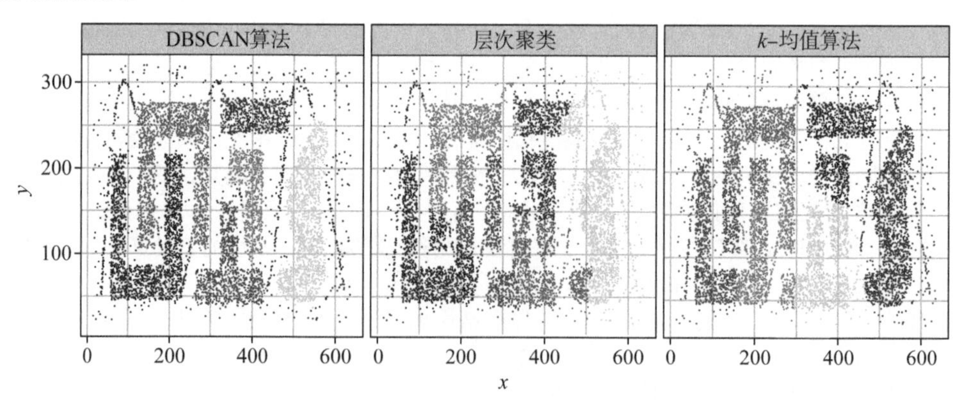

图 18-1　每个子图中显示的数据集包含了不同形状和直径的聚类，还包含可视为噪声的样本。这三个子图展示了使用 DBSCAN 算法、层次聚类(全链接)和 *k*-均值算法(Hartigan-Wong 算法)进行聚类的数据结果。在这三种算法中，只有 DBSCAN 算法能够真实地将这些形状表示为不同的聚类

基于密度的聚类算法是如何工作的？由于 DBSCAN 算法更易于理解，因此我们将从 DBSCAN 算法开始学习，并在此基础上学习 OPTICS 算法。

18.1.1　DBSCAN 算法是如何学习的

下面讲解 DBSCAN 算法如何学习数据中的高密度区域以识别聚类。为了理解 DBSCAN 算

法，我们首先需要掌握如下两个超参数：

- 邻域 ε
- 邻域密度阈值 minPts

DBSCAN 算法将首先在数据集中选择一个样本，然后在搜索半径内搜索其他样本，搜索半径由 ε 超参数指定。因此，ε 只是 DBSCAN 算法对每个样本(在 *n* 维球体中)进行搜索的距离。ε 以特征空间为单位，默认为欧氏距离。较大的 ε 表示 DBSCAN 算法将对每个样本搜索更远的距离。

minPts 超参数用来指定聚类必须具有的最小点数(样本)。因此，minPts 超参数是整数。如果某个特定样本在 ε 搜索半径内(包括自身)至少有 minPts 个样本，那么该样本将被视为核心点。

如图 18-2 所示，DBSCAN 算法的第一步是从数据集中随机选择一个样本，然后搜索半径为 ε 的 *n* 维球体(其中 *n* 表示数据集的特征维数)中的其他样本。如果样本在其搜索半径内包含至少 minPts 个样本，就将该样本标记为核心点。如果样本在其搜索半径内不包含 minPts 个样本，就说明该样本不是核心点，DBSCAN 算法将转移到另一个样本重新搜索。

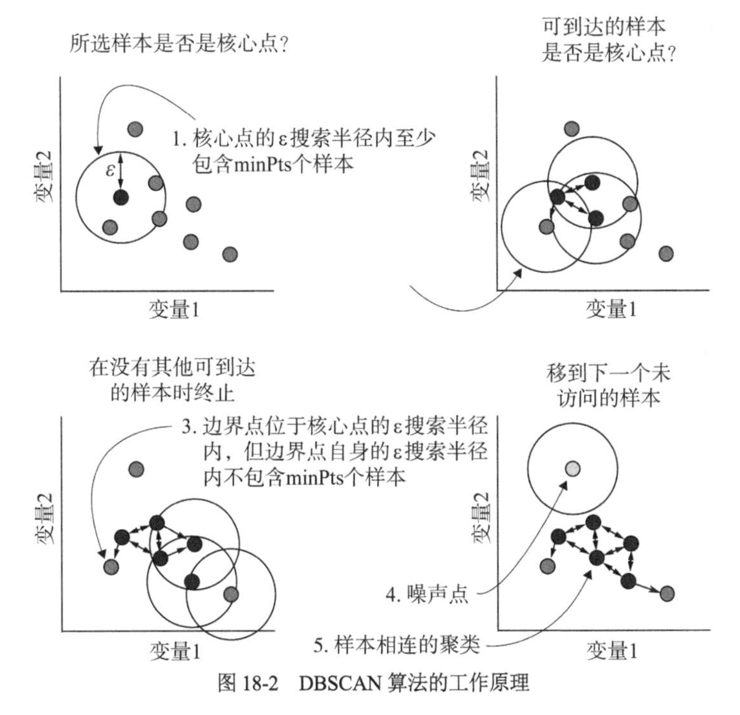

图 18-2　DBSCAN 算法的工作原理

如果 DBSCAN 算法在选择一个样本后，经计算发现它是一个核心点，那么 DBSCAN 算法会遍历这个核心点的 ε 搜索半径内的每个样本，并重复执行如下相同的任务：查看样本在其 ε 搜索半径内是否有 minPts 个样本；位于彼此搜索半径内的两个样本被称为密度直达样本，沿着从核心点开始的所有密度直达样本进行递归搜索，如果找到一个可到达核心点的样本，并且这个样本自身没有 minPts 个样本可达，那么这个样本将被视为边界点。DBSCAN 算法只搜索核心点的搜索空间，而不搜索边界点的搜索空间。

如果两个样本不是密度直达的，而是通过一条链或一系列密度直达样本进行相互连接，就称它们是密度相连样本。一旦搜索完毕，并且遍历的样本中没有任何密度直达的连接可供探索，那么所有彼此之间存在密度连接的样本就都将落入相同的类中(包括边界点)。

之后，DBSCAN 算法在数据集中选择一个之前未曾访问的样本，然后重复执行相同的过程。

一旦访问了数据集中的每个样本，那些既不是核心点也不是边界点的单独样本就都会落入噪声聚类，并且会被认为与高密度区域相距太远，因而无法与其余的样本进行聚类。因此，DBSCAN算法采用的策略是：通过在特征空间的高密度区域中找到样本链来进行聚类，并舍弃占据特征空间中稀疏区域的那些样本。

注意 不从边界点向外搜索有助于防止将噪声样本包含到聚类中。

我们刚才介绍了许多新的术语，它们对于理解 OPTICS 算法很重要，因此下面快速回顾一下这些术语：

- ε——围绕样本的 *n* 维球体的搜索半径，算法将在这个搜索半径内搜索其他样本。
- minPts—— 聚类所要求的最小样本数，并且是要在样本的 ε 搜索半径内成为核心点所必须满足的最小数量。
- 核心点—— 至少有 minPts 个可达样本的样本。
- 可达/密度直达样本—— 两个样本在彼此的 ε 搜索半径内。
- 密度连接样本—— 两个样本通过一系列密度直达样本连接在一起，但它们本身可能不是密度直达的。
- 边界点—— 从核心点可达但本身不是核心点的样本。
- 噪声点 ——既不是核心点也不是核心点可达的样本。

18.1.2 OPTICS 算法是如何学习的

下面讲解 OPTICS 算法如何学习数据集中的高密度区域。从技术上讲，OPTICS 算法实际上不是聚类算法。相反，OPTICS 算法以一种在数据中创建样本排序的方式从数据中提取聚类。为了理解这一抽象概念，我们先研究 OPTICS 算法的工作原理。

DBSCAN 算法有一个重要的缺陷，就是很难识别密度彼此不同的聚类。OPTICS 算法是一种尝试，目的就是解决这个缺陷并识别具有不同密度的聚类。可通过允许围绕每个样本的搜索半径动态扩展而不是固定为预定值来实现上述目的。

为了帮助你理解 OPTICS 算法的工作原理，我们需要引入两个新的术语：

- 核心距离
- 可达距离

在 OPTICS 算法中，围绕样本的搜索半径不是固定的，而是一直扩大到其中至少存在 minPts 个样本为止。这意味着在特征空间中，密集区域内的部分样本将具有较小的搜索半径，而稀疏区域内的部分样本将具有较大的搜索半径。使得样本周围包含 minPts 个其他样本的最小距离称为核心距离，有时缩写为 ε′。因此，实际上 OPTICS 算法只有一个强制性超参数：minPts。

注意 我们仍然可以提供 ε，但是 ε 主要用作最大核心距离，以加快算法的运行速度。换言之，如果核心距离达到 ε，那么只需要将 ε 作为核心距离即可，以防止数据集中的所有样本都被考虑进来。

可达距离是指一个核心点与另一个位于其 ε 搜索半径内的核心点之间的距离，但不能小于核心距离。换言之，如果一个样本在其核心距离内有一个核心点，那么这两个样本之间的可达距离就是核心距离；如果一个样本在其核心距离之外有一个核心点，那么这两个样本之间的可达距离就是它们之间的欧氏距离。

注意　在 OPTICS 算法中，如果 ε 搜索半径内存在 minPts 个样本，那么样本是核心点。如果不指定 ε，那么所有样本都是核心点。样本与非核心点之间的可达距离是不确定的。

观察图 18-3。可以看到，两个圆都以黑色的阴影样本为圆心，大圆的半径是 ε，小圆的半径是核心距离(ε′)。这个示例显示了 minPts 值为 4 时的核心距离，因为核心距离已经扩展到四个样本(包括正在讨论的样本)。箭头表示的是核心点与其 ε 搜索半径内的其他样本之间的可达距离。

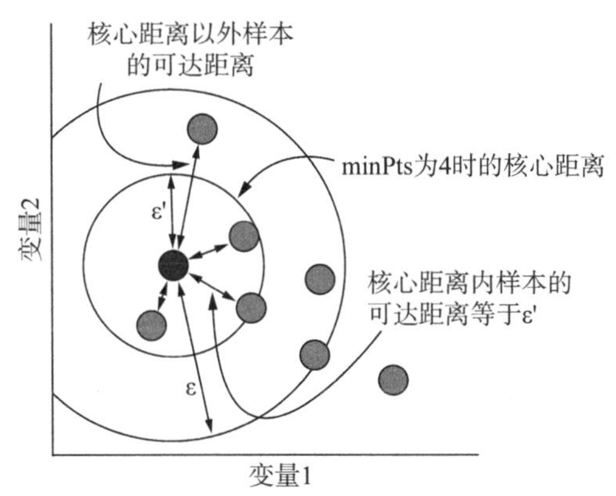

图 18-3　核心距离和可达距离的定义。在 OPTICS 算法中，ε 是最大的搜索距离。核心距离(ε′)是指包括 minPts 个样本(涵盖相关样本)所需的最小搜索距离

由于可达距离是 ε 搜索半径内一个核心点与另一核心点之间的距离，因此 OPTICS 算法需要知道哪些样本是核心点。为此，OPTICS 算法首先访问数据中的每个样本，然后确定核心距离是否小于 ε。如图 18-4 所示，如果样本的核心距离小于或等于 ε，那么样本是核心点；如果样本的核心距离大于 ε(需要扩展到比 ε 更大的距离以找到 minPts 个样本)，那么样本不是核心点。

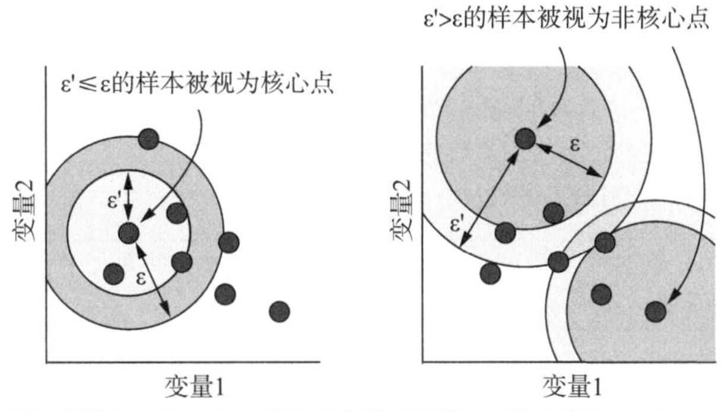

图 18-4　OPTICS 算法中的核心点。核心距离(ε′)小于或等于最大搜索距离(ε)的样本被认为是核心点，核心距离大于最大搜索距离的样本被视为非核心点

在了解了核心距离和可达距离的概念后，我们继续学习 OPTICS 算法是如何工作的。第一步是访问数据集中的每个样本，并根据其是否为核心点进行标记。图 18-5 对 OPTICS 算法的后续步骤进行了说明。OPTICS 算法将选择一个样本并计算其核心距离，此外还将计算这个样本与其 ε (最大搜索距离)搜索半径内所有样本之间的可达距离。

在对下一个样本进行操作之前，OPTICS 算法会做两件事：

- 记录样本的可达性分数。
- 更新样本的处理顺序。

样本的可达性分数与可达距离不同(遗憾的是，术语有些令人困惑)。样本的可达性分数是指核心距离中的较大者或最小可达距离。换言之，如果一个样本在其 ε 搜索半径内没有 minPts 个样本(这个样本不是核心点)，那么其可达性分数将是其最接近核心点的可达距离。如果一个样本在其 ε 搜索半径内确实有 minPts 个样本，那么其最小可达距离将小于或等于其核心距离；因此，我们仅将核心距离作为样本的可达性分数。

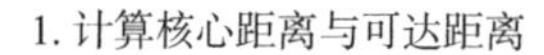

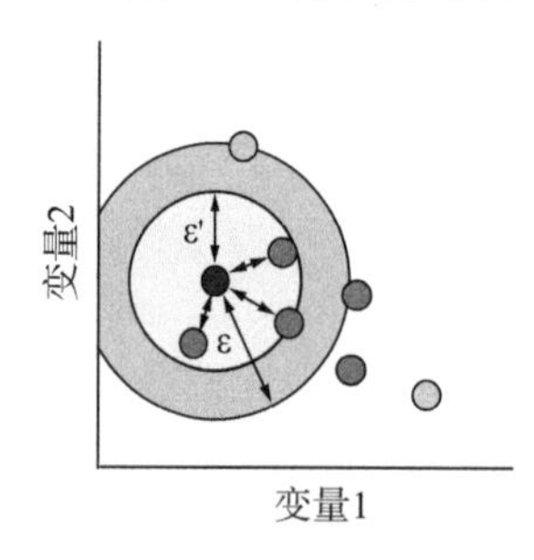

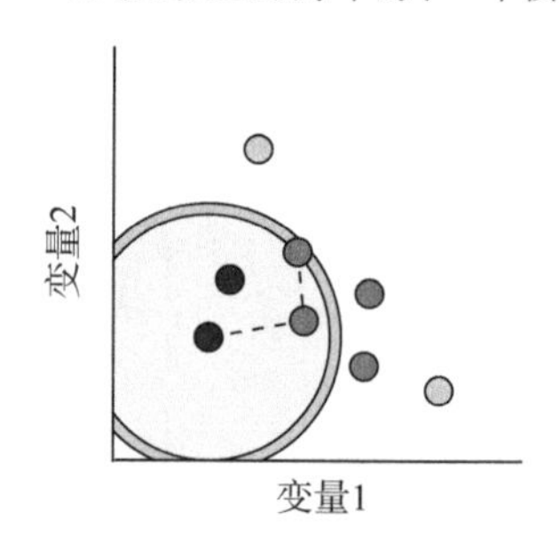

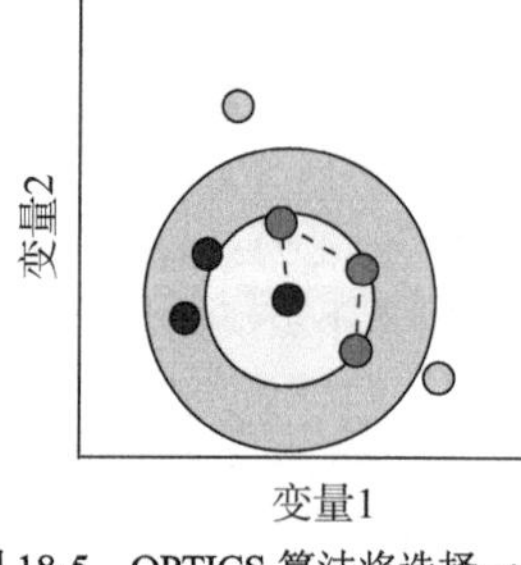

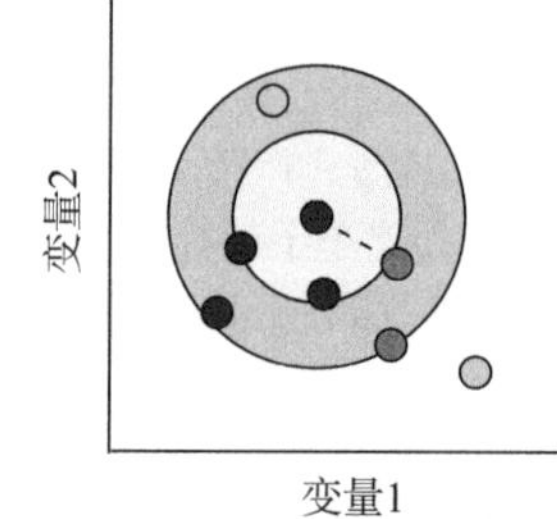

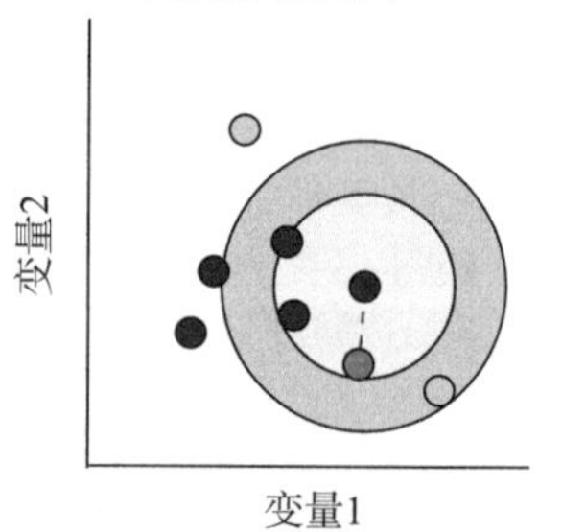

图 18-5 OPTICS 算法将选择一个样本并计算其核心距离(ε′)，然后计算这个样本与其最大搜索距离(ε)内的所有样本之间的可达距离。接下来更新数据集的处理顺序，以便接下来访问最近的样本。在当前样本下，记录可达性分数和处理顺序，然后继续对下一个样本进行处理

注意 样本的可达性分数永远不会小于其核心距离，除非核心距离大于最大搜索距离 ε。在这种情况下，ε 就是可达性分数。

一旦记录了某个特定样本的可达性，OPTICS 算法就会更新接下来将要访问的样本的顺序(处理顺序)，以便下一次访问与当前样本距离最近的核心点，之后再访问下一个最近的核心点，依此类推。

OPTICS 算法会访问并更新处理顺序中的下一个样本，重复相同的过程，并且很可能再次更改处理顺序。当不再有可访问的样本时，OPTICS 算法将继续找到数据集中下一个未访问的核心点，并重复上述过程。

一旦访问完所有的样本，OPTICS 算法将返回处理顺序(样本的访问顺序)和每个样本的可达性分数。如果根据可达性分数绘制处理顺序，得到的图形将会类似于图 18-6 中的顶部图。为了生成这幅图，可将 OPTICS 算法应用于一个包含四个聚类的模拟数据集(详见 www.manning.com/

books/machine-learing-with-r-the-tidyverse-and-mlr)。注意，当我们将根据可达性分数绘制处理顺序时，我们将得到四个波谷，每个波谷由可达性峰值分隔。每个波谷对应一个高密度区域，而每个波峰则表示这些区域被一个低密度区域隔开。

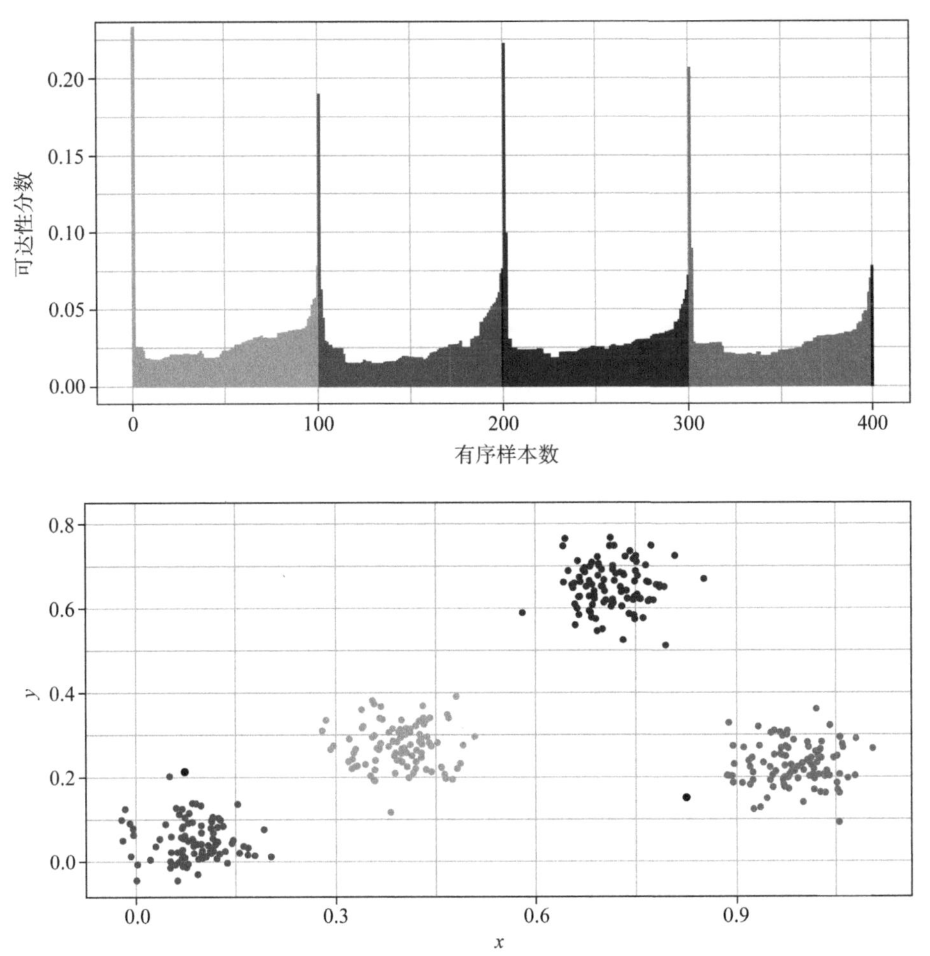

图 18-6　根据可达性分数绘制处理顺序。顶部图显示了 OPTICS 算法从底部图中学习的可达性图。阴影用来表示特征空间中每个聚类的映射位置

注意　凹槽越深，密度越高。

接下来，我们要做的工作就是使用可达性图中包含的信息来提取聚类成员。

如何提取聚类呢?我们有多种选择。其中一种选择是简单地在可达性图中的某一可达性分数处画一条水平线，并将聚类的开始和结束分别定义为当可达性图位于这条水平线的下方和返回上方时。这条水平线以上的任何样本都可以归类为噪声，如图 18-7 的顶部图所示。除了一些边界点更有可能被放入噪声聚类中之外，这种方法的聚类结果与 DBSCAN 算法产生的结果非常相似。

另一种选择(通常更有用)是在可达性图中定义特定的陡峭程度，以指示聚类的开始和结束。我们可以把聚类的开始定义为向下的斜率至少达到某个陡峭程度，而把聚类的结束定义为向上的斜率至少达到某个陡峭程度。陡峭程度可定义为$1-\xi$，两个连续样本的可达性必须变化

$1-\xi$。当有一个满足陡峭程度标准的向下坡度时，就可以定义聚类起点；而当有一个满足陡峭程度标准的向上坡度时，就可以定义聚类结束。

注意 由于无法从数据中估计 ξ，因此这个超参数必须由我们自行选择/调节。

使用这种方法有两个主要好处。首先，可以克服 DBSCAN 算法只找密度相等聚类的限制。其次，允许我们在聚类中查找聚类，从而形成层次结构。假设有一个向下的斜率，此时表明一个聚类开始，然后在这个聚类结束之前又有另一个向下的斜率，这表明在这个聚类中还有一个聚类。图 18-7 中的底部图展示了从可达性图中分层提取聚类的过程。

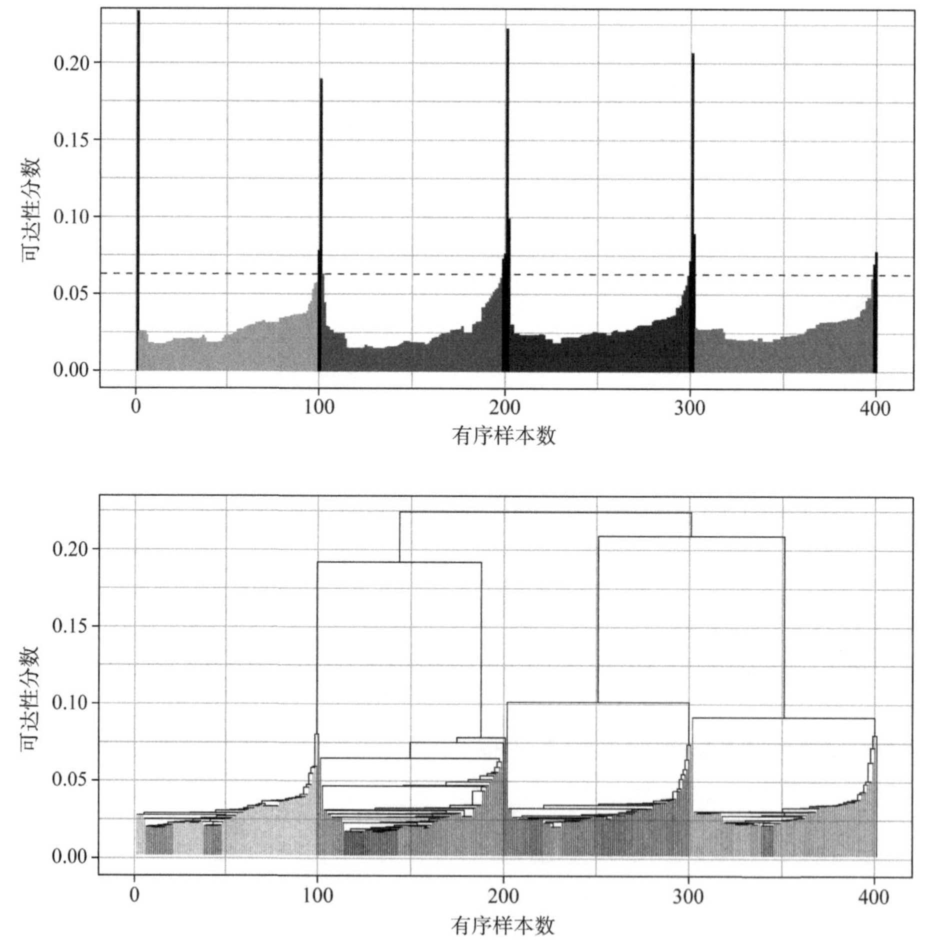

图 18-7 从可达性图中提取聚类。在顶部图中，我们定义了一条可达性分数界限，以这条界限以上的峰值为边界的任何波谷都将被定义为聚类。在底部图中，可根据可达性分数变化的陡峭程度定义聚类的层次结构，从而允许聚类中存在其他的聚类

注意 这两种方法都不能处理原始数据。它们都是通过从 OPTICS 算法生成的顺序和可达性分数中提取所有信息来分配聚类成员的。

18.2　建立 DBSCAN 模型

本节讲解如何使用 DBSCAN 算法对数据集进行聚类。之后，我们将使用第 17 章介绍的一些技术来验证 DBSCAN 模型的性能，并选择性能最好的超参数组合。

注意　mlr 确实提供了用于 DBSCAN 算法的学习器(cluster.dbscan)，但我们不会使用它。它本身虽然没有什么问题，但正如你稍后将看到的，噪声聚类的存在会导致内部聚类性能度量指标出现问题，因此我们将在 mlr 之外进行性能验证。

18.2.1　加载和研究 banknote 数据集

首先加载 tidyverse 程序包和 banknote 数据集，参见代码清单 18.1。我们将使用你在第 13 和 14 章中应用于 PCA、*t*-SNE 和 UMAP 模型的钞票数据集。加载完数据后，将它们转换为 tibble，并在缩放数据后(因为 DBSCAN 和 OPTICS 算法对变量尺度敏感)创建单独的 tibble。因为假设不存在钞票的真伪信息，所以删除指示钞票真伪的 Status 变量。回顾一下，我们得到的 tibble 包含对 200 张瑞士钞票的 6 个维度的测量数据。

代码清单 18.1　加载 tidyverse 程序包和数据集

```
library(tidyverse)

data(banknote, package = "mclust")

swissTib <- select(banknote, -Status) %>%

as_tibble()
  swissTib

# A tibble: 200 x 6
   Length   Left Right   Bottom     Top  Diagonal
    <dbl>  <dbl> <dbl>    <dbl>   <dbl>     <dbl>
 1   215.   131   131.      9       9.7      141
 2   215.   130.  130.      8.1     9.5      142.
 3   215.   130.  130.      8.7     9.6      142.
 4   215.   130.  130.      7.5    10.4      142
 5   215    130.  130.     10.4     7.7      142.
 6   216.   131.  130.      9      10.1      141.
 7   216.   130.  130.      7.9     9.6      142.
 8   214.   130.  129.      7.2    10.7      142.
 9   215.   129.  130.      8.2    11        142.
10   215.   130.  130.      9.2    10        141.
# ... with 190 more rows
swissScaled <- swissTib %>% scale()
```

使用 ggpairs()函数绘制数据，以提醒我们注意数据的结构，参见代码清单 18.2。

代码清单 18.2　绘制数据

```
library(GGally)

ggpairs(swissTib, upper = list(continuous = "density")) +
  theme_bw()
```

结果如图 18-8 所示。从中可以看出，数据中至少有两个高密度区域，并且在低密度区域有一些分散的样本。

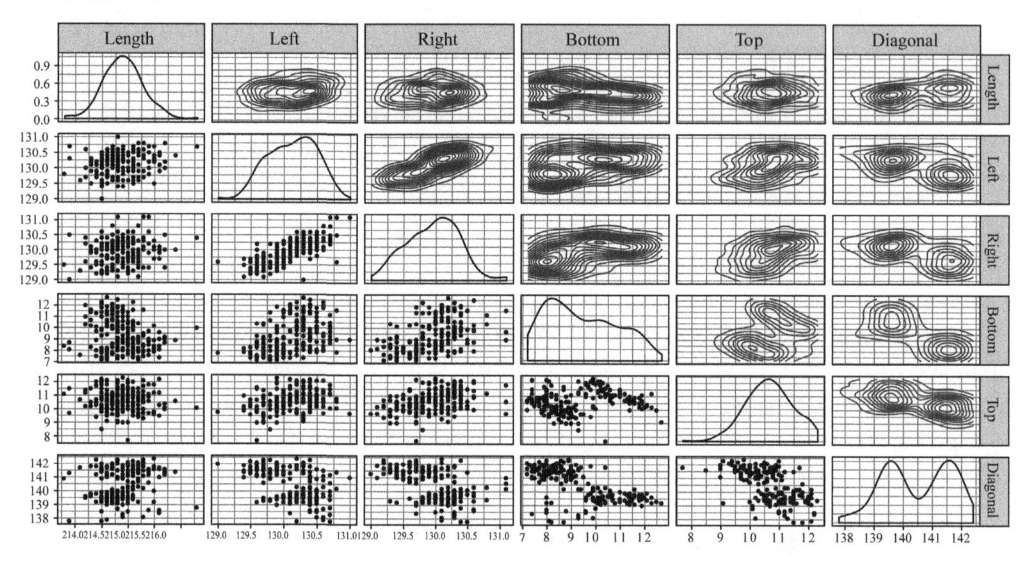

图 18-8 使用 ggpairs()函数绘制钞票数据集，二维密度图显示在对角线的上方

18.2.2 调节 ε 和 minPts 超参数

下面讲解如何为 DBSCAN 算法选择合理的 ε 和 minPts 范围，以及如何手动调节它们以找到它们的性能最优组合。ε 超参数的值可能不是很容易选择，每个样本应该搜索多远?幸运的是，我们至少可以使用一种启发式方法来得到正确的结果。具体包括计算每个点与其 *k* 个最近邻之间的距离，然后根据这个距离对图中的点进行排序。在具有高低密度区域的数据中，这往往会产生一幅包含“膝盖”或“肘部”的图(取决于个人偏好)。ε 的最优值往往在“膝盖”/“肘部”位置或其附近。因为 DBSCAN 算法中的一个核心点在 ε 搜索半径内有 minPts 个样本，所以在图的“膝盖”处选择 ε 值也就意味着选择搜索半径，这将导致处于高密度区域的样本被视为核心点。可以使用 dbscan 程序包中的 kNNdistplot()函数来绘制 KNN 距离图，参见代码清单 18.3。

代码清单 18.3 绘制 kNN 距离图

```
library(dbscan)

kNNdistplot(swissScaled, k = 5)

abline(h = c(1.2, 2.0))
```

我们可以使用参数 *k* 指定要计算距离的最近邻样本的数量。但是我们不知道 minPts 参数应该多大，如何设置参数 *k* 呢？通常情况下，可根据个人经验选择大致正确的合理值(记住 minPts 参数定义了最小聚类大小)。这里设置 *k*＝5。“膝盖”在图中的位置相对 *k* 参数值的变化比较稳定。

kNNdistplot()函数将创建一个矩阵，其行数与数据集中的样本数(200)相同，列数为 5，其中一列用来表示每个样本与其 5 个最近邻样本之间的距离。

然后，使用 abline()函数在“膝盖”的开始和结束位置绘制水平线，以帮助我们确定想要调节的 ε 值的范围。结果如图 18-9 所示。请注意，从左到右观察图 18-9，在最初的急剧增加之后，5-最近邻距离将逐渐增加，直到再次迅速增加。曲线向上弯曲的区域是“膝盖”/“肘部”，并且对于 5-最近邻距离来说，ε 的最优值就在这一区域。在这里，我们使用 1.2 和 2.0 作为调节 ε 时的下限和上限。

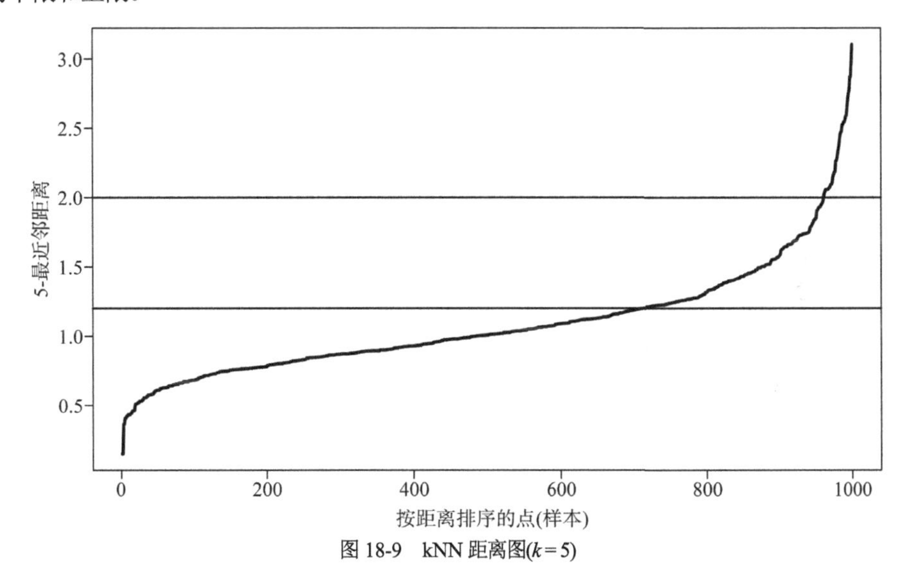

图 18-9 kNN 距离图($k=5$)

下面让我们为 ε 和 minPts 手动定义超参数搜索空间，参见代码清单 18.4。使用 expand.grid()函数创建一个数据框，其中包含我们想要搜索的 ε 和 minPts 值的所有组合。我们想要搜索 1.2～2.0 的 ε 值，步长为 0.1；同时搜索 1～9 的 minPts 值，步长为 1。

代码清单 18.4 定义超参数搜索空间

```
dbsParamSpace <- expand.grid(eps = seq(1.2, 2.0, 0.1),
                             minPts = seq(1, 9, 1))
```

练习 18-1：输出 dbsParamSpace 对象以更好地理解 expand.grid()函数的作用。

既然已经定义了超参数搜索空间，下面让我们针对 ε 和 minPts 值的每种不同组合运行 DBSCAN 算法。为此，使用 purrr 程序包中的 pmap()函数将 dbscan()函数应用于 dbsParamSpace 对象的每一行，参见代码清单 18.5。

代码清单 18.5 针对 ε 和 minPts 值的每种超参数组合运行 DBSCAN 算法

```
swissDbs <- pmap(dbsParamSpace, dbscan, x = swissScaled)

swissDbs[[5]]

DBSCAN clustering for 200 objects.
Parameters: eps = 1.6, minPts = 1
The clustering contains 10 cluster(s) and 0 noise points.

  1    2  3  4  5  6  7  8  9  10
```

```
  1  189  1  1  1  3  1  1  1   1

Available fields: cluster, eps, minPts
```

上述代码将经过尺度缩放的数据集作为参数传给 pmap()函数，pmap()函数的输出是一个列表，其中的每个元素都是针对 ε 和 minPts 值的特定组合运行 DBSCAN 算法的结果。要查看特定排列的输出，只需要将列表设置为子集即可。

当输出 dbscan()函数调用的结果时，涉及的信息包括数据中的对象数、ε 和 minPts 的值，以及识别出的聚类和噪声点的数量。也许其中最重要的信息是每个聚类中的样本数量。在本例中，我们可以看到：聚类 2 中有 189 个样本，而其他大多数聚类中只有 1 个样本。这是因为上述排列是在 minPts 设置为 1 的情况下运行的，这允许聚类仅包含 1 个样本。这种情况是我们不太愿意看到的，这有可能导致已确定为噪声的聚类模型中没有任何样本。

得到聚类结果后，我们应该直观地检查聚类，以观察哪些排列(如果有的话)会给出合理的结果。为此，我们希望从每种排列中提取聚类成员的向量作为列，然后将这些列添加到原始数据中。

第一步是将聚类成员提取为 tibble 中的单独列。为此，我们选择使用 map_dfc()函数。我们之前遇到过 map_df()函数，它能被将一个函数应用于向量的每个元素，并将输出作为 tibble 返回，参见代码清单 18.6。这实际上与使用 map_dfr()函数相同，其中的 r 表示行绑定。

注意 为了节省空间，这里对输出做了截断。

代码清单 18.6 DBSCAN 排列的聚类成员关系

```
clusterResults <- map_dfc(swissDbs, ~.$cluster)

clusterResults

# A tibble: 200 x 81
      V1    V2    V3    V4    V5    V6    V7    V8    V9   V10   V11
   <int> <int> <int> <int> <int> <int> <int> <int> <int> <int> <int>
 1     1     1     1     1     1     1     1     1     1     0     0
 2     2     2     2     2     2     2     2     2     2     1     1
 3     2     2     2     2     2     2     2     2     2     1     1
 4     2     2     2     2     2     2     2     2     2     1     1
 5     3     3     3     3     3     3     3     3     2     0     0
 6     4     4     4     4     4     2     2     2     2     0     0
 7     5     2     2     2     2     2     2     2     2     0     1
 8     2     2     2     2     2     2     2     2     2     1     1
 9     2     2     2     2     2     2     2     2     2     1     1
10     6     2     2     2     2     2     2     2     2     2     1
...
# with 190 more rows, and 70 more variables
```

得到聚类成员的 tibble 后，可使用 bind_cols()函数将 swissTib tibble 中的列和聚类成员的 tibble 绑定在一起，参见代码清单18.7。注意，我们现在获得的数据中包括了原始变量和一些附加列，这些附加列包含了每种排列的聚类成员输出。

代码清单 18.7 将聚类成员关系绑定到原始数据

```
swissClusters <- bind_cols(swissTib, clusterResults)

swissClusters
```

```
# A tibble: 200 x 87
   Length  Left Right Bottom   Top Diagonal    V1    V2    V3    V4
    <dbl> <dbl> <dbl>  <dbl> <dbl>    <dbl> <int> <int> <int> <int>
 1   215.   131  131.    9     9.7      141     1     1     1     1
 2   215.  130.  130.    8.1   9.5     142.     2     2     2     2
 3   215.  130.  130.    8.7   9.6     142.     2     2     2     2
 4   215.  130.  130.    7.5  10.4      142     2     2     2     2
 5    215  130.  130.   10.4   7.7     142.     3     3     3     3
 6   216.  131.  130.    9    10.1     141.     4     4     4     4
 7   216.  130.  130.    7.9   9.6     142.     5     2     2     2
 8   214.  130.  129.    7.2  10.7     142.     2     2     2     2
 9   215.  129.  130.    8.2  11       142.     2     2     2     2
10   215.  130.  130.    9.2  10       141.     6     2     2     2
...
# with 190 more rows, and 77 more variables
```

为了绘制结果，我们希望通过排列来进行分面构图，这样就可以为超参数的每种组合绘制单独的子图。为此，我们需要使用 gather()函数收集数据，以创建两个新列来分别表示排列数量和聚类数量，参见代码清单 18.8。

代码清单 18.8　收集数据并准备绘图

```
swissClustersGathered <- gather(swissClusters,
                                key = "Permutation", value = "Cluster",
                                -Length, -Left, -Right,
                                -Bottom, -Top, -Diagonal)

swissClustersGathered

# A tibble: 16,200 x 8
   Length  Left Right Bottom   Top Diagonal Permutation Cluster
    <dbl> <dbl> <dbl>  <dbl> <dbl>    <dbl>       <chr>   <int>
 1   215.   131  131.    9     9.7      141          V1       1
 2   215.  130.  130.    8.1   9.5     142.          V1       2
 3   215.  130.  130.    8.7   9.6     142.          V1       2
 4   215.  130.  130.    7.5  10.4      142          V1       2
 5   215   130.  130.   10.4   7.7     142.          V1       3
 6   216.  131.  130.    9    10.1     141.          V1       4
 7   216.  130.  130.    7.9   9.6     142.          V1       5
 8   214.  130.  129.    7.2  10.7     142.          V1       2
 9   215.  129.  130.    8.2  11       142.          V1       2
10   215.  130.  130.    9.2  10       141.          V1       6
...
# with 16,190 more rows
```

太棒了！现在我们的 tibble 已经处于绘图格式。再次观察图 18-8，我们可以看到数据中最明显的聚类分离变量是 Right 和 Diagnoal 变量。因此，我们将这两个变量分别映射到 x 和 y 颜色图，并且将 Cluster 变量映射到 col 颜色图(通过将 cluster 变量封装到 as.factor()函数中，颜色将不再作为单一渐变进行绘制)。然后，通过排列进行分面图构造，添加 geom_point()层并添加主题。因为一些聚类模型具有大量的聚类，所以可通过添加线条 theme(legend.position = "none")来避免绘制非常大的图例，参见代码清单 18.9。

代码清单 18.9 绘制排列的聚类成员关系

```
ggplot(swissClustersGathered, aes(Right, Diagonal,
                                   col = as.factor(Cluster))) +
  facet_wrap(~ Permutation) +
  geom_point() +
  theme_bw() +
  theme(legend.position = "none")
```

注意 theme()函数使我们可以控制绘图的外观(例如背景色、网格线、字体大小等)。要了解更多信息，请运行?theme。

结果如图 18-10 所示。可以看到：ε 和 minPts 的不同组合将产生本质上完全不同的聚类模型。在这些模型中，除了少部分模型以外，大部分模型都无法捕获数据集中的聚类。

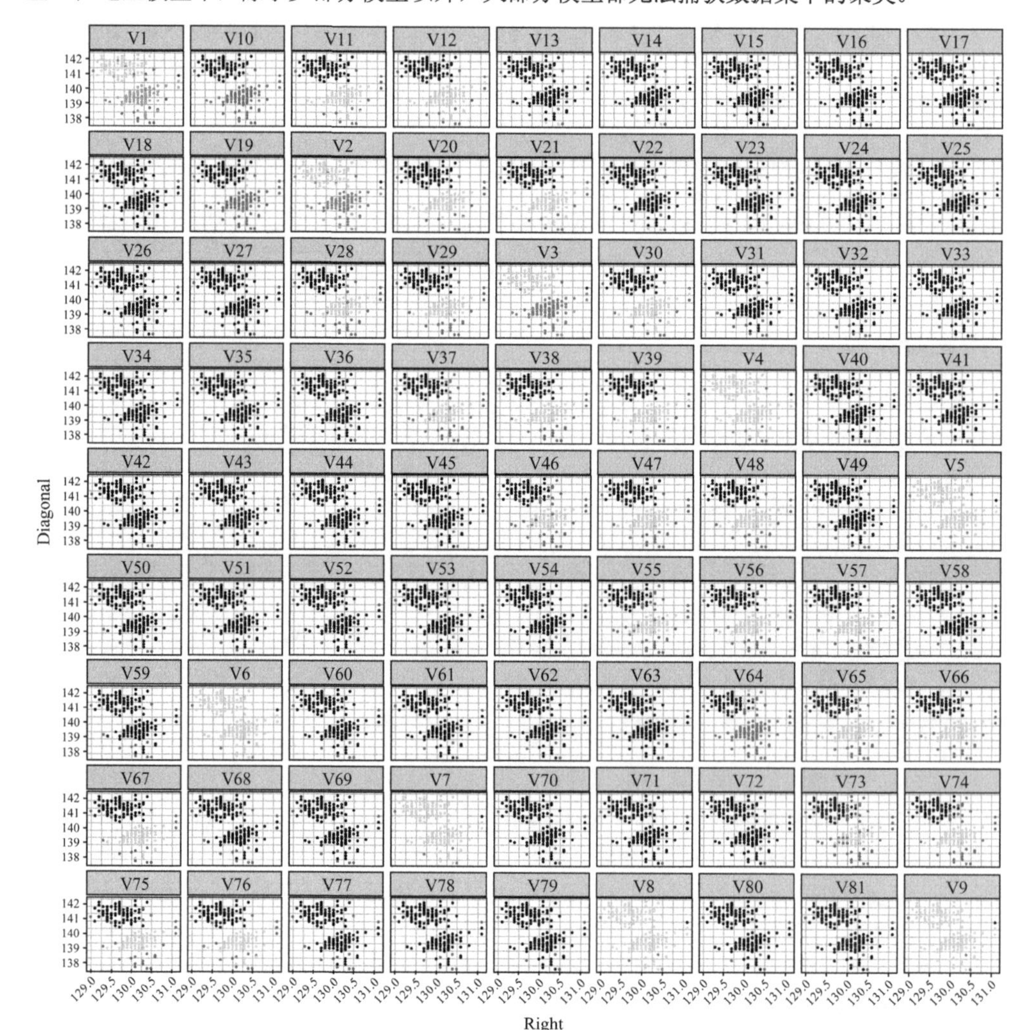

图 18-10 每个子图都显示了 Right 变量和 Diagonal 变量之间的关系，并且是相对于 ε 和 minPts 的不同排列进行绘制的，样本已根据它们的聚类成员关系显示为阴影

练习 18-2： 可视化每种排列返回的聚类数量和大小，并使用以下图形映射将 swissClusters-Gathered 对象传递给 ggplot()函数：

- x = reorder(Permutation, Cluster)
- y = fill = as.factor(Cluster)

同时添加 geom_bar()层。再次绘制相同的图形，但这一次添加 coord_polar()层，并将 x 颜色图映射更改为 Permutation。你能看出 reorder()函数在做什么吗？

如何选择 ε 和 minPts 值的最优组合？正如第 17 章所述，进行可视化检查以确保聚类合理非常重要，但是也可以通过计算内部聚类性能度量指标来帮助我们做出选择。

在第 17 章，我们定义了一个自己的函数，用于从聚类模型中获取数据和聚类成员，并计算 Davies-Bouldin 指数、Dunn 指数和伪 F 统计量。下面重新定义这个函数，参见代码清单 18.10。

代码清单 18.10　定义 cluster_metrics()函数

```
cluster_metrics <- function(data, clusters, dist_matrix) {
  list(db   = clusterSim::index.DB(data, clusters)$DB,
       G1   = clusterSim::index.G1(data, clusters),
       dunn = clValid::dunn(dist_matrix, clusters),
       clusters = length(unique(clusters))
  )
}
```

为了选出最适合用来捕获数据结构的聚类模型，我们将从数据集中获取自助采样样本，并使用每个自助采样样本的所有 81 种 ε 和 minPts 组合来运行 DBSCAN 算法。然后，可以计算每个性能度量指标的平均值，并查看它们的稳定性。

注意　回顾第 17 章，自助采样样本是通过从原始数据中采样并进行替换来创建的，目的是创建与原始样本大小相同的新样本。

下面首先从 swissScaled 数据集中生成 10 个自助采样样本。与第 17 章中的操作步骤相同，接下来使用 sample_n()函数并将 replace 参数设置为 TRUE，参见代码清单 18.11。

代码清单 18.11　创建自助采样样本

```
swissBoot <- map(1:10, ~ {
  swissScaled %>%
    as_tibble() %>%
    sample_n(size = nrow(.), replace = TRUE)
})
```

在进行优化实验之前，DBSCAN 算法会在计算内部聚类性能度量指标时提出一个潜在的问题。正如你在第 16 章中看到的那样，这些性能度量指标将通过比较聚类之间的间隔和聚类内的散度(无论它们如何定义这些概念)来工作。简单考虑一下噪声聚类及其如何影响这些指标。噪声聚类并不是占据特征空间中某个区域的单独聚类，而是通常散布在特征空间中，并且它们对内部聚类性能度量指标的影响可能会使这些度量指标难以理解和比较。因此，我们在获得聚类结果后就会删除噪声聚类，这样就可以只使用非噪声聚类来计算内部聚类性能度量指标。

注意 这并不意味着在评估 DBSCAN 模型的性能时不需要考虑噪声聚类。从理论上讲，两个聚类模型可以提供同样好的聚类性能度量指标，并且其中一个聚类模型可能会将样本放在你认为比较重要的噪声聚类中。因此，应该始终以可视化的方式评估聚类结果(包括噪声样本)，特别是当你拥有任务的相关领域知识时。

在代码清单 18.12 中，我们将对自助采样样本执行调节实验。由于代码较长，我们将逐步进行解释。

代码清单 18.12　执行调节实验

```
metricsTib <- map_df(swissBoot, function(boot) {
  clusterResult <- pmap(dbsParamSpace, dbscan, x = boot)

  map_df(clusterResult, function(permutation) {
    clust <- as_tibble(permutation$cluster)
    filteredData <- bind_cols(boot, clust) %>%
      filter(value != 0)

    d <- dist(select(filteredData, -value))

    cluster_metrics(select(filteredData, -value),
                    clusters = filteredData$value,
                    dist_matrix = d)
  })
})
```

由于我们想将匿名函数应用于每个自助采样样本，因此上述代码首先调用了 map_df()函数，并将结果绑定到 tibble 中。参见前面的代码清单 18.5，我们可以在 dbsParamSpace 中使用 pmap()，并使用 ε 和 minPts 值的不同组合来运行 DBSCAN 算法。

现在已经生成了聚类结果，接下来要做的是把 cluster_metric()函数应用于 ε 和 minPts 值的每一种组合。同样，我们希望将结果作为 tibble 返回。为此，可使用 map_df()针对 clusterResult 中的每个元素迭代一个匿名函数。

可首先从每种排列中提取聚类成员，将其转换为 tibble(仅有一列)，并使用 bind_cols()函数将这一列的聚类成员粘贴到自助采样样本中。然后将值导入 filter()函数以删除属于噪声聚类(聚类 0)的样本。由于 Dunn 指数的计算需要一个距离矩阵，因此接下来使用过滤后的数据定义距离矩阵 ***d***。

此时，对于特定自助采样样本的 ε 和 minPts 值的特定组合，我们将得到一个包含缩放变量的 tibble 和一个不属于噪声聚类的聚类成员列。将这个 tibble 传给 cluster_metrics()函数(删除用作第一个参数的 value 变量，并提取用作第二个参数的 value 变量)，然后将距离矩阵作为 dist_matrix 参数使用。

因此，强烈建议你先通读代码，确保理解每一行的内容，之后再输出 metricsTib tibble。我们最后将得到一个包含四列的 tibble：其中三列用于三个内部聚类性能指标，另一列包含聚类数量。每行包含单个 DBSCAN 模型的结果，总共 810 个(ε 和 minPts 值的 81 种组合乘以 10 个自助采样样本)。

我们已经完成了调节实验，评估结果的最简单方法就是绘制它们，参见代码清单 18.13。

代码清单 18.13　为绘图准备调节结果

```
metricsTibSummary <- metricsTib %>%
mutate(bootstrap = factor(rep(1:10, each = 81)),
       eps = factor(rep(dbsParamSpace$eps, times = 10)),
       minPts = factor(rep(dbsParamSpace$minPts, times = 10))) %>%

gather(key = "metric", value = "value",
       -bootstrap, -eps, -minPts) %>%

mutate_if(is.numeric, ~ na_if(., Inf)) %>%
drop_na() %>%

group_by(metric, eps, minPts) %>%
summarize(meanValue = mean(value),
          num = n()) %>%
group_by(metric) %>%
mutate(meanValue = scale(meanValue)) %>%
ungroup()
```

首先，我们需要使用 mutate()来指示某个特定样本将要使用的自助采样、ε 值以及 minPts 值。

其次，我们需要收集数据，并指示使用四个性能度量指标中的哪一个，以便对每个性能度量指标进行分面构图。

但是，这里有一个问题。一些聚类模型仅包含一个聚类。为了返回合理的值，三个内部聚类性能度量指标中的每个指标都至少需要两个聚类。当把 cluster_metrics()函数应用于聚类模型时，对于仅包含单个聚类的聚类模型，该函数将为 Davies-Bouldin 指数和伪 *F* 统计量返回 NA 值，而为 Dunn 指数返回 INF 值。

提示　可通过运行 map_int(metricsTib,~sum(is.na(.)))和 map_int(metricsTib,~sum(is.infinite(.)))来确认这一点。

接下来，让我们从 tibble 中删除 INF 值和 NA 值。为此，首先将 INF 值转换为 NA 值，可使用 mutate_if()函数以仅考虑数值变量(也可以使用 mutate_at(.vars = "value",…))。然后使用 na_if()函数将当前的 INF 值转换为 NA 值，并导入 drop_na()函数中以一次性删除所有的 NA 值。

最后，为了生成每个性能度量指标的平均值，对于 ε 和 minPts 值的每种组合，可首先通过 group_by()对 metric、eps 和 minPts 指标进行汇总，然后通过 summarize()汇总 value 变量的平均值和数量。因为性能度量指标处于不同的尺度，所以需要分别使用 group_by()和 scale()对 metric 和 meanValue 变量进行处理，然后运行 ungroup()。

这是一项艰巨的挑战！同样，希望你不要仅仅跳过这段代码。从顶部重新开始阅读代码清单 18.13 的所有内容，并确保能够理解它们。

太棒了！现在，数据的格式是正确的，下面让我们绘制它们。我们将创建一张热点图，其中 ε 和 minPts 分别被映射到 *x* 和 *y* 颜色图，性能度量指标的值则被映射到热点图中每个矩形方块的填充对象，每个性能度量指标都将有一个单独的子图。同样，因为我们删除了包含 NA 值和 INF 值的行，所以 ε 和 minPts 值的一些组合里面的自助采样样本将少于 10 个。由于我们可能对具有较少自助采样样本的超参数组合缺乏信心，因此为了帮助指导大家对超参数进行选择，我们将把每个组合的样本数量映射到 alpha 颜色图(透明度)。我们将在代码清单 18.14 中完成所有以上这些操作。

代码清单 18.14 绘制调节实验的结果

```
ggplot(metricsTibSummary, aes(eps, minPts,
                              fill = meanValue, alpha = num)) +
  facet_wrap(~ metric) +
  geom_tile(col = "black") +
  theme_bw() +
  theme(panel.grid.major = element_blank())
```

除了将 num 变量映射到 alpha 颜色图之外，唯一的新内容是 geom_tile()，用于为 x 和 y 变量的每种组合创建矩形方块。设置 col="black"只是为了在每个单独的矩形方块的周围绘制一条黑色边框。为了防止绘制主要的网格线，我们可通过 theme(panel.grid.major =element_blank())添加图层主题。

结果如图 18-11 所示。我们得到四个子图：前三个子图用于表示三个内部聚类性能度量指标中的每个指标，最后一个子图用于表示聚类数量。在每个内部聚类性能度量指标的子图中，右上角的孔洞显示了超参数调节空间的这部分区域仅导致单个聚类的位置(我们删除了这些值)。围绕孔洞的是半透明的方块，由于这些 ε 和 minPts 组合的一些自助采样样本仅导致单个聚类，因此我们选择将它们删除。

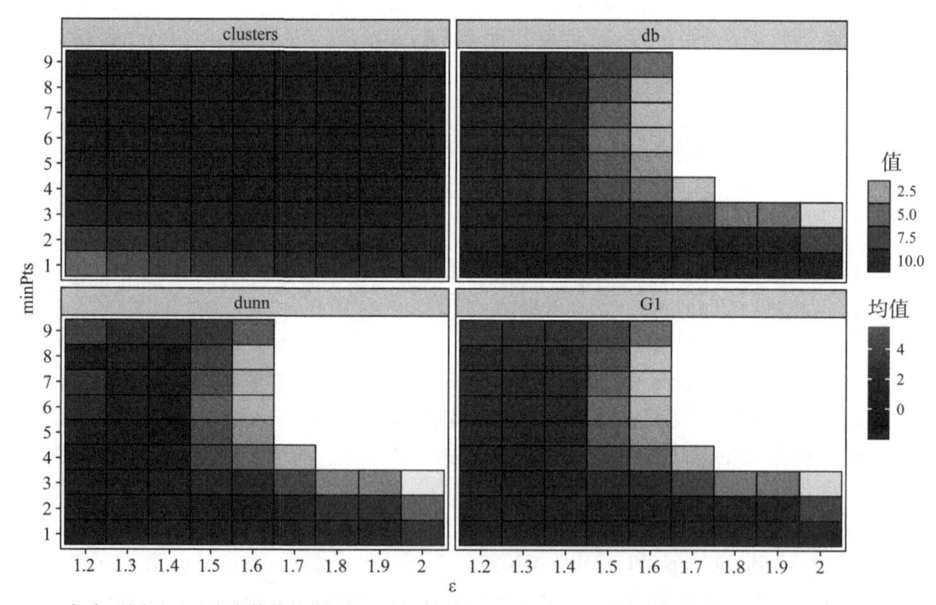

图 18-11 每个子图显示了聚类数量的热点图、由聚类模型返回的 Davies-Bouldin 指数、Dunn 指数和伪 F 统计量。矩形方块表示 ε 和 minPts 值的组合，矩形方块的着色深度表示每个指标的值。在每个子图中，右上角的空白区域(孔洞)表示没有数据，而半透明的方块表示样本少于 10 个

图 18-11 可用来指导我们选择最终的 ε 和 minPts。这件事做起来并不简单，因为尚没有发现哪个单独或明显的组合能使所有三个内部聚类性能度量指标达到一致。首先，我们需要避免在孔洞内或孔洞周围寻找组合。接下来需要注意的是，从理论上讲，最优的聚类模型将是具有最低 Davies-Bouldin 指数和最大 Dunn 指数以及伪 F 统计量的那个模型。因此，我们需要寻找最能满足这些条件的组合。考虑到这一点，在继续阅读之前，请查看图 18-11 并尝试确定选择哪种组合。

很明显，我们先尝试选择 ε 等于 1.2 且 minPts 等于 9 的组合。参见图 18-11，你能否看到

通过这些值的组合(每个子图的左上角)，Dunn 指数和伪 F 统计量将接近最高值，且 Davies-Bouldin 指数此时最低？让我们找出 dbsParamSpace tibble 中的哪一行对应于此种组合：

```
which(dbsParamSpace$eps == 1.2 & dbsParamSpace$minPts == 9)
[1] 73
```

接下来，使用 ggpairs()绘制最终的聚类。由于计算的内部聚类性能度量指标并没有考虑噪声聚类，因此我们将分别绘制有噪声与无噪声情况下的结果。这将使我们能够直观地确认将样本分配为噪声聚类是否合理，参见代码清单 18.15。

代码清单 18.15 使用离群值绘制最终聚类

```
filter(swissClustersGathered, Permutation == "V73") %>%
  select(-Permutation) %>%
  mutate(Cluster = as.factor(Cluster)) %>%
  ggpairs(mapping = aes(col = Cluster),
          upper = list(continuous = "density")) +
  theme_bw()
```

上述代码将首先过滤 swissClustersGathered tibble，使其仅包含属于排列 73 的行(这些都是使用选择的 ε 和 minPts 组合进行的样本聚类)。接下来，删除用来指示排列数目的列，并将用来表示聚类成员的列转换为因子。最后，使用 ggpairs()函数进行绘图，并将聚类成员映射到 color 颜色图。

结果如图 18-12 所示。模型似乎在捕捉数据集中两个明显的聚类方面做得非常好。相当多的样本被归类为噪声。这是否合理取决于你的目标和你想要的严格程度。如果将更少的样本放在噪声聚类中更重要，那么你可能希望选择 ε 和 minPts 的不同组合。因此，仅仅依靠性能度量指标是不够的，你还应该在可用的地方考虑使用专家/领域知识。

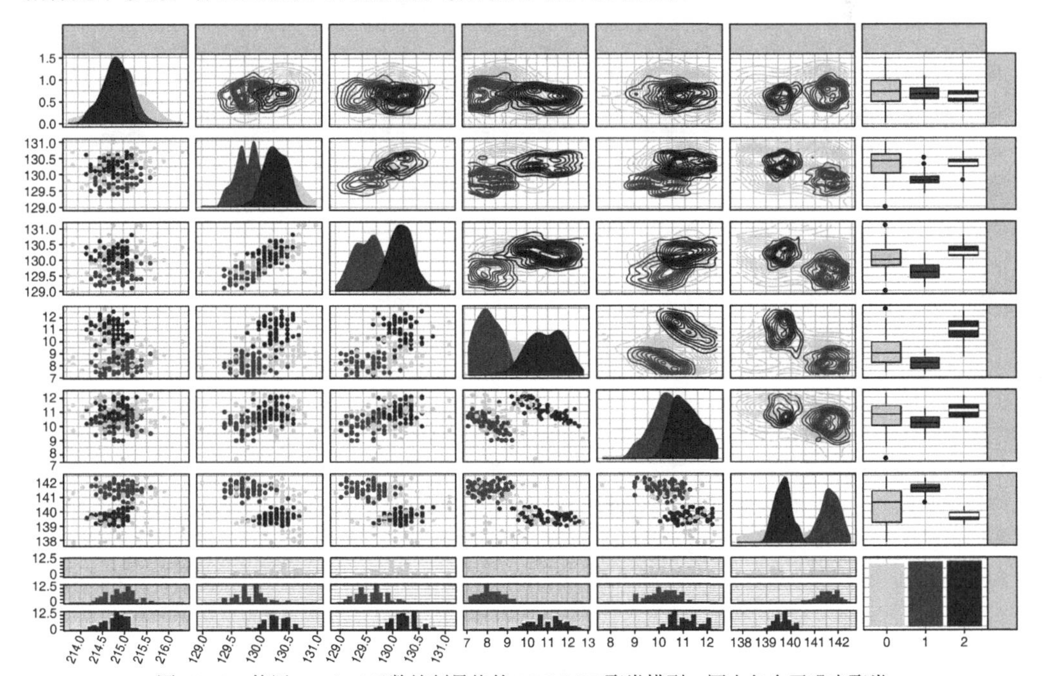

图 18-12 使用 ggpairs()函数绘制最终的 DBSCAN 聚类模型，图中包含了噪声聚类

我们还可在不绘制离群值的情况下执行同样的操作，只需要在 filter()函数调用中添加 Cluster != 0 即可，参见代码清单 18.16。

代码清单 18.16 绘制没有离群值的最终聚类

```
filter(swissClustersGathered, Permutation == "V73", Cluster != 0) %>%
  select(-Permutation) %>%
  mutate(Cluster = as.factor(Cluster)) %>%
  ggpairs(mapping = aes(col = Cluster),
          upper = list(continuous = "density")) +
  theme_bw()
```

结果如图 18-13 所示。从中可以看出，DBSCAN 模型识别出的两个聚类非常整洁且可分性良好。

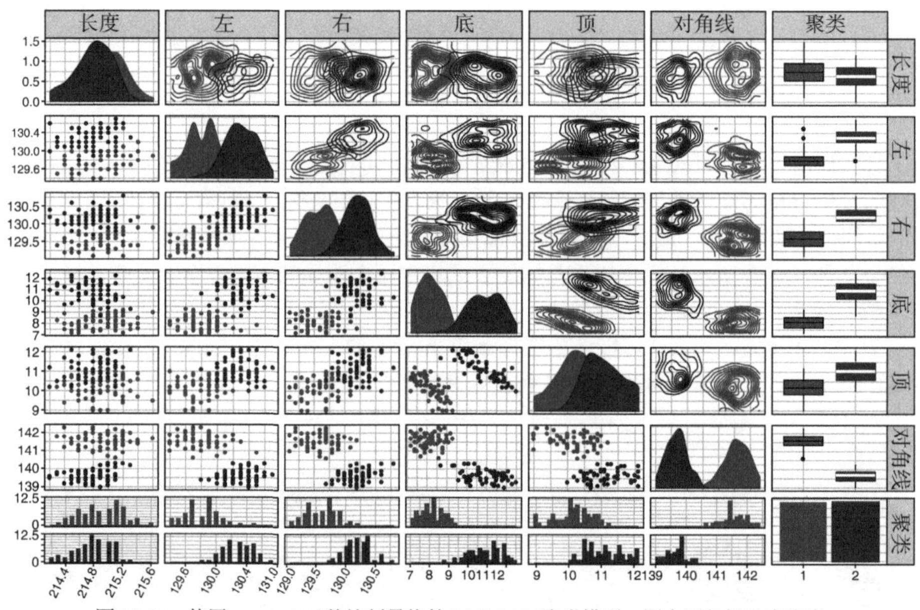

图 18-13 使用 ggpairs()函数绘制最终的 DBSCAN 聚类模型，图中不包括噪声聚类

警告 确保总能看到自己的离群值。当删除离群值后，DBSCAN 算法可以使聚类看起来比之前更重要。

聚类模型看起来非常合理，但是稳定性如何呢?为了评估 DBSCAN 聚类模型的性能，我们要做的最后一件事是在多个自助采样样本上计算 Jaccard 指数，参见代码清单 18.17。回顾第 17 章，在不同的自助采样样本上，Jaccard 指数可以量化聚类模型之间聚类成员的一致性。

为此，首先需要加载 fpc 程序包。然后，像第 17 章那样使用 clusterboot()函数。在该函数中，第一个参数是需要进行聚类的数据(进行尺度缩放后的 tibble)，参数 B 是自助采样样本的数量(取决于你的计算预算，越多越好)，设置 clustermethod = dbscanCBI 则可以告诉该函数使用 DBSCAN 算法。然后设置 eps 和 MinPts 的期望值，并设置 showplot = FALSE 以避免绘制 500 个子图。

注意 这里将截断输出以显示最重要的信息。

代码清单 18.17　在自助采样样本上计算 Jaccard 指数

```
library(fpc)

clustBoot <- clusterboot(swissScaled, B = 500,
                         clustermethod = dbscanCBI,
                         eps = 1.2, MinPts = 9,
                         showplots = FALSE)

clustBoot

Number of resampling runs: 500

Number of clusters found in data: 3

Clusterwise Jaccard bootstrap (omitting multiple points) mean:
[1] 0.6893 0.8074 0.6804
```

我们可以看到三个聚类的 Jaccard 指数(其中令人困惑的是聚类 3 的噪声聚类)。聚类 2 具有相当高的稳定性：在聚类 2 中，80.7%的样本在自助采样样本上具有一致性。聚类 1 和聚类 3 不太稳定，约 68%的样本具有一致性。

我们已经介绍了如何使用三种不同的方式来评估 DBSCAN 聚类模型的性能：使用内部聚类性能度量指标、直观地检查聚类，以及使用 Jaccard 指来评估聚类的稳定性。对于任何特定的聚类问题，都需要评估所有这些证据，以决定聚类模型是否适合当前任务。

练习 18-3： 使用 dbscan()函数对 swissScaled 数据集进行聚类，保持 ε 为 1.2，但将 minPts 设置为 1。噪声聚类中有多少个样本？为什么？dbscan 程序包也提供了 dbscan()函数，可通过 dbscan::dbscan()使用来自 dbscan 程序包的 dbscan()函数。

18.3　建立 OPTICS 模型

本节讲解如何使用 OPTICS 算法创建数据集中的样本排序，以及如何从这种排序中提取聚类。我们将对比采用 OPTICS 算法和 DBSCAN 算法得到的结果。

为此，我们将使用 dbscan 程序包中的 optics()函数，参见代码清单 18.18。在该函数中，第一个参数是数据集；与 DBSCAN 算法类似，OPTICS 算法也对变量尺度敏感，所以这里使用尺度缩放后的 tibble。

代码清单 18.18　使用 OPTICS 算法排序样本和提取聚类

```
swissOptics <- optics(swissScaled, minPts = 9)

plot(swissOptics)
```

与 dbscan()函数相同，optics()函数也有 ε 和 minPts 参数。因为 ε 是 OPTICS 算法的可选参数，并且只用于加速计算，所以我们将其设为 NULL，这意味着不存在最大的 ε；另外将 minPts 设置为 9，以匹配你在最终的 DBSCAN 聚类模型中使用的值。

创建完样本排序后，就可以通过调用 optics()函数输出的 plot()函数来检查可达性图，如图 18-14 所示。注意，图 18-14 中存在两个明显的由高峰分开的波谷。请记住，这表示特征空间中由低密度区域分隔开的高密度区域。

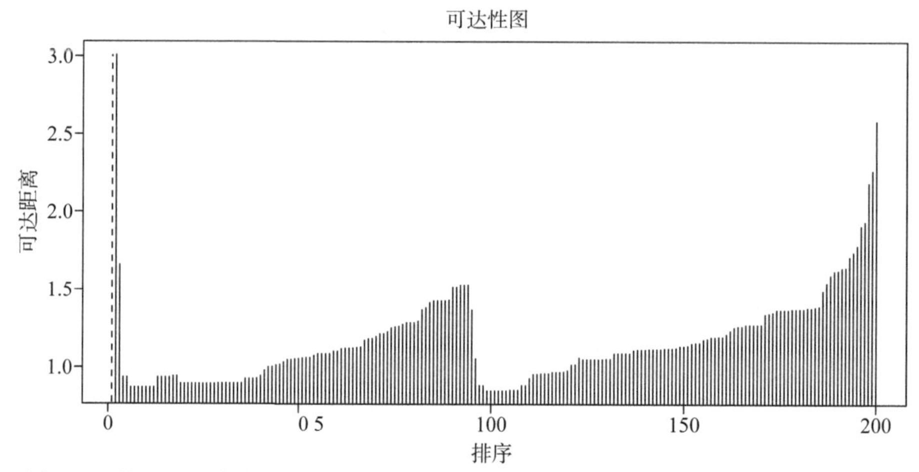

图 18-14 将 OPTICS 算法应用于排序样本后生成的可达性图。x 轴表示样本的处理顺序，y 轴表示每个样本的可达距离。你可以看到两个主要的波谷，它们由可达距离更大的峰值包围

下面使用陡峭程度方法从排序中提取聚类。为此，使用 extractXi()函数，并将 optics()函数的输出作为第一个参数，同时指定超参数 xi(ξ)为 0.05：

```
swissOpticsXi <- extractXi(swissOptics, xi = 0.05)
```

回想一下，超参数 xi 决定了可达性图中开始和结束聚类的最低陡峭度($1-\xi$)。如何选择ξ值呢？实际上，在这个例子中，我们只是通过选择ξ值给出了合理的聚类结果(后面你将看到)。为了适应自己的任务，你应该调节超参数ξ，正如针对 DBSCAN 算法调节 ε 和 minPts 一样。

注意 超参数ξ介 0 和 1 之间。

现在绘制聚类结果，并与 DBSCAN 模型进行对比。在数据集中变换一个新列，其中包含使用陡峭程度方法提取的聚类，然后将这些数据导入 ggpairs()函数，参见代码清单 18.19。

代码清单 18.19 绘制 OPTICS 聚类

```
swissTib %>%
  mutate(cluster = factor(swissOpticsXi$cluster)) %>%
  ggpairs(mapping = aes(col = cluster),
          upper = list(continuous = "points")) +
  theme_bw()
```

注意 我们的数据中只有一个噪声样本，这将导致密度图计算失败。因此，可将 upper 面板设置为简单地显示 points，而不是显示密度。

结果如图 18-15 所示。OPTICS 聚类模型识别了与 DBSCAN 聚类模型相同的两个聚类，同时识别了另一个似乎分布在整个特征空间中的聚类。这个额外的聚类看起来并不令人信服(但可以通过计算内部聚类性能度量指标和聚类稳定性来确定上述结论)。为了改进聚类效果，我们应该调节超参数 minPts 和ξ，但此处不再赘述。

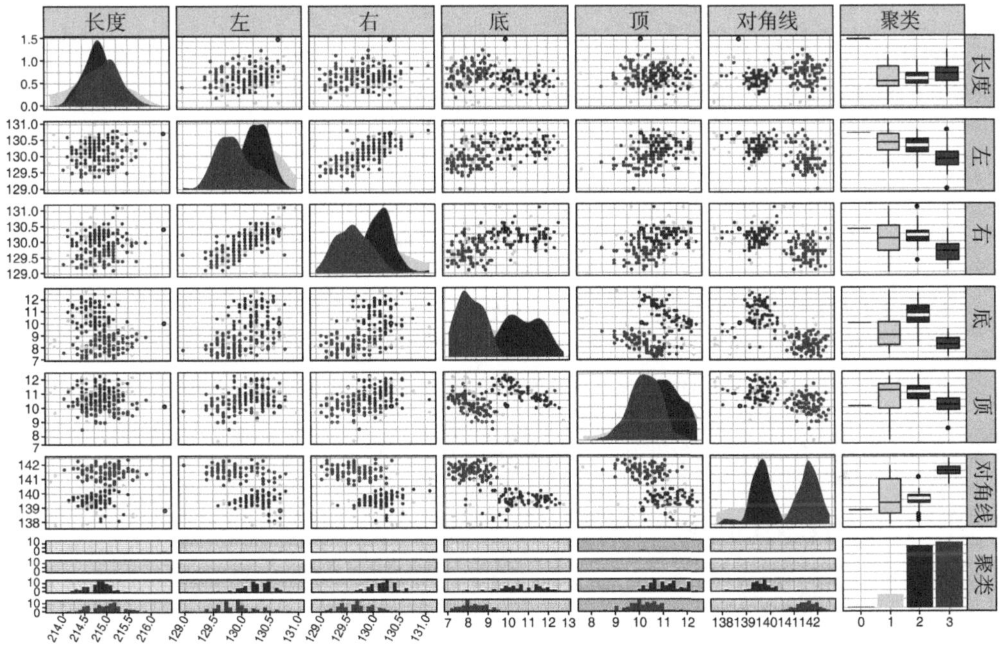

图 18-15　使用 ggpairs()函数绘制最终的 OPTICS 聚类模型

你已经掌握了如何使用 DBSCAN 和 OPTICS 算法来聚类数据。下一章将介绍混合模型聚类，这是一种用于将一组模型用于拟合数据，并将样本分配给最可能模型的聚类技术。建议保存本章中的.R 文件，因为我们将在下一章继续使用相同的数据集，从而对 DBSCAN 和 OPTICS 聚类模型的性能与混合模型进行对比。

18.4　基于密度的聚类的优缺点

对于给定的任务，虽然通常很难判断哪种算法的效果更好，但了解算法的优缺点可以帮助你确定基于密度的聚类是否适合自己所要完成的具体任务。

基于密度的聚类具有以下优点：

- 可以识别不同直径的非球形聚类。
- 能够识别离群样本。
- 可以识别复杂的非球形聚类。
- OPTICS 算法能够学习层次聚类结构，并且不需要调节 ε。
- OPTICS 算法能够发现不同密度的聚类。
- 通过设置合理的 ε 值，可以加快 OPTICS 算法的运行速度。

基于密度的聚类的缺点是：

- 本身不能处理分类变量。
- 不能自动选择最优的聚类数量。
- 对不同尺度的数据很敏感。
- DBSCAN 算法倾向于寻找密度相等的聚类。

练习 18-4：使用 dbscan()函数对未进行尺度缩放的 swissTib 数据集进行聚类，并保持 ε 的值为 1.2、minPts 的值为 9。聚类结果一样吗？为什么？

练习 18-5： 当 ξ 的值分别为 0.035、0.05 和 0.065 时，从 swissOptics 对象中提取聚类，并使用 plot()函数查看这些不同的值如何改变你从可达性图中提取的聚类。

18.5 本章小结

- 基于密度的聚类算法——如 DBSCAN 和 OPTICS 算法——通过搜索特征空间中使用低密度区域分隔开的高密度区域来寻找聚类。
- DBSCAN 算法有两个超参数：ε 和 minPts。其中，ε 是围绕每个样本的搜索半径。如果一个样本在其 ε 搜索半径内包含 minPts 个样本，那么这个样本就是一个核心点。
- 针对任意聚类的起始样本，DBSCAN 算法都将递归地搜索与其密度相连的所有样本的 ε，并将样本分类为核心点或边界点。
- DBSCAN 和 OPTICS 算法会为与高密度区域相距很远的样本创建噪声聚类。
- OPTICS 算法会为你创建可以提取聚类的样本排序。这种排序将被可视化为可达性图，其中波谷被波峰分开以表示聚类。

18.6 练习题答案

1. 输出使用 expand.grid()函数后的结果，并检查结果以了解这个函数的功能：

```
# The function creates a data frame whose rows make up
# every combination of the input vectors
```

2. 绘制调节实验以可视化每种排列的聚类数量和大小：

```
ggplot(swissClustersGathered, aes(reorder(Permutation, Cluster),
                fill = as.factor(Cluster))) +
  geom_bar(position = "fill", col = "black") +
  theme_bw() +
  theme(legend.position = "none")
  ggplot(swissClustersGathered, aes(reorder(Permutation, Cluster),
                                    fill = as.factor(Cluster))) +
    geom_bar(position = "fill", col = "black") +
    coord_polar() +
    theme_bw() +
    theme(legend.position = "none")

  ggplot(swissClustersGathered, aes(Permutation,
                                    fill = as.factor(Cluster))) +
    geom_bar(position = "fill", col = "black") +
    coord_polar() +
    theme_bw() +
    theme(legend.position = "none")

# The reorder function orders the levels of the first argument
# according to the values of the second argument.
```

3. 使用 dbscan()函数，其中 ε 的值为 1.2，minPts 的值为 1。

```
swissDbsNoOutlier <- dbscan::dbscan(swissScaled, eps = 1.2, minPts = 1)
```

```
swissDbsNoOutlier

# There are no cases in the noise cluster because the minimum cluster
# size is now 1, meaning all cases are core points.
```

4. 使用 dbscan()函数对未缩放的数据进行聚类：

```
swissDbsUnscaled <- dbscan::dbscan(swissTib, eps = 1.2, minPts = 9)

swissDbsUnscaled

# The clusters are not the same as those learned for the scaled data.
# This is because DBSCAN and OPTICS are sensitive to scale differences.
```

5. 使用不同的 ξ 值从 swissOptics 中提取不同的聚类：

```
swissOpticsXi035 <- extractXi(swissOptics, xi = 0.035)
plot(swissOpticsXi035)

swissOpticsXi05 <- extractXi(swissOptics, xi = 0.05)
plot(swissOpticsXi05)

swissOpticsXi065 <- extractXi(swissOptics, xi = 0.065)
plot(swissOpticsXi065)
```

第 19 章

基于混合建模的分布聚类

本章内容：

- 理解混合模型聚类
- 理解硬聚类和软聚类的区别

本章作为无监督机器学习的最后一站，将介绍另一种在数据中寻找聚类的方法：混合模型聚类。和之前讨论过的其他聚类算法一样，混合模型聚类的目标是将数据集划分为有限数目的聚类。

第 18 章讲解了 DBSCAN 和 OPTICS 算法，以及它们如何通过学习特征空间中的高密度和低密度区域来找到聚类。混合模型聚类是另一种用来识别聚类的方法。混合模型是指任意可通过组合两个或多个概率分布来描述数据集的模型。在聚类背景下，混合模型通过拟合数量有限的概率分布来帮助我们识别聚类，并迭代地修改这些分布的参数，直到它们能够对原始数据进行最优拟合为止。然后将样本分配到与最可能发生的分布对应的聚类中。混合模型最常见的形式是高斯混合模型，这种混合模型能对数据按高斯(或正态)分布进行拟合。

在学完本章后，我们希望你能对混合模型聚类的工作原理有更充分的理解。另外，相比之前介绍过的一些算法，我们希望你能弄明白它们之间的差异。我们仍将使用第 18 章的钞票数据集，以帮助你理解混合模型聚类与基于密度的聚类的区别。如果全局环境中已不再包含 swissTib 对象，只需要重新执行代码清单 18.1 即可。

19.1 混合模型聚类的概念

本节讲解混合模型聚类的工作原理，以及如何使用一种称为期望最大化的算法来迭代地改进聚类模型的拟合程度。到目前为止，我们遇到的聚类算法都被认为是硬聚类的，因为每个样本都被完全分配给一个聚类，而不会被分配给另一个聚类。混合模型聚类的优点之一就在于它是一种软聚类方法。软聚类方法能将一组概率模型拟合到数据中，并为每个样本分配属于每种模型的概率，这使我们能够量化每个样本属于每个聚类的概率。例如，可以认为样本属于 A 聚类的概率是 90%，属于 B 聚类的概率是 9%，属于 C 聚类的概率是 1%。这很有用，因为这能为我们提供所需的信息以做出更好的决定。

注意　混合模型聚类本身并不能像 DBSCAN 和 OPTICS 算法那样识别离群样本，但是我们可以手动设置截止概率。例如，可以认为任何属于最可能聚类且概率小于 60%的样本都应该被视为离群值。

因此，混合模型聚类会对数据拟合一组概率模型。这些模型可以是各种各样的概率分布，但最常见的是高斯分布。因为需要使用多个(混合的)概率分布对数据进行拟合，所以这种聚类方法又被称为混合建模。因此，高斯混合模型只是一种使用多个高斯分布拟合一组数据的简单模型。

高斯混合模型中的每种高斯分布代表一个潜在的聚类。如果高斯混合模型能够尽可能地拟合数据，那就可以计算每个样本属于每个聚类的概率，并将样本分配给最可能的聚类。但是，如何找到一种混合的高斯分布来很好地匹配原始数据呢?我们可以使用一种名为期望最大化(Expectation-Maximization，EM)的算法。

19.1.1　使用 EM 算法计算概率

下面向你介绍 EM 算法的一些必备知识，并重点讨论 EM 算法如何计算样本来自每种高斯分布的概率。

假设有这样一个一维数据集：其中的样本分布在一条数轴上(参见图 19-1 中的顶部图)。首先，我们必须预定义要在数据中查找的聚类数量，这也将进而设置我们将要拟合的高斯分布数量。在本例中，假设数据集中存在两个聚类。

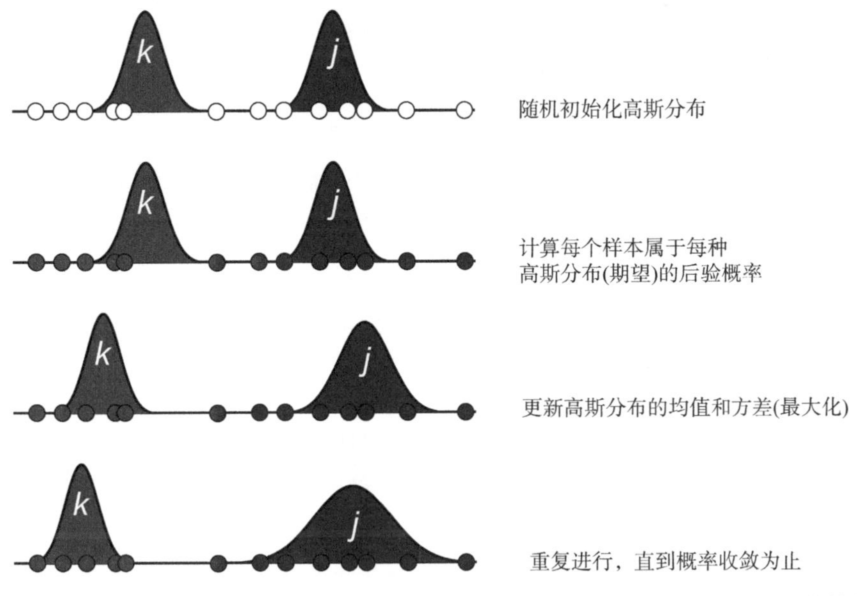

图 19-1　两种一维高斯分布的 EM 算法。点表示沿着数轴分布的样本，高斯分布则沿直线进行随机初始化。在期望步骤中，计算每个样本属于每种高斯分布的后验概率(用阴影表示)。在最大化步骤中，每种高斯分布的均值、方差和先验概率都将根据计算出的后验概率进行更新。这个过程一直持续到概率收敛为止

注意　这是混合模型聚类中与 *k*-均值十分相似的一种方式。本章后面将讲解另一种方式。

一维高斯分布需要用两个参数来定义：均值和方差。因此，通过选择均值和方差的随机值，就可以沿着数轴随机初始化两种高斯分布。假设这两种高斯分布分别为高斯分布 j 和高斯分布 k。然后，根据这两种高斯分布，计算每个样本属于该聚类和另一个聚类的概率。要实现这一点，可以使用贝叶斯公式。

回顾第 6 章，可以使用贝叶斯公式来计算事件($p(k \mid x)$)在给定似然概率($p(x \mid k)$)、先验概率($p(k)$)和证据($p(x)$)情况下的后验概率($p(k \mid x)$)。

$$p(k \mid x) = \frac{p(x \mid k) \times p(k)}{p(x)} \qquad 式(19.1)$$

在这种情况下，$p(k \mid x)$是事件 x 属于高斯分布 k 的概率；$p(x \mid k)$是从高斯分布 k 中取样时观察到事件 x 的概率；$p(k)$是随机选择的样本属于高斯分布 k 的概率；$p(x)$是从整个混合模型中采样时得到事件 x 的概率。因此，证据 $p(x)$就是从任意高斯分布中得到事件 x 的概率。

当计算一个事件或另一个事件发生的概率时，可简单地将每个事件独立发生的概率相加。因此，高斯分布 j 或 k 中出现样本 x 的概率等于高斯分布 j 中出现样本 x 的概率加上高斯分布 k 中出现样本 x 的概率。高斯分布中出现样本 x 的概率是高斯分布的似然概率与先验概率的乘积。考虑到这一点，我们可以更详细地写出贝叶斯公式，如下所示：

$$p(k \mid x_i) = \frac{p(x_i \mid k) \times p(k)}{p(x_i \mid k)p(k) + p(x_i \mid j)p(j)} \qquad 式(19.2)$$

注意，证据已经变得更为具体，甚至显示了从任意高斯分布中得到样本 x_i 的概率是从任意一种分布中独立得到该样本的概率和。通过式(19.2)，可以计算样本 x_i 属于高斯分布 k 的后验概率。式(19. 3)计算的是样本 x_i 属于高斯分布 j 的后验概率。

$$p(j \mid x_i) = \frac{p(x_i \mid j) \times p(j)}{p(x_i \mid k)p(k) + p(x_i \mid j)p(j)} \qquad 式(19.3)$$

到目前为止，一切顺利。但如何计算似然概率和先验概率呢？似然概率是高斯分布的概率密度函数，还是从均值和方差为特定组合的高斯分布中得到具有特定值样本的相对概率。高斯分布 k 的概率密度函数如下：

$$p(x_i \mid k) = \frac{1}{\sqrt{2\pi\sigma_k^{2}}} \mathrm{e}^{-\frac{(x_i-\mu_k)^2}{2\sigma_k^{2}}} \qquad 式(19.4)$$

其中，μ_k 和 σ_k^2 分别为高斯分布 k 的均值和方差。

与高斯分布的均值和方差相似，先验概率也是随机产生的。这些先验概率在每次迭代时将更新为每种高斯分布的后验概率之和，并除以样本的数量，它们可以看作所有样本下特定高斯分布的平均后验概率。

19.1.2 EM 算法的期望和最大化步骤

你现在已经掌握了计算后验概率的必要知识，下面观察 EM 算法如何拟合混合模型。EM 算法(顾名思义)有两个步骤：期望步骤和最大化步骤。期望步骤的任务是计算每种高斯分布中每个样本的后验概率，如图 19-1 中从顶部开始的第二个子图所示。

在当前阶段，EM 算法将使用前面提到的贝叶斯公式来计算后验概率。在前面的图 19-1 中，沿着数轴的样本已使用阴影来表示它们的后验概率。

接下来是最大化步骤。最大化步骤的任务是更新混合模型的参数，从而使原始数据的似然函数最大化。这意味着更新高斯分布的均值、方差和先验概率。

为了更新特定高斯分布的平均值，需要将每个样本的值相加，同时对高斯分布的后验概率进行加权，然后除以所有后验概率的和，如下所示：

$$\mu_k = \frac{\sum_{i=1}^{n} p(k \mid x_i) x_i}{\sum_{i=1}^{n} p(k \mid x_i)} \qquad 式(19.5)$$

思考一下，接近高斯分布平均值的样本将在高斯分布中具有较高的后验概率，因此对更新平均值的贡献也更大。远离分布的样本后验概率较小，因此对更新平均值的贡献较小。于是，高斯分布将不断趋向于最可能出现样本的均值，如图 19-1 中的第三个子图所示。

高斯分布的方差将以类似的方式更新。将每个样本与高斯分布的均值之差的平方乘以后验概率，然后进行相加，最后再除以后验概率之和，如式(19.6)所示。于是，高斯分布会变得更宽或更窄，这是根据在这种高斯分布下最可能出现的样本的扩展分布而决定的。你可以在图 19-1 的第三个子图中观察到这一点。

$${\sigma_k}^2 = \frac{\sum_{i=1}^{n} p(k \mid x_i)(x_i - \mu_k)^2}{\sum_{i=1}^{n} p(k \mid x_i)} \qquad 式(19.6)$$

最后要更新的是每种高斯分布的先验概率。如前所述，新的先验概率是通过除以特定高斯分布的后验概率之和，然后除以样本数来计算的，如式(19.7)所示。这意味着如果一种高斯分布对于很多的样本具有较大的后验概率，那么也将必然具有很大的先验概率。相反，如果高斯分布对于很少的样本具有较大的后验概率，那么先验概率往往很小。

$$p_k = \frac{\sum_{i=1}^{n} p(k \mid x_i)}{n} \qquad 式(19.7)$$

在最大化步骤完成后，执行期望步骤的另一次迭代，这一次我们将计算新的高斯分布下每个样本的后验概率。完成后，再重新运行最大化步骤，再次基于后验概率更新每种高斯分布的平均值、方差和先验概率。重复以上过程，直至达到指定的迭代次数抑或数据的总体似然性变化少于指定的数量(称为收敛)为止。

19.1.3　如何处理多个变量

下面把 EM 算法的工作原理扩展到多维聚类。通常，我们很少遇到单变量(一维)聚类问题。数据集中往往包含多个变量，于是我们希望能够使用 EM 算法来识别聚类。由于单变量的高斯分布只有两个参数——均值和方差，因此对于高斯混合模型来说，EM 算法相对简单。当高斯分布具有多个维度时，我们需要使用质心和协方差矩阵来描述高斯分布。

质心只是数据集中每个维度/变量的平均值向量。协方差矩阵则是方阵，其中的元素是变量之间的协方差。例如，在协方差矩阵中，第二行、第三列的值表示数据中变量 2 和变量 3 之间的协方差。协方差是衡量两个变量如何一起变化的非标准化度量。正协方差意味着一个变量增加，另一个也会增加。负协方差意味着一个变量增加，另一个变量减少。协方差为零通常表示两个变量之间没有关系。我们可以使用如下公式来计算两个变量之间的协方差：

$$\mathrm{Cov}(x,y)=\frac{\sum_{i=1}^{n}(x_i-\overline{x})(y_i-\overline{y})}{n-1} \qquad \text{式(19.8)}$$

注意 协方差是对两个变量之间关系的非标准化度量，相关性则是对两个变量之间关系的标准化度量。可通过将协方差除以变量标准差的乘积来将协方差转换为相关系数。

一个变量与它本身的协方差就是这个变量的方差。因此，协方差矩阵的对角元素就是每个变量的方差。

提示 由于这个原因，协方差矩阵经常被称为方差-协方差矩阵。

如果 EM 算法只估计每个维度中每种高斯分布的方差，那么高斯分布将垂直于特征空间的坐标轴。换言之，这将迫使模型假定数据中的变量之间没有关系。通常更合理的假设是这些变量之间存在某种程度的关系，并且估计协方差矩阵允许高斯分布斜穿特征空间。

注意 由于会对协方差矩阵进行估计，而高斯混合模型聚类对不同尺度的变量不敏感；因此，在训练模型之前，不需要对变量进行尺度缩放。

当对多个维度进行聚类时，EM 算法会随机初始化每种高斯分布的质心、协方差矩阵和先验概率。然后在期望步骤中计算每种高斯分布中每个样本的后验概率。在最大化步骤中，对每种高斯分布更新质心、协方差矩阵和先验概率。EM 算法将继续迭代，直至达到最大迭代次数或模型收敛为止。双变量样本下的 EM 算法如图 19-2 所示。

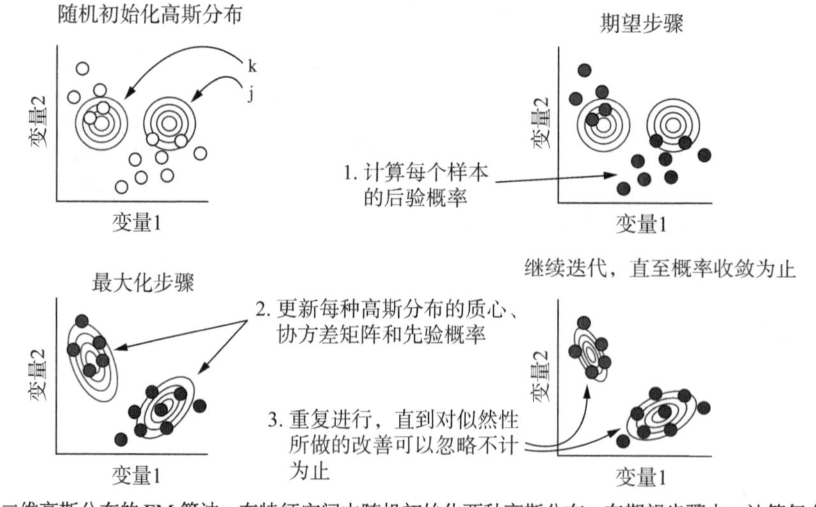

图 19-2　二维高斯分布的 EM 算法。在特征空间中随机初始化两种高斯分布。在期望步骤中，计算每个样本属于每种高斯分布的后验概率。在最大化步骤中，基于后验概率，更新每种高斯分布的质心、协方差矩阵和先验概率，直至概率收敛为止

多元样本下的数学公式

用于更新均值和协方差的公式比你在单变量样本下遇到的公式稍微复杂一些。

变量 a 的高斯分布 k 的均值如下：

$$\mu_{k,a}=\sum_{i=1}^{n}\left(\frac{p(k\mid x_i)}{n\times p(k)}\right)x_{i,a}$$

因此，高斯分布的质心是一个向量，其中每个元素都是不同变量的均值。

对于高斯分布 k，变量 a 和 b 的协方差如下：

$$(\sigma_k)_{a,b}=\sum_{i=1}^{n}\left(\frac{p(k\mid x_i)}{n\times p(k)}\right)(x_{i,a}-\mu_{k,a})(x_{i,b}-\mu_{k,b})$$

σ_k 是高斯分布 k 的协方差矩阵。

最后，在多元样本下，似然性($p(x_i\mid k)$)需要考虑协方差，因此计算公式变为

$$p(x_i\mid k)=\frac{1}{\sqrt{2\pi\left|\sum k\right|}}\mathrm{e}^{-0.5(\bar{x}_j-\bar{\mu}_k)^{\mathrm{T}}\sum_k^{-1}(\bar{x}_j-\bar{\mu}_k)}$$

在上述过程中，我们将根据数据中的样本与聚类之间的距离，迭代地更新聚类的位置。我们在第 16 章学习的 k-均值算法使用了类似的过程。因此，高斯混合模型聚类扩展了 k-均值聚类，允许出现非球面聚类、不同直径的聚类(由于使用了协方差矩阵)以及软聚类。事实上，如果约束一下高斯混合模型，使所有聚类具有相同的方差(没有协方差)，并且具有相同的先验概率，你将得到与 Lloyd 算法非常相似的结果!

19.2　建立第一个用于聚类的高斯混合模型

本节讲解如何构建用于聚类的高斯混合模型。我们将继续使用钞票数据集，以便与 DBSCAN 和 OPTICS 聚类结果进行比较。与 DBSCAN 和 OPTICS 算法相比，混合模型聚类的直接优势就是不需要事先缩放数据。

注意　为了保持准确性(正确率)，只要不事先指定模型分量的协方差，就不必对数据进行缩放。我们可根据经验指定这些分量的均值和协方差，尽管在这里并不会如此处理。如果在此处需要进行这样的操作，请记住协方差需要考虑数据的尺度。

由于 mlr 程序包不包含我们将要使用的混合建模算法的实现，因此我们将使用 mclust 程序包中的函数。下面首先加载 mclust 程序包：

```
library(mclust)
```

然后使用 Mclust()函数执行聚类，并对结果调用 plot()函数，参见代码清单 19.1。

代码清单 19.1　执行并绘制混合模型聚类

```
swissMclust <- Mclust(swissTib)

plot(swissMclust)
```

Mclust()函数的输出有点奇怪——提示我们输入一个 1～4 的数字，输入的数字将对应于以下选项之一：

- BIC
- 分类
- 不确定性
- 密度

输入数字后，绘制对应的包含有用信息的图。让我们依次看看这些图。

图 19-3 显示了 Mclust()函数尝试的聚类数量和模型类型的贝叶斯信息准则(BIC)。BIC 是用于比较不同模型拟合度的度量标准。如果模型中包含太多的参数，BIC 就会对模型进行惩罚。BIC 的计算方式如下：

$$\mathrm{BIC} = \ln(n)p - 2\ln(L) \qquad 式(19.9)$$

其中：n 为样本数量，p 为模型的参数数量，L 为模型的总体似然性。

因此，对于固定的似然性，随着参数数量的增加，BIC 值也随之增加。反之，对于固定数量的参数，如果模型的似然性增加，BIC 值则会减少。因此，BIC 值越小，模型就越好或越精简。假设有两个模型，并且每个模型都能很好地拟合数据集，但是其中一个模型有 3 个参数，另一个模型有 10 个参数。那么，包含 3 个参数的那个模型的 BIC 值将较低。

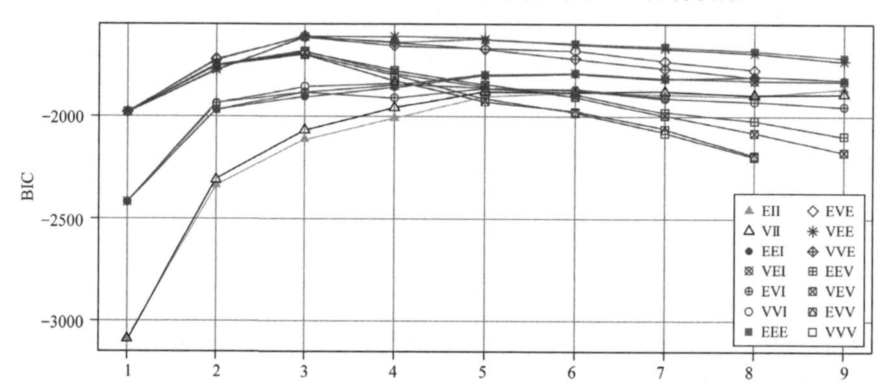

图 19-3 mclust 模型的 BIC 图。x 轴表示聚类的数量，y 轴表示贝叶斯信息准则(BIC)，每一行表示一种不同的模型，包含三个字母的编码表示的是用于协方差矩阵的约束条件。在 BIC 的这种排列中，较高的值表示更适合和/或更精简的模型

在图 19-3 中，BIC 的显示形式正好是相反的，具体形式如式(19.10)所示。在重新排列后，更好的拟合和/或更精简的模型实际上将会有更高的 BIC 值。

$$\mathrm{BIC} = L - 0.5 \times p \times \ln(n) \qquad 式(19.10)$$

我们现在已经知道了 BIC 是什么，图 19-3 中的线条是什么呢?实际上，Mclust()函数将尝试一系列不同模型类型的聚类数量。对于模型类型和聚类数量的每种组合，Mclust()函数将对 BIC 进行评估。模型类型是什么?我们在讲解高斯混合模型的工作原理时，没有提到任何相关内容。当训练混合模型时，可以对协方差矩阵进行约束，以减少描述模型所需的参数数量，这有助于防止过拟合数据。

图 19-3 中的不同行用来表示模型类型。每种模型都有一个奇怪的三字母编码。每个编码的第一个字母表示高斯分布的体积，第二个字母表示形状，第三个字母表示方向。每个分量可采

取下列形式之一：

- E 表示相等
- V 表示变量

形状和方向分量也可以取 I 作为标识值。数值对模型的影响如下。

- 体积分量
  - E：等体积的高斯分布。
  - V：不同体积的高斯分布。
- 形状分量
  - E：等长径比的高斯分布。
  - V：不同长径比的高斯分布。
  - I：完美球形状的聚类。
- 方向分量
  - E：穿过特征空间的相同方向的高斯分布。
  - V：不同方向的高斯分布。
  - I：与特征空间中的轴正交的聚类。

实际上，Mclust()函数正在为我们执行调节实验，并将自动选择 BIC 值最高的模型。在这种情况下，最好的模型将使用带有三个高斯变量的 VVE 协方差矩阵(可通过使用 swissMclust$modelName 和 swissMclust$G 提取这些信息)。

图 19-4 给出了所选模型的最终聚类结果。椭圆表示每个聚类的协方差，每个星状的中心表示聚类的质心。

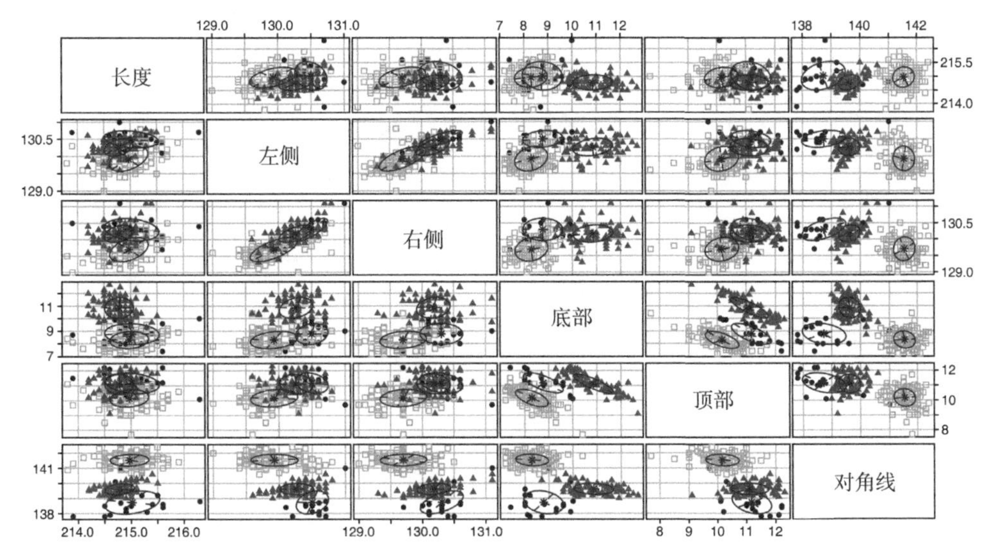

图 19-4　mclust 模型的分类图。原始数据中的所有变量已在散点图矩阵中进行相互绘制，并根据它们的聚类对样本进行着色和显示。椭圆表示每个聚类的协方差，星状的中心表示聚类的质心

与 DBSCAN 模型识别的两个聚类相比，mclust 模型似乎与数据拟合得很好，并且似乎识别了三个相当有说服力的聚类(尽管我们应该使用内部聚类性能度量指标和 Jaccard 指数来更客观地比较模型)。

图 19-5 与图 19-4 相似，但前者将根据每个样本的不确定性来设置样本大小。后验概率不

是由单一高斯分布决定的样本将具有很高的不确定性，图 19-5 有助于我们识别可能被认为是离群值的那些样本。

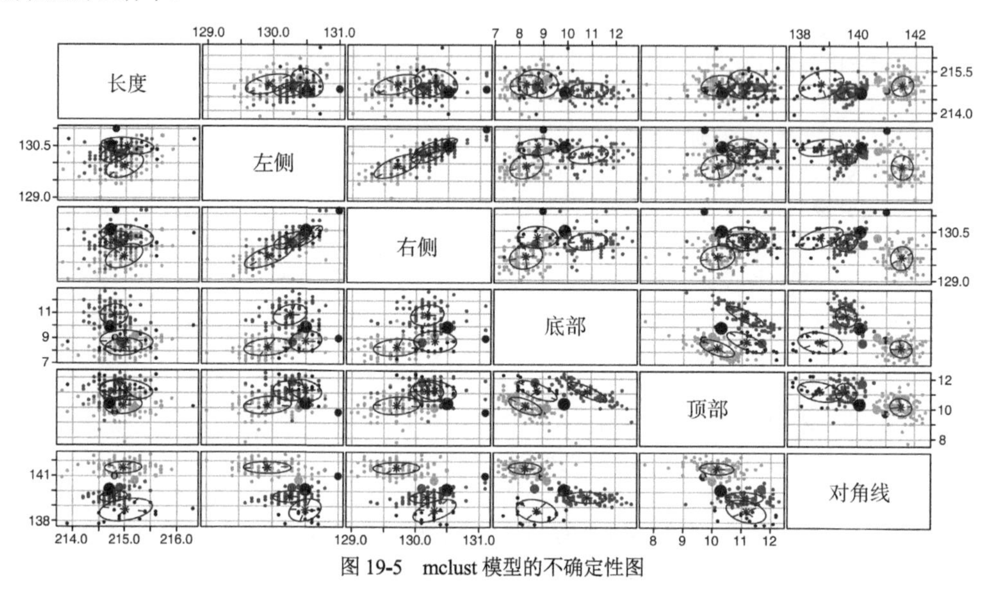

图 19-5 mclust 模型的不确定性图

图 19-6 显示了 mclust 模型的密度。为了退出 plot()函数，需要输入 0。

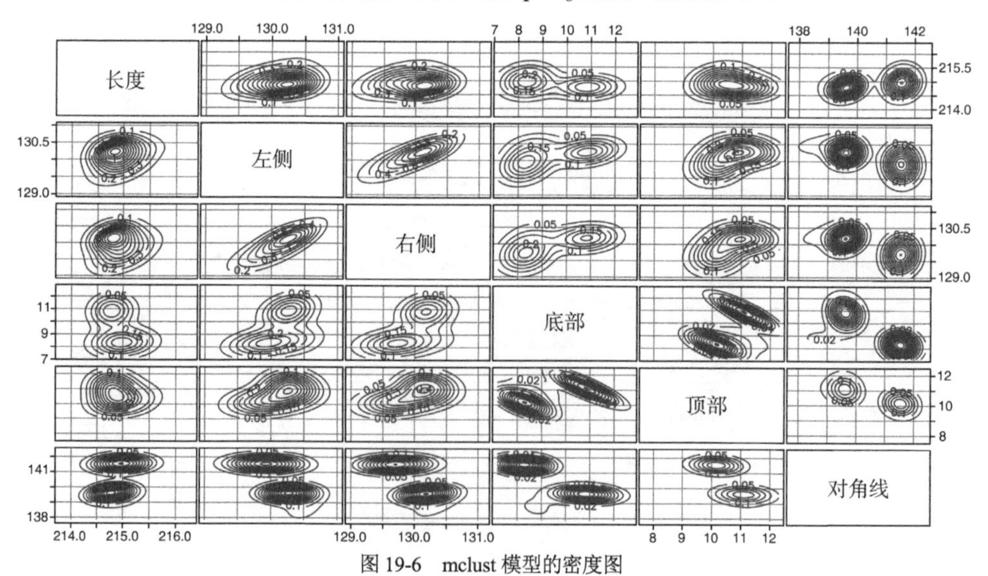

图 19-6 mclust 模型的密度图

19.3 混合模型聚类的优缺点

对于给定的任务，虽然通常很难判断哪种算法的效果更好，但了解算法的优缺点可以帮助你确定混合模型聚类否适合自己所要完成的具体任务。

混合模型聚类的优点如下：

- 可以识别不同直径的非球形聚类。
- 估计样本属于每个聚类的概率。
- 对不同尺度的变量不敏感。

混合模型聚类的缺点如下：

- 虽然聚类不必是球形的，但它们确实需要是椭圆形的。
- 本身不能处理分类变量。
- 不能自动选择最优的聚类数量。
- 由于初始高斯分布的随机性，混合模型聚类有向局部最优模型收敛的趋势。
- 对离群值很敏感。
- 如果聚类不能用多元高斯分布近似，那么最终的模型可能无法很好地拟合数据。

练习 19-1：使用 Mclust()函数训练模型，将参数 G 设置为 2，并将参数 modelNames 设置为"VVE"，以强制使用具有两个聚类的 VVE 模型。然后绘制结果并检查聚类。

练习 19-2：使用 clusterboot()函数，计算并比较二聚类和三聚类混合模型的聚类稳定性。

19.4　本章小结

- 高斯混合模型聚类利用一组高斯分布对数据进行拟合，并估计数据属于每种高斯分布模型的概率。
- 使用 EM 算法迭代更新模型，直至数据的似然性收敛为止。
- 高斯混合建模是一种软聚类方法，这种方法给出了每个样本属于每一聚类的概率。
- 在一维情况下，EM 算法只需要更新每种高斯分布的均值、方差和先验概率。
- 在多维情况下，EM 算法需更新每种高斯分布的质心、协方差矩阵和先验概率。
- 可通过为协方差矩阵设置约束来控制高斯分布的体积、形状和方向。

19.5　练习题答案

1. 训练包含两个聚类的 VVE 混合模型：

```
swissMclust2 <- Mclust(swissTib, G = 2, modelNames = "VVE")

plot(swissMclust2)
```

2. 计算并比较二聚类和三聚类混合模型的聚类稳定性：

```
library(fpc)

mclustBoot2 <- clusterboot(swissTib, B = 10,
                    clustermethod = noisemclustCBI,
                    G = 2, modelNames = "VVE",
                    showplots = FALSE)

mclustBoot3 <- clusterboot(swissTib, B = 10,
                         clustermethod = noisemclustCBI,
                         G = 3, modelNames = "VVE",
                         showplots = FALSE)

mclustBoot2
```

```
mclustBoot3

# It can be challenging to compare the Jaccard indices between models with
# different numbers of clusters. The model with three clusters may better
# represent nature, but as one of the clusters is small, the membership is
# more variable between bootstrap samples.
```

第 20 章

最终笔记和进一步阅读

本章内容：

- 简要总结所学知识
- 拓展知识的路线图

回顾本书涉及的所有主题，其中已经涵盖大量的信息，本章将把它们串在一起，使你在脑海中形成一幅更完整的画面。你也许已经忘了本书前面章节中所讲的一些细节。没关系，本书可作为你将来从事机器学习项目的参考。

在学完本书后，你的工具箱里应该已经有了数量惊人的机器学习算法——它们足以解决各类问题。希望你现在已经熟悉机器学习中的一般方法，并且更重要的是，你还应该了解如何客观地评估模型构建过程的性能。虽然本书介绍了一些现代算法，但是机器学习仍在迅猛发展，还有很多算法没有介绍，比如用于深度学习、强化学习和异常检测的算法。因此，本章将为你提供一些未来可能会用到的机器学习算法。另外，本章还将推荐更多的书籍和资源以帮助你进一步开展学习。

20.1 简要回顾机器学习概念

本节将总结本书涉及的一些机器学习概念，这些概念包括：

- 机器学习算法的类型
- 偏差-方差平衡
- 模型验证
- 超参数调节
- 缺失值插补
- 特征工程和特征选择
- 集成技术
- 正则化

20.1.1 监督机器学习、无监督机器学习和半监督机器学习

根据算法能否访问标注数据，也就是在训练模型时是否知道目标的真实属性，机器学习任务可分为监督和非监督任务。从数据中学习模式的算法可用来预测目标的真实属性，这种算法被称为监督机器学习算法。根据所要预测的输出变量的种类，可以进一步划分监督机器学习算法。预测分类变量(或类)的监督机器学习算法称为分类算法，预测连续变量(或类别)的监督机器学习算法称为回归算法。

注意 有些监督机器学习算法，如 kNN、随机森林和 XGBoost 算法，既可用于分类，也可用于回归。

无监督机器学习算法将会学习数据中的模式，而不需要任何形式的真实属性。可根据用途划分无监督机器学习算法。能够将高维数据集中的信息压缩成低维表示的无监督机器学习算法称为降维算法。还有一类无监督机器学习算法能够发现一些组中的样本之间比其他组中的样本更相似，此类无监督机器学习算法被称为聚类算法。

图 20-1 总结了监督机器学习算法和非监督机器学习之间的区别。

注意 并不是所有的无监督机器学习算法都能对新数据做出预测。例如，层次聚类和 *t*-SNE 模型就无法对新数据进行预测。

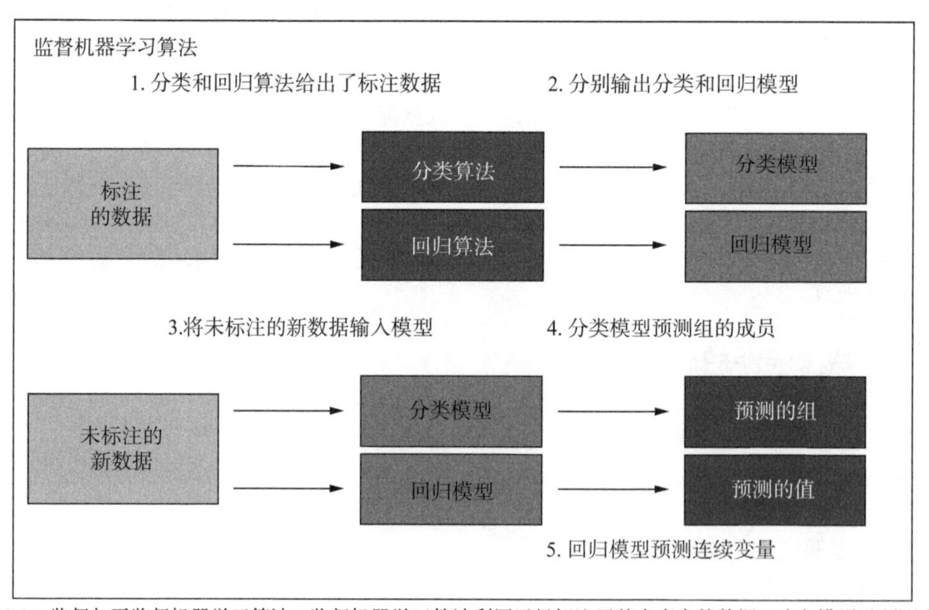

图 20-1 监督与无监督机器学习算法。监督机器学习算法利用已经标注了基本事实的数据，建立模型以预测未标注的新数据。无监督机器学习算法采用未标注的数据并学习数据中的模式，以便将新数据映射到这些模式

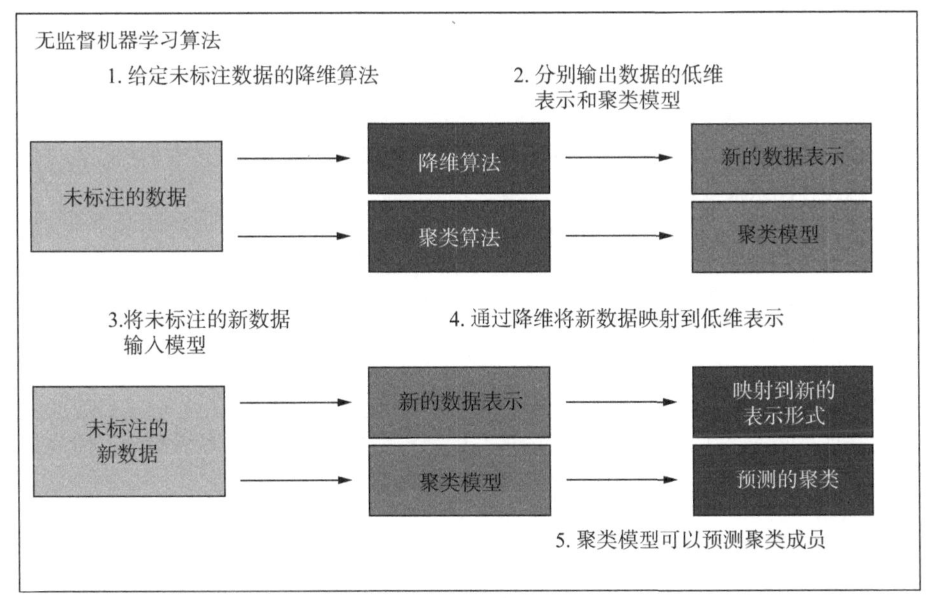

图 20-1(续)

介于监督机器学习和无监督机器学习之间的是半监督机器学习。半监督机器学习是一种方法，而不是算法，这种方法在我们能够访问部分标注的数据时非常有用。如果我们能够熟练地在数据集中标注尽可能多的样本，就可以仅使用这些标注的数据来构建监督模型，进而预测数据集其余部分的标签。现在，可将数据与手动标签和伪标签结合起来，并使用它们来训练新的模型。

图 20-2 展示了本书使用的所有机器学习算法，可将它们分为监督和无监督机器学习算法，其中还包括分类、回归、降维和聚类算法。当需要决定哪些算法最适合手头的任务时，可以参考图 20-20。

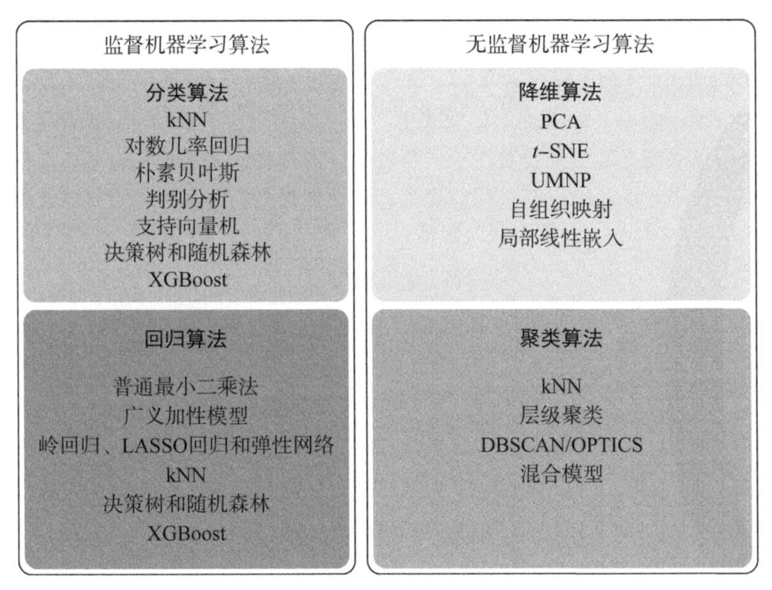

图 20-2　本书使用的所有机器学习算法

20.1.2 用于平衡模型性能的偏差–方差平衡

当训练预测模型时，评估预测模型在真实世界中的表现是非常重要的。当评估模型的性能时，不应该再使用那些用来训练它们的数据。这是因为模型在对用于训练它们的数据进行预测时，几乎总比预测未知数据时表现得更好。

在第3章，你了解了在评估模型性能时需要掌握的一个重要概念：偏差-方差平衡。随着模型复杂度的增加，模型对训练集拟合得越好，对未知数据进行预测时所需的变量也将变得越多。模型太过简单的话，将不能很好地捕捉数据中的关系，并且可能倾向于一直做出糟糕的预测。当增加模型的复杂度时，方差会增加，偏差会减小；反之亦然。

因此，偏差-方差平衡能够描述过拟合和欠拟合之间的平衡。介于过拟合模型和欠拟合模型之间的模型是最优拟合模型，使用这种模型做出的预测可以很好地推广到未知数据。判断是否欠拟合或过拟合的方法是使用交叉验证。然而，即使只是将训练集重新输入模型并进行预测，也能知晓是否存在欠拟合，因为模型的性能将会很差。

20.1.3 使用模型验证判断过拟合/欠拟合

为了评估模型对新数据的预测效果，需要将新的未知数据输入模型，并查看模型的预测与目标属性的匹配程度。我们可以采用的一种方法是利用手上已有的数据对模型进行训练，然后在生成新的数据时，将这些数据传递给模型，以评估预测性能。以上过程可能会使模型的构建花费数年时间，因此更现实的方法是将数据分解为训练集和测试集。通过采用这种方式，就可以使用训练集对模型进行训练，并给出用于进行预测的测试集。

有多种方法可以将数据集划分为训练集和测试集。留出法交叉验证是最简单的，其中，数据集中的一部分样本将被“留出”作为测试集，然后使用剩余的样本对模型进行训练。由于划分通常是随机的，来自留出法交叉验证的结果在很大程度上取决于测试集中保留的样本的比例以及用作测试集的样本的比例；因此，当多次运行时，留出法交叉验证尽管是计算开销最小的方法，但却可以产生完全不同的结果，如图20-3所示。

k-折法交叉验证则将样本随机划分为 *k* 个大小几乎相同的子集。对于每个子集，子集内的样本将用作测试集，剩余的样本则用作训练集，然后返回所有子集的平均性能度量。*k*-折法交叉验证相对于留出法交叉验证的优势在于，尽管结果对选择的子集数比较敏感，但因为每个样本只在测试集中使用一次，所以结果相对稳定。为使结果更加稳定，我们可以使用重复的 *k*-折法交叉验证。图20-4演示了 *k*-折法交叉验证。

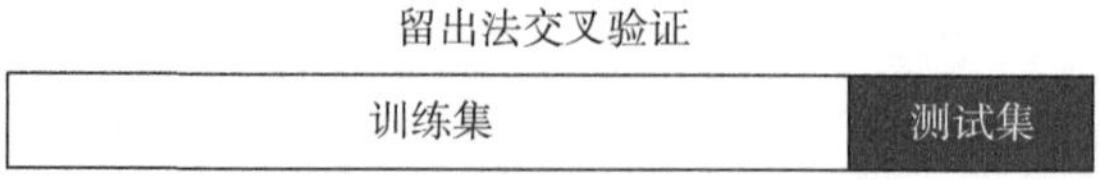

1. 数据被随机分为训练集和测试集。
2. 模型只使用训练集进行训练。
3. 对测试集进行预测。
4. 对预测值与真实值进行比较。

图20-3 留出法交叉验证

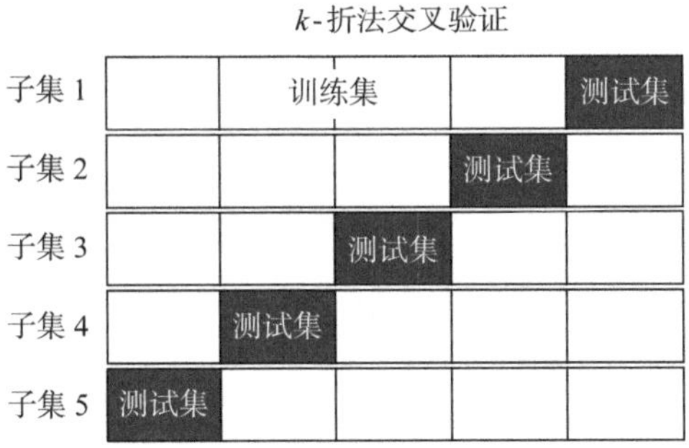

k-折法交叉验证

子集 1		训练集			测试集
子集 2				测试集	
子集 3			测试集		
子集 4		测试集			
子集 5	测试集				

1. 数据被随机划分为 *k* 个大小相等的子集。
2. 每个子集只作为测试集使用一次，剩余的数据则作为训练集。
3. 对于每一个子集，都会在测试集上做出预测。
4. 对预测值与真实值进行比较。

图 20-4　*k*-折法交叉验证

留一法交叉验证是 *k*-折法交叉验证的极端情况，其中，子集的数量等于数据集中样本的数量。通过采用这种方式，数据集中的每个样本都将被用作一次测试集，而模型则使用所有其他样本进行训练。与 *k*-折法交叉验证相比，留一法交叉验证倾向于给出更多可变的性能估计，除非数据集很小。在这种情况下，*k*-折法交叉验证可能由于训练集很小而给出更多可变的性能估计，如图 20-5 所示。

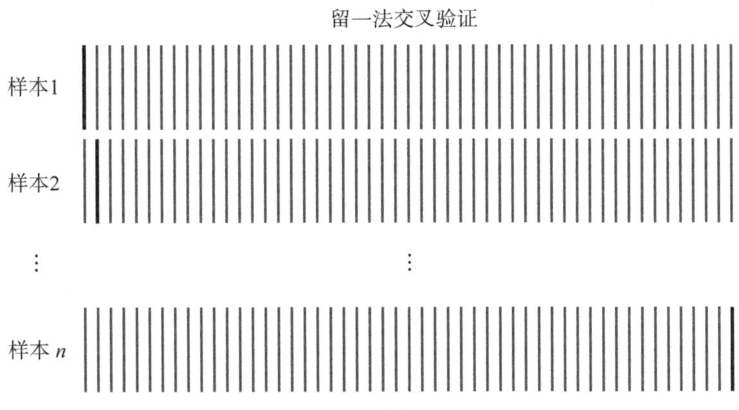

1. 使用除单个样本外的所有数据作为训练集。
2. 预测单个测试样本的值。
3. 重复上述过程，直到每个样本都成为测试样本。
4. 对每个样本的预测值与真实值进行比较。

图 20-5　留一法交叉验证

许多人在训练机器学习模型时常犯的错误是：在交叉验证过程中没有包含依赖于数据的预处理步骤。如果这种预处理包括对任何超参数所做的调节，那么使用嵌套交叉验证是很重要的。这样做可以确保用于模型最终评估的数据不会事先输入模型。

嵌套交叉验证会首先把数据划分为训练集和测试集(可以使用留出法、*k*-折法或留一法交叉验证来完成)。这种划分又称为外部循环。训练集用于交叉验证超参数搜索空间中的每个值，这被称为内部循环。能够从每个内部循环获得最优交叉验证性能的超参数将被传递给外部循环。可在外部循环的每个训练集上训练模型，使用来自内部循环的最优超参数，并使用这些模型对它们的测试集进行预测。然后，将这些模型在外部循环中的平均性能度量指标作为模型对未知数据预测的性能估计。图 20-6 演示了嵌套交叉验证。在本例中，外部循环使用 3-折交叉验证，内部循环使用 4-折交叉验证。

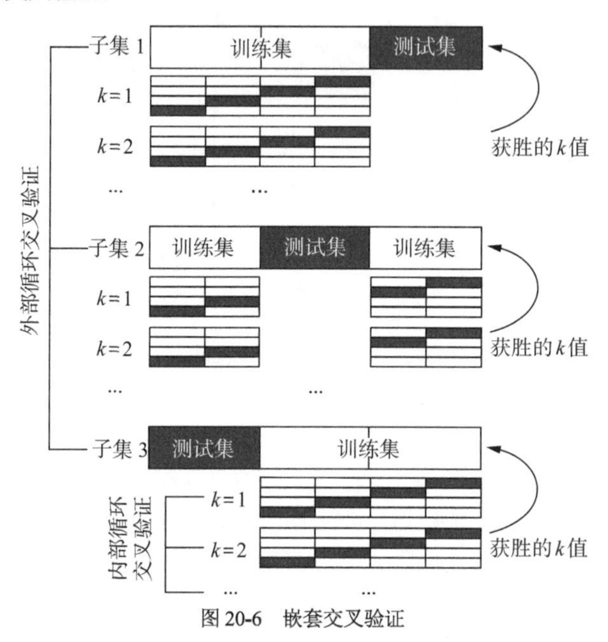

图 20-6 嵌套交叉验证

训练集、测试集和验证集

你可能会看到有些人将他们的数据分为训练集、测试集和验证集。这只是嵌套交叉验证的特例。在这种情况下，人们将使用超参数的取值受到限制的训练集来训练模型，并使用测试集来评估这些超参数值的性能，然后给出具有最优性能的超参数值模型的验证集，以便进行预测。模型在验证集上的性能被用作评估模型构建过程性能的最终指标。这一点十分重要，原因在于：模型在训练期间(包括超参数调节期间)不会看到验证集，因此模型在学习验证集中出现的模式时不会出现信息泄露。

再次查看图 20-6。将数据分解为训练集、测试集和验证集只是为了使用内部和外部循环的留出法交叉验证进行嵌套交叉验证吗？嵌套交叉验证能让我们更灵活地评估模型性能，而不是简单地将数据划分为训练集、测试集和验证集。例如，嵌套交叉验证允许我们为内部和外部循环使用更复杂的交叉验证策略，甚至在它们之间混用不同的交叉验证策略。

20.1.4 在超参数调节下最大化模型性能

许多机器学习算法都使用超参数来控制它们的学习方式。超参数是不能直接从数据本身进行估计的变量、设置或选项。对于任何给定的算法和数据集，选择最佳超参数组合的最佳方法是使用超参数调节。

超参数调节是使用不同的超参数组合尝试模型，并从中选出性能最优超参数组合的过程。具体的调节过程应该伴随交叉验证，在交叉验证中，对于每个超参数组合，都在训练集上训练模型，并在测试集上进行评估。

如果需要搜索的超参数值的范围很小，那么使用网格搜索方法通常是有益的。在网格搜索中，只需要尝试你在搜索空间中定义的每个超参数组合即可。网格搜索是能够保证在搜索空间中选出性能最优超参数组合的唯一搜索方法。

但是，当需要处理多个超参数时，或者当搜索空间变得较大时，网格搜索可能会变得非常慢。在这种情况下，可以使用随机搜索。随机搜索将从搜索空间中随机抽取超参数的组合样本，并进行尽可能多的迭代。随机搜索虽然不能保证找到性能最优的超参数组合，但却通常可以在很短时间内找到接近的近似值。

无论使用哪种搜索方法，作为依赖于数据的预处理步骤，在交叉验证策略中以嵌套交叉验证的形式包含超参数调节都是至关重要的。

20.1.5 使用缺失值插补处理缺失数据

缺失值插补是使用合理的值填充数据集中缺失数据的最佳实践，从而使我们仍然可以使用完整的数据集来训练模型。当然，也可以放弃任何缺失数据的样本。

一种简单的插补缺失值的方法是使用连续变量的均值或中位数(正如你在第 4 章中所做的那样)，抑或使用分类变量中的模式来替换缺失值。问题是，这会使模型的偏差变大，并且会丢弃数据中的一些信息，而这些信息实际上可能具有预测价值。因此，更好的方法是使用另一种机器学习算法来估计缺失数据的合理值 (正如你在第 9 和 10 章中所做的那样)。例如，我们可以使用 kNN 算法来查找与所讨论样本最相似的样本，并将这些样本的值作为缺失值。作为依赖于数据的预处理步骤，交叉验证过程中应包含缺失值插补。

20.1.6 特征工程和特征选择

当数据使用的是一种不太有用的格式时，特征工程是一种从现有变量中提取有用/预测信息的最佳实践。例如，这可能涉及从转录的医疗记录中提取性别，或结合各种金融指标来创建市场稳定指数。

特征选择涉及删除那些对模型没有或仅有较少预测信息的变量，这样做可以防止过拟合和维数灾难。你在第 9 章已经了解到，可使用两种不同的方式进行特性选择：滤波器方法和封装器方法。

滤波器方法的计算开销较小，但不太可能生成最优的特征选择。它们依赖于计算每个特征和输出变量之间关系的一些度量。例如，这些度量可以简单地表示每个特性和输出之间的相关性。然后，我们可以忽略与输出关系较弱的一定数量或比例的特征。

虽然封装器方法的计算开销很大，但却更有可能产生拟合度更高的模型。它们包括使用预测变量的不同排列进行迭代拟合和模型评估，然后从中选出能提供性能最优模型的变量组合。

特征工程和特征选择极其重要，甚至可以说比选择的算法还重要。我们虽然可以使用迄今为止最先进、最高效的算法，但如果特征没有充分利用它们所包含的预测信息，或数据中有许多不相关的变量，那么我们的模型就无法产生应有的表现。如果特征工程/选择过程依赖于数据，那么在交叉验证中包含它们是非常重要的。

20.1.7 通过集成学习技术提高模型性能

通过将大多数监督机器学习算法与集成学习技术相结合，可以提高模型性能。集成是指训练多个模型以帮助减少过拟合和提高预测的准确性，而不是训练单个模型。当前，有三种类型的集成学习技术：

- bagging
- boosting
- stacking

你已经分别在第 8 和 12 章学习了用于分类和回归的集成学习技术。

bagging(又称自助汇总)涉及从原始数据集中创建多个自助采样样本，并在每个样本上并行地训练模型。然后，将新数据传递给每个单独的模型，并返回模态或均值预测(分别用于分类和回归问题)。bagging 有助于避免过拟合，因此可以减少模型的方差。另外，bagging 几乎可以用于任何监督机器学习算法(和一些聚类算法)，并且其中最著名的是在随机森林算法中使用分类树/回归树。

bagging 以并行方式训练模型；boosting 则按顺序训练模型，后续的每个模型都在尝试纠正现有模式链中的错误。在自适应 boosting 中，被现有的集成模型错误分类的样本将会得到更大的权重，这样它们就更有可能在下一次迭代中被采样。AdaBoost 是唯一众所周知的自适应 boosting 实现。在梯度 boosting 中，每个附加模型都能使现有集成模型的残差最小。XGBoost 作为著名的梯度 boosting 实现，使用了分类树/回归树。但是，就像 bagging 一样，boosting 也可用于任何监督机器学习算法。

我们还可以使用 stacking 建立基模型，以学习特征空间中不同的模式。这样，一个模型就可以很好地预测特征空间的一个区域，而在另一个区域则可能出错。另外，其他模型中的某个模型可以很好地预测特征空间中某个区域的值，而剩余的模型在这方面则可能表现不佳。由基模型做出的预测将被最终堆叠的模型用作预测变量(包括所有原始预测变量)。然后，堆叠的模型则能够从基模型的预测中进行学习，从而做出更准确的预测。

20.1.8 使用正则化防止过拟合

正则化描述了一组通过限制模型参数的大小来防止过拟合的技术。在预测因子包含很少或没有预测值的情况下，正则化对于防止过拟合尤为重要。两种最常见的正则化形式是 L2 和 L1 正则化。

在 L2 正则化中，我们为模型的损失函数增加了惩罚项：模型参数的 L2 范数可通过可调超参数 λ 进行加权。模型参数的 L2 范数为参数值的平方和。L2 正则化的效果是模型参数可以朝 0 缩小(但永远不会缩小到 0，除非普通最小二乘(OLS)估计为 0)，较弱的预测因子受到的惩罚更大。岭回归是 L2 正则化在线性回归中用于防止过拟合的典型示例。

在 L1 正则化中，可将 L1 范数添加到损失函数中，并使用 λ 进行加权。L1 范数是绝对参数值的和。L1 正则化的效果是可以将模型参数压缩到 0，以有效地将它们从模型中去除。因此，L1 正则化是一种自动的特征选择形式。LASSO 是 L1 正则化用于防止线性回归中过拟合的典型示例。

20.2　学完本书后，还可以学习哪些内容

本节将介绍一些优质资源，你可以使用这些资源来进一步强化自己的知识和技能。

20.2.1　深度学习

对于任何机器学习任务，神经网络都是强大的工具。如果你的工作需要围绕计算机视觉、图像/视频分类展开或者使用其他复杂数据(如音频文件)构建模型，那么深度学习是你完成工作的一条重要途径。对于 R，推荐阅读由 Francois Chollet 和 Joseph J. Allaire 合著的 *Deep Learning with R*。这本书面向非专业人士，强化了本书已经涵盖的一些基本的机器学习概念。

20.2.2　强化学习

强化学习是机器学习研究和应用的前沿领域，算法将不断从经验中进行学习，并当它们做出正确的决策时加以奖励。强化学习是与监督机器学习算法和无监督机器学习算法并列的第三类机器学习算法，用它可以创建能够战胜国际象棋世界冠军的象棋机器人。如果对强化学习感兴趣，强烈推荐阅读由 Max Pumperla 和 Kevin Ferguson 合著的 *Deep Learning and the Game of Go*。

20.2.3　通用 R 数据科学和 tidyverse

如果想在总体上提高 R 数据科学技能，并且希望能够以及更熟练地使用来自 tidyverse 的工具(包括一些我们没有使用过的工具)，那么推荐阅读由 Garrett Grolemund 和 Hadley Wickham 合著的 *R for Data Science*。

如果想要熟练掌握 ggplot2，那么推荐阅读 Hadley Wickham 撰写的 *ggplot2*。

如果你的 R 技能很好，并且想深入学习 R 语言如何工作以及如何进行高级编程(如面向对象编程)，推荐阅读由 Hadley Wickham 撰写的 *Advanced R*。

20.2.4　mlr 教程以及创建新的学习器/性能度量

本书曾多次用到一些尚没有在 mlr 中实现的特定算法。mlr 程序包旨在使机器学习体验更加流畅，而不是降低灵活性；因此，如果希望在另一个程序包或新的性能度量中实现某个算法，不用担心，其实实现起来并不难。你可以在网站 http://mng.bz/5APD 上找到相关教程以及其他一些有用的信息。

20.2.5　广义加性模型

如果你的工作涉及为回归任务建立非线性关系的模型，那么建议你更深入地研究广义加性模型(GAM)的内部工作原理。对于 R 来说，可参考 Simon Wood 撰写的 *Generalized Additive Models:An Introduction with R*。

20.2.6 集成方法

你对集成方法饶有兴致吗?在本书中，我们仅仅触及了表面。如果你相信集成几乎总是可以使模型更好，建议阅读由 Zhi-Hua Zhou 撰写的 *Ensemble Methods:Foundations and Algorithms*。

20.2.7 支持向量机

你对使用支持向量机(SVM)扭曲特征空间以创建线性边界感兴趣吗？SVM 非常流行，但是背后的理论相当复杂，推荐阅读由 Andreas Christmann 和 Ingo Steinwart 合著的 *Support Vector Machines*。

20.2.8 异常检测

有时，人们对数据中的常见模式并不感兴趣；而有时，人们真正感兴趣的是那些不寻常的离群样本。例如，你可能试图识别信用卡方面的欺诈行为，或试图识别罕见的恒星辐射。在数据集中识别如此罕见的事件是很有挑战性的，但是机器学习的一个分支——异常检测——致力于解决这些问题。本书介绍的一些算法可用于异常检测，比如 SVM 算法。如果想要了解更多信息，可以参阅由 Kishan G . Mehrotra、Chilukuri K. Mohan 和 Hua Ming Huang 合著的 *Anomaly Detecton Principles and Algorithms*。

20.2.9 时间序列预测

本书没有提到过时间序列预测，这也是机器学习的一个分支，研究的是如何根据一个变量以前的状态来预测这个变量未来的状态。时间序列预测的一般应用包括预测股票市场的波动以及预测天气情况。如果想要了解更多信息，推荐阅读由 Paul Cowpertwait 和 Andrew Metcalfe 合著的 *Introductory Time Series with R*。

20.2.10 聚类

当涉及聚类时，我们已经讨论了相当多的内容，但是还有更多内容需要深入研究。如果想要了解更多信息，推荐阅读由 Charu Aggarwal 撰写的 *Data Clustering: Algorithms and Applications*。

20.2.11 广义线性模型

让人印象深刻的是，一般的线性模型可以扩展到预测聚类，就像我们在对数几率回归中所做的那样。我们可以使用相同的原则来预测计数数据(如泊松回归)或百分比(如 beta 回归)。一般线性模型的扩展形式称为广义线性模型，主要用来处理输出不是正常分布的连续变量。 广义线性模型为我们构建预测模型提供了极大的灵活性，同时仍使模型参数具有完全可解释性。如果想要了解更多信息，建议阅读由 Peter K. Dunn 和 Gordon K. Smyth 合著的 *Generalized linear Models With Examples*。

20.2.12　半监督机器学习

如果有数据方面的常见问题，比如手动标注数据非常耗时和/或昂贵，那么你可能会从半监督机器学习中受益。如果想要了解更多信息，建议阅读由 Olivier Chapelle、Bernhard Scholkopf 和 Alexander Zien 合著的 *Semi-Supervised Learning*。

20.2.13　建模光谱数据

如果想要处理光谱数据或者可以使用平滑函数表示的数据，那么你需要在功能数据分析方面有一定的基础(第 10 章曾简要提到过)。功能数据分析是指在模型中使用函数而不是单个值作为变量进行数据分析。如果想要了解更多信息，推荐阅读由 James Ramsay 撰写的 *Functional Data Analysis*。

20.3　结语

我们真的希望你在阅读本书后，能够使用获得的技能深入洞察自己正在研究的内容的一部分本质，从而简化和改进商业实践。另外，希望本书介绍的 tidyverse 技能有助于你编写更容易、更具可读性的代码。

最后，感谢您阅读本书！

附录

复习统计学概念

如果没有统计学方面的背景知识，或者只是想回顾统计学方面的一些概念，那么本附录可以帮助你快速了解你在本书中最需要掌握的一些基本知识。如果不确定是否需要进行回顾，那么可以浏览一下章节标题，确保没有不清楚的地方。你不需要记住这些材料，只需要了解其中重要的概念即可。另外，当你阅读本书时，也可以随时参考本附录。

F.1 数据词汇

我们首先从一些基本的词汇开始，我们将使用这些词汇来描述数据。数据科学家和统计学家使用术语的方式有些不同，所以我们需要弄清哪些术语是等价的，而哪些术语是我们从头到尾一直在使用的。在本节中，我们将讨论：

- 样本和总体之间的差异。
- 行、列、样本、变量是什么意思。
- 不同类型的变量是什么，它们在哪些方面不同。

F.1.1 样本与总体

在数据科学和统计学中，我们通常试图在现实世界中了解或预先判断一些事物。假设我们对河马的长牙长度感兴趣。测量世界上每一头河马的长牙长度是不可能的，因为河马太多了。因此，出于经费和时间方面的考虑，我们将尽力测量尽可能多的河马的长牙。我们把更小、更易于管理的一定数量的河马称为样本。我们希望样本中的长牙长度能很好地反映世界上所有河马的长牙长度，并且我们正试图将发现推广到所有河马(总体)。图 F-1 说明了样本和总体之间的这种区别。

样本和总体之间的差异被称为采样误差，采样误差的出现是因为样本几乎不能完美地代表总体。我们希望通过使用数量尽可能多的样本并且尽量在创建样本时不引入偏差(例如，不选择体型较小的河马)，来使采样误差尽可能小。如果采样误差太大，我们将无法把发现推广到更广泛的总体。

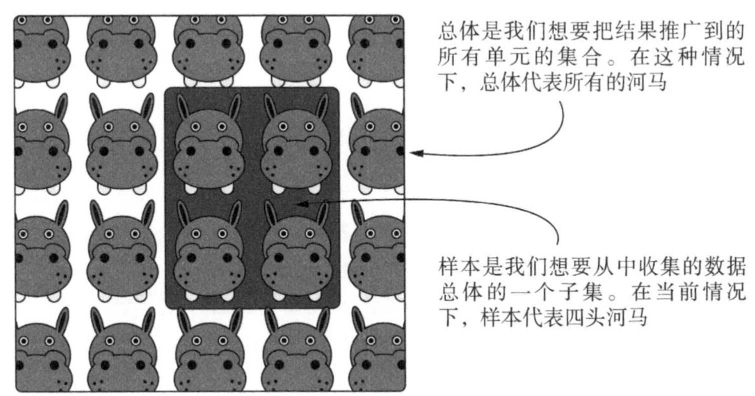

图 F-1　总体与样本之间的差异

F.1.2　行和列

收集完数据后，在大多数时候，我们可以把数据整理成表格的行列结构。在 R 中，用来表示这种类型的数据的一种常见方法是使用数据框。

正如第 2 章所述，我们经常需要根据目标重新安排表格数据的结构。但是在大多数情况下，我们希望格式化数据，使每一行代表样本的一个独立单元，而使每一列代表一个不同的变量。对于本例来说，每头河马相当于数据集中的一个独立单元，因此每一行对应于对这头河马所做的测量，如表 F-1 所示。

表 F-1　每一行对应一头河马，每一列对应一个不同的变量

Name	TustLength	Female
Harry	32	FALSE
Hermione	15	TRUE
Hector	45	FALSE
Heidi	20	TRUE

可以使用 data.frame()函数在 R 中创建这样的数据框，参见代码清单 F.1。

代码清单 F.1　创建河马数据框

```
hippos <- data.frame(
 Name = c("Harry", "Hermione", "Hector", "Heidi"),
 TuskLength = c(32, 15, 45, 20),
 Female = c(FALSE, TRUE, FALSE, TRUE)
)
```

在统计学中，当数据被这样格式化时，每一行将被认为对应于数据中的一个对象，这里的对象是河马。在数据科学和机器学习中，更常见的是使用术语“样本”来描述数据中的单个单元。

包含对每个样本所做测量的列被称为变量。当试图根据一个变量与其他变量之间的关系来预测这个变量的值时，我们将使用术语来区分想要预测的变量以及用来进行预测的变量。统计学家把我们试图预测的变量称为因变量，而把用来执行这些预测的变量称为自变量。但在数据科学中，你可能更容易听到的是因变量的输出或响应变量以及自变量的预测变量或特征。

F.1.3 变量类型

不同的变量可使用不同类型的尺度进行测量，这意味着需要以不同的方式处理它们。本书提到了连续变量、分类变量，有时还涉及逻辑变量。

连续变量表示数值连续的一些度量。例如，河马的长牙长度可表示为连续变量。可以对连续变量进行数学变换。在 R 中，连续变量通常表示为整数或双精度浮点数。

分类变量具有层级，并且每个层级代表一个不同的组或类别。例如，假设我们正在比较普通河马和侏儒河马的长牙长度。数据中将包含一个分类变量，用于表明每个样本中的河马属于哪个物种。在 R 中，通常将分类变量重新表示为因子，其中因子的可能级别是预定义的。在表 F-1 中，Name 变量就是分类变量。

逻辑变量可以使用 TRUE 或 FALSE 来表示二进制结果。例如，可以包含一个逻辑变量来表示河马是否会咬我们。逻辑变量在作为函数的参数时最有用，它们可以控制函数的行为方式，或者选择我们最感兴趣的样本。在表 F-1 中，Female 变量是逻辑变量。

代码清单 F.2 显示了如何使用 class()函数确定需要处理的变量类型。

代码清单 F.2　使用 class()函数确定需要处理的变量类型

```
class(hippos$Name)
[1] "factor"

class(hippos$TuskLength)
[1] "numeric"

class(hippos$Female)
[1] "logical"
```

F.2　向量

向量是一组既能表示大小又能表示方向的数字。在如图 F-2 所示的坐标系中，选取一个点，这个点对于每个轴都有对应的值，比如 $x = 3$、$y = 5$。我们可以把这个点表示成向量(3,5)。因为可以计算出由向量定义的点到坐标系原点(0,0)的距离，所以向量可以表示幅度大小。同时，向量也可以表示方向，如果画一条直线，把原点(0,0)和点(3,5)连接起来，就能算出这条直线和坐标轴之间的角度。向量可以具有你想要的任意维数。

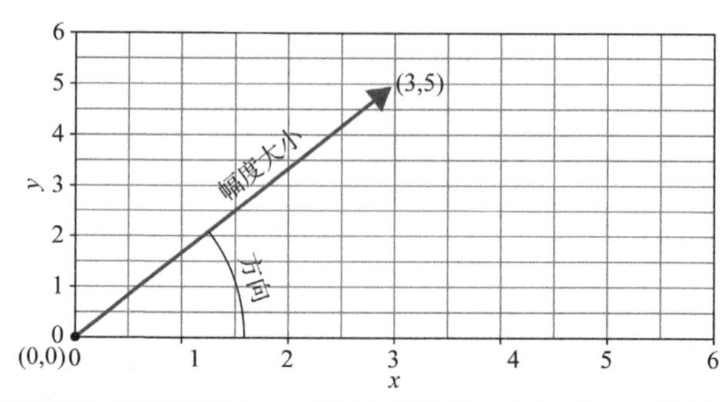

图 F-2　箭头指明了向量如何表示幅度大小，我们可以将幅度大小表示为它们到原点(或另一个向量)的距离。x 轴与箭头之间的夹角曲线表示向量的编码方向

我们可以对向量进行运算，如加法、减法和乘法，从而得到新的向量。本书没有使用向量执行过任何复杂的数学运算，但是当涉及二维以上的概念时，有时会提到向量。例如，在本书的某些章节中，提到了均值向量，在均值向量中，每个元素都是不同变量的均值。

令人困惑的是，R 支持一种名为原子向量的数据结构，这种数据结构有可能代表数学向量，也有可能不代表数学向量。R 中的原子向量包含一组必须是同一类型的值。如果原子向量中的元素是数值，那么原子向量也将是数学意义上的向量，因为这些值对大小和方向都进行了表示。但是，对于带有字符或逻辑元素的原子向量来说，由于这些值都不能表示大小和方向；因此，当我们称它们为 R 中的向量时，它们并不是真正数学意义上的向量。下面介绍如何使用 c()函数创建数字、字符和逻辑原子向量，参见代码清单 F.3。

代码清单 F.3 在 R 中创建原子向量

```
numericVector <- c(1, 31, 10)

characterVector <- c("common hippo", "pygmy hippo")

logicalVector <- c(TRUE, TRUE, FALSE)
```

F.3 分布

当测量变量时，通常需要检查变量的取值范围。例如，我们可以使用直方图，根据观察到的频率来绘制变量的可能值。直方图中的形状代表了变量的分布，并且直方图还能告诉我们一些信息，比如变量的中心在哪里，变量的值是如何分布的，变量的值是否基于变量的中心对称分布，以及变量有多少个峰值。

我们可以使用各种统计数据来总结变量的分布，例如那些用来总结分布的集中趋势或分散情形的统计数据，以及那些用来总结形状和对称性的统计数据。然而，直观地检查变量的分布很重要，这有助于我们确定处理不同变量的最优方法。

有些分布在自然界中经常出现，数学家已经对它们进行了定义并研究了它们的性质。这是很有用的，因为如果发现变量近似于这些定义良好的分布中的一种，就可以通过假设总体中的变量遵循这种分布来简化统计模型。定义良好的分布的典型示例是高斯分布(也称为正态分布)，高斯分布是许多钟形分布中的一种。另外，泊松分布是离散计数变量经常遵循的一种分布。

如果我们测量了 1000 头河马的长牙，并绘制出长牙长度的直方图，则可能得到如图 F-3 所示的分布。直方图的条形表示特定长牙在数据集中出现的频率。我们已经在直方图上覆盖了一种理论上的正态分布(一条平滑的曲线)，该正态分布的均值和标准差与数据的均值和标准差对应。

数学上定义的分布通常被称为概率分布，它们都有对应的概率密度函数。特定分布的概率密度函数是一个公式，我们可以用它来计算一个特定值来自该特定分布的概率。例如，假设一头河马的长牙有 32 cm 长。如果知道最能代表所有河马的长牙长度的分布，我们就可以利用概率密度函数来估计找到长着 32 cm 长牙的河马的概率。在阅读本书之前，你不需要知道或记住任何概率密度函数，但本书偶尔会提到它们，所以知道它们是什么对你来说很重要。回头观察图 F-2，我们叠加在直方图上的平滑曲线是与数据具有同样均值和标准差的高斯分布的概率密度函数。

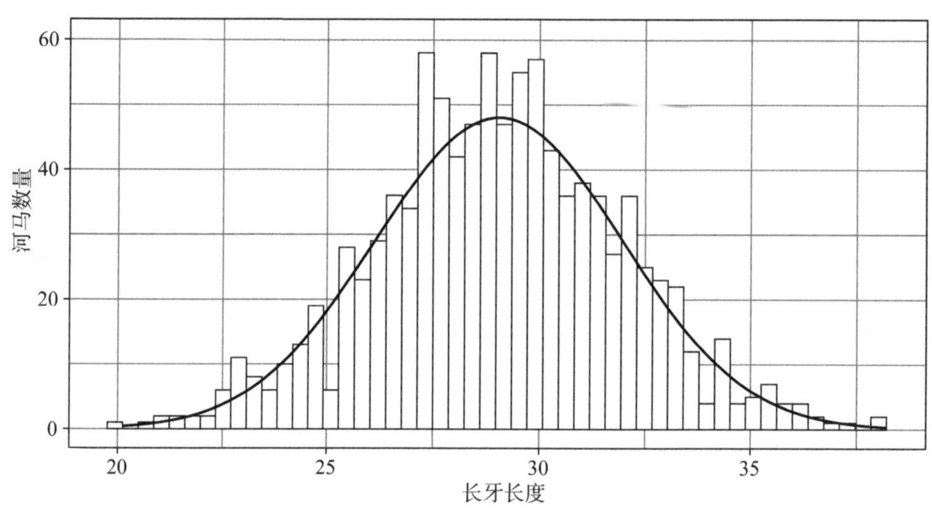

图 F-3 河马的长牙长度的分布近似于高斯分布

F.4 sigma 求和符号

数学符号看起来有些吓人，但是它们能够让我们的生活更简单。本书很少使用数学符号，唯一使用较多的是 sigma 求和符号 Σ 。

在公式中，Σ 意味着对右边的式子求和。Σ 上面和下面的指数用来告诉我们从哪里开始和停止求和。例如，1+2+3+4+5=15 可以写成

$$\sum_{i=1}^{5} i = 15 \quad \text{式(F.1)}$$

在 R 中，可使用 sum()函数得到上述结果，参见代码清单 F.4。

代码清单 F.4 在 R 中使用 sum()函数

```
sum(1:5)

[1] 15
```

我们还可以使用 sigma 求和符号写出更复杂的表达式，观察式(F.2)，求出 x 的值。

$$\sum_{i=3}^{6} 2^i - i = x \quad \text{式(F.2)}$$

如果不清楚答案，也许像程序员那样思考会对你有所帮助。可以把 sigma 求和符号看作 for 循环：对于 i 在 3 和 6 之间的所有值，取 2 的第 i 次幂，减去 i，然后将得到的所有这些值相加。

- $2^3 - 3 = 5$
- $2^4 - 4 = 12$
- $2^5 - 5 = 27$
- $2^6 - 6 = 58$

于是，5+12+27+58=102。

可通过在 R 中创建函数来计算 sigma 符号右边的值，并将它们传递给 sum()函数以实现上述操作，参见代码清单 F.5。

代码清单 F.5　使用 sum()函数实现 sigma 求和

```
fun <- function(i) (2^i) - i

sum(fun(3:6))

[1] 102
```

使用 sigma 求和符号意味着当我们对数十个、数百个甚至数千个数字求和时，不需要把它们都写出来。

F.5　中心趋势

在处理变量时，了解分布的中心通常是很重要的。我们可以使用多种统计数据来概括某种分布的中心，它们提供了不同的信息，适用于不同的情况。提供这些信息的统计数据被称为中心趋势，其中最常见的三种是算术平均值、中位数和众数。

F.5.1　算术平均值

让电子表格用户大为惊讶的是，“平均值”并没有正式的数学概念。但是，当人们说到平均值时，他们通常指的是算术平均值。算术平均值是使用向量中所有值的和除以元素数量后得到的值。例如，如果测量出 5 头河马的牙长分别为 32、15、45、20 和 54 cm，那么平均值是 (32+15+45+20+54)/5=33.2 cm。

如果使用 sigma 求和符号来表示的话，算术平均值的计算公式如下：

$$\text{算术平均值} = \frac{\sum_{i=1}^{n} x_i}{n} \qquad \text{式(F.3)}$$

对于本例来说，x 表示河马的长牙长度，i 是指数，用于告诉我们使用哪个元素，n 是元素总数。在 R 中，可以使用 mean()函数实现上述操作，参见代码清单 F.6。

代码清单 F.6　在 R 中使用 mean()函数计算平均值

```
mean(c(32, 15, 45, 20, 54))

[1] 33.2
```

注意　还有适用于其他情况的另外两种类型的平均值，叫作几何平均值和调和平均值。本书没有提到它们，所以这里不会进行详细介绍，但建议你了解一下它们的用法。

算术平均值对于总结单峰对称分布的中心是有用的，如高斯分布。然而，对于非对称、有多个峰值或离群值的分布来说，算术平均值则不能很好地代表分布的中心趋势。

注意 术语离群值用于描述与大多数样本差异很大的那些样本。对于一个或多个变量，这种样本具有不同寻常的高值或低值。有许多方法可以用来确定某个样本是否属于离群值，但这实际上取决于手头的任务。

F.5.2 中位数

中位数是对中心趋势的一种稳健度量，这意味着中位数不会像平均值那样受到不对称或离群样本的严重影响。中位数还有一种非常简单的解释：它们是比 50%的样本更大，同时比 50%的样本更小的值。为了计算中位数，我们可以简单地将向量的元素按照大小排列，然后选择中间的值。

让我们回顾一下之前测量的长牙长度：32、15、45、20 和 54。重新排列后得到 15、20、32、45 和 54，所以中位数是 32。如果向量有偶数个元素，那么中位数就是中间两个元素的平均值。因此，如果测量到另一头河马的长牙长度只有 5，那么按顺序排列后，可以得到 5、15、20、32、45 和 54。这意味着中位数在 20 和 32 之间，也就是 26。在 R 中，可以使用 median()函数来计算中位数，参见代码清单 F.7。

代码清单 F.7 在 R 中使用 median()函数计算中位数

```
median(c(32, 15, 45, 20, 54))

[1] 32

median(c(32, 15, 45, 20, 54, 5))

[1] 26
```

F.5.3 模式

模式通常用于与平均值和中位数略微不同的情况。平均值和中位数概括了分布的中心，而模式则告诉我们哪些值在分布中最常见。

注意 R 没有提供用于计算模式的函数，但如果需要的话，你可以自己写一个。

F.6 分散措施

除了概括分布的中心之外，概括分布的值是如何分散或分布的也很重要。有许多不同的分散度度量指标，它们为我们提供的信息略有不同，并且适用于不同的情况，但是它们都为我们提供了如下指示：值的分布有多窄或多宽。比较常用的分散度度量指标有平均绝对值、标准差、方差和四分位范围。

F.6.1 平均绝对偏差

在分布中，元素的偏差是指元素的值与分布均值的距离。例如，如果河马的平均长牙长度是 33.2 cm，那么对于 16.1 cm 长度的长牙来说，偏差是-17.1 cm。注意偏差是有符号的。如果元素小于均值，偏差将是负的；如果元素大于均值，偏差则是正的。

注意　真实值与估计值之间的偏差被称为残差。

要想了解所有元素和分布均值之间的平均差异，可以取所有偏差的平均值。问题是，在近似对称的分布中，正偏差和负偏差会相互抵消，从而得到接近于零的均值偏差。

另外，我们可以通过将负偏差的符号变为正的来求绝对偏差，然后求它们的均值，这将得到平均绝对偏差。当数据分散时，平均绝对偏差会更大；当数据集中于分布的中心时，平均绝对偏差会更小。平均绝对偏差的计算公式如下，其中竖线表示两者之间表达式的绝对值，$\bar{x}$ 表示平均值。

$$\mathrm{MAD}=\frac{\sum_{i=1}^{n}|x_i-\bar{x}|}{n} \quad \text{式(F.4)}$$

在 R 中，可以使用 mad()函数计算平均绝对偏差。默认情况下，mad()函数计算的是中位数绝对偏差，因此我们需要使用 center 参数来指定想要的平均值，参见代码清单 F.8。

代码清单 F.8　在 R 中使用 mad()函数计算平均绝对偏差

```
tusks <- c(32, 15, 45, 20, 54)
mad(tusks, center = mean(tusks))
[1]
```

F.6.2　标准差

平均绝对偏差虽然是一种非常直观且合理的分散度量指标，但却不经常使用。这是因为人们更青睐于使用标准差。标准差与平均绝对偏差相似，只是略有不同。标准差不是将平均值的绝对偏差相加，而是将平均值的平方偏差相加；然后将结果除以 $n-1$(用向量中元素的个数减 1)，并取平方根。

$$S=\sqrt{\frac{\sum_{i=1}^{n}(x_i-\bar{x})^2}{n-1}} \quad \text{式(F.5)}$$

在 R 中，可以使用 sd()函数计算标准差，参见代码清单 F.9。

代码清单 F.9　在 R 中使用 sd()函数计算标准差

```
sd(c(32, 15, 45, 20, 54))
[1] 16.42
```

既然平均绝对偏差更加敏感，为什么还要使用标准差呢？因为标准差有一些很好的数学性质，处理起来更容易。使用标准差而不是平均绝对偏差的重要好处是：由于对差异进行了平方，因此远离平均值的样本对结果产生的影响更大。标准差的另一个便利之处是，如果数据服从高斯(正态)分布，那么已知比例的数据将落在离均值一定标准的偏差内。图 F-4 表明对于比较完美的高斯分布来说，68%、95%和 99.7%的样本将分别落在均值的一个、两个和三个标准差内。

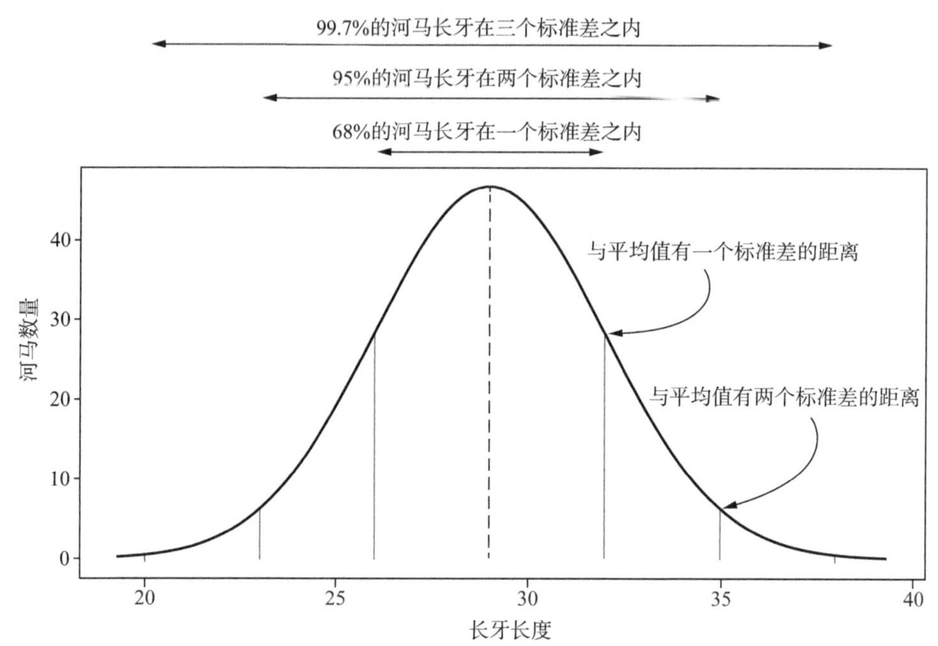

图 F-4　对于比较完美的高斯分布来说，68%的样本位于平均值的一个标准差之内，95%和 99.7%的样本则分别位于两个和三个标准差之内

F.6.3　方差

方差很容易计算：方差就是标准差的平方。方差的计算公式和标准差几乎相同，只是去掉了平方根符号。

$$S^2 = \frac{\sum_{i=1}^{n}(x_i - \overline{x})^2}{n-1} \quad \text{式(F.6)}$$

既然方差和标准差是可以相互转换的，那么为什么它们两者还都需要呢?我们确实不知道。虽然方差使一些统计计算稍微简单了一些，但标准差的优势在于使用的单位与计算的变量相同。

在 R 中，可以使用 var()或 sd()函数来计算方差，参见代码清单 F.10。

代码清单 F.10　在 R 中使用 var()或 sd()函数来计算方差

```
var(c(32, 15, 45, 20, 54))

[1] 269.7

sd(c(32, 15, 45, 20, 54))^2

[1] 269.7
```

F.6.4　四分位范围

虽然标准差和方差特别适合于计算没有离群值的对称分布的离散度，但是我们需要使用一些方法来对不符合这些规则的分布的离散度进行求和。四分位范围(IQR)在这种情况下是很好的选择，因为IQR不会受到离群值和不对称性的严重影响。简单地说，IQR就是第一个四分位数和第三个四分位数之间的差值。

如果将一个向量的元素按照它们的值顺序排列，那么这个向量的四分位数就是能使其中25%、50%、75%和100%的其他元素更小的四个值。第一个四分位数是最小元素和中位数之间的中间值：向量中25%的元素将小于第一四分位数，剩余75%的元素则大于第一四分位数。第二个四分位数是中位数：向量中50%的元素将小于第二个四分位数，剩余50%的元素则大于第二个四分位数。第三个四分位数是中位数和最大元素之间的中间值。向量中75%的元素将小于第三个四分位数，剩余25%的元素则大于第三个四分位数。第四个四分位数则是向量中值最大的那个元素。

注意 第一个和第三个四分位数的定义有些模糊，因为至少有9种不同的方法可用来计算它们的确切值!这些方法并不总是一致的，但它们总是把向量中的元素分成25%和75%两部分。

显示四分位数的常用方法是使用盒须图(有时也称为盒状图)。如图F-5所示，粗的水平线显示了每个河马物种的第二个四分位数(中位数)。盒子的下边缘和上边缘分别代表第一个和第三个四分位数。晶须(延伸到盒外的垂直线)连接了每个物种的最低值和最高值，它们代表整个数据范围。

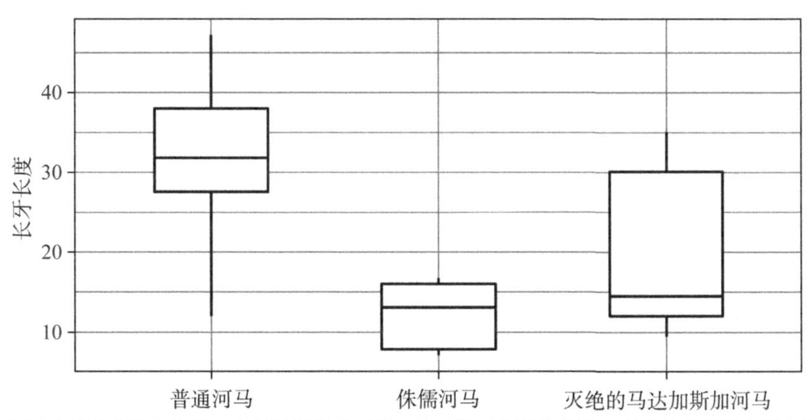

图F-5　粗的水平线表示中位数，盒子的边缘表示第一个和第三个四分位数，垂直的晶须代表整个数据范围

IQR是向量的第一个和第三个四分位数之间的差值，因此它能告诉我们向量中间50%元素的范围。IQR在有离群样本和/或非高斯分布数据的情况下十分有用。

在R中，可以使用IQR()函数来计算IQR，参见代码清单F.11。

代码清单F.11　在R中使用IQR()函数计算IQR

```
IQR(c(32, 15, 45, 20, 54))
[1] 25
```

F.7 度量变量之间的关系

我们研究的变量对之间通常存在着某种联系。即使两个变量没有因果联系，它们之间也会存在其他关系。既可能是正的关系，当一个变量的值增加时，另一个变量的值也会增加；也可能是负的关系，当一个变量的值增加时，另一个变量的值减少。

能够从方向(正、负或无关系)和大小(无关系到完全有关系)两方面总结变量对之间的关系是很重要的。用来概括两个变量之间关系的方向和大小的两个最常见的统计量是协方差和 Pearson 相关系数。

F.7.1 协方差

两个变量之间的协方差能够告诉我们它们是如何共变的。如果一对变量同时增加和减少，那么协方差为正；如果一个变量随着另一个变量的减少而增加，那么协方差就是负的。如果两个变量之间没有关系，那么协方差为 0(但在现实世界中这几乎从未发生过)。

两个变量之间的协方差可能为 0(或接近 0)，但实际上它们之间的关系是非线性的。运行以下代码并查看结果(注意协方差非常小)：

```
x <- seq(-1, 1, length = 1e6)
y <- x^4
plot(x, y, type = "l")
cov(x, y)
```

为了计算协方差，下面考虑一个单独的样本，分别计算它与第一个和第二个变量的均值之间的偏差。然后求这些偏差的乘积。对数据集中的所有样本执行同样的操作，将这些偏差的乘积相加并除以 $n-1$(用向量中元素的个数减 1)。

$$\mathrm{Cov}(x,y)=\frac{\sum_{i=1}^{n}(x_i-\overline{x})(y_i-\overline{y})}{n-1} \tag{式(F.7)}$$

在 R 中，可以使用 cov()函数计算两个向量之间的协方差，参见代码清单 F.12。

代码清单 F.12 在 R 中使用 cov()函数计算两个向量之间的协方差

```
tusks <- c(32, 15, 45, 20, 54)
weight <- c(18, 11, 19, 15, 18)
cov(tusks, weight)
[1] 44.7
```

协方差在数学上是非常有用的，但由于协方差的单位是两个变量的值的乘积，因此理解起来有些困难。协方差是对变量之间关系的一种非标准化度量，这意味着我们不能比较使用不同尺度测量的变量对之间的协方差。

F.7.2 Pearson 相关系数

Pearson 相关系数(或仅仅是相关系数)是协方差的标准版本，没有单位，介于-1 和+1 之间。相关系数为-1 表示变量对之间存在完全的负相关关系，相关系数为+1 表示变量对之间存在完全的正相关关系，相关系数为 0 表示变量之间完全没有关系。以上三种情况很少在现实世界中出现。

注意 这里特意将协方差的标准版本称为 Pearson 相关系数(以统计学家 Karl Pearson 的名字命名)，以便与其他可能不太常用的相关系数(如 Kendall rank、Spearman 和 point-biserial 相关系数)区分开。当变量不是连续的并且服从高斯分布时，就如 Pearson 相关系数假设的那样，其他这些相关系数才会有用，但是本书没有涉及它们。

如果知道如何计算协方差，计算 Pearson 相关系数将很简单：简单地使用协方差除以变量的标准差的乘积即可。

$$r = \frac{\mathrm{Cov}(x, y)}{S_x S_y} \qquad 式(F.8)$$

由于 Pearson 相关系数(通常用 r 表示)是标准化的，并且是无单位的，因此可以在不同尺度的变量对之间比较具体的值。在 R 中，可以使用 cor()函数计算两个向量之间的 Pearson 相关系数，参见代码清单 F.13。

代码清单 F.13　在 R 中使用 covr()函数计算两个向量之间的 Pearson 相关系数

```
tusks <- c(32, 15, 45, 20, 54)

weight <- c(18, 11, 19, 15, 18)

cor(tusks, weight)

[1] 0.8321
```

F.8　对数函数

对数函数是与指数函数相反的数学函数。例如，如果 $2^5=32$，那么 $\log_2 32=5$。在上面这个例子中，对数的底数是 2。换言之，$\log_2 32$ 的结果是使 2 能够得到 32 的指数。对数可以使用任何底数，这取决于我们想要如何使用对数函数。最常见的是以 2、10 和欧拉数(e)为底数的对数。e 是一个非常重要的常数，值大约为 2.718。对数的底数通常在对数符号的后面用下标表示(例如 $\log_2$ 或 $\log_{10}$)。底数是 e 的对数被称为自然对数，通常用 ln 表示。

对数在数学和统计学中有许多有用的性质。其中一个有用的性质是：它们可以使用某个尺度压缩非常大或非常小的值。例如，1、10、100、1000、10000、100000 的对数是 0、1、2、3、4、5。因此，对于一个同时包含非常小和非常大的数字的变量，如果对它进行 $\log_{10}$ 对数变换，这个变量将会变得更容易处理。

对数(特别是自然对数)的另一个有用的性质是：如果两个变量(例如，时间和细菌生长)之间存在指数关系，那么通过取其中一个变量的对数，就可以使这种关系线性化。处理变量之间的线性关系通常在数学上比较简单。

在图 F-6 中，左边的图中显示的 y 变量既有非常小的值，也有非常大的值，其中 x 和 y 变量之间的关系是：y 相对 x 呈指数增长。右边的图显示了相同的数据，但是在对 y 变量进行 $\log_{10}$ 变换之后，我们可以看到，y 变量能够更容易地在图中显示出来了，并且 x 和 y 变量之间的关系也已经被线性化了。

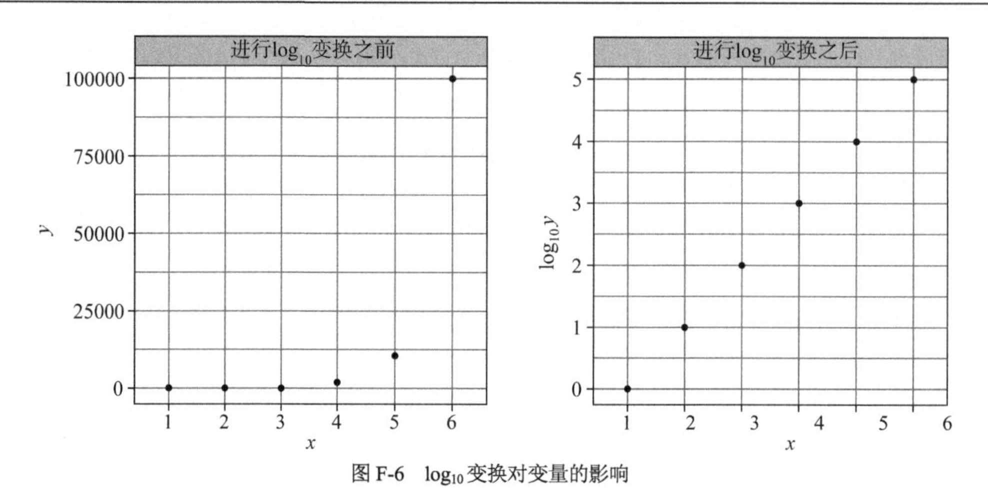

图 F-6　$\log_{10}$变换对变量的影响